UNITEXT for Physics

More information about this series at http://www.springer.com/series/13351

Maurizio Gasperini

Relatività Generale e Teoria della Gravitazione

Second Edition

 Springer

Maurizio Gasperini
Dipartmentimento di Fisica
Università di Bari
Bari
Italy

ISSN 2198-7882   ISSN 2198-7890 (electronic)
ISBN 978-88-470-5689-3   ISBN 978-88-470-5690-9 (eBook)
DOI 10.1007/978-88-470-5690-9
Springer Milan Heidelberg New York Dordrecht London

Printed on acid-free paper

Springer is part of Springer Science+Business Media (www.springer.com)

A mia moglie e mia figlia

Prefazione alla II edizione

La seconda edizione di questo testo mantiene tutte le caratteristiche della prima edizione, progettata in modo specifico per i corsi semestrali della Laurea Magistrale in Fisica: un testo di riferimento completo, autosufficiente, facilmente utilizzabile, e accessibile a studenti provenienti da indirizzi e piani di studio diversi. Contiene le principali informazioni sulla teoria gravitazionale che al giorno d'oggi ogni laureato in Fisica dovrebbe possedere: si parte dalle nozioni di base della Relatività Generale, e si sviluppa la teoria gravitazionale classica sino ad argomenti di frontiera come l'estensione supersimmetrica delle equazioni di Einstein.

Dall'epoca della prima edizione, anno 2009, sono successe però varie cose. C'è stata la scoperta al CERN del bosone di Higgs (che, salvo sorprese, dovrebbe essere confermato dall'ultima serie di esperimenti che verrà effettuata, dal 2015 in poi, alle più alte energie raggiungibili dall'acceleratore LHC). Inoltre, per quel che riguarda più da vicino la gravità, c'è stato l'annuncio (successivamente smentito!) della misura di velocità di neutrini superiori a quella della luce, e – recentissima novità – l'annuncio dell'esperimento BICEP2 (Marzo 2014) che sembra aver osservato gli effetti di onde gravitazionali fossili, prodotte ad altissima energia nell'Universo primordiale.

Tutte queste eccitanti novità, insieme all'esigenza di revisionare e perfezionare alcune parti del testo originale, hanno contribuito a motivare la preparazione di questa seconda edizione, che si differenzia dalla prima per l'aggiunta di materiale di forte interesse attuale.

È stata aggiunta, in particolare, una seconda appendice (l'Appendice B) che fornisce una dettagliata presentazione dei modelli gravitazionali multidimensionali, motivati dalla teoria delle stringhe e delle membrane (la ricerca di eventuali dimensioni *extra* rientra infatti tra i principali obiettivi dell'acceleratore LHC). È stata anche aggiunta, nel Capitolo 10, la nuova Sezione 10.5 che riporta una originale discussione delle misure di velocità e degli effetti di dilatazione temporale in presenza di un campo gravitazionale esterno (argomenti portati alla ribalta dai recenti esperimenti sui neutrini). Va segnalata infine, tra le novità più rilevanti, anche la Sezione 9.5 che introduce allo studio del fondo cosmico di onde gravitazionali, e in particolare agli effetti "polarizzanti" che tale fondo potrebbe avere sulla radiazione cosmica di tipo elettromagnetico (è proprio questa polarizzazione, infatti, che viene misurata dal citato esperimento BICEP2).

In questo modo spero di aver reso il testo più completo e più rispondente alle attuali esigenze degli studenti della Laurea Magistrale in Fisica e in Astronomia. Rinnovo i miei ringraziamenti a Marina Forlizzi, Editore Esecutivo della Springer-Verlag Italia, per il suo continuo ed eccellente supporto che ha permesso di realizzare questa seconda edizione.

Ringrazio anche in anticipo tutti i lettori (studenti e non) che vorranno segnalarmi errori, imprecisioni o importanti omissioni (o anche presentare critiche e commenti personali). Possono farlo inviando un messaggio di posta elettronica all'indirizzo `gasperini@ba.infn.it`, e saranno sempre i benvenuti per la loro collaborazione.

Cesena, Marzo 2014   *Maurizio Gasperini*

Prefazione

Questo libro è basato su lezioni per gli studenti di Fisica tenute in passato all'Università di Torino, e attualmente all'Università di Bari. Tali lezioni, preparate in origine per il corso di Relatività del vecchio ordinamento di laurea, sono state recentemente rielaborate e riorganizzate per adattarsi alle esigenze del nuovo ordinamento che ha introdotto la Laurea Magistrale (o Specialistica) in Fisica.

È nato così un libro di testo che si rivolge in modo specifico agli studenti dei corsi di Relatività Generale e/o Teoria della Gravitazione che oggi compaiono nel piano di studi degli indirizzi Teorico/Generale, Astrofisico, Astroparticellare della Laurea Magistrale in Fisica e in Astronomia. Scopo del testo è quello di rappresentare un riferimento che sia completo e autosufficiente per un corso di tipo semestrale, ma anche facilmente utilizzabile, e accessibile a studenti provenienti da indirizzi diversi.

Per realizzare questi obiettivi il libro include una parte tradizionale che presenta la relatività generale come teoria geometrica classica del campo gravitazionale macroscopico, e una parte più avanzata che collega la relatività generale alle teorie di *gauge* delle interazioni fondamentali attive a livello microscopico, e che illustra i legami formali (e le differenze fisiche) esistenti tra la gravità e le altre interazioni. In questo modo si cerca di raccordare il corso di gravità ai corsi sul modello standard, riempiendo un vuoto che non viene colmato dai testi tradizionali di relatività generale e che può creare disagio agli attuali studenti.

In questo contesto sono state ridotte al minimo le parti formali di geometria differenziale per lasciare più spazio alle moderne problematiche dell'interazione gravitazionale, sia di tipo applicativo (ad esempio: la fenomenologia delle onde gravitazionali), sia di tipo teorico fondamentale (ad esempio: le interazioni gravitazionali dei campi spinoriali e la supergravità). È stata però inclusa un'Appendice finale che presenta i rudimenti del cosiddetto "calcolo di Cartan" per le forme esterne (o forme differenziali). Tale tecnica risulta di grande utilità non solo nel contesto della teoria gravitazionale, ma anche in molti altri campi della fisica teorica.

Un buon utilizzo di questo testo presuppone che il lettore abbia una conoscenza di base della relatività ristretta, dell'elettromagnetismo e della teoria classica dei campi. Al di fuori di questo, però, il libro cerca di essere autosufficiente: le nozioni necessarie e le tecniche da utilizzare vengono di volta in volta richiamate o introdotte esplicitamente. Inoltre, per una migliore efficacia didattica, tutti i calcoli necessari vengono svolti in maniera dettagliata nel testo (senza lasciare al lettore "buchi" da riempire), oppure presentati come esercizi proposti e risolti. Per questo motivo la soluzione degli esercizi è stata inserita alla fine di ogni capitolo, e costituisce parte integrante del capitolo stesso.

Mi sembra doveroso – anche se ovvio – sottolineare che questo libro è lontano dal rappresentare un riferimento completo per uno studio rigoroso ed esauriente della teoria della gravitazione. Lo stile è quello di note e appunti per lezioni, e lo scopo è quello di fornire agli studenti le nozioni di base che li rendano in grado di approfondire e ampliare autonomamente, in seguito, gli argomenti trattati mediante l'uso di testi più avanzati e professionali (si vedano ad esempio i riferimenti bibliografici finali).

Va notato infine che questo libro evita deliberatamente di affrontare temi di cosmologia e astrofisica relativistica, per i quali il nuovo ordinamento di laurea prevede corsi specifici, separati da quello di Relatività Generale, ed ai quali è opportuno riservare un testo dedicato. Un apposito libro di cosmologia teorica, che rappresenta la continuazione naturale del presente testo, è attualmente in fase di preparazione da parte del sottoscritto.

Ringraziamenti

Desidero ringraziare in primo luogo i molti studenti e i colleghi di Torino e di Bari che nel corso degli anni hanno contribuito, con i loro commenti, suggerimenti e critiche, a correggere e migliorare queste note. Elencarli tutti sarebbe impossibile, per cui mi limito a ringraziarli collettivamente. Faccio un'eccezione per l'amico e collega Stefano Forte, che cura la collana di Fisica e Astronomia della Springer, perché è anche grazie al suo incoraggiamento se il progetto di questo libro si è finalmente concretizzato.

Un dovuto pensiero di riconoscimento va inoltre a Venzo De Sabbata, che è stato un mio professore quando (molti anni fa!) ero studente di Fisica all'Università di Bologna, e che mi ha introdotto allo studio della gravitazione e della cosmologia, stimolando il mio interesse verso questi argomenti di studio e di ricerca.

Sono infine grato alla Springer-Verlag Italia, e in particolare all'Editore Esecutivo Marina Forlizzi, per l'assistenza ricevuta, gli utili consigli e l'ottima riuscita editoriale di questo libro.

Cesena, Ottobre 2009   *Maurizio Gasperini*

Notazioni e convenzioni

In questo libro useremo l'indice 0 per la coordinata temporale, e gli indici $1, 2, 3$ per le coordinate spaziali. Per la metrica $g_{\mu\nu}$ dello spazio-tempo adotteremo la segnatura con autovalore temporale positivo, ossia:

$$g_{\mu\nu} = \text{diag} \left(+, -, -, -\right).$$

Le convenzioni per gli oggetti geometrici sono le seguenti.
Tensore di Riemann:

$$R_{\mu\nu\alpha}{}^{\beta} = \partial_\mu \Gamma_{\nu\alpha}{}^{\beta} + \Gamma_{\mu\rho}{}^{\beta} \Gamma_{\nu\alpha}{}^{\rho} - (\mu \leftrightarrow \nu);$$

tensore di Ricci:

$$R_{\nu\alpha} = R_{\mu\nu\alpha}{}^{\mu};$$

derivata covariante:

$$\nabla_\mu V^\alpha = \partial_\mu V^\alpha + \Gamma_{\mu\beta}{}^{\alpha} V^\beta; \qquad \nabla_\mu V_\alpha = \partial_\mu V_\alpha - \Gamma_{\mu\alpha}{}^{\beta} V_\beta;$$

derivata covariante di Lorentz:

$$D_\mu V^a = \partial_\mu V^a + \omega_\mu{}^{a}{}_{b} V^b; \qquad D_\mu V_a = \partial_\mu V_a - \omega_\mu{}^{b}{}_{a} V_b.$$

Inoltre, il simbolo $\Box$ indica l'usuale operatore di D'Alembert nello spazio di Minkowski, ossia

$$\Box \equiv \eta^{\mu\nu} \partial_\mu \partial_\nu = \frac{1}{c^2} \frac{\partial^2}{\partial t^2} - \nabla^2,$$

dove η è la metrica di Minkowski e $\nabla^2 = \delta^{ij} \partial_i \partial_j$ il Laplaciano dello spazio Euclideo tridimensionale.

A meno che non sia esplicitamente indicato il contrario, useremo le lettere Latine minuscole $i, j, k, \dots$ per indicare gli indici spaziali $1, 2, 3$; le lettere Greche minuscole $\mu, \nu, \alpha, \ldots$ per gli indici spazio-temporali $0, 1, 2, 3$. In uno spazio-tempo multidimensionale, con $d > 3$ dimensioni spaziali, indicheremo invece gli indici spazio-temporali con le lettere Latine maiuscole, $A, B, C, \ldots = 0, 1, 2, 3, \ldots, d$.

Gli indici racchiusi in parentesi tonde oppure quadre soddisfano, rispettivamente, le proprietà di simmetria o antisimmetria definite dalla regola:

$$T_{(\alpha\beta)} \equiv \frac{1}{2}\left(T_{\alpha\beta} + T_{\beta\alpha}\right), \qquad T_{[\alpha\beta]} \equiv \frac{1}{2}\left(T_{\alpha\beta} - T_{\beta\alpha}\right).$$

Se un oggetto ha più di due indici, e gli indici da simmetrizzare o antisimmetrizzare non sono contigui, tali indici verrano separati dagli altri mediante una barra verticale. Ad esempio:

$$T_{(\mu|\alpha|\nu)} \equiv \frac{1}{2}\left(T_{\mu\alpha\nu} + T_{\nu\alpha\mu}\right),$$

$$T_{[\mu|\alpha|\nu]\beta} \equiv \frac{1}{2}\left(T_{\mu\alpha\nu\beta} - T_{\nu\alpha\mu\beta}\right),$$

dove il primo oggetto è simmetrizzato in μ e ν (con α fisso), mentre il secondo oggetto è antisimmetrizzato in μ e ν (con α e β fissi). E così via.

La procedura di simmetrizzazione e antisimmetrizzazione può essere ovviamente estesa a un numero arbitrario di indici $n \geq 2$, prendendo tutte le loro possibili permutazioni e dividendo per il numero di permutazioni $n!$. Nel caso di una simmetrizzazione tutte le permutazioni vanno prese col segno positivo, nel caso di una antisimmetrizzazione le permutazioni pari vanno prese col segno positivo, quelle dispari col segno negativo. Ad esempio:

$$T_{(\mu\nu\alpha)} = \frac{1}{3!}\left(T_{\mu\nu\alpha} + T_{\nu\alpha\mu} + T_{\alpha\mu\nu} + T_{\mu\alpha\nu} + T_{\nu\mu\alpha} + T_{\alpha\nu\mu}\right),$$

$$T_{[\mu\nu\alpha]} = \frac{1}{3!}\left(T_{\mu\nu\alpha} + T_{\nu\alpha\mu} + T_{\alpha\mu\nu} - T_{\mu\alpha\nu} - T_{\nu\mu\alpha} - T_{\alpha\nu\mu}\right).$$

E così via. Infine, il simbolo completamente antisimmetrico (o simbolo di Levi-Civita) nello spazio di Minkowski, $\epsilon^{\mu\nu\alpha\beta} = \epsilon^{[\mu\nu\alpha\beta]}$, è definito con le seguenti convenzioni:

$$\epsilon^{0123} = +1, \qquad \epsilon_{\mu\nu\alpha\beta} = -\epsilon^{\mu\nu\alpha\beta};$$

le sue componenti valgono $+1$ se gli indici $\mu\nu\alpha\beta$ corrispondono a una permutazione pari di 0123, valgono -1 se gli indici $\mu\nu\alpha\beta$ corrispondono a una permutazione dispari di 0123, e valgono 0 se ci sono due o più indici uguali.

Il sistema di unità che verrà usato per le stime numeriche è il sistema CGS, dove le equazioni di Maxwell assumono la forma:

$$\partial_\mu F^{\mu\nu} = \frac{4\pi}{c} j^\nu,$$

$$F_{\mu\nu} = \partial_\mu A_\nu - \partial_\nu A_\mu, \qquad\qquad A^\mu = (\phi, \boldsymbol{A}).$$

Nella trattazione dei campi scalari e spinoriali useremo invece il cosiddetto sistema di unità "naturali", nel quale la velocità della luce c e la costante di Planck $\hbar$ sono posti uguale ad uno. In questo sistema la costante di Newton G acquista dimensioni di lunghezza al quadrato (o inverso di massa al quadrato), ed è collegata alla massa di Planck M_{P} e alla lunghezza di Planck λ_{P} dalla relazione:

$$G^{-1} = M_{\mathrm{P}}^2 = \lambda_{\mathrm{P}}^{-2}.$$

In unità CGS:

$$M_{\mathrm{P}} = \left(\frac{\hbar c}{G}\right)^{1/2} \simeq 2 \times 10^{-5}\,\mathrm{g},$$

$$\lambda_{\mathrm{P}} = \left(\frac{G\hbar}{c^3}\right)^{1/2} \simeq 1.6 \times 10^{-33}\,\mathrm{cm}.$$

L'energia associata alla massa di Planck è data da $E_{\mathrm{P}} = M_{\mathrm{P}}c^2 \simeq 10^{19}$ GeV, dove $1\,\mathrm{GeV} = 10^9$ eV è la scala di energia associata alla massa di riposo del protone. La scala di energia di Planck controlla l'intensità dell'accoppiamento gravitazionale relativamente alle altre interazioni presenti su scala microscopica, e determina l'importanza delle correzioni quantistiche alle equazioni gravitazionali classiche.

Indice

1

Complementi di relatività ristretta

In questo primo capitolo richiameremo alcuni aspetti formali della teoria classica dei campi, e in particolare del formalismo variazionale covariante ad essa associato, introducendo nozioni che si riveleranno utili per il successivo studio della teoria relativistica del campo gravitazionale.

Ci concentreremo sulle simmetrie dello spazio-tempo di Minkowski, e mostreremo come le definizioni del tensore canonico energia-impulso e del tensore densità di momento angolare emergano, rispettivamente, dall'invarianza dell'azione rispetto alle traslazioni e alle trasformazioni di Lorentz. Presenteremo quindi alcuni esempi espliciti di tensore energia-impulso per semplici sistemi di interesse fisico: campi scalari, campi vettoriali, masse puntiformi e fluidi perfetti.

È opportuno sottolineare che tutte le considerazioni svolte in questo capitolo saranno basate sull'ipotesi che l'interazione gravitazionale sia assente (o comunque trascurabile), e che i sistemi fisici considerati possano essere correttamente descritti nel contesto della relatività ristretta e del formalismo tensoriale definito nello spazio-tempo di Minkowski. Un utile riferimento per tale formalismo è rappresentato dai testi [1]-[6] della Bibliografia finale.

1.1 Simmetrie e leggi di conservazione

Consideriamo un generico sistema fisico rappresentato dal campo $\psi(x)$, la cui dinamica è controllata dall'azione

$$S = \int_\Omega d^4x \, \mathcal{L}(\psi, \partial\psi, x), \tag{1.1}$$

dove $\mathcal{L}$ è la densità di Lagrangiana, funzione del campo e dei suoi gradienti, e Ω un opportuno dominio di integrazione spazio-temporale. Qui, e nel seguito, indicheremo collettivamente col simbolo x una generica dipendenza da tutte le coordinate dello spazio-tempo. Si noti che le dimensioni di $\mathcal{L}$ sono quelle

© Springer-Verlag Italia 2015
M. Gasperini, *Relatività Generale e Teoria della Gravitazione*,
UNITEXT for Physics, DOI 10.1007/978-88-470-5690-9_1

di una densità d'energia, per cui il funzionale d'azione considerato ha dimensioni di [energia] $\times$ [lunghezza] a causa del fattore c contenuto in $dx^0 = cdt$. Le dimensioni canoniche di [energia] $\times$ [tempo] dell'azione possono essere facilmente ripristinate moltiplicando l'integrale (1.1) per il fattore $1/c$, ma tale fattore risulta irrilevante per la considerazioni svolte in questo capitolo.

Ricordiamo, per iniziare, che l'evoluzione del sistema fisico considerato è descritta dalle equazioni del moto di Eulero-Lagrange. Esse si ottengono imponendo che l'azione risulti stazionaria rispetto a variazioni locali del campo, effettuate con la condizione che tali variazioni siano nulle sul bordo $\partial\Omega$ della regione di integrazione.

Consideriamo infatti una trasformazione infinitesima del campo ψ, effettuata a x fissato:

$$\psi(x) \to \psi'(x) = \psi(x) + \delta\psi(x), \tag{1.2}$$

e calcoliamo la corrispondente variazione δS dell'azione:

$$\delta S = \int_\Omega d^4x \left[\frac{\partial \mathcal{L}}{\partial \psi} \delta\psi + \frac{\partial \mathcal{L}}{\partial(\partial_\mu \psi)} \delta(\partial_\mu \psi) \right]. \tag{1.3}$$

Abbiamo supposto, per semplicità, che $\mathcal{L}$ dipenda solo dalle derivate prime di ψ e non dalle sue derivate superiori (il calcolo però si può facilmente estendere a Lagrangiane contenenti derivate di ordine arbitrario, $\mathcal{L} = \mathcal{L}(\psi, \partial^n \psi)$).

Poiché la variazione $\delta\psi$ è definita ad x fissato, essa commuta con le derivate parziali del campo, ossia:

$$\delta(\partial_\mu \psi) = \partial_\mu \psi' - \partial_\mu \psi = \partial_\mu(\delta\psi). \tag{1.4}$$

Integrando per parti il secondo termine dell'Eq. (1.3) abbiamo quindi

$$\delta S = \int_\Omega d^4x \left[\frac{\partial \mathcal{L}}{\partial \psi} - \partial_\mu \frac{\partial \mathcal{L}}{\partial(\partial_\mu \psi)} \right] \delta\psi + \int_\Omega d^4x \, \partial_\mu \left[\frac{\partial \mathcal{L}}{\partial(\partial_\mu \psi)} \delta\psi \right]. \tag{1.5}$$

Usando il teorema di Gauss possiamo trasformare l'ultimo integrale, che contiene una quadri-divergenza, in un integrale che ci dà il flusso dell'argomento della quadri-divergenza sull'ipersuperficie $\partial\Omega$, che delimita il bordo del quadri-volume Ω considerato. Si ottiene così

$$\delta S = \int_\Omega d^4x \left[\frac{\partial \mathcal{L}}{\partial \psi} - \partial_\mu \frac{\partial \mathcal{L}}{\partial(\partial_\mu \psi)} \right] \delta\psi + \int_{\partial\Omega} dS_\mu \left[\frac{\partial \mathcal{L}}{\partial(\partial_\mu \psi)} \delta\psi \right], \tag{1.6}$$

dove abbiamo indicato con dS_μ l'elemento di ipersuperficie su $\partial\Omega$, orientato lungo la normale in direzione esterna . Se imponiamo che la variazione del campo sia nulla sul bordo,

$$\delta\psi|_{\partial\Omega} = 0, \tag{1.7}$$

troviamo infine che l'ultimo termine dell'Eq. (1.6) è identicamente nullo. La condizione di azione stazionaria (o principio di "minima azione"), $\delta S = 0$, è dunque automaticamente soddisfatta, per qualunque variazione $\delta\psi$, purché valgano le equazioni di Eulero-Lagrange:

$$\partial_\mu \frac{\partial\mathcal{L}}{\partial(\partial_\mu\psi)} = \frac{\partial\mathcal{L}}{\partial\psi}. \tag{1.8}$$

Consideriamo ora una trasformazione infinitesima del campo e delle coordinate spazio-temporali,

$$\psi(x) \to \psi'(x) = \psi(x) + \delta\psi(x), \qquad x^\mu \to x'^\mu = x^\mu + \delta x^\mu(x) \tag{1.9}$$

(come nel caso precedente, la variazione del campo va effettuata calcolando ψ' e ψ *nella stesso punto x dello spazio-tempo*). Possiamo assumere che $\delta\psi$ e δx^μ dipendano da uno o più parametri $\epsilon^1,\dots,\epsilon^n$, che tratteremo come quantità infinitesime del primo ordine, e che sono tipici del gruppo di trasformazioni considerato. Tali parametri possono essere costanti, oppure possono essere funzioni continue delle coordinate, $\epsilon = \epsilon(x)$. Nel primo caso le trasformazioni (1.9) si dicono *globali*, nel secondo caso *locali*.

Consideriamo ora la forma infinitesima dell'azione (1.1), $dS = d^4x\mathcal{L}$, e calcoliamone la variazione prodotta, al primo ordine, dalla trasformazione (1.9). Non imponiamo per il momento alcuna condizione di bordo. Considerando che stiamo variando anche le coordinate possiamo scrivere, in generale,

$$\delta(dS) = d^4x\,\delta\mathcal{L} + \mathcal{L}\,\delta\left(d^4x\right)$$

$$= d^4x\left[\frac{\partial\mathcal{L}}{\partial\psi}\delta\psi + \frac{\partial\mathcal{L}}{\partial(\partial_\mu\psi)}\delta(\partial_\mu\psi) + (\partial_\mu\mathcal{L})\,\delta x^\mu\right] + \mathcal{L}\,\delta\left(d^4x\right). \tag{1.10}$$

Valutiamo innanzitutto l'ultimo contributo, sfruttando il fatto che la trasformazione dell'elemento di quadri-volume è dettata dal determinante Jacobiano $|\partial x'/\partial x|$ della trasformazione di coordinate:

$$d^4x \to d^4x' = d^4x\left|\frac{\partial x'}{\partial x}\right|. \tag{1.11}$$

Nel caso della trasformazione infinitesima (1.9), restando al primo ordine in δx^μ, abbiamo

$$\left|\frac{\partial x'}{\partial x}\right| \equiv \det\left(\frac{\partial x'^\mu}{\partial x^\nu}\right) = \det\left(\delta^\mu_\nu + \partial_\nu\delta x^\mu + \cdots\right)$$

$$= 1 + \partial_\mu\delta x^\mu + \mathcal{O}(\delta x^2), \tag{1.12}$$

e quindi

$$\mathcal{L}\,\delta(d^4x) = \mathcal{L}\left(d^4x' - d^4x\right) = \mathcal{L}\,d^4x\,\partial_\mu(\delta x^\mu). \tag{1.13}$$

Sostituendo nell'Eq. (1.10), sommando tutti i termini, usando l'Eq. (1.4), e raccogliendo una divergenza totale, otteniamo infine l'espressione

$$\delta\left(dS\right) = d^4x \left[\left(\frac{\partial\mathcal{L}}{\partial\psi} - \partial_\mu\frac{\partial\mathcal{L}}{\partial(\partial_\mu\psi)}\right)\delta\psi + \partial_\mu\left(\frac{\partial\mathcal{L}}{\partial(\partial_\mu\psi)}\delta\psi + \mathcal{L}\,\delta x^\mu\right)\right], \quad (1.14)$$

che fornisce la variazione completa dell'azione infinitesima per la trasformazione considerata in Eq. (1.9).

È opportuno ricordare, a questo punto, la definizione precisa di simmetria nel contesto della teoria dei campi. Una trasformazione (dei campi e/o delle coordinate) è detta una *simmetria* del sistema dato se (e solo se) essa lascia invariate le equazioni del moto del sistema. Possiamo dire, in particolare, che se ψ è una soluzione delle equazioni del moto allora la trasformazione $\psi \to \psi'$ rappresenta una simmetria se e solo se anche ψ' è soluzione delle stesse equazioni.

Utilizzando il formalismo variazionale, d'altra parte, si trova facilmente che le equazioni del moto restano invariate sotto una trasformazione infinitesima purché la corrispondente variazione dell'azione si possa scrivere come l'integrale di una quadri-divergenza,

$$\delta S \equiv \int_\Omega d^4x\,\partial_\mu K^\mu, \quad (1.15)$$

dove K^μ è un quadrivettore determinato dalla variazione infinitesima del campo e delle coordinate. È immediato verificare, come esempio particolare, che due distinte Lagrangiane $\mathcal{L}$ e $\overline{\mathcal{L}}$, definite da $\mathcal{L} = \mathcal{L}(\psi, \partial\psi)$ e da $\overline{\mathcal{L}} = \mathcal{L} + \partial_\mu f^\mu(\psi)$, portano alle stesse equazioni del moto per ψ, in quanto l'operatore di Eulero-Lagrange (1.8) applicato a $\partial_\mu f^\mu(\psi)$ dà un risultato identicamente nullo (si veda l'Esercizio 1.1).

Più in generale possiamo notare che, applicando il teorema di Gauss, il contributo variazionale (1.15) si può scrivere nella forma

$$\delta S \equiv \int_{\partial\Omega} dS_\mu\,K^\mu. \quad (1.16)$$

Se K^μ è proporzionale a $\delta\psi$ ne consegue immediatamente che questo termine non contribuisce alle equazioni del moto perché – come già sottolineato – tali equazioni sono ottenute imponendo la condizione $\delta\psi = 0$ sull'ipersuperficie di bordo $\partial\Omega$. Tale conclusione non è in generale valida se K^μ dipende non solo dalla variazione del campo, $\delta\psi$, ma anche dalle sue derivate (si veda, a questo proposito, il Capitolo 7, Sez. 7.1). Anche in questo caso, però, le equazioni del moto restano invariate purché il campo e le sue derivate siano localizzate in una porzione finita di spazio e vadano a zero in modo abbastanza rapido fuori da questa regione, in modo tale che K^μ risulti identicamente nullo sul bordo $\partial\Omega$ del dominio spazio-temporale considerato.

Usando la definizione di simmetria, e imponendo che la variazione (1.14) sia compatibile con la condizione di invarianza delle equazioni del moto, Eq. (1.15), possiamo quindi concludere che la trasformazione (1.9) rappresenta una simmetria per il nostro sistema fisico purché valga la condizione:

$$\left[\frac{\partial \mathcal{L}}{\partial \psi} - \partial_\mu \frac{\partial \mathcal{L}}{\partial(\partial_\mu \psi)}\right] \delta\psi + \partial_\mu \left[\frac{\partial \mathcal{L}}{\partial(\partial_\mu \psi)} \delta\psi + \mathcal{L}\, \delta x^\mu\right] = \partial_\mu K^\mu. \tag{1.17}$$

Nel caso particolare in cui $K^\mu = 0$ risulta soddisfatta la condizione più forte

$$\left[\frac{\partial \mathcal{L}}{\partial \psi} - \partial_\mu \frac{\partial \mathcal{L}}{\partial(\partial_\mu \psi)}\right] \delta\psi + \partial_\mu \left[\frac{\partial \mathcal{L}}{\partial(\partial_\mu \psi)} \delta\psi + \mathcal{L}\, \delta x^\mu\right] = 0, \tag{1.18}$$

che garantisce anche l'invarianza dell'azione (si veda l'Eq. (1.14)) oltre che l'invarianza delle equazioni del moto. Però, se K^μ si annulla sul bordo del dominio di integrazione Ω, allora il contributo integrale di $\partial_\mu K^\mu$ scompare grazie all'applicazione del teorema di Gauss (si veda l'Eq. (1.16)), e anche la condizione di simmetria (1.17) è sufficiente a garantire l'invarianza dell'azione, $\delta S = 0$.

Siamo ora in grado di presentare il risultato – universalmente noto come *teorema di Nöther* – che esprime in maniera precisa lo stretto legame esistente tra simmetrie e leggi di conservazione preannunciato dal titolo di questa sezione. Dalla definizione di simmetria (1.17) segue infatti che ad ogni trasformazione di simmetria $\{\delta\psi, \delta x\}$, e ad ogni configurazione di campo che soddisfa le equazioni del moto (1.8), possiamo sempre associare una corrente vettoriale J^μ, definita da

$$J^\mu = \frac{\partial \mathcal{L}}{\partial(\partial_\mu \psi)} \delta\psi + \mathcal{L}\, \delta x^\mu - K^\mu, \tag{1.19}$$

che risulta conservata – ossia che soddisfa alla condizione di divergenza nulla – in virtù della simmetria del sistema dato:

$$\partial_\mu J^\mu = 0. \tag{1.20}$$

Va subito notato che la definizione di questa corrente non è univoca, in generale. Infatti, è sempre possibile aggiungere alla Lagrangiana una quadridivergenza che non cambia le equazioni del moto, e quindi non rompe le simmetria del sistema. La Lagrangiana così modificata porta a definire una nuova corrente che è diversa dalla precedente, e che è anch'essa conservata grazie al teorema di Nöther (si veda la Sez. 1.2 per un esempio esplicito).

È utile osservare, infine, che se la trasformazione di simmetria considerata dipende da n parametri indipendenti, $\epsilon^1, \ldots, \epsilon^n$, allora esistono in generale n correnti vettoriali, ciascuna delle quali è separatamente conservata.

Supponiamo infatti che la trasformazione infinitesima (1.9) si possa fattorizzare come segue, introducendo n parametri ϵ^A costanti:

$$\delta\psi = \epsilon^A \delta_A \psi, \qquad \delta x^\mu = \epsilon^A \delta_A x^\mu, \qquad A = 1, 2, \ldots, n. \qquad (1.21)$$

Ripetiamo i passaggi precedenti, parametrizzando il vettore K^μ come $K^\mu = \epsilon^A K_A^\mu$ e imponendo che le equazioni del moto siano soddisfatte. Fattorizzando i parametri ϵ^A troviamo allora che la condizione di simmetria (1.17) associa ad ogni parametro una specifica corrente conservata J_A^μ, con $A = 1, 2, \ldots, n$, tale che:

$$J_A^\mu = \frac{\partial \mathcal{L}}{\partial(\partial_\mu \psi)} \delta_A \psi + \mathcal{L} \, \delta_A x^\mu - K_A^\mu, \qquad \partial_\mu J_A^\mu = 0. \qquad (1.22)$$

Esempi di questo tipo saranno discussi nelle sezioni successive.

1.2 Traslazioni globali e tensore canonico energia-impulso

Un semplice e importante esempio di simmetria nello spazio-tempo di Minkowski è costituito dall'invarianza per traslazioni (di tipo *globale*) delle coordinate spazio-temporali, ed è associato alla trasformazione

$$x^\mu \to x'^\mu(x) = x^\mu + \epsilon^\mu, \qquad (1.23)$$

dove ϵ^μ sono quattro parametri indipendenti, costanti ed infinitesimi. La trasformazione inversa è data da

$$x^\mu(x') = x'^\mu - \epsilon^\mu, \qquad (1.24)$$

e la matrice Jacobiana della trasformazione si riduce alla matrice identità,

$$\delta x^\mu = x'^\mu - x^\mu = \epsilon^\mu = \text{cost.} \quad \Longrightarrow \quad \frac{\partial x'^\mu}{\partial x^\nu} = \delta_\nu^\mu, \qquad (1.25)$$

in quanto abbiamo considerato una traslazione "rigida" (ossia indipendente dal punto dello spazio-tempo in cui viene effettuata).

Tutti i campi, indipendentemente dalla specifica rappresentazione tensoriale (o spinoriale) del gruppo di Lorentz che li caratterizza, si trasformano dunque come scalari rispetto alla traslazione (1.23):

$$\psi'(x') \equiv \psi'(x + \epsilon) = \psi(x). \qquad (1.26)$$

La variazione infinitesima $\delta\psi$, effettuata in un punto di coordinate fissate, si ottiene sviluppando la trasformazione precedente in serie di Taylor nel limite

$\epsilon \to 0$. Considerando ad esempio la variazione nel punto x, ed espandendo l'Eq. (1.26) nel punto traslato $x - \epsilon$ abbiamo, al primo ordine in ϵ,

$$\psi'(x) = \psi(x - \epsilon) \simeq \psi(x) - \epsilon^\mu \partial_\mu \psi(x) + \cdots, \qquad (1.27)$$

e quindi

$$\delta\psi \equiv \psi'(x) - \psi(x) = -\epsilon^\mu \partial_\mu \psi. \qquad (1.28)$$

Chiediamoci ora qual è la corrente conservata nel caso in cui le traslazioni globali (1.23) rappresentino una trasformazione di simmetria per il sistema fisico dato. Per tali trasformazioni l'elemento di quadri-volume resta invariato, $d^4 x' = d^4 x$, in accordo all'Eq. (1.11). Inoltre, i sistemi invarianti per traslazioni corrispondono ai cosiddetti sistemi "isolati", per i quali la densità di lagrangiana si trasforma anch'essa come uno scalare, $\mathcal{L}'(\psi'(x')) = \mathcal{L}(\psi(x))$, indipendentemente dalla misura di integrazione spazio-temporale. Ne consegue che, per tali sistemi,

$$\int d^4 x'\, \mathcal{L}'(\psi'(x')) = \int d^4 x\, \mathcal{L}(\psi(x)), \qquad (1.29)$$

ossia l'azione stessa risulta invariante.

In questo caso abbiamo $K^\mu = 0$, e la definizione generale di simmetria (1.17) si riduce al caso particolare (1.18). Imponendo che valgano le equazioni del moto (1.8), sostituendo a δx^μ e $\delta\psi$ le espressioni (1.25) e (1.28), e tenendo conto che i parametri ϵ sono costanti, arriviamo dunque all'equazione di conservazione

$$\epsilon^\nu \partial_\mu \Theta_\nu{}^\mu = 0, \qquad (1.30)$$

dove abbiamo posto

$$\Theta_\nu{}^\mu \equiv \frac{\partial \mathcal{L}}{\partial(\partial_\mu \psi)}\, \partial_\nu \psi - \mathcal{L}\, \delta_\nu^\mu \qquad (1.31)$$

(il segno di $\Theta_\nu{}^\mu$, in principio arbitrario, è stato fissato in questo modo per ragioni di convenienza futura).

Poiché i parametri ϵ^ν sono arbitrari e indipendenti, l'Eq. (1.30) definisce quattro correnti vettoriali separatamente conservate, $\Theta_\nu{}^\mu$, $\nu = 1, \ldots, 4$, una per ognuna delle quattro componenti di ϵ^ν. Ritroviamo così un esempio specifico del caso considerato alla fine della sezione precedente: le traslazioni globali infinitesime appartengono infatti alla classe di trasformazioni (1.21), e corrispondono al caso particolare in cui $n = 4$, l'indice A è un indice vettoriale ν dello spazio-tempo, e le variazioni infinitesime dell'Eq. (1.21) corrispondono esplicitamente a

$$\delta_\nu x^\mu = \partial_\nu x^\mu, \qquad\qquad \delta_\nu \psi = -\partial_\nu \psi. \qquad (1.32)$$

Poiché ν è un indice di tipo vettoriale, l'oggetto conservato $\Theta_\nu{}^\mu$ definito in Eq. (1.31) è un tensore di rango due, chiamato *tensore canonico densità di energia-impulso*.

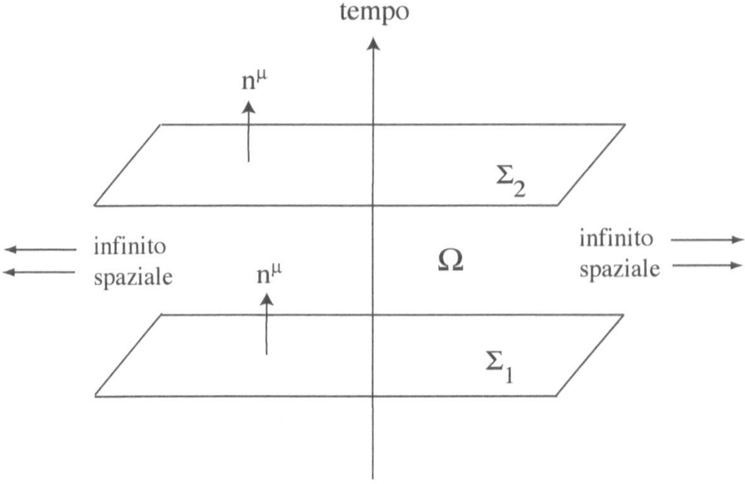

Figura 1.1 La porzione di spazio-tempo Ω è delimitata dai due iperpiani tridimensionali Σ_1 e Σ_2 che si estendono spazialmente all'infinito

Per comprendere (e giustificare fisicamente) il nome di questo tensore è necessario ricordare che ad ogni corrente conservata J^μ, che soddisfa l'equazione di continuità $\partial_\mu J^\mu = 0$, si può sempre associare una "carica" conservata (ovvero una costante del moto), definita da un opportuno integrale della corrente sullo spazio-tempo.

Consideriamo infatti una porzione quadri-dimensionale Ω dello spazio-tempo di Minkowski, supponendo che tale regione si estenda all'infinito lungo le coordinate spaziali, e sia invece limitata lungo l'asse temporale da due iperpiani paralleli Σ_1 e Σ_2, Euclidei e tridimensionali, di tipo spazio (caratterizzati cioè da un versore normale n^μ di tipo tempo, $n_\mu n^\mu = 1$, come illustrato in Fig. 1.1). Integrando l'equazione di continuità $\partial_\mu J^\mu = 0$ sulla regione Ω, applicando il teorema di Gauss, e assumendo che i campi che definiscono J^μ siano localizzati a distanza finita dall'origine (ossia che $J^\mu \to 0$, in modo sufficientemente rapido, per $x \to \pm \infty$) si ottiene:

$$0 = \int_\Omega d^4x\, \partial_\mu J^\mu = \int_{\partial\Omega} J^\mu dS_\mu = \int_{\Sigma_2} J^\mu dS_\mu - \int_{\Sigma_1} J^\mu dS_\mu. \tag{1.33}$$

Il segno opposto dei due integrali a secondo membro è dovuto al fatto che, per il teorema di Gauss, dobbiamo valutare su $\partial\Omega$ il flusso di J^μ "uscente" da Ω, ossia il flusso orientato lungo la normale e diretto verso l'esterno del bordo.

L'Eq. (1.33) ci dice che il flusso di J^μ non dipende dall'ipersuperficie considerata, ossia che

$$\int_{\Sigma_2} J^\mu dS_\mu = \int_{\Sigma_1} J^\mu dS_\mu. \tag{1.34}$$

Possiamo valutare, in particolare, il prodotto $J^\mu dS_\mu$ nel riferimento di un osservatore inerziale la cui quadri-velocità è parallela a n^μ, dove abbiamo $n^\mu = \delta_0^\mu$, $dS_0 = d^3x$, $dS_i = 0$, e dove gli iperpiani Σ_1, Σ_2 sono ipersuperfici a $t = $ costante, che intersecano rispettivamente l'asse temporale nei punti t_1 e t_2. L'Eq. (1.34) definisce allora una quantità Q indipendente dal tempo (ovvero una quantità conservata), tale che:

$$\begin{aligned}
Q(t_2) &= \frac{1}{c}\int_{\Sigma_2} J^\mu dS_\mu \equiv \frac{1}{c}\int_{t_2} J^0 d^3x = \\
&= Q(t_1) = \frac{1}{c}\int_{\Sigma_1} J^\mu dS_\mu \equiv \frac{1}{c}\int_{t_1} J^0 d^3x = \text{cost}
\end{aligned} \tag{1.35}$$

(il fattore di normalizzazione $1/c$ è stato inserito per ragioni di convenienza dimensionale, come vedremo in seguito).

Il risultato precedente è valido per qualunque corrente J^μ a divergenza nulla. Nel caso dell'invarianza per traslazioni abbiamo quattro correnti a divergenza nulla $\Theta_\nu{}^\mu$. Integrando su di un'arbitraria ipersuperficie spaziale Σ possiamo dunque definire quattro costanti del moto (ovvero quattro "cariche" conservate) P_ν,

$$P_\nu = \frac{1}{c}\int_\Sigma \Theta_\nu{}^\mu dS_\mu = \frac{1}{c}\int_{t=\text{cost}} \Theta_\nu{}^0 d^3x, \tag{1.36}$$

associate ai quattro parametri ϵ^ν che specificano la trasformazione data. D'altra parte, in accordo ai risultati della meccanica analitica elementare, è ben noto che l'invarianza per traslazioni lungo un asse spaziale x_i è associato alla conservazione dell'impulso (o quantità di moto) p_i lungo quell'asse, mentre l'invarianza per traslazioni temporali è associata alla conservazione dell'energia. Possiamo dunque interpretare le quattro quantità conservate come le quattro componenti del quadrivettore impulso canonico $P_\nu = (p_i, \mathcal{E}/c)$, e le componenti del tensore $\Theta_\nu{}^\mu$ – che devono essere integrate sul volume spaziale per riprodurre P_ν – come *densità* di energia e di impulso.

È opportuno verificare, a questo punto, che il fattore di proporzonalità $1/c$ è necessario per ottenere il quadrivettore impulso con la corretta normalizzazione dimensionale. A questo proposito consideriamo la quarta componente P_0, che deve corrispondere a $\mathcal{E}/c$, dove $\mathcal{E}$ è l'energia totale del sistema. Dall'Eq. (1.31) abbiamo

$$\Theta_0{}^0 = \left(\frac{\partial \mathcal{L}}{\partial \dot\psi}\right)\dot\psi - \mathcal{L}, \tag{1.37}$$

dove $\dot{\psi} = \partial\psi/\partial t$, e dove $\partial\mathcal{L}/\partial\dot{\psi}$ è il momento canonico coniugato del campo ψ. Quindi $\Theta_0{}^0$ coincide esattamente con la densità di Hamiltoniana $\mathcal{H}$ che, per un sistema isolato, è anche la densità d'energia totale del sistema. L'integrale di $\Theta_0{}^0$ su tutto lo spazio, diviso per c, fornisce quindi la corretta espressione per P_0, in accordo alla definizione (1.36).

Notiamo infine che il tensore canonico energia-impulso (1.31) *non è*, in generale, un tensore simmetrico nello scambio degli indici, cioè $\Theta_{\nu\mu} \neq \Theta_{\mu\nu}$. D'altra parte la definizione di $\Theta_{\mu\nu}$ non è univoca, e questa proprietà può essere sfruttata per modificare il tensore in modo da renderlo simmetrico, come vedremo nella Sez. 1.3.

1.2.1 Non-univocità della definizione

Abbiamo già sottolineato, nella sezione precedente, che è sempre possibile modificare una Lagrangiana data aggiungendo la divergenza di una funzione arbitraria senza per questo influire sulle equazioni del moto, e quindi senza rompere le simmetrie possedute dal sistema.

In particolare, dato un sistema fisico ψ descritto dalla densità di Lagrangiana $\mathcal{L}$, invariante per traslazioni globali, possiamo aggiungere a $\mathcal{L}$ il temine $\overline{\mathcal{L}} = \partial_\alpha f^\alpha(\psi)$ conservando le proprietà di invarianza traslazionale. Il nuovo termine $\partial_\alpha f^\alpha$ fornisce un contributo non-triviale $\overline{\Theta}_\nu{}^\mu$ al tensore energia-impulso del sistema; tale contributo, però, soddisfa automaticamente la condizione di divergenza nulla, $\partial_\mu\overline{\Theta}_\nu{}^\mu = 0$ (si veda l'Esercizio 1.2). Alla nuova Lagrangiana $\mathcal{L} + \overline{\mathcal{L}}$ è associato quindi un nuovo tensore canonico energia-impulso $\Theta + \overline{\Theta}$ che è ancora conservato,

$$\partial_\nu \left(\Theta_\mu{}^\nu + \overline{\Theta}_\mu{}^\nu\right) = 0, \tag{1.38}$$

perché sia Θ che $\overline{\Theta}$ sono separatamente conservati.

Il nuovo tensore $\Theta + \overline{\Theta}$ è ovviamente diverso dal tensore canonico originale Θ. Le costanti del moto associate a $\Theta + \overline{\Theta}$, però, sono esattamente le stesse di quelle associate a Θ. Infatti, applicando la definizione (1.31) per calcolare il tensore energia-impulso $\overline{\Theta}$ associato a $\overline{\mathcal{L}}$, abbiamo:

$$\overline{\Theta}_\mu{}^\nu = \partial_\mu f^\nu - \delta_\mu^\nu \partial_\alpha f^\alpha \tag{1.39}$$

(si veda l'Esercizio 1.2, Eq. (1.109)). Usando la definizione (1.36), e integrando su di una ipersuperficie spaziale Σ infinitamente estesa, otteniamo infine

$$\overline{P}_i = \frac{1}{c}\int_\Sigma \overline{\Theta}_i{}^0 d^3x = \frac{1}{c}\int_\Sigma d^3x\,\partial_i f^0, \tag{1.40}$$

$$\overline{P}_0 = \frac{1}{c}\int_\Sigma \overline{\Theta}_0{}^0 d^3x = -\frac{1}{c}\int_\Sigma d^3x\,\partial_i f^i. \tag{1.41}$$

Entrambi questi integrali sono nulli, perché si riducono a valutare le funzioni $f^\mu(\psi)$ sul bordo spaziale di Σ all'infinito, dove i campi (localizzati in porzioni finite di spazio) vanno rapidamente a zero. Ne consegue che sia Θ che $\Theta + \overline{\Theta}$, forniscono le stesse componenti del quadri-impulso totale P_μ associato a quel sistema, e sono quindi fisicamente equivalenti.

1.3 Trasformazioni di Lorentz e tensore momento angolare

Un'altra importante simmetria, tipica dello spazio di Minkowski, è costituita dall'invarianza per trasformazioni *globali* del gruppo di Lorentz ristretto, ed è associata alla trasformazione di coordinate

$$x^\mu \to x'^\mu = \Lambda^\mu{}_\nu x^\nu, \tag{1.42}$$

dove Λ è una matrice costante che rappresenta un elemento del gruppo $SO(3,1)$ ortocrono, e quindi soddisfa alle condizioni:

$$\eta_{\mu\nu}\Lambda^\mu{}_\alpha \Lambda^\nu{}_\beta = \eta_{\alpha\beta}, \qquad \det\Lambda = 1, \qquad \Lambda^0{}_0 \geq 1 \tag{1.43}$$

(η è la metrica di Minkowski). Sviluppando l'Eq. (1.42) attorno alla trasformazione identica possiamo porre, al primo ordine,

$$\Lambda^\mu{}_\nu = \delta^\mu_\nu + \omega^\mu{}_\nu + \cdots, \qquad x'^\mu(x) = x^\mu + \omega^\mu{}_\nu x^\nu + \cdots. \tag{1.44}$$

Imponendo la condizione di gruppo (1.43) troviamo allora che la matrice ω deve essere antisimmetrica, $\omega_{\mu\nu} = \omega_{[\mu\nu]}$. Possiamo perciò scrivere la variazione delle coordinate come

$$\delta x^\mu = x'^\mu - x^\mu = \omega^\mu{}_\nu x^\nu \equiv \frac{1}{2}\left(\omega^{\mu\nu} - \omega^{\nu\mu}\right) x_\nu, \tag{1.45}$$

dove le sei componenti indipendenti (e costanti) di $\omega_{\mu\nu}$ rappresentano i sei parametri infinitesimi della trasformazione di Lorentz considerata.

Per ottenere la corrispondente variazione infinitesima del campo ricordiamo che il gruppo di Lorentz ristretto è un gruppo di Lie, e che una generica trasformazione si può quindi rappresentare in forma esponenziale come segue:

$$\psi'(x') = U\psi(x), \qquad U = e^{-\frac{i}{2}\omega_{\mu\nu}S^{\mu\nu}}. \tag{1.46}$$

L'operatore antisimmetrico $S_{\mu\nu} = -S_{\nu\mu}$ contiene i sei generatori delle trasformazioni del gruppo – che nel nostro caso si possono scomporre in tre rotazioni e tre "boosts" lungo i tre assi spaziali – e soddisfa alla cosiddetta "algebra di Lie" di $SO(3,1)$, rappresentata dalle regole di commutazione seguenti:

$$\left[S^{\mu\nu},S^{\alpha\beta}\right] = i\left(\eta^{\nu\alpha}S^{\mu\beta} - \eta^{\nu\beta}S^{\mu\alpha} - \eta^{\mu\alpha}S^{\nu\beta} + \eta^{\mu\beta}S^{\nu\alpha}\right). \tag{1.47}$$

L'espressione esplicita dei generatori S dipende, ovviamente, dalla rappresentazione del gruppo di Lorentz a cui appartiene il campo considerato.

Sviluppando la trasformazione (1.46) attorno all'identità, e indicando genericamente con l'indice A l'insieme degli indici di Lorentz (tensoriali o spinoriali) posseduti dal campo, possiamo approssimare la trasformazione, al primo ordine in ω, come

$$\psi'^{A}(x') = \left[\delta^{A}_{B} - \frac{i}{2}\omega_{\mu\nu}\left(S^{\mu\nu}\right)^{A}{}_{B} + \cdots\right]\psi^{B}(x). \tag{1.48}$$

Se abbiamo un campo scalare, in particolare, l'operatore U coincide con l'identità e i generatori corrispondenti sono nulli, $S^{\mu\nu} = 0$. Se abbiamo un campo che appartiene alla rappresentazione vettoriale gli indici $A, B, \ldots$ coincidono con indici spazio-temporali $\alpha, \beta \ldots$ che variano da 0 a 3, e i sei generatori sono rappresentati da sei matrici 4×4, $(S^{\mu\nu})^{\alpha}{}_{\beta}$: una matrice per ognuna delle sei possibili combinazioni indipendenti degli indici antisimmetrici μ e ν. La forma esplicita di questi generatori si può ottenere imponendo che l'Eq. (1.48) riproduca lo sviluppo (1.44) della matrice Λ, ossia che

$$-\frac{i}{2}\omega_{\mu\nu}\left(S^{\mu\nu}\right)^{\alpha}{}_{\beta}\psi^{\beta} = \omega^{\alpha}{}_{\beta}\psi^{\beta}. \tag{1.49}$$

Si trova allora l'espressione

$$(S^{\mu\nu})^{\alpha}{}_{\beta} = i\left(\eta^{\mu\alpha}\delta^{\nu}_{\beta} - \eta^{\nu\alpha}\delta^{\mu}_{\beta}\right), \tag{1.50}$$

e si può verificare che, per queste matrici, anche l'algebra di commutazione (1.47) risulta automaticamente soddisfatta. E così via per altre rappresentazioni tensoriali del gruppo di Lorentz di rango più elevato (per i generatori della rappresentazione spinoriale si veda in particolare il Capitolo 13).

Vogliamo calcolare ora la variazione infinitesima del campo ψ valutata *localmente* in un punto di coordinate fissato, ad esempio nel punto x: vogliamo calcolare ciè $\delta\psi(x) = \psi'(x) - \psi(x)$. A questo scopo partiamo dalla generica trasformazione (1.46) scritta non nel punto x ma nel punto traslato $x - \delta x$, espandiamo la trasformazione di Lorentz del campo al primo ordine in ω come prescritto dall'Eq. (1.48), ed espandiamo anche in serie di Taylor il campo traslato $\psi(x - \delta x)$ per $\delta x \to 0$. Otteniamo allora (omettendo, per semplicità, di scrivere esplicitamente gli indici di Lorentz del campo)

$$\begin{aligned}
\psi'(x) &= U\psi(x - \delta x) = \left(1 - \frac{i}{2}\omega_{\mu\nu}S^{\mu\nu} + \cdots\right)\left[\psi(x) - \delta x^{\mu}\partial_{\mu}\psi(x) + \cdots\right] \\
&= \psi(x) - \frac{i}{2}\omega_{\mu\nu}S^{\mu\nu}\psi(x) - \delta x^{\mu}\partial_{\mu}\psi(x) + \cdots.
\end{aligned} \tag{1.51}$$

Usando per δx^μ la trasformazione di Lorentz infinitesima (1.45) arriviamo infine a

$$\delta\psi \equiv \psi'(x) - \psi(x) = \frac{1}{2}\omega_{\mu\nu}\left(x^\mu\partial^\nu - x^\nu\partial^\mu - iS^{\mu\nu}\right)\psi. \qquad (1.52)$$

Abbiamo ora tutti gli elementi necessari per applicare la condizione di simmetria (1.17), e calcolare le correnti e le quantità conservate associate all'invarianza per trasformazioni globali del gruppo di Lorentz ristretto.

Osserviamo innanzitutto che per questo gruppo – così come per il gruppo delle traslazioni globali considerato in precedenza – l'elemento di quadri-volume d^4x risulta invariante. Assumendo che anche la densità di Lagrangiana sia separatamente Lorentz-invariante, e ponendo $K^\mu = 0$, possiamo allora applicare la condizione di simmetria (1.18). Imponendo le equazioni di Eulero-Lagrange siano soddisfatte, e usando per δx e $\delta\psi$ le variazioni infinitesime (1.45), (1.52), otteniamo:

$$\frac{1}{2}\omega_{\alpha\beta}\partial_\mu\left[\frac{\partial\mathcal{L}}{\partial(\partial_\mu\psi)}\left(-iS^{\alpha\beta} + x^\alpha\partial^\beta - x^\beta\partial^\alpha\right)\psi + \mathcal{L}\left(\eta^{\alpha\mu}x^\beta - \eta^{\beta\mu}x^\alpha\right)\right]$$

$$= \frac{1}{2}\omega_{\alpha\beta}\partial_\mu\left[-i\frac{\partial\mathcal{L}}{\partial(\partial_\mu\psi)}S^{\alpha\beta}\psi + \left(\frac{\partial\mathcal{L}}{\partial(\partial_\mu\psi)}\partial^\beta\psi - \mathcal{L}\eta^{\mu\beta}\right)x^\alpha \right. \qquad (1.53)$$

$$\left. - \left(\frac{\partial\mathcal{L}}{\partial(\partial_\mu\psi)}\partial^\alpha\psi - \mathcal{L}\eta^{\mu\alpha}\right)x^\beta\right] = 0.$$

Nelle due parentesi tonde presenti a secondo membro si può facilmente riconoscere l'espressione del tensore canonico energia-impulso (1.31). Usando l'arbitrarietà e l'indipendenza dei parametri $\omega_{\alpha\beta}$ arriviamo quindi alla seguente equazione di conservazione,

$$\partial_\mu J^{\mu\alpha\beta} = 0, \qquad (1.54)$$

dove

$$J^{\mu\alpha\beta} = S^{\mu\alpha\beta} + x^\alpha\Theta^{\beta\mu} - x^\beta\Theta^{\alpha\mu} = J^{\mu[\alpha\beta]}, \qquad (1.55)$$

e dove

$$S^{\mu\alpha\beta} = -i\frac{\partial\mathcal{L}}{\partial(\partial_\mu\psi)}S^{\alpha\beta}\psi = S^{\mu[\alpha\beta]}. \qquad (1.56)$$

Poiché il tensore $J^{\mu\alpha\beta}$ è antisimmetrico negli ultimi due indici esso contiene 24 componenti indipendenti, che corrispondono in totale a *sei* correnti vettoriali conservate, e quindi a *sei* costanti del moto,

$$J^{\alpha\beta} = \frac{1}{c}\int_\Sigma J^{\mu\alpha\beta}dS_\mu = J^{[\alpha\beta]}, \qquad (1.57)$$

che possiamo associare all'invarianza per rotazioni e per *boosts* effettuati lungo le tre dimensioni spaziali.

Ricordando che Θ rappresenta la densità di energia ed impulso, è facile riconoscere nela seconda parte della corrente (1.55),

$$L^{\mu\alpha\beta} = x^\alpha \Theta^{\beta\mu} - x^\beta \Theta^{\alpha\mu}, \tag{1.58}$$

l'espressione relativistica del tensore densità di *momento angolare orbitale*. La prima parte associata al tensore $S^{\mu\alpha\beta}$, che dipende esplicitamente dalla rappresentazione di Lorentz – e quindi dalle proprietà di trasformazione intrinseche del campo considerato – rappresenta invece la densità di *momento angolare intrinseco* (o densità di spin) del campo dato. Per un campo scalare, in particolare, abbiamo infatti $S = 0$. Il tensore $J^{\mu\alpha\beta}$ rappresenta quindi la densità di momento angolare totale del sistema dato, e il suo integrale (1.57) su tutto il volume spaziale rappresenta il corrispondente tensore di momento angolare relativistico $J^{\alpha\beta}$, ottenuto sommando le componenti orbitali e quelle intrinseche.

1.3.1 Simmetrizzazione del tensore energia-impulso

L'equazione di conservazione di $J^{\mu\alpha\beta}$ chiarisce l'origine fisica della mancanza di simmetria del tensore canonico energia-impulso, ossia del fatto che, in generale, $\Theta_{\mu\nu} \neq \Theta_{\nu\mu}$. Scrivendo esplicitamente l'Eq. (1.54), ed usando la condizione $\partial_\mu \Theta^{\beta\mu} = 0$, abbiamo infatti:

$$\partial_\mu S^{\mu\alpha\beta} + \Theta^{\beta\mu}\delta_\mu^\alpha - \Theta^{\alpha\mu}\delta_\mu^\beta = 0, \tag{1.59}$$

da cui

$$\Theta^{[\alpha\beta]} = \frac{1}{2}\partial_\mu S^{\mu\alpha\beta}. \tag{1.60}$$

Questa relazione mostra chiaramente come la parte antisimmetrica di Θ sia collegata al tensore densità di spin, e sia quindi inevitabilmente presente nel caso di campi dotati di momento angolare intrinseco. La relazione ottenuta suggerisce anche una possibile procedura formale per ridefinire il tensore canonico energia-impulso, rendendolo simmetrico senza rinunciare alle sue proprietà di conservazione.

Tale procedura, detta "metodo di Belinfante-Rosenfeld", consiste nel sottrarre i contributi dello spin intrinseco, passando da Θ ad un nuovo tensore T tale che:

$$T^{\alpha\beta} = \Theta^{\alpha\beta} - \frac{1}{2}\partial_\mu \left(S^{\mu\alpha\beta} - S^{\alpha\beta\mu} + S^{\beta\mu\alpha} \right). \tag{1.61}$$

È facile verificare che

$$T^{[\alpha\beta]} = \frac{1}{2}\partial_\mu \left(S^{[\alpha\beta]\mu} + S^{[\beta\alpha]\mu} \right) \equiv 0, \tag{1.62}$$

e che

$$\partial_\beta T^{\alpha\beta} = -\frac{1}{2}\partial_\beta\partial_\mu\left(S^{\mu\alpha\beta} + S^{\beta\mu\alpha}\right) = \partial_\beta\partial_\mu S^{[\mu\beta]\alpha} \equiv 0. \qquad (1.63)$$

Il nuovo tensore T risulta quindi simmetrico e automaticamente conservato. Inoltre, la differenza tra T e Θ è un termine di divergenza totale, e quindi non modifica le costanti del moto definite dal loro integrale su di una iper-superficie spaziale infinitamente estesa, come discusso nella sezione precedente.

L'importanza (e la necessità) di un'espressione simmetrica per il tensore energia-impulso apparirà chiara nell'ambito di una teoria relativistica del campo gravitazionale, come vedremo nel Capitolo. 7. In tale ambito verrà introdotta una conveniente definizione alternativa del tensore energia-impulso che fornisce automaticamente il tensore canonico nella sua versione simmetrizzata (si veda in particolare la Sez. 7.2).

1.4 Esempi di tensore energia-impulso

Nell'ultima sezione di questo capitolo presenteremo alcuni esempi espliciti di tensore canonico energia-impulso, concentrandoci su semplici sistemi fisici che verrano utilizzati anche nei capitoli successivi. Cominciamo col caso di un campo scalare relativistico.

1.4.1 Campo scalare

Consideriamo un campo scalare ϕ, che per semplicità assumiamo reale, soggetto ad un potenziale di auto-interazione $V(\phi)$. La Lagrangiana si ottiene sommando il temine cinetico, quadratico nelle derivate del campo, e il temine potenziale. Usando unità naturali ($\hbar = c = 1$), e normalizzando in maniera canonica il termine cinetico del campo, abbiamo allora la densità di di Lagrangiana

$$\mathcal{L} = \frac{1}{2}\partial_\mu\phi\partial^\mu\phi - V(\phi). \qquad (1.64)$$

Il momento canonicamente coniugato al campo, in questo caso, è dato da

$$\frac{\partial\mathcal{L}}{\partial(\partial_\mu\phi)} = \partial^\mu\phi, \qquad (1.65)$$

e quindi l'equazione del moto (1.8) assume la forma:

$$\partial_\mu\partial^\mu\phi \equiv \Box\phi = -\frac{\partial V}{\partial\phi}. \qquad (1.66)$$

Per un campo libero massivo, in particolare, $V = m^2\phi^2/2$ e l'equazione precedente si riduce alla ben nota equazione di Klein-Gordon:

$$\left(\Box + m^2\right)\phi = 0. \tag{1.67}$$

Applicando la definizione generale (1.31) alla Lagrangiana del campo scalare otteniamo il corrispondente tensore canonico energia-impulso:

$$\Theta_\nu{}^\mu = \partial_\nu\phi\partial^\mu\phi - \frac{1}{2}\partial_\alpha\phi\partial^\alpha\phi\,\delta_\nu^\mu + V\delta_\nu^\mu. \tag{1.68}$$

È immediato verificare che questo tensore è simmetrico, in accordo al fatto che il momento angolare intrinseco di un campo scalare è nullo (si veda la Sez. 1.3.1). Usando l'equazione del moto (1.66) possiamo anche facilmente verificare che, in assenza di interazioni esterne, questo tensore è conservato. Prendendo la sua divergenza abbiamo infatti:

$$\partial_\mu\Theta_\nu{}^\mu = \left(\partial_\mu\partial_\nu\phi\right)\partial^\mu\phi + \partial_\nu\phi\Box\phi - \left(\partial_\nu\partial_\alpha\phi\right)\partial^\alpha\phi + \partial_\nu\phi\frac{\partial V}{\partial\phi} \equiv 0. \tag{1.69}$$

Si noti che primo e il terzo termine della divergenza si elidono automaticamente, mentre il secondo e il quarto termine si cancellano grazie all'equazione del moto (1.66).

1.4.2 Campo elettromagnetico

Il campo elettromagnetico è un campo di tipo vettoriale, rappresentato dal potenziale vettore A_ν. Il termine cinetico del campo libero è quadratico nelle derivate di A_ν, ed è rappresentato dalla cosiddetta densità di Lagrangiana di Maxwell:

$$\mathcal{L} = -\frac{1}{16\pi}\left(\partial_\mu A_\nu - \partial_\nu A_\mu\right)\left(\partial^\mu A^\nu - \partial^\nu A^\mu\right). \tag{1.70}$$

Le relazioni generali fornite in precedenza per le equazioni del moto, il tensore energia-impulso, etc ..., scritte per un generico campo ψ, si applicano in questo caso con la ovvia sostituzione $\psi \to A_\nu$. Il momento coniugato del campo, in particolare, è dato da

$$\frac{\partial\mathcal{L}}{\partial(\partial_\mu A_\nu)} = -\frac{1}{4\pi}F^{\mu\nu}, \qquad F_{\mu\nu} = \partial_\mu A_\nu - \partial_\nu A_\mu, \tag{1.71}$$

dove $F_{\mu\nu}$ è il tensore del campo elettromagnetico. In assenza di sorgenti le equazioni del moto (1.8) riproducono quindi le ordinarie equazioni di Maxwell nel vuoto, $\partial_\mu F^{\mu\nu} = 0$.

Dalla definizione (1.31) otteniamo inoltre il corrispondente tensore canonico energia-impulso,

$$\Theta_\alpha{}^\mu = -\frac{1}{4\pi} F^{\mu\nu} \partial_\alpha A_\nu + \frac{1}{16\pi} F^2 \delta_\alpha^\mu, \tag{1.72}$$

che non è simmetrico, in accordo al fatto che un campo vettoriale possiede momento angolare intrinseco. Tale tensore può essere simmetrizzato, come discusso nella Sez. 1.3.1, mediante l'aggiunta di un termine a divergenza nulla che cancelli i contributi dello spin intrinseco del campo. In questo caso il termine aggiuntivo ha la forma

$$\overline{\Theta}_\alpha{}^\mu = \frac{1}{4\pi} F^{\mu\nu} \partial_\nu A_\alpha, \tag{1.73}$$

e ci porta al nuovo tensore:

$$T_\alpha{}^\mu = \Theta_\alpha{}^\mu + \overline{\Theta}_\alpha{}^\mu = -\frac{1}{4\pi} \left(F^{\mu\nu} F_{\alpha\nu} - \frac{1}{4} F^2 \delta_\alpha^\mu \right). \tag{1.74}$$

È facile verificare che questo tensore è simmetrico, $T_{\alpha\mu} = T_{\mu\alpha}$, e che la sua traccia è nulla, $T_\mu{}^\mu = 0$. Possiamo inoltre calcolare esplicitamente le sue componenti in funzione del campo elettrico e magnetico, usando la definizione di $F_{\mu\nu}$:

$$\begin{aligned}
F^{i0} &= E^i = -F_{i0}, & F^{ij} &= -\epsilon^{ijk} B_k = F_{ij}, \\
F^2 &\equiv F_{\mu\nu} F^{\mu\nu} = 2\left(B^2 - E^2 \right).
\end{aligned} \tag{1.75}$$

Troviamo allora che T_0^0 fornisce la corretta densità d'energia canonica del campo elettromagnetico,

$$T_0{}^0 = \frac{1}{8\pi} \left(E^2 + B^2 \right), \tag{1.76}$$

e che le componenti di tipo misto, T_0^i, riproducono le componenti del ben noto vettore di Poynting,

$$T_0{}^i = \frac{1}{4\pi} \epsilon^{ijk} E_j B_k = \frac{1}{4\pi} \left(\boldsymbol{E} \times \boldsymbol{B} \right)^i, \tag{1.77}$$

che controlla la densità di flusso d'energia.

Notiamo infine che il tensore energia-impulso (1.74) è stato ottenuto partendo dalla Lagrangiana del campo elettromagnetico libero, e quindi è conservato solo in assenza di sorgenti cariche ed altre interazioni esterne. Per chiarire bene questo punto prendiamone la divergenza, $\partial_\mu T^{\alpha\mu}$, e utilizziamo le equazioni di Maxwell complete,

$$\partial_\mu F^{\mu\nu} = \frac{4\pi}{c} J^\nu, \qquad \partial_{[\mu} F_{\nu\alpha]} = 0, \tag{1.78}$$

includendo la possibile presenza di correnti elettromagnetiche (la seconda equazione è un'identità, che segue dalla definizione di $F_{\mu\nu}$ in funzione del potenziale vettore A_ν). Si ottiene allora:

$$
\begin{aligned}
\partial_\mu T_\alpha{}^\mu &= -\frac{1}{4\pi}\left(\frac{4\pi}{c}J^\nu F_{\alpha\nu} + F^{\mu\nu}\partial_\mu F_{\alpha\nu} - \frac{1}{2}F^{\mu\nu}\partial_\alpha F_{\mu\nu}\right) \\
&= -\frac{1}{c}F_{\alpha\nu}J^\nu - \frac{1}{8\pi}F^{\mu\nu}\left(\partial_\mu F_{\alpha\nu} - \partial_\nu F_{\alpha\mu} - \partial_\alpha F_{\mu\nu}\right) \\
&= -\frac{1}{c}F_{\alpha\nu}J^\nu + \frac{1}{16\pi}F^{\mu\nu}\partial_{[\mu}F_{\nu\alpha]} \\
&= -\frac{1}{c}F_{\alpha\nu}J^\nu .
\end{aligned}
\tag{1.79}
$$

Il risultato di divergenza nulla, e l'associata conservazione dell'energia e dell'impulso del campo elettromagnetico libero, si ottiene dunque solo in assenza di accoppiamento alla densità di corrente J^μ. In presenza di sorgenti cariche sarà il tensore energia impulso *totale* – ossia quello del sistema "campi più sorgenti" – ad avere divergenza nulla, e dunque a essere conservato. Un esempio che illustra esplicitamente questo punto sarà discusso nella sezione seguente.

1.4.3 Particella puntiforme

Consideriamo una particella libera e puntiforme, di massa m e spin zero. Il tensore canonico energia-impulso ad essa associato risulta automaticamente simmetrico, e può essere ricavato dall'invarianza dell'azione per traslazioni globali seguendo la procedura già adottata nei casi precedenti.

Questo metodo sarà illustrato nell'Esercizio 1.4, partendo dall'azione della particella relativistica libera. In questa sezione, invece, arriveremo direttamente al tensore energia-impulso osservando che, per una particella in moto lungo la traiettoria $x = x(t)$, dove t è la coordinata temporale di un generico osservatore inerziale, la distribuzione spaziale della densità di massa ρ_m è data da:

$$
\rho_m = m\,\delta^3(x - x(t)).
\tag{1.80}
$$

La delta di Dirac localizza, istante per istante, la posizione della massa nel punto occupato dalla particella. Il quadrivettore impulso della particella, in funzione del tempo, si può quindi scrivere come

$$
P^\mu = mu^\mu = \int d^3x\,\rho_m(x,t)\frac{dx^\mu}{d\tau} = m\int d^3x\,\delta^3(x - x(t))\frac{dx^\mu}{d\tau},
\tag{1.81}
$$

dove $u^\mu = dx^\mu(t)/d\tau$ è la quadri-velocità della particella localizzata lungo la sua traiettoria, e τ è il tempo proprio. Confrontando questa espressione con l'Eq. (1.36), che stabilisce la relazione tra il quadrivettore P e il tensore canonico Θ, si ottiene subito

$$\Theta^{\mu 0} = mc\delta^{\,3}(\boldsymbol{x} - \boldsymbol{x}(t))\frac{dx^{\mu}}{d\tau}. \tag{1.82}$$

D'altra parte, $c = dx^0/dt$, per definizione di x^0. Estendendo a tutte le coordinate la relazione precedente arriviamo così all'espressione finale del tensore energia-impulso di una particella puntiforme:

$$\Theta^{\mu\nu} = m\,\delta^3(\boldsymbol{x} - \boldsymbol{x}(t))\frac{dx^{\mu}}{d\tau}\frac{dx^{\nu}}{dt}. \tag{1.83}$$

L'oggetto ottenuto, scritto in questa forma, non è esplicitamente simmetrico e neanche esplicitamente covariante. Possiamo però facilmente verificarne la simmetria ricordando che, per una particella libera,

$$\frac{dt}{d\tau} = \gamma = \frac{\mathcal{E}}{mc^2}, \tag{1.84}$$

dove γ è il fattore di Lorentz e $\mathcal{E}$ l'energia totale della particella. Moltiplicando e dividendo per γ si può quindi mettere Θ nella forma seguente,

$$\Theta^{\mu\nu} = m^2 c^2\,\delta^3(\boldsymbol{x} - \boldsymbol{x}(t))\frac{u^{\mu}u^{\nu}}{\mathcal{E}}, \tag{1.85}$$

che è equivalente alla (1.83), ma che risulta evidentemente simmetrica nei due indici μ e ν.

Per riscrivere l'Eq. (1.83) in forma esplicitamente covariante, invece, sfruttiamo le proprietà della delta di Dirac che ci fornisce l'identità

$$\begin{aligned}
\Theta^{\mu\nu}(\boldsymbol{x}, t) &= c\int dt'\,\delta(ct - ct')\Theta^{\mu\nu}(\boldsymbol{x}, t')\\
&= mc\int dt'\,\delta^4(x - x(t'))\frac{dx^{\mu}}{d\tau}\frac{dx^{\nu}}{dt'},
\end{aligned} \tag{1.86}$$

dove $\delta^4(x) = \delta^3(\boldsymbol{x})\delta(ct)$, e t' è una generica variabile di integrazione. Usando il tempo proprio come parametro della traiettoria, $x = x(\tau)$, ed integrando quindi sulla variabile $t' = \tau$, otteniamo infine:

$$\Theta^{\mu\nu} = mc\int d\tau\,\delta^4(x - x(\tau))u^{\mu}u^{\nu}. \tag{1.87}$$

Questa espressione del tensore energia-impulso è non solo simmetrica ma anche esplicitamente covariante, in quanto $\delta^4(x)$ è uno scalare per trasformazioni globali del gruppo $SO(3,1)$, e il prodotto di due quadrivettori velocità è chiaramente un tensore. Questa forma di Θ può anche essere direttamente ottenuta dall'azione della particella libera, come mostrato nell'Esercizio 1.4.

Consideriamo infine la divergenza covariante di Θ, che possiamo spezzare in parte spaziale e parte temporale come segue:

$$\partial_\nu \Theta^{\mu\nu} = \partial_i \Theta^{\mu i} + \partial_0 \Theta^{\mu 0}. \tag{1.88}$$

È conveniente usare per Θ l'espressione (1.83). Per le derivate parziali fatte lungo le direzioni spaziali contribuisce solo l'argomento della delta di Dirac, e quindi:

$$
\begin{aligned}
\partial_i \Theta^{\mu i} &= m u^\mu \frac{dx^i(t)}{dt} \frac{\partial}{\partial x^i} \delta^3(\boldsymbol{x} - \boldsymbol{x}(t)) \\[2mm]
&= -m u^\mu \frac{dx^i(t)}{dt} \frac{d}{dx^i(t)} \delta^3(\boldsymbol{x} - \boldsymbol{x}(t)) \\[2mm]
&= -m u^\mu \frac{d}{dt} \delta^3(\boldsymbol{x} - \boldsymbol{x}(t)).
\end{aligned}
\tag{1.89}
$$

Si noti che, nel secondo passaggio, abbiamo sostituito il gradiente relativo ad una generica direzione x^i con il gradiente preso lungo la traiettoria della particella, $x^i(t)$, sfruttando la regola $\partial_x f(x - y) = -\partial_y f(x - y)$, valida per qualunque funzione f che dipenda dalla differenza di due variabili. Per la parte temporale abbiamo invece:

$$\partial_0 \Theta^{\mu 0} = \frac{d}{dt}(m u^\mu)\, \delta^3(\boldsymbol{x} - \boldsymbol{x}(t)) + m u^\mu \frac{d}{dt} \delta^3(\boldsymbol{x} - \boldsymbol{x}(t)). \tag{1.90}$$

Sommando i due contributi (1.89), (1.90) arriviamo infine a:

$$\partial_\nu \Theta^{\mu\nu} = m \frac{du^\mu}{dt} \delta^3(\boldsymbol{x} - \boldsymbol{x}(t)). \tag{1.91}$$

Possiamo concludere che il tensore energia-impulso della particella ha divergenza nulla – e quindi è separatamente conservato – solo per una particella libera che ha equazione del moto $du^\mu/dt = 0$. In presenza di forze esterne si genera invece un trasferimento di energia e impulso tra la particella e il sistema esterno: ciò che si conserva, in questo caso, è il tensore energia-impulso *totale* del sistema "particella più campi esterni".

Un esempio istruttivo di questo effetto si può ottenere supponendo che la particella considerata abbia una carica elettrica e, e sia soggetta all'azione di un campo elettromagnetico esterno descritto dal tensore $F_{\mu\nu}$. La particella si muoverà in accordo alla ben nota equazione della forza di Lorenz relativistica:

$$m \frac{du^\mu}{d\tau} = \frac{e}{c} F^\mu{}_\nu \frac{dx^\nu}{d\tau}. \tag{1.92}$$

(si veda ad esempio il testo [3] della Bibliografia finale, oppure [6] per un testo in italiano). Descriviamo il moto della particella riferendoci alla coordinata temporale t di un generico sistema inerziale, e moltiplichiamo quindi per $d\tau/dt$ la precedente equazione del moto. Sostituendo nell'equazione di conservazione (1.91) otteniamo:

$$\partial_\nu \Theta^{\mu\nu} = \frac{e}{c} F^\mu{}_\nu \, \delta^3(\boldsymbol{x} - \boldsymbol{x}(t)) \frac{dx^\nu}{dt}. \tag{1.93}$$

È facile riconoscere nel membro destro di questa equazione l'accoppiamento tra il campo esterno $F_{\mu\nu}$ e la densità di corrente elettromagnetica J^ν della carica puntiforme,

$$J^\nu = \rho_{\text{em}} \frac{dx^\nu}{dt} = e\delta^3(\boldsymbol{x} - \boldsymbol{x}(t)) \frac{dx^\nu}{dt}. \tag{1.94}$$

La divergenza del tensore energia-impulso della particella carica si può quindi riscrivere come

$$\partial_\nu \Theta^{\mu\nu} = \frac{1}{c} F^\mu{}_\nu J^\nu. \tag{1.95}$$

Il confronto con la divergenza del tensore energia-impulso del campo elettromagnetico, Eq. (1.79), mostra immediatamente che la somma delle due divergenze è automaticamente nulla, $\partial_\nu (T^{\mu\nu} + \Theta^{\mu\nu}) \equiv 0$. Abbiamo dunque ottenuto un esempio esplicito del principio di conservazione del tensore energia-impulso totale, $T^{\mu\nu} + \Theta^{\mu\nu}$, tensore che in questo caso contiene il contributo congiunto dei campi e delle sorgenti.

1.4.4 Fluido perfetto

Come ultimo esempio consideriamo un fluido cosiddetto "perfetto", ossia un fluido i cui componenti elementari hanno tra loro interazioni nulle (o trascurabili). Questo tipo ideale di fluido non presenta viscosità o attriti interni, e la sua distribuzione appare isotropa a qualunque osservatore localmente a riposo con un elemento di fluido dato. Supponiamo inoltre che le particelle che compongono il fluido non siano dotate di spin, per cui il tensore energia-impulso canonico del fluido risulterà automaticamente simmetrico.

Nel sistema a riposo (o "comovente") col fluido le componenti del tensore energia-impulso assumono dunque la forma seguente:

$$T_0{}^0 = \rho, \qquad T_i{}^j = -p\delta_i^j, \qquad T_i{}^0 = 0. \tag{1.96}$$

Abbiamo chiamato ρ la densità d'energia propria del fluido, mentre il coefficiente p rappresenta la pressione (si veda ad esempio il testo [3] della Bibliografia finale). In un generico sistema di riferimento, dove il fluido si muove con velocità rappresentata dal quadrivettore u^μ, le componenti di $T_{\mu\nu}$ sono date da:

$$T_\mu{}^\nu = (\rho + p) \frac{u_\mu u^\nu}{c^2} - p\delta_\mu^\nu. \tag{1.97}$$

Si verifica facilmente che nel sistema a riposo, dove $u^i = 0$ e $u^0 = c$, le componenti di $T_{\mu\nu}$ si riducono a quelle dell'Eq. (1.96).

Il moto libero del fluido perfetto è caratterizzato dall'equazione di conservazione del suo tensore energia-impulso, $\partial_\nu T_\mu{}^\nu = 0$, unitamente all'equazione di conservazione del numero di particelle di fluido per unità di volume. Questa seconda proprietà è espressa dalla conservazione della corrente vettoriale N^μ,

$$N^\mu = n u^\mu, \qquad\qquad \partial_\mu N^\mu = 0, \qquad\qquad (1.98)$$

dove n è uno scalare che rappresenta il numero di particelle per unità di volume proprio, ossia la densità di particelle nel sistema a riposo con il fluido. È interessante osservare che, come conseguenza di queste due leggi di conservazione, il fluido evolve in modo *adiabatico*.

Dalla conservazione dell'energia-impulso (ponendo per semplicità $c = 1$) otteniamo infatti

$$\begin{aligned}
0 = u^\mu \partial_\nu T_\mu{}^\nu &= u^\mu \partial_\nu \left[(\rho + p)\, u_\mu u^\nu \right] - u^\mu \partial_\mu p \\
&= \partial_\nu \left[(\rho + p)\, u^\nu \right] - u^\nu \partial_\nu p,
\end{aligned} \qquad (1.99)$$

perché

$$u^\mu \partial_\nu u_\mu = \frac{1}{2} \partial_\nu \left(u^\mu u_\mu \right) \equiv 0. \qquad\qquad (1.100)$$

Moltiplichiamo e dividiamo per n il termine in parentesi quadra dell'espressione precedente. Sfruttando l'equazione di conservazione (1.98) abbiamo allora

$$n u^\nu \partial_\nu \frac{(\rho + p)}{n} - u^\nu \partial_\nu p = 0, \qquad\qquad (1.101)$$

da cui

$$n u^\nu \partial_\nu \left(\frac{\rho}{n} \right) + n u^\nu p\, \partial_\nu \left(\frac{1}{n} \right) = 0, \qquad\qquad (1.102)$$

ossia, in forma differenziale,

$$d \left(\frac{\rho}{n} \right) + p\, d \left(\frac{1}{n} \right) = 0. \qquad\qquad (1.103)$$

Ricordiamo adesso che ρ è la densità di energia propria, $\rho = E/V$, e n il numero di particelle per unità di volume proprio, $n = n_0/V$, dove $n_0 =$ costante in virtù della legge di conservazione (1.98). L'equazione precedente si può riscrivere dunque nella forma esplicitamente termodinamica

$$dE + p\, dV = 0, \qquad\qquad (1.104)$$

che implica chiaramente la conservazione dell'entropia totale, $T dS = 0$, e descrive quindi un'evoluzione di tipo adiabatico.

Concludiamo osservando che l'evoluzione libera di un fluido perfetto può rimanere adiabatica anche in presenza di un campo gravitazionale esterno, come si può verificare, ad esempio, nell'ambito dei modelli cosmologici basati sulla teoria gravitazionale di Einstein (si veda ad esempio il testo [7] della Bibliografia finale, oppure [22] per un testo in italiano).

Esercizi Capitolo 1

1.1. Equazioni del moto e divergenza totale

Dimostrare che le due Lagrangiane $\mathcal{L}_1 = \mathcal{L}$ e $\mathcal{L}_2 = \mathcal{L} + \overline{\mathcal{L}}$, dove

$$\mathcal{L} = \mathcal{L}(\psi, \partial\psi), \qquad \overline{\mathcal{L}} = \partial_\alpha f^\alpha, \qquad f^\alpha = f^\alpha(\psi), \tag{1.105}$$

portano alle stesse equazioni del moto per il campo ψ.

1.2. Tensore energia-impulso per una divergenza totale

Dimostrare che il tensore canonico energia-impulso $\overline{\Theta}_\mu{}^\nu$ associato alla densità di Lagrangiana $\overline{\mathcal{L}}(\psi, \partial\psi) = \partial_\alpha f^\alpha(\psi)$ risulta automaticamente conservato, qualunque sia $f^\alpha(\psi)$.

1.3. Il quadrivettore di spin

In un opportuno riferimento inerziale $\mathcal{R}'$ un sistema fisico ha il centro di massa a riposo, posizionato nell'origine delle coordinate. In questo riferimento il momento angolare orbitale è nullo, e il momento angolare instrinseco è orientato nel piano (x', y'), con componenti J'_x e J'_y. Determinare il momento angolare intrinseco del sistema nel riferimento $\mathcal{R}$, rispetto al quale il sistema si muove con velocità v lungo la direzione positiva dell'asse x.

1.4. Simmetria di traslazione per una particella libera puntiforme

Ricavare il tensore canonico energia-impulso di una particella libera, massiva e puntiforme partendo dall'azione ad essa associata, e imponendo l'invarianza per traslazioni globali infinitesime.

Soluzioni

1.1. Soluzione

Variando l'azione corrispondente a $\mathcal{L}_1$ e $\mathcal{L}_2$ si ottengono le equazioni del moto di Eulero-Lagrange (1.8), sia per $\mathcal{L}_1$ che per $\mathcal{L}_2$. La differenza tra le due equazioni è rappresentata dal termine

$$\Delta = \left[\frac{\partial}{\partial\psi} - \partial_\mu \frac{\partial}{\partial(\partial_\mu\psi)}\right] \partial_\alpha f^\alpha, \tag{1.106}$$

che però è identicamente nullo, qualunque sia $f^\alpha(\psi)$. Infatti:

$$\Delta_1 = \frac{\partial}{\partial\psi}\left(\partial_\alpha f^\alpha\right) = \frac{\partial}{\partial\psi}\left(\partial_\alpha\psi\frac{\partial f^\alpha}{\partial\psi}\right) = \partial_\alpha\psi\frac{\partial^2 f^\alpha}{\partial\psi^2},$$

$$\Delta_2 = \frac{\partial}{\partial(\partial_\mu\psi)}\left(\partial_\alpha f^\alpha\right) = \delta^\mu_\alpha\frac{\partial f^\alpha}{\partial\psi} = \frac{\partial f^\mu}{\partial\psi}, \tag{1.107}$$

$$\Delta_3 = \partial_\mu\frac{\partial}{\partial(\partial_\mu\psi)}\left(\partial_\alpha f^\alpha\right) = \partial_\mu\left(\frac{\partial f^\mu}{\partial\psi}\right) = \frac{\partial^2 f^\mu}{\partial\psi^2}\,\partial_\mu\psi,$$

e la differenza tra Δ_1 e Δ_3 fornisce $\Delta = \Delta_1 - \Delta_3 \equiv 0$.

1.2. Soluzione

Per la Lagrangiana $\overline{\mathcal{L}}$ abbiamo:

$$\overline{\mathcal{L}} = \partial_\alpha f^\alpha = \partial_\alpha\psi\frac{\partial f^\alpha}{\partial\psi};$$
$$\frac{\partial}{\partial(\partial_\nu\psi)}\overline{\mathcal{L}} = \delta^\nu_\alpha\frac{\partial f^\alpha}{\partial\psi} = \frac{\partial f^\nu}{\partial\psi}. \tag{1.108}$$

Applicando la definizione (1.31) otteniamo il tensore energia-impulso:

$$\overline{\Theta}_\mu{}^\nu = \frac{\partial f^\nu}{\partial\psi}\,\partial_\mu\psi - \delta^\nu_\mu\partial_\alpha f^\alpha$$
$$= \partial_\mu f^\nu - \delta^\nu_\mu\partial_\alpha f^\alpha. \tag{1.109}$$

La sua quadri-divergenza è quindi automaticamente nulla:

$$\partial_\nu\overline{\Theta}_\mu{}^\nu = \partial_\nu\partial_\mu f^\nu - \partial_\mu\partial_\alpha f^\alpha \equiv 0, \tag{1.110}$$

perché $\partial_\mu\partial_\alpha = \partial_\alpha\partial_\mu$.

1.3. Soluzione

Scomponiamo il momento angolare totale (1.57) in parte intrinseca e parte orbitale,

$$J^{\alpha\beta} = \Sigma^{\alpha\beta} + L^{\alpha\beta}, \qquad L^{\alpha\beta} = x^\alpha P^\beta - x^\beta P^\alpha, \tag{1.111}$$

dove Σ e L sono ottenuti integrando spazialmente le relative densità $S^{\mu\alpha\beta}$ e $L^{\mu\alpha\beta}$ (si veda l'Eq. (1.55)). A causa della presenza della parte orbitale il tensore J non è invariante per traslazioni del tipo $x^\mu \to x^\mu + a^\mu$. Infatti:

$$J^{\alpha\beta} \to J^{\alpha\beta} + a^\alpha P^\beta - a^\beta P^\alpha. \tag{1.112}$$

Per isolare la parte intrinseca – che non deve risentire di queste trasformazioni di coordinate – è conveniente considerare il quadrivettore di spin S_μ (detto anche vettore di Pauli-Lyubarskii), definito da

$$S_\mu = \frac{1}{2c}\epsilon_{\mu\alpha\beta\nu} J^{\alpha\beta} u^\nu, \qquad (1.113)$$

dove u^ν è la quadri-velocità del sistema considerato. Se $P^\mu = mu^\mu$ la parte orbitale $L^{\alpha\beta}$ non contribuisce a S_μ, perché $P^{[\beta}u^{\nu]} = 0 = P^{[\alpha}u^{\nu]}$. Il quadri-vettore S_μ contiene solo tre componenti indipendenti, in quanto soddisfa alla condizione $u^\mu S_\mu \equiv 0$.

Nel riferimento $\mathcal{R}'$, dove il sistema fisico è a riposo, si ha $u^i = 0$, $u^0 = c$, e le componenti del momento angolare instrinseco (che per ipotesi giace sul piano $\{x', y'\}$) sono date da:

$$S_1' = J'^{23} = J_x', \qquad S_2' = J'^{31} = J_y',$$
$$S_3' = J'^{12} = 0, \qquad S_0' = 0. \qquad (1.114)$$

Le componenti di S_μ in un diverso riferimento inerziale $\mathcal{R}$ sono collegati alle componenti di S_μ' dalla trasformazione di Lorentz $S'^\mu = \Lambda^\mu{}_\nu S^\nu$. Nel nostro caso $\mathcal{R}'$ è in moto rispetto a $\mathcal{R}$ lungo la direzione positiva dell'asse x. Considerando la trasformazione di Lorentz inversa abbiamo dunque:

$$S^1 = \gamma\left(S'^1 + \beta S'^0\right), \qquad S^2 = S'^2,$$
$$S^3 = S'^3, \qquad S^0 = \gamma\left(S'^0 + \beta S'^1\right), \qquad (1.115)$$

dove $\beta = v/c$ e $\gamma = (1 - \beta^2)^{-1/2}$. Perciò:

$$S_1 = J_x = \gamma J_x', \qquad S_2 = J_y = J_y',$$
$$S_3 = J_z = 0, \qquad S_0 = \beta\gamma S'^1 = -\beta\gamma J_x'. \qquad (1.116)$$

Si noti che la trasformazione di Lorentz produce una deformazione del vettore $\boldsymbol{S}$ nel piano (x, y), ma il modulo del quadrivettore di spin rimane invariato. Infatti

$$S_\mu' S'^\mu = -(J_x'^2 + J_y'^2)$$
$$S_\mu S^\mu = S_0^2 - S_1^2 - S_2^2 = -J_x'^2\gamma^2(1 - \beta^2) - J_y'^2 = -(J_x'^2 + J_y'^2). \quad (1.117)$$
$$= S_\mu' S'^\mu$$

1.4. Soluzione

L'evoluzione temporale di un corpo puntiforme descrive nello spazio-tempo una traiettoria unidimensionale $x^\mu = x^\mu(\tau)$, detta "linea d'universo" e l'azione che descrive il moto libero del corpo puntiforme è proporzionale all'integrale di linea lungo tale traiettoria,

$$S = -mc\int \sqrt{dx_\mu dx^\mu} = -mc\int_{\tau_1}^{\tau_2} \sqrt{\dot{x}_\mu \dot{x}^\mu}\, d\tau \equiv \int_{\tau_1}^{\tau_2} L(x, \dot{x})\, d\tau, \qquad (1.118)$$

dove L è la lagrangiana effettiva e $\dot{x} = dx/d\tau$. Abbiamo parametrizzato la traiettoria con una coordinata temporale τ che supponiamo essere invariante per trasformazioni di Lorentz, e abbiamo normalizzato S in modo da riprodurre l'azione canonica non-relativistica nel limite $|dx^i/d\tau| \ll c$.

Variando rispetto a x^μ con la condizione di estremi fissi, $\delta x^\mu(\tau_1) = 0 = \delta x^\mu(\tau_2)$, e imponendo che l'azione sia stazionaria, $\delta S = 0$, otteniamo facilmente l'equazione del moto nella forma:

$$\frac{d}{d\tau}\frac{\partial L}{\partial \dot{x}^\mu} = \frac{d}{d\tau}\left(\frac{\dot{x}_\mu}{\sqrt{\dot{x}_\alpha \dot{x}^\alpha}}\right) = 0. \tag{1.119}$$

Se identifichiamo infine τ con il tempo proprio della particella otteniamo il vincolo $\dot{x}_\alpha \dot{x}^\alpha = c^2 = $ costante, e l'equazione del moto libero si riconduce alla ben nota condizione di accelerazione covariante nulla, $\ddot{x}^\mu = 0$.

Osserviamo ora che la posizione della particella puntiforme è localizzata nello spazio-tempo lungo la traiettoria unidimensionale $x^\mu(\tau)$, e che l'azione (1.118) può essere riscritta mediante un integrale sul quadri-volume d^4x, purché associamo alla particella una densità di Lagrangiana "deltiforme", ponendo:

$$S = \int d^4x\, \mathcal{L}(x, \dot{x}),$$
$$\mathcal{L}(x, \dot{x}) = -mc \int d\tau \sqrt{\dot{x}_\mu \dot{x}^\mu}\, \delta^4(x - x(\tau)). \tag{1.120}$$

Si noti che le dimensioni di questa Lagrangiana differiscono dalle dimensioni canoniche (densità d'energia) per un fattore c^{-1}, che però è compensato dal fattore c contenuto nella misura d^4x dell'integrale d'azione. Il risultato finale che si ottiene per il tensore energia-impulso è quindi dimensionalmente corretto.

Se usiamo questa azione, ed effettuiamo una variazione infinitesima delle coordinate, $x^\mu \to x^\mu + \delta x^\mu$, dobbiamo tener presente che $\mathcal{L}$ dipende non solo da $\dot{x}$, ma anche da x, Perciò abbiamo, in generale:

$$\delta\mathcal{L} = \frac{\partial\mathcal{L}}{\partial x^\mu}\delta x^\mu + \frac{\partial\mathcal{L}}{\partial \dot{x}^\mu}\frac{d}{d\tau}(\delta x^\mu)$$
$$= \left[\frac{\partial\mathcal{L}}{\partial x^\mu} - \frac{d}{d\tau}\frac{\partial\mathcal{L}}{\partial \dot{x}^\mu}\right]\delta x^\mu + \frac{d}{d\tau}\left(\frac{\partial\mathcal{L}}{\partial \dot{x}^\mu}\delta x^\mu\right). \tag{1.121}$$

Imponendo che le equazioni del moto siano soddisfatte (ossia che l'argomento delle parentesi quadre sia nullo), ne consegue che la Lagrangiana è invariante sotto la trasformazione considerata purché si annulli l'ultimo termine dell'equazione precedente. Per la nostra Lagrangiana, in particolare, abbiamo:

$$\frac{\partial\mathcal{L}}{\partial \dot{x}^\mu}\delta x^\mu = -mc \int d\tau \frac{\dot{x}_\mu}{\sqrt{\dot{x}_\alpha \dot{x}^\alpha}}\delta^4(x - x(\tau))\,\delta x^\mu. \tag{1.122}$$

Derivando questo termine rispetto a τ, lungo la traiettoria della particella, la delta di Dirac dà il contributo:

$$\frac{d}{d\tau}\delta^4(x - x(\tau)) = \dot{x}^\nu \partial_\nu \delta^4(x - x(\tau)).$$

(1.123)

La derivata di $\dot{x}_\mu/\sqrt{\dot{x}_\alpha \dot{x}^\alpha}$ è nulla, invece, in virtù delle equazioni del moto (1.119). Se consideriamo una traslazione globale, $\delta x^\mu = \epsilon^\mu =$ costante, e identifichiamo τ col tempo proprio, la condizione di invarianza si riduce allora a

$$-mc\epsilon^\mu \int d\tau \, \dot{x}_\mu \dot{x}^\nu \partial_\nu \delta^4(x - x(\tau)) \equiv -\epsilon^\mu \partial_\nu \Theta_\mu{}^\nu = 0,$$

(1.124)

dove il tensore conservato

$$\Theta_\mu{}^\nu = mc \int d\tau \, \delta^4(x - x(\tau)) u_\mu u^\nu$$

(1.125)

coincide esattamene col tensore energia-impulso della particella puntiforme già presentato in Eq. (1.87).

Verifichiamo infine che le equazioni di Eulero-Lagrange per la densità di Lagrangiana (1.120) corrispondono a quelle della particella libera, Eq. (1.119). Abbiamo infatti:

$$\left(\frac{d}{d\tau}\frac{\partial \mathcal{L}}{\partial \dot{x}^\mu}\right)\delta x^\mu = -mc \int d\tau \left[\frac{d}{d\tau}\left(\frac{\dot{x}_\mu}{\sqrt{\dot{x}_\alpha \dot{x}^\alpha}}\right)\delta^4(x - x(\tau))\right.$$
$$\left. + \frac{\dot{x}_\mu}{\sqrt{\dot{x}_\alpha \dot{x}^\alpha}}\dot{x}^\nu \partial_\nu \delta^4(x - x(\tau))\right]\delta x^\mu,$$

(1.126)

ed inoltre

$$\frac{\partial \mathcal{L}}{\partial x^\mu}\delta x^\mu = -mc \int d\tau \, \sqrt{\dot{x}_\alpha \dot{x}^\alpha} \, \partial_\nu \delta^4(x - x(\tau)) \, \delta x^\nu.$$

(1.127)

Lungo la traiettoria della particella $\delta x^\mu = \dot{x}^\mu d\tau$. Facendo la differenza delle due espressioni (1.126), (1.127) si trova perciò che i termini contenenti la derivata della delta si elidono, e si riottiene quindi l'equazione del moto (1.119).

2

Verso una teoria relativistica della gravitazione

La equazioni gravitazionali di Newton, che forniscono la base teorica per la descrizione Kepleriana del moto dei corpi celesti, e che sembrano prestarsi così bene a rappresentare le forze gravitazionali anche su scala macroscopica di laboratorio, *non sono* compatibili con i principi della relatività ristretta.

Le equazioni di Newton prevedono infatti che gli effetti dell'interazione gravitazionale si propaghino con velocità infinita in tutti i mezzi; inoltre, non ci dicono come tale interazione si trasformi passando da un sistema di riferimento ad un altro. La teoria Newtoniana definisce la forza gravitazionale generata da una sorgente statica, ma non ci dà la forza prodotta da sorgenti in movimento. La teoria può dunque descrivere il campo gravitazionale di una massa M, utilizzando il potenziale statico $\phi(r) = -GM/r$, solo nell'approssimazione non-relativistica in cui l'energia potenziale $m\phi$ di una massa di prova m è trascurabile (in valore assoluto) rispetto alla sua energia di riposo mc^2. Ossia nel regime in cui

$$\frac{GM}{rc^2} \ll 1. \tag{2.1}$$

Per descrivere correttamente la gravità nel regime relativistico è dunque necessario generalizzare la teoria di Newton. In che modo? Una via naturale sembrerebbe suggerita dalla stretta analogia formale che esiste tra la forza gravitazionale che si esercita tra due masse statiche e la forza di Coulomb tra le cariche elettriche. Così come il potenziale di Coulomb corrisponde alla quarta componente del quadrivettore potenziale, anche il potenziale di Newton potrebbe corrispondere alla componente di un quadrivettore, e anche l'interazione gravitazionale potrebbe essere rappresentata da un campo relativistico di tipo *vettoriale*, in modo analogo all'interazione elettromagnetica.

Questa suggestiva speculazione va però immediatamente scartata, perché interazioni di tipo vettoriale prevedono forze che sono *repulsive* tra sorgenti statiche dello stesso segno mentre, come ben noto, la forza di gravità è *attrattiva* tra masse dello stesso segno.

Una seconda possibilità, anche questa perfettamente consistente dal punto di vista formale, è che il potenziale della teoria di Newton si comporti come un

© Springer-Verlag Italia 2015
M. Gasperini, *Relatività Generale e Teoria della Gravitazione*,
UNITEXT for Physics, DOI 10.1007/978-88-470-5690-9_2

oggetto scalare rispetto alle trasformazione di coordinate, e che l'interazione gravitazionale relativistica sia correttamente descritta da un campo di tipo *scalare*. Anche quest'ipotesi va scartata sulla base di risultati sperimentali, ma le motivazioni, in questo caso, sono meno evidenti che nel caso precedente. Vale la pena – anche in vista di applicazioni successive – di discutere brevemente una di queste motivazioni che riguarda la precessione del perielio delle orbite planetarie.

Consideriamo il moto di un corpo di prova relativistico, di massa m, che interagisce con una forza centrale (cioè diretta radialmente) descritta dal potenziale scalare $U = U(r)$. Il moto è governato dalla Lagrangiana relativistica

$$L = -mc^2\sqrt{1 - \frac{v^2}{c^2}} - mU, \qquad (2.2)$$

dove $v^2 = v_i v^i$, e $v^i = dx^i/dt$. Il termine cinetico di questa Lagrangiana si ottiene direttamente dall'azione libera (1.118) usando come parametro della traiettoria il tempo t di un generico osservatore inerziale, $x^\mu = x^\mu(t)$.

Si può facilmente dimostrare che per questo sistema dinamico il momento angolare si conserva e il moto è confinato su di un piano, in quanto $\boldsymbol{r} \times \boldsymbol{\nabla} U = 0$. Introducendo su questo piano coordinate polari,

$$x = r\cos\varphi, \qquad\qquad y = r\sin\varphi, \qquad (2.3)$$

e prendendo per U il potenziale gravitazionale prodotto da un corpo centrale di massa M, si arriva alla Lagrangiana:

$$L = -mc^2\left[1 - \frac{1}{c^2}\left(\dot{r}^2 + r^2\dot{\varphi}^2\right)\right]^{1/2} + \frac{GMm}{r}, \qquad (2.4)$$

dove il punto indica derivata rispetto a t.

Questa Lagrangiana è ciclica rispetto alle coordinate φ e t, ed è quindi caratterizzata da due costanti del moto: il momento canonicamente coniugato alla variabile angolare (cioè il momento angolare) e l'energia totale (associata all'Hamiltoniana). Possiamo quindi porre

$$\frac{\partial L}{\partial \dot{\varphi}} = m\gamma r^2\dot{\varphi} = mh = \text{cost}, \qquad (2.5)$$

$$H = v^i\frac{\partial L}{\partial v^i} - L = m\gamma c^2 + mU = m\alpha = \text{cost}, \qquad (2.6)$$

dove γ è il fattore di Lorentz

$$\gamma = \left[1 - \frac{1}{c^2}\left(\dot{r}^2 + r^2\dot{\varphi}^2\right)\right]^{-1/2}, \qquad (2.7)$$

e dove h e α sono costanti che dipendono dalle condizioni iniziali.

Combiniamo ora le due relazioni (2.5), (2.6), deriviamo rispetto a φ, e poniamo $u = 1/r$. Escludendo il possibile caso di orbite circolari, $r = \text{cost}$, si arriva così alla seguente equazione del moto in coordinate polari (si veda l'Esercizio 2.1):

$$u'' + k^2 u = \frac{k^2}{p}, \qquad (2.8)$$

dove il primo indica la derivata rispetto a φ, e dove le costanti k e p sono definite da:

$$k^2 = 1 - \frac{c^2 r_0^2}{4h^2}, \qquad \frac{k^2}{p} = \frac{\alpha r_0}{2h^2}, \qquad r_0 = \frac{2GM}{c^2}. \qquad (2.9)$$

La soluzione generale di questa equazione si ottiene sommando alla soluzione generale dell'equazione omogenea una soluzione particolare dell'equazione non-omogenea (ad esempio, $u = p^{-1}$), e dipende da due costanti di integrazione che chiameremo e e φ_0. Se siamo interessati, in particolare, a descrivere le orbite planetarie possiamo prendere condizioni iniziali per le quali il moto rimane confinato in una porzione finita di spazio, e possiamo convenientemente scrivere la soluzione generale nella forma seguente,

$$u = \frac{1}{p}\left[1 + e\cos k(\varphi - \varphi_0)\right], \qquad (2.10)$$

con $0 < e < 1$. Nel limite non-relativistico ($c \to \infty$) si ottiene $k \to 1$, e l'Eq. (2.10) si riduce esattamente all'equazione che descrive (in coordinate polari) un'ellisse di eccentricità e e posizione del perielio $\varphi = \varphi_0$.

Se non trascuriamo le correzioni relativistiche, e prendiamo per k il valore prescritto dall'Eq. (2.9), troviamo che il moto è ancora compreso tra una posizione di minima e massima distanza dall'origine, ma l'orbita non è più chiusa: non descrive un'ellisse, bensì una curva detta "rosetta". Il punto di minima distanza dalla sorgente, o perielio, non viene più raggiunto periodicamente dopo che il moto del corpo ha sotteso un angolo $\varphi - \varphi_0 = 2\pi$, bensì dopo un angolo $k(\varphi - \varphi_0) = 2\pi$ (si veda l'Eq. (2.10)). Perciò, ad ogni giro, c'è uno spostamento angolare del perielio dato da

$$\Delta\varphi = \frac{2\pi}{k} - 2\pi = 2\pi\left(\frac{1}{k} - 1\right) \simeq 2\pi\left(\frac{c^2 r_0^2}{8h^2}\right) = \frac{\pi G^2 M^2}{c^2 h^2} \qquad (2.11)$$

(abbiamo usato per k la definizione (2.9) nell'approssimazione $c^2 r_0^2/h^2 \ll 1$, che è ben soddisfatta nel caso delle orbite planetarie del nostro sistema solare).

Una teoria che descrive l'interazione gravitazionale mediante un potenziale scalare relativistico prevede dunque che le orbite planetarie, anziché descrivere delle perfette ellissi Kepleriane come prescritto dalla meccanica di Newton, siano soggette ad una (piccola) precessione del perielio descritta dall'Eq. (2.11). Un moto di precessione di questo tipo in effetti esiste realmente, ed è stato messo in evidenza e misurato da una lunga serie (più che secolare) di accurate osservazioni astronomiche.

Purtroppo, però, la predizione (2.11) basata sul modello di gravità scalare è in netto disaccordo con le precessioni osservate: per il pianeta Mercurio, ad esempio, l'Eq. (2.11) fornisce uno spostamento del perielio di circa 7 secondi d'arco per secolo, mentre lo spostamento osservato è di circa 43 secondi d'arco per secolo. Una discrepanza che va molto al di là dei possibili errori sperimentali e sistematici[1]. Il modello in cui l'interazione gravitazionale è rappresentata da un campo scalare non può quindi rappresentare una soddisfacente generalizzazione relativistica della teoria Newtoniana.

Un approccio alternativo ad una teoria relativistica della gravità, che non fa uso di campi scalari o vettoriali, e che si confronta favorevolmente con tutte le osservazioni finora disponibili, è il modello di interazione *tensoriale* che viene adottato dalla teoria della relatività generale di Einstein e che permette, a livello classico, di descrivere e interpretare le forze gravitazionali anche in modo geometrico.

Il punto di partenza di questo efficiente approccio è una radicale estensione del principio che sta alla base della relatività ristretta e che sancisce l'equivalenza fisica di tutti i sistemi di riferimento inerziali. Tale principio viene generalizzato dalla seguente assunzione:

le leggi della fisica sono le stesse in tutti i sistemi di riferimento,

senza restringersi alla classe dei riferimenti inerziali. Questa assunzione porta, come conseguenza, al cosiddetto "principio di general-covarianza":

le leggi della fisica sono covarianti rispetto a trasformazioni generali di coordinate,

e non solo rispetto alle trasformazioni di Lorentz. Queste due assunzioni, che rappresentano una generalizzazione naturale (e piuttosto innocua, all'apparenza) dei postulati della relatività ristretta, e che stanno alla base della teoria della relatività generale, hanno una portata rivoluzionaria. In questo contesto, infatti, diventa inevitabile rinunciare alla struttura rigida e pseudo-Euclidea dello spazio-tempo di Minkowski a favore di una struttura geometrica più generale.

Per illustrare questo punto ricordiamo che per una generica trasformazione $x^\mu \to x'^\mu$ il differenziale delle coordinate si trasforma come

$$dx^\mu = \left(\frac{\partial x^\mu}{\partial x'^\nu} \right) dx'^\nu, \tag{2.12}$$

dove il termine in parentesi tonde rappresenta la matrice Jacobiana inversa della trasformazione. Supponiamo, per semplicità, che le coordinate di par-

---

[1] Come vedremo nel Capitolo 10, la teoria della relatività generale prevede che lo spostamento del perielio sia controllato da un'espressione che coincide approssimativamente con la (2.11) moltiplicata per 6, e che produce quindi un accordo molto migliore con le osservazioni.

tenza x^μ si riferiscano ad un sistema inerziale, caratterizzato da un intervallo spazio-temporale infinitesimo di tipo Minkowskiano:

$$ds^2 = \eta_{\mu\nu} dx^\mu dx^\nu. \tag{2.13}$$

Lo stesso intervallo, espresso in funzione delle nuove coordinate x'^μ, assumerà una forma non più Minkowskiana. Dalle legge di trasformazione (2.12) otteniamo infatti

$$ds^2 = \eta_{\mu\nu} \frac{\partial x^\mu}{\partial x'^\alpha} \frac{\partial x^\nu}{\partial x'^\beta} dx'^\alpha dx'^\beta \equiv g_{\alpha\beta}(x') dx'^\alpha dx'^\beta, \tag{2.14}$$

dove abbiamo posto

$$g_{\alpha\beta}(x') = \eta_{\mu\nu} \frac{\partial x^\mu}{\partial x'^\alpha} \frac{\partial x^\nu}{\partial x'^\beta}. \tag{2.15}$$

Questo risultato mostra esplicitamente che una generica trasformazione di coordinate – al contrario delle trasformazioni di Lorentz – non preserva la metrica di Minkowski.

Se estendiamo la classe dei sistemi fisicamente equivalenti anche ai sistemi non-inerziali dobbiamo allora necessariamente introdurre nella varietà spazio-temporale un intervallo (o "elemento di linea") ds^2 che non è più rigidamente fissato come combinazione pseudo-Euclidea dei differenziali quadratici dx^2, ma che combina tra loro i differenziali delle coordinate in un modo che dipende, in generale, dal punto in cui il ds^2 viene calcolato.

2.1 I postulati della geometria Riemanniana

Il principio di relatività generale, o di general-covarianza, ci porta ad uno spazio-tempo con una geometria diversa da quella di Minkowski, e più ricca di possibili strutture. Per poter formulare dei modelli fisicamente predittivi diventa allora necessario fare alcune "ipotesi di lavoro" sulla geometria dello spazio-tempo, così da fissare meglio il modello che si assume valido.

A questo scopo è opportuno considerare le due seguenti ipotesi di base:

- l'intervallo ds^2 è una forma quadratica omogenea (in generale con coefficienti non costanti) nei differenziali delle coordinate:

$$ds^2 = g_{\mu\nu}(x) dx^\mu dx^\nu; \tag{2.16}$$

- l'intervallo ds^2 è invariante per trasformazioni generali di coordinate:

$$ds^2 = g_{\mu\nu}(x) dx^\mu dx^\nu = g_{\mu\nu}(x) \frac{\partial x^\mu}{\partial x'^\alpha} \frac{\partial x^\nu}{\partial x'^\beta} dx'^\alpha dx'^\beta =$$
$$= ds'^2 \equiv g'_{\alpha\beta}(x') dx'^\alpha dx'^\beta. \tag{2.17}$$

Questa seconda ipotesi, come vedremo in seguito, è esattamente equivalente alla richiesta che i coefficienti $g_{\mu\nu}$ della forma quadratica – la cosiddetta "metrica" della varietà spazio-temporale – si trasformino come le componenti di un tensore covariante di rango due, ossia che:

$$g'_{\alpha\beta}(x') = g_{\mu\nu}(x)\frac{\partial x^\mu}{\partial x'^\alpha}\frac{\partial x^\nu}{\partial x'^\beta} \tag{2.18}$$

(si veda in particolare il Capitolo 3).

Se assumiamo che la geometria dello spazio-tempo soddisfi le due precedenti ipotesi otteniamo allora un modello di tipo Riemanniano: un modello che estende alle varietà con quattro (o più) dimensioni il metodo suggerito da Gauss per descrivere in modo intrinseco la geometria delle superfici bidimensionali.

È opportuno ricordare, a questo proposito, che le proprietà geometriche di una generica ipersurperficie n-dimensionale Σ_n possono essere descritte in due modi. Un modo si basa su di un approccio *estrinseco*, che consiste nell'immergere Σ_n in una varità (Euclidea o pseudo-Euclidea) esterna $\mathcal{M}_D$, con $D > n$, parametrizzata dalle coordinate X^A e con elemento di linea

$$ds^2 = \eta_{AB}dX^A dX^B, \qquad A, B = 1, \ldots, D. \tag{2.19}$$

Consideriamo, per semplicità, il caso $D = n+1$. L'ipersuperficie Σ_n può essere rappresentata come un sottospazio di $\mathcal{M}_{n+1}$ individuato da una relazione che collega tra loro le $n + 1$ coordinate X^A, ossia da una relazione del tipo $f(X^A) = 0$. Possiamo pensare, come esempio, alla superficie bidimensionale S_2 di una sfera di raggio a = costante, che immaginiamo immersa nello spazio Euclideo tridimensionale $\mathcal{R}_3$, parametrizzato dalle coordinate Cartesiane X^i, $i = 1, 2, 3$. La superficie data è individuata dalla relazione tra le coordinate X^i data da

$$f(X^i) \equiv X_1^2 + X_2^2 + X_3^2 - a^2 = 0. \tag{2.20}$$

Ma c'è anche un secondo, possibile approccio, di tipo *intrinseco*, che descrive la geometria di Σ_n senza far riferimento alle coordinate X^A dello spazio esterno, utilizzando invece un sistema di coordinate ξ^μ definite sull'ipersuperficie stessa. A questo scopo si considerano le equazioni parametriche

$$X^A = X^A(\xi^\mu) \qquad \mu = 1, \ldots, n, \tag{2.21}$$

che descrivono l'immersione di Σ_n in $\mathcal{M}_{n+1}$, e si scrive l'elemento di linea (2.19) ristretto all'ipersuperficie Σ_n, imponendo cioè che le coordinate X^A soddisfino le equazioni parametriche (2.21):

$$ds^2 = \left[\eta_{AB}\frac{\partial X^A(\xi)}{\partial \xi^\mu}\frac{\partial X^B(\xi)}{\partial \xi^\nu}\right] d\xi^\mu d\xi^\nu = g_{\mu\nu}(\xi)d\xi^\mu d\xi^\nu. \tag{2.22}$$

La variabile $g_{\mu\nu}(\xi)$, definita dai termini in parentesi quadra dell'equazione precedente, è la cosiddetta "metrica indotta" sull'ipersuperficie.

Si può quindi descrivere la geometria di Σ_n facendo unicamente riferimento alle sue coordinate intrinseche ξ^μ, a patto di definire su Σ_n un elemento di linea che – a differenza di quanto avviene per $\mathcal{M}_{n+1}$ – non è in generale Euclideo (o pseudo-Euclideo). Prendiamo ancora, come semplice esempio, la superficie sferica S_2 immersa in $\mathcal{R}_3$. Se scegliamo come coordinate intrinseche su S_2 i due angoli delle coordinate sferico-polari, $\xi^\mu = \{\theta, \varphi\}$, le equazioni parametriche $X^i(\xi^\mu)$ che collegano le coordinate Cartesiani di $\mathcal{R}_3$ a quelle di S_2 sono allora date da

$$X_1 = a \sin\theta \cos\varphi, \qquad X_2 = a \sin\theta \sin\varphi, \qquad X_3 = a \cos\theta. \qquad (2.23)$$

Differenziando queste relazioni, e sostituendo nell'elemento di linea Euclideo di $\mathcal{R}_3$, si ottiene l'elemento di linea sulla superficie sferica nella forma seguente:

$$ds^2 = dX_1^2 + dX_2^2 + dX_3^2 = a^2 \left(d\theta^2 + \sin^2\theta d\varphi^2 \right). \qquad (2.24)$$

Rispetto alle coordinate intrinseche $\{\theta, \varphi\}$ della sfera abbiamo quindi una geometria non-Euclidea, descritta dalla metrica Riemanniana $g_{\mu\nu}(\theta, \varphi)$ con componenti

$$g_{11} = a^2, \qquad g_{22} = a^2 \sin^2\theta, \qquad g_{12} = g_{21} = 0. \qquad (2.25)$$

Le due ipotesi presentate all'inizio di questa sezione permettono dunque di determinare in modo intrinseco le proprietà geometriche dello spazio-tempo, introducendo su di esso una struttura metrica Riemanniana che generalizza la descrizione usata da Gauss per le superfici, indipendentemente dal numero di dimensioni attribuite alla varietà spazio-temporale.

È opportuno osservare, però, che le due precedenti ipotesi non sono le uniche possibili: ci sono altre ipotesi, meno restrittive, che portano a strutture geometriche più generali. Ad esempio, potremmo sostituire la prima ipotesi con la richiesta che l'elemento di linea invariante ds sia una forma omogenea di grado uno nei differenziali delle coordinate. Questo ci permetterebbe di esprimere ds, in generale, come $ds = F(x, dx)$, dove la funzione F soddisfa alla condizione

$$F(x, \lambda dx) = \lambda F(x, dx), \qquad (2.26)$$

qualunque sia il parametro λ. Come esempio di intervallo che soddisfa questa condizione possiamo considerare, in particolare l'espressione:

$$ds = \left(dx_1^4 + dx_2^4 + \ldots \right)^{1/4}. \qquad (2.27)$$

La condizione (2.26) caratterizza una struttura geometrica nota sotto il nome di *geometria di Finsler*, diversa da quella di Riemann e più generale di quest'ultima. Il postulato (2.16), che caratterizza la geometria di Riemann, soddisfa infatti la condizione (2.26) come caso particolare, per cui la geometria di Riemann è un caso particolare di quella di Finsler (analogamente, la geometria di Minkowski è un caso particolare di quella di Riemann, e quindi di quella di Finsler). Viceversa, esistono intervalli ds – come quello definito in Eq. (2.27) – che soddisfano alle ipotesi di Finsler ma non a quelle di Riemann.

In vista di questi (ed altri) possibili tipi di struttura geometrica, che includono i modelli di Riemann e Minkowski all'interno di schemi con livello di generalità crescente, diventa lecito chiedersi quale sia il modello geometrico più appropriato da applicare alla varietà che rappresenta lo spazio-tempo fisico in cui viviamo. Il principio di general-covarianza ci dice che la geometria di Minkowski va generalizzata, ma non ci dice come. C'è qualche altro principio che ci può fornire indicazioni utili al riguardo?

Una risposta a questa domanda verrà presentata nella sezione successiva.

2.2 Il principio di equivalenza

Se vogliamo formulare una teoria relativistica della gravitazione allargando il principio di relatività, e generalizzando la geometria dello spazio-tempo di Minkowski, dobbiamo scegliere una struttura geometrica che sia compatibile con le proprietà dell'interazione gravitazionale.

Una delle proprietà più caratteristiche (e più importanti) di tale interazione è riassunta dal cosiddetto "principio di equivalenza", che si puòformulare come segue:

l'interazione gravitazionale è sempre localmente eliminabile,

dove *localmente* significa in un punto dato dello spazio-tempo e nel suo intorno infinitesimo. Tale proprietà è basata sul fatto che gli effetti dell'interazione gravitazionale sono indistinguibili, *localmente*, da quelli di un sistema accelerato, per cui gli effetti gravitazionali possono essere localmente eliminati semplicemente applicando un'accelerazione di intensità e segno appropriato.

È importante sottolineare che questa completa eliminazione dell'interazione, per qualunque sistema fisico dato, è possibile solo in virtù dell'*universalità* dell'accoppiamento gravitazionale. Come ben noto sin dai tempi di Galileo, infatti, tutti i corpi rispondono ad un campo gravitazionale esterno con la stessa accelerazione, il che significa che il rapporto tra la "carica" gravitazionale (cioè la massa gravitazionale) e la massa inerziale ha lo stesso valore per tutti i corpi.

La gravitazione è l'unica, tra le interazioni fondamentali, a godere di questo tipo di universalità. Per l'interazione elettromagnetica, ad esempio, il principio di equivalenza non è valido, perché corpi con cariche diverse rispondono in maniera diversa ai campi applicati: scegliendo un opportuno sistema accelerato possiamo eliminare localmente la forza che agisce su di una certa carica, ma non su *tutte* le altre cariche del sistema, che in generale sono soggette ad accelerazioni diverse. Perciò l'interazione elettromagnetica *non* è localmente eliminabile, al contrario di quella gravitazionale.

Se vogliamo rappresentare l'interazione gravitazionale introducendo nello spazio-tempo una struttura geometrica diversa da quella di Minkowski dobbiamo dunque richiedere – in accordo al principio di equivalenza – che gli effetti di questa nuova struttura siano localmente elminabili, ossia che la nuova geometria possa sempre ridursi, localmente, a quella di Minkowski.

Questa proprietà non è soddisfatta, in generale, dalla geometria di Finsler, mentre è sempre soddisfatta dalla geometria di Riemann. Infatti, se l'elemento di linea soddisfa alle proprietà (2.16), (2.17), è sempre possibile scegliere un opportuno sistema di coordinate, detto "sistema localmente inerziale", rispetto al quale la metrica di Riemann $g_{\mu\nu}$ si riduce localmente a $\eta_{\mu\nu}$ in corripondenza di un punto dato, e la geometria, nell'intorno di quel punto, ritorna ad essere di tipo Minkowskiano.

Per visualizzare geometricamente questa proprietà possiamo ricordare l'esempio della superficie sferica S_2, introdotto nella sezione precedente. La geometria intrinseca di S_2 non è Euclidea; in ogni punto di S_2, però, possiamo sempre introdurre un piano tangente, e approssimare la geometria della sfera, nell'intorno di quel punto, con la geometria Euclidea del piano. Allo stesso modo, se abbiamo uno spazio-tempo di Riemann a quattro dimensioni, possiamo sempre introdurre in ogni punto uno spazio-tempo "piatto" tangente dotato della metrica di Minkowski, e approssimare localmente la geometria di Riemann con quella tangente di Minkowski.

Per illustrare in modo più esplicito la riduzione locale di una metrica di Riemann alla forma Minkowskiana consideriamo una metrica g che soddisfa alle condizioni (2.16), (2.17), e mostriamo che possiamo sempre trovare una trasformazione di coordinate $x \to x'(x)$ tale che la metrica trasformata coincida con quella di Minkowski in un punto dato x_0, ossia che: $g'(x_0) = \eta$. Per mostrarlo possiamo prendere, per semplicità, un sistema di coordinate x' che coincida con x nel punto di riferimento x_0.

Consideriamo la trasformazione di coordinate inversa, $x = x(x')$, e sviluppiamola in serie di Taylor attorno a $x' = x_0$:

$$x^\mu(x') \simeq x_0^\mu + \left(\frac{\partial x^\mu}{\partial x'^\nu}\right)_{x'=x_0} (x'^\nu - x_0^\nu) +$$
$$+ \frac{1}{2}\left(\frac{\partial x^\mu}{\partial x'^\alpha \partial x'^\beta}\right)_{x'=x_0} (x'^\alpha - x_0^\alpha)(x'^\beta - x_0^\beta) + \cdots \qquad (2.28)$$

Tale trasformazione risulta localmente determinata al primo ordine, nell'intorno di x_0, qualora siano noti i 16 coefficienti (costanti) della matrice

$$I^\mu{}_\nu = \left(\frac{\partial x^\mu}{\partial x'^\nu}\right)_{x'=x_0}. \qquad (2.29)$$

La trasformazione della metrica per un generico cambio di coordinate, d'altra parte, è fissata dall'Eq. (2.18). Se valutiamo tale trasformazione nel punto $x' = x = x_0$, ed imponiamo la condizione $g'(x_0) = \eta$, otteniamo

$$g'_{\alpha\beta}(x_0) = I^\mu{}_\alpha I^\nu{}_\beta\, g_{\mu\nu}(x_0) = \eta_{\alpha\beta}. \tag{2.30}$$

Poiché la metrica di partenza $g_{\mu\nu}$ è nota dappertutto, questa condizione fornisce un sistema di 10 equazioni per le 16 incognite che sono le componenti della matrice $I^\mu{}_\nu$. Tale sistema ammette sempre soluzioni (non tutte nulle) per i coefficienti $I^\mu{}_\nu$, per cui è sempre possibile determinare, nell'intorno del punto scelto, una trasformazione di coordinate che riduca in quel punto la metrica di partenza in forma Minkowskiana.

Si noti che il sistema di equazioni (2.30) non fissa completamente i coefficienti $I^\mu{}_\nu$, ma piuttosto determina una classe di soluzioni che dipende da $16 - 10 = 6$ parametri. La trasformazione di coordinate che ci porta alla metrica di Minkowski viene quindi definita a meno di 6 gradi di libertà arbitrari. Questa arbitrarietà corrisponde, fisicamente, alla possibilità di cambiare localmente sistema di riferimento, anche dopo aver fissato $g = \eta$, mediante una generica trasformazione di Lorentz. Tale trasformazione dipende appunto da 6 parametri e, come ben noto, non modifica la metrica di Minkowski.

Più in generale, se non avessimo imposto la coincidenza dei due sistemi di coordinate in x_0, avremmo determinato la trasformazione a meno di altri 4 parametri costanti, $x^\mu(x_0)$, che avrebbero sostituito il termine di ordine zero dello sviluppo di Taylor (2.28), e che si sarebbero aggiunti ai 6 parametri precedenti. E infatti le trasformazioni più generali che preservano la geometria di Minkowski sono quelle del gruppo di Poincarè, che include oltre alle trasformazioni di Lorentz anche le traslazioni, e che dipende appunto da $6 + 4 = 10$ parametri.

In conclusione possiamo dire che la geometria Riemanniana, grazie alle sue proprietà locali, si presenta come uno strumento idoneo a descrivere una struttura spazio-temporale che ingloba e generalizza quella della relatività ristretta in modo compatibile con il principio di equivalenza, e risulta quindi adatta, per lo meno in linea di principio, ad un'eventuale rappresentazione geometrica dell'interazione gravitazionale. Alcuni utili aspetti del formalismo e delle tecniche di calcolo da usare per lo studio delle varietà Riemanniane verrano presentati nel prossimo capitolo.

Esercizi Capitolo 2

2.1. Moto relativistico in un campo gravitazionale centrale

Ricavare l'equazione del moto (2.8) combinando le equazioni (2.5) e (2.6) che definiscono, rispettivamente, le costanti h e α.

2.2. Pseudo-sfera a quattro dimensioni

Si consideri una ipersuperficie a 4 dimensioni (con segnatura pseudo-Euclidea, $g_{\mu\nu} = (+, -, -, -)$), parametrizzata dalle coordinate intriseche $x^\mu = (ct, x^i)$, e immersa in uno spazio-tempo di Minkowski a 5 dimensioni con coordinate z^A, $A = 0, 1, 2, 3, 4$. L'ipersuperficie è descritta dalle seguenti equazioni parametriche

$$z^0 = \frac{c}{H} \sinh(Ht) + \frac{H}{2c} e^{Ht} x_i x^i,$$

$$z^i = e^{Ht} x^i, \tag{2.31}$$

$$z^4 = \frac{c}{H} \cosh(Ht) - \frac{H}{2c} e^{Ht} x_i x^i,$$

dove H è una costante. Si verifichi che tale ipersuperficie rappresenta una pseudo-ipersfera (o iperboloide) a 4 dimensioni, e si determini la sua metrica intrinseca, ovvero la metrica indotta su questa ipersuperficie dalle equazioni di immersione (2.31).

Soluzioni

2.1. Soluzione

Ponendo

$$\dot{r} = r' \dot{\varphi}, \qquad r' = \frac{dr}{d\varphi}, \tag{2.32}$$

possiamo riscrivere l'Eq. (2.5) nel modo seguente,

$$\dot{\varphi}^2 = \frac{h^2}{r^4} \left(1 - \frac{r'^2}{c^2} \dot{\varphi}^2 - \frac{r^2}{c^2} \dot{\varphi}^2 \right), \tag{2.33}$$

e ricavare quindi $\dot{\varphi}^2$ nella forma:

$$\dot{\varphi}^2 = \frac{h^2}{r^4} \left[1 + \frac{h^2}{r^4 c^2} \left(r'^2 + r^2 \right) \right]^{-1}. \tag{2.34}$$

È conveniente inoltre ricavare l'inverso di γ^2 dall'Eq. (2.6):

$$\frac{1}{\gamma^2} \equiv 1 - \frac{1}{c^2} \left(r'^2 + r^2 \right) \dot{\varphi}^2 = \frac{c^4}{\left(\alpha + \frac{GM}{r} \right)^2}. \tag{2.35}$$

Sostituendo $\dot{\varphi}^2$, ed invertendo la relazione precedente, otteniamo:

$$\frac{1}{c^4} \left(\alpha + \frac{GM}{r} \right)^2 = 1 + \frac{h^2}{r^4 c^2} \left(r'^2 + r^2 \right). \tag{2.36}$$

Sostituiamo ora la variabile r con la variabile $u = 1/r$, tale che $r' = -u'/u^2$, e deriviamo rispetto a φ entrambi i membri dell'equazione precedente. Otteniamo così una condizione che si può scrivere:

$$u'\left(u'' + u\right) = u'\left(\frac{r_0\alpha}{2h^2} + \frac{r_0^2 c^2}{4h^2}u\right), \tag{2.37}$$

dove $r_0 = 2GM/c^2$. Questa condizione ammette la soluzione banale $u' = 0$, ossia $r = $ cost, che descrive una traiettoria circolare nel piano dell'orbita. Se escludiamo il caso di orbite circolari, e supponiamo $u' \neq 0$, possiamo dividere per u' e arriviamo infine all'equazione

$$u'' + u = \frac{r_0\alpha}{2h^2} + \frac{r_0^2 c^2}{4h^2}u, \tag{2.38}$$

che con le definizioni (2.9) si riduce esattamente all'equazione del moto (2.8).

2.2. Soluzione

Elevando al quadrato le coordinate z^A definite in Eq. (2.31), e contraendole con la metrica di Minkowski della varietà a 5 dimensioni, si trova facilmente che l'ipersuperficie considerata soddisfa l'equazione

$$\eta_{AB}z^A z^B = \left(z^0\right)^2 - \left(z^1\right)^2 - \left(z^2\right)^2 - \left(z^3\right)^2 - \left(z^4\right)^2 = -\frac{c^2}{H^2} = \text{cost.} \tag{2.39}$$

Questa equazione descrive una pseudo-sfera a 4 dimensioni di raggio $R = c/H$ (si confronti infatti questo risultato con l'Eq. (2.20) che descrive una superficie sferica bidimensionale). A causa del carattere pseudo-Euclideo della metrica esterna, le sezioni spazio-temporali di questa ipersuperficie – ad esempio, le sezioni con $z^2 = z^3 = z^4 = 0$ – rappresentano iperboli anziché cerchi. L'ipersuperficie considerata può quindi essere interpretata come un iperboloide di rotazione a 4 dimensioni.

La sua metrica intrinseca $g_{\mu\nu}$, indotta dalle equazioni parametriche $z^A = z^A(x^\mu)$, è definita, in accordo all'Eq. (2.22), come

$$g_{\mu\nu} = \frac{\partial z^A}{\partial x^\mu}\frac{\partial z^B}{\partial x^\nu}\eta_{AB}. \tag{2.40}$$

Derivando rispetto a x^μ le relazioni $z^A(x^\mu)$ fornite dalle equazioni (2.31) otteniamo facilmente

$$g_{00} = \frac{1}{c^2}\left(\frac{\partial z^0}{\partial t}\right)^2 - \frac{1}{c^2}\left|\frac{\partial z^i}{\partial t}\right|^2 - \frac{1}{c^2}\left(\frac{\partial z^4}{\partial t}\right)^2 = 1,$$

$$g_{ij} = \frac{\partial z^0}{\partial x^i}\frac{\partial z^0}{\partial x^j} - \frac{\partial z^k}{\partial x^i}\frac{\partial z^l}{\partial x^j}\delta_{kl} - \frac{\partial z^4}{\partial x^i}\frac{\partial z^4}{\partial x^j} = -\delta_{ij}e^{2Ht}, \tag{2.41}$$

$$g_{0i} = 0.$$

L'elemento di linea intrinseco dell'iperboloide a 4 dimensioni, nelle coordinate prescelte, è dunque dato da

$$ds^2 = g_{\mu\nu}dx^\mu dx^\nu = c^2 dt^2 - e^{2Ht}\left|d\boldsymbol{x}\right|^2 . \tag{2.42}$$

Esso rappresenta una possibile parametrizzazione della cosiddetta geometria di de Sitter (si veda ad esempio il testo [2] della Bibliografia finale), che ha importanti applicazioni in un contesto cosmologico (si veda ad esempio il testo [22]).

Calcolo tensoriale in una varietà di Riemann

Motivati dalla discussione del capitolo precedente supponiamo dunque che lo spazio-tempo abbia la struttura geometrica di una varietà Riemanniana, a quattro dimensioni, con segnatura pseudo-euclidea. Descriviamo cioè lo spazio-tempo come una varietà differenziabile[1] dotata di una metrica g che definisce i prodotti scalari in accordo ai postulati enunciati nella Sez. 2.1, e che può essere rappresentata da una matrice 4×4 reale e simmetrica, con autovalori spaziali e temporali di segno opposto. Con le nostre convenzioni prenderemo positivo l'autovalore di tipo tempo:

$$g_{\mu\nu} = \operatorname{diag}\left(+, -, -, -\right). \tag{3.1}$$

Assumeremo inoltre che la varietà sia dotata di un oggetto geometrico chiamato "connessione affine", che risulta simmetrica e compatibile con la metrica (si veda più avanti la Sez. 3.5).

È importante osservare che gli autovalori della metrica – così come quelli di qualunque matrice – restano invariati per le cosiddette "trasformazioni di similarità", ossia per le trasformazioni del tipo $g \to g' = U^{-1}gU$, dove U è un'arbitraria matrice 4×4. Gli autovalori di g possono cambiare, però, se applichiamo una generica trasformazione di coordinate. In quel caso infatti la trasformazione della metrica è fissata dall'Eq. (2.18), che si può riscrivere in forma più compatta introducendo la *matrice Jacobiana* $J^{\mu}{}_{\nu}$, definita da:

$$J^{\mu}{}_{\nu} = \frac{\partial x'^{\mu}}{\partial x^{\nu}}, \qquad \left(J^{-1}\right)^{\mu}{}_{\nu} = \frac{\partial x^{\mu}}{\partial x'^{\nu}}. \tag{3.2}$$

L'Eq. (2.18) diventa allora

$$g'_{\alpha\beta} = \left(J^{-1}\right)^{\mu}{}_{\alpha} \, g_{\mu\nu} \left(J^{-1}\right)^{\nu}{}_{\beta} \equiv \left(J^{-1}\right)^{T}{}_{\alpha}{}^{\mu} \, g_{\mu\nu} \left(J^{-1}\right)^{\nu}{}_{\beta}, \tag{3.3}$$

---

[1] Ossia, uno spazio topologico di Hausdorff localmente omeomorfo a $\mathbb{R}^{n}$.

© Springer-Verlag Italia 2015
M. Gasperini, *Relatività Generale e Teoria della Gravitazione*,
UNITEXT for Physics, DOI 10.1007/978-88-470-5690-9_3

ovvero, utilizzando il prodotto matriciale righe per colonne:

$$g' = (J^{-1})^T g\, J^{-1}. \tag{3.4}$$

Una trasformazione di questo tipo è detta "congruenza" e, in generale, non preserva gli autovalori della matrice g. Essa preserva sempre, però, il numero degli autovalori di un dato segno, e quindi la segnatura $3+1$ della metrica non cambia qualunque sia la trasformazioni di coordinate rappresentata dalla matrice J^{-1}. Questo risultato è anche noto come "teorema di Sylvester".

Nel contesto della geometria di Riemann la nozione di osservatore (o sistema di riferimento) inerziale, tipica della relatività ristretta, viene sostituita dalla nozione più generale di *sistema di coordinate*, detto anche "carta" nel linguaggio della geometria differenziale. La relazione funzionale tra le varie carte non è necessariamente lineare come nel caso delle trasformazioni di Lorentz. Inoltre, una singola carta può non essere sufficiente a ricoprire l'intera varietà Riemanniana. In quel caso si ricorre ad un insieme di carte, detto "atlante".

Nella regione in cui due carte si intersecano ogni punto della varietà è individuato da due differenti sistemi di coordinate, $\{x\}$ e $\{x'\}$. In quella regione diventa possibile definire la trasformazione di coordinate $x \to x'$. Per le ipotesi fatte sulla geometria della varietà spazio-temporale tale trasformazione deve corrispondere a un *diffeomorfismo*, ossia deve essere rappresentata da una funzione biunivoca, differenziabile, invertibile, e con l'inverso differenziabile. La trasformazione deve essere quindi caratterizzata da un determinante Jacobiano diverso da zero.

Possiamo considerare, come semplice esempio, la trasformazione di coordinate dal sistema polare $\{r,\varphi\}$ a quello cartesiano $\{x,y\}$, definita in Eq. (2.3). È facile verificare che il determinante Jacobiano di tale trasformazione vale $\det J \equiv |\partial x'/\partial x| = r$, per cui la trasformazione è definita dappertutto tranne che per $r = 0$, dove non è invertibile. Le coordinate polari non sono quindi definite nell'origine, e la carta polare non è sufficiente a ricoprire completamente il piano euclideo $\mathcal{R}_2$ (a differenza delle coordinate cartesiane, che forniscono invece un ricoprimento completo di $\mathcal{R}_2$).

L'utilizzo di uno schema geometrico Riemanniano, e l'introduzione di un principio di relatività generalizzato che pone sullo stesso piano fisico tutte le carte, richiede, per consistenza, che gli oggetti geometrici definiti sullo spazio-tempo siano classificati in base alle loro proprietà di trasformazione rispetto al gruppo dei diffeomorfismi (e non solo rispetto alle trasformazioni di Lorentz, come nel caso particolare della relatività ristretta). Il resto di questo capitolo sarà dedicato a una concisa e fenomenologica presentazione dei principali aspetti di questo formalismo geometrico.

3.1 Tensori covarianti e controvarianti

Un oggetto geometrico y definito su una varietà Riemanniana è rappresentato da un insieme di funzione differenziabili $y_A(x)$, dette "componenti", che per un cambio di carta $x \to x'$ si trasformano nel modo seguente:

$$y_A(x) \to y'_A(x') = Y_A\left[y_A(x), x'(x)\right].\tag{3.5}$$

In generale, le nuove componenti y'_A (riferite alla nuova carta x') dipendono quindi dalle vecchie componenti e dalle nuove coordinate tramite una funzione Y_A, la cui forma è rigidamente ed unicamente prescritta dal tipo di oggetto considerato. Se la funzione $Y_A(y)$ è omogenea, in particolare, le componenti formano una base per la rappresentazione dell'associato gruppo di trasformazioni definito sulla varietà spazio-temporale.

Consideriamo, ad esempio, l'isomorfismo $x \to x'(x)$ e la corrispondente matrice Jacobiana J definita dall'Eq. (2.3). Un oggetto è detto *scalare* se si trasforma semplicemente come

$$\phi'(x') = \phi(x).\tag{3.6}$$

Un oggetto A^μ è detto *vettore controvariante* (o anche tensore di tipo $(1,0)$) se si trasforma come il differenziale delle coordinate,

$$dx'^\mu = \frac{\partial x'^\mu}{\partial x^\nu} dx^\nu,\tag{3.7}$$

ovvero se:

$$A'^\mu(x') = J^\mu{}_\nu A^\nu(x),\tag{3.8}$$

dove J è la matrice Jacobiana (3.2). Un oggetto B_μ è detto *vettore covariante* (o anche tensore di tipo $(0,1)$) se si trasforma come il gradiente,

$$\frac{\partial}{\partial x'^\mu} = \frac{\partial x^\nu}{\partial x'^\mu} \frac{\partial}{\partial x^\nu},\tag{3.9}$$

ovvero se:

$$B'_\mu(x') = (J^{-1})^\nu{}_\mu B_\nu(x).\tag{3.10}$$

Accanto alle trasformazioni dirette, che esprimono le componenti sulla nuova carta in funzione delle vecchie componenti, possiamo ovviamente considerare le trasformazioni inverse, che esprimono le vecchie componenti in funzione delle nuove. Per un vettore controvariante e covariante abbiamo allora, rispettivamente, le relazioni:

$$A^\mu(x) = (J^{-1})^\mu{}_\nu A'^\nu(x'),\tag{3.11}$$
$$B_\mu(x) = J^\nu{}_\mu B'_\nu(x'),\tag{3.12}$$

ottenute invertendo le equazioni (3.8), (3.10).

La definizione di vettore (ovvero, di oggetto tensoriale di rango uno) si estende facilmente agli oggetti tensoriali di rango arbitrario osservando che un tensore covariante (o controvariante) di rango r si trasforma come il prodotto diretto di r vettori covarianti (o controvarianti). In particolare, un tensore "misto" T di tipo (n, m) ha rango n rispetto alla rappresentazione controvariante del gruppo di trasformazioni considerato, e rango m rispetto alla corrispondente rappresentazione covariante. È quindi un oggetto geometrico con 4^{n+m} componenti che si trasforma nel modo seguente:

$$T'^{\mu_1 \cdots \mu_n}{}_{\nu_1 \cdots \nu_m}(x') =$$
$$= J^{\mu_1}{}_{\alpha_1} \cdots J^{\mu_n}{}_{\alpha_n} (J^{-1})^{\beta_1}{}_{\nu_1} \cdots (J^{-1})^{\beta_m}{}_{\nu_m} T^{\alpha_1 \cdots \alpha_n}{}_{\beta_1 \cdots \beta_m}(x). \tag{3.13}$$

È utile notare che, nel caso di un tensore misto di rango $r = 2$, l'equazione precedente assume la forma di una trasformazione di similarità (con $U = J^{-1}$). Per $r = 2$ abbiamo infatti

$$T'^{\mu}{}_{\nu} = J^{\mu}{}_{\alpha} T^{\alpha}{}_{\beta} (J^{-1})^{\beta}{}_{\nu}, \tag{3.14}$$

ossia, in forma matriciale:
$$T' = JTJ^{-1}. \tag{3.15}$$

In questo caso speciale gli autovalori della matrice $T^{\mu}{}_{\nu}$ sono dunque preservati, qualunque sia la trasformazione di coordinate che stiamo considerando.

Il diverso significato geometrico delle componenti covarianti e controvarianti può essere facilmente illustrato introducendo sulla varietà spazio-temporale quattro vettori di base $\{e_{\mu}\}$, $\mu = 1, \ldots, 4$, definiti in modo da essere "ortonormali" rispetto alla metrica di Riemann data. Ossia, definiti in modo tale che il loro prodotto scalare soddisfi alla condizione

$$e_{\mu} \cdot e_{\nu} = g_{\mu\nu} \tag{3.16}$$

(strettamente parlando stiamo considerando una condizione di "pseudo ortonormalità", che si riduce ad una vera e propria relazione di ortonormalità solo nel caso particolare di una varietà Euclidea con $g_{\mu\nu} = \delta_{\mu\nu}$). Un generico vettore A si può allora rappresentare come combinazione lineare di questi vettori di base,

$$A = A^{\mu} e_{\mu}, \tag{3.17}$$

e i coefficienti A^{μ} di questa combinazione lineare rappresentano le componenti *controvarianti* del vettore (ossia le componenti che, in uno spazio Euclideo, riproducono il vettore se sommate tra loro mediante la cosidetta "regola del parallelogrammo"). Le componenti *covarianti*, invece, sono quelle che si ottengono proiettando scalarmente il vettore A sui singoli vettori di base:

$$A_{\mu} = A \cdot e_{\mu}. \tag{3.18}$$

Risulta chiaro che le quantità A^μ e A_μ coincidono solo se la base scelta individua un sistema di riferimento di tipo Cartesiano, con "assi" ortogonali. In un generico sistema "curvilineo", combinando le equazioni (3.17), (3.18), otteniamo invece

$$A_\mu = A^\nu e_\nu \cdot e_\mu = g_{\mu\nu} A^\nu, \tag{3.19}$$

che generalizza al caso di Riemann la ben nota proprietà della metrica di Minkowski di trasformare componenti controvarianti in componenti covarianti.

D'altra parte, se $g_{\mu\nu}$ "abbassa gli indici" (come mostrato dall'equazione precedente), le componenti controvarianti della metrica eseguono l'operazione inversa. Possiamo arrivare a questa conclusione in due modi: i) definendo una base "duale $\widetilde{e}^\mu$, tale che $\widetilde{e}^\mu \cdot e_\nu = \delta^\mu_\nu$, e ripetendo gli argomenti precedenti; oppure ii) osservando che le componenti controvarianti $g^{\mu\nu}$ rappresentano le componenti della matrice inversa rispetto a $g_{\mu\nu}$. In accordo all'approccio operativo e allo spirito poco formale di questo capitolo adotteremo il secondo metodo, anche perchè la discussione dettagliata dei vari passaggi ci darà il modo di effettuare un utile esercizio.

A questo scopo notiamo, innanzitutto, che le componenti miste della metrica coincidono con le componenti del tensore identità,

$$g_\mu{}^\nu = \delta_\mu{}^\nu. \tag{3.20}$$

Infatti, in accordo ai postulati di base della geometria Riemanniana, la metrica si trasforma come un tensore di rango 2 (si veda l'Eq. (2.18)); inoltre, come discusso nella Sez. 2.2, è sempre possibile trovare una trasformazione di coordinate che riduce localmente la metrica $g_{\mu\nu}$ alla forma Minkowskiana $\eta_{\mu\nu}$, e quindi le componenti miste $g_\mu{}^\nu$ alla forma $\eta_\mu^\nu = \delta_\mu^\nu$. Ma le componenti miste del tensore diagonale δ_μ^ν si trasformano secondo l'Eq. (3.14), e sono quindi invarianti rispetto a qualunque trasformazione di coordinate: perciò, se la relazione (3.20) è valida in una carta (localmente inerziale), è valida allora in qualunque carta.

D'altra parte, in accordo all'Eq. (3.19), le componenti miste $g_\mu{}^\nu$ si possono ottenere abbassando un indice delle componenti controvarianti della metrica. Abbiamo dunque la relazione

$$g_{\mu\alpha} g^{\alpha\nu} = g_\mu{}^\nu = \delta_\mu{}^\nu, \tag{3.21}$$

che si può riscrivere, in forma matriciale, come $g g^{-1} = I$, e che conferma il ruolo di matrice inversa per la rappresentazione controvariante del tensore metrico. Applicando $g^{\rho\mu}$ a entrambi i membri dell'Eq. (3.19), e sfruttando la (3.21), otteniamo infine

$$g^{\rho\mu} A_\mu = A^\rho, \tag{3.22}$$

che rappresenta la controparte "duale" della relazione (3.19).

Concludiamo la sezione osservando che – grazie ai risultati precedenti – il prodotto scalare tra due vettori si può scrivere in vari modi, tutti equivalenti ad un'operazione di saturazione di indici covarianti con indici controvarianti:

$$\boldsymbol{A} \cdot \boldsymbol{B} = A^\mu \boldsymbol{e}_\mu \cdot B^\nu \boldsymbol{e}_\nu = A^\mu B^\nu g_{\mu\nu} = A^\mu B_\mu = g^{\mu\nu} A_\mu B_\nu = A_\mu B^\mu, \quad (3.23)$$

(estendendo così allo spazio-tempo di Riemann un'ovvia proprietà degli oggetti tensoriali nello spazio-tempo di Minkowski). Ulteriori aspetti della geometria di Riemann, di tipo anche concettualmente nuovo rispetto al caso di Minkowski, verranno illustrati nelle sezioni successive.

3.2 Densità tensoriali

Gli oggetti tensoriali introdotti nella sezione precedente rappresentano un caso particolare di una più generale classe di oggetti geometrici, detti *densità tensoriali* e caratterizzati da due parametri: il rango r e il peso w.

Una densità tensoriale di rango r (di tipo, ad esempio, controvariante), e di peso w, è un oggetto geometrico V con 4^r componenti che, sotto l'azione di un generico diffeomorfismo $x \to x'$, si trasforma nel modo seguente:

$$V'^{\mu_1 \cdots \mu_r} = J^{\mu_1}{}_{\nu_1} \cdots J^{\mu_r}{}_{\nu_r} V^{\nu_1 \cdots \nu_r} (\det J)^w . \quad (3.24)$$

Una densità V si trasforma dunque come un tensore rispetto ai suoi r indici; a differenza del caso tensoriale, però, le vecchie componenti di $V(x)$ vengono moltiplicate per il determinante Jacobiano elevato alla potenza w. Il peso w è un numero intero positivo (o negativo) che conta il numero di volte che $\det J$ (o il suo inverso) entra nella legge di trasformazione.

Ne consegue che i tensori possono essere classificati come particolari densità con peso $w = 0$; inoltre, se ci limitiamo a considerare trasformazioni con $\det J = 1$ (come avviene, ad esempio, nel caso della relatività ristretta per i diffeomorfismi del gruppo di Lorentz proprio), la differenza tra tensori e densità tensoriali scompare completamente. Possiamo anche notare che, accanto alle densità di tipo controvariante, esistono ovviamente quelle covarianti e quelle miste. Una generica densità T di tipo misto (n, m) e peso w trasforma gli indici secondo la regola tensoriale (3.13), con l'unica differenza che le vecchie componenti, nell'equazione di trasformazione, vengono moltiplicate per $(\det J)^w$.

Come semplice esempio di densità possiamo considerare l'elemento di quadri-volume infinitesimo d^4x, che si trasforma come una densità *scalare* di peso $w = 1$. Per una generica trasformazione di coordinate, infatti, abbiamo:

$$d^4x \to d^4x' = \left| \frac{\partial x'}{\partial x} \right| d^4x = \det J \, d^4x. \quad (3.25)$$

Un altro esempio è fornito dal determinante di un tensore di rango due, e in particolare dal determinante del tensore metrico, che si trasforma come una densità scalare di peso $w = -2$. Se prendiamo il determinante della trasformazione (2.18) otteniamo infatti:

$$\det g' = \left|\frac{\partial x}{\partial x'}\right|^2 \det g \equiv (\det J)^{-2} \det g. \tag{3.26}$$

Ne consegue che la radice quadrata di $\det g_{\mu\nu}$ è una densità scalare di peso $w = -1$, e dunque la quantità

$$d^4 x \sqrt{-g} \tag{3.27}$$

si trasforma come uno scalare, in quanto ha peso $w = 0$. Si noti che abbiamo adottato la notazione standard $g \equiv \det g_{\mu\nu}$ (che useremo sempre d'ora in avanti), e abbiamo posto $-g$ sotto radice perchè $g < 0$ per una metrica con la segnatura pseudo-Euclidea (3.1).

Consideriamo infine le proprietà di trasformazione di un oggetto frequentemente usato nei calcoli tensoriali: il cosiddetto simbolo di Levi-Civita $\epsilon^{\mu\nu\rho\sigma} = \epsilon^{[\mu\nu\rho\sigma]}$, completamente antisimmetrico in tutti i suoi indici, normalizzato con la condizione $\epsilon^{0123} = 1 = -\epsilon_{0123}$ (si veda anche la sezione iniziale sulle Notazioni e Convenzioni). In una varietà di Riemann questo oggetto si comporta come una densità di rango $r = 4$ e peso $w = -1$.

Per dimostrare questa affermazione osserviamo che il determinante Jacobiano – così come il determinante di qualunque matrice 4×4 – può essere sviluppato come prodotto dei minori associati agli elementi di una riga o di una colonna, e può essere quindi rappresentato nella forma compatta seguente,

$$\det J = J^0{}_\mu J^1{}_\nu J^2{}_\rho J^3{}_\sigma \epsilon^{\mu\nu\rho\sigma} = \epsilon^{0123} \det J, \tag{3.28}$$

che implica la relazione tensoriale:

$$\epsilon^{\alpha\beta\gamma\delta} \det J = J^\alpha{}_\mu J^\beta{}_\nu J^\gamma{}_\rho J^\delta{}_\sigma \epsilon^{\mu\nu\rho\sigma}. \tag{3.29}$$

D'altra parte, se consideriamo il cambio di carta associato alla matrice Jacobiana J, e se vogliamo che le componenti $\pm 1, 0$ del simbolo completamente antisimmetrico restino le stesse in tutte le carte, dobbiamo imporre che nelle nuove coordinate si abbia $\epsilon'^{\alpha\beta\gamma\delta} = \epsilon^{\alpha\beta\gamma\delta}$. Sostituendo questa condizione nell'equazione precedente otteniamo la legge di trasformazione

$$\epsilon'^{\alpha\beta\gamma\delta} = J^\alpha{}_\mu J^\beta{}_\nu J^\gamma{}_\rho J^\delta{}_\sigma \epsilon^{\mu\nu\rho\sigma} (\det J)^{-1}, \tag{3.30}$$

che caratterizza appunto una densità tensoriale di rango 4 e peso $w = -1$. Ricordando che anche la densità scalare $\sqrt{-g}$ ha peso $w = -1$, possiamo allora ottenere un "vero" tensore completamente antisimmetrico definendo l'oggetto

$$\eta^{\mu\nu\rho\sigma} = \frac{\epsilon^{\mu\nu\rho\sigma}}{\sqrt{-g}}, \tag{3.31}$$

che risulta avere peso $w = 0$ per una generica trasformazione di coordinate della varietà Riemanniana.

La versione covariante di questo tensore si ottiene operando con la metrica sui quattro indici, in accordo alla proprietà metrica (3.19):

$$\eta_{\alpha\beta\gamma\delta} = g_{\alpha\mu}g_{\beta\nu}g_{\gamma\rho}g_{\delta\sigma}\frac{\epsilon^{\mu\nu\rho\sigma}}{\sqrt{-g}}. \tag{3.32}$$

D'altra parte, applicando al determinante della matrice $g_{\mu\nu}$ il generico sviluppo in minori (3.29), abbiamo anche

$$-g\,\epsilon_{\alpha\beta\gamma\delta} = g_{\alpha\mu}g_{\beta\nu}g_{\gamma\rho}g_{\delta\sigma}\epsilon^{\mu\nu\rho\sigma} \tag{3.33}$$

(il segno meno viene dalla convenzione $\epsilon_{0123} = -\epsilon^{0123} = -1$). Dividendo questa equazione per $\sqrt{-g}$, e confrontando con l'Eq. (3.32), otteniamo infine la relazione:

$$\eta_{\alpha\beta\gamma\delta} = \sqrt{-g}\,\epsilon_{\alpha\beta\gamma\delta}, \tag{3.34}$$

che definisce il tensore completamente antisimmetrico in forma covariante.

Si noti che il simbolo $\epsilon_{\alpha\beta\gamma\delta}$, presente al membro destro di questa equazione, si trasforma come una densità tensoriale covariante di peso $w = 1$ (e quindi il suo peso è opposto a quello del simbolo di Levi-Civita in forma controvariante). Si noti anche che nella contrazione dei tensori $\eta_{\alpha\beta\gamma\delta}$ e $\eta^{\mu\nu\rho\sigma}$ il determinante della metrica si cancella, e il risultato viene ad essere completamente determinato dalla contrazione dei simboli di Levi-Civita come nel corrispondente spazio-tempo di Minkowski.

Regole di prodotto tra tensori completamente antisimmetrici

Riportiamo qui di seguito, per comodità futura, le regole di prodotto tra tensori completamente antisimmetrici. È conveniente definire il simbolo $\delta^{\mu_1\cdots\mu_n}_{\nu_1\cdots\nu_n}$, che indica il determinante della seguente matrice $n \times n$:

$$\delta^{\mu_1\cdots\mu_n}_{\nu_1\cdots\nu_n} = \det\begin{pmatrix} \delta^{\mu_1}_{\nu_1} & \cdots & \delta^{\mu_1}_{\nu_n} \\ \delta^{\mu_2}_{\nu_1} & \cdots & \delta^{\mu_2}_{\nu_n} \\ \cdots & \cdots & \cdots \\ \delta^{\mu_n}_{\nu_1} & \cdots & \delta^{\mu_n}_{\nu_n} \end{pmatrix}. \tag{3.35}$$

Usando la definizione esplicita dei tensori completamente antisimmetrici (3.31) e (3.34) si ottiene:

$$\eta_{\mu\nu\rho\sigma}\eta^{\mu\nu\rho\sigma} = -4! \;, \tag{3.36}$$

$$\eta_{\mu\nu\rho\alpha}\eta^{\mu\nu\rho\sigma} = -3!\,\delta^{\sigma}_{\alpha} \;, \tag{3.37}$$

$$\eta_{\mu\nu\alpha\beta}\eta^{\mu\nu\rho\sigma} = -2!\,\delta^{\rho\sigma}_{\alpha\beta} \equiv -2!\left(\delta^{\rho}_{\alpha}\delta^{\sigma}_{\beta} - \delta^{\sigma}_{\alpha}\delta^{\rho}_{\beta}\right) \;, \tag{3.38}$$

$$\eta_{\mu\alpha\beta\gamma}\eta^{\mu\nu\rho\sigma} = -\delta^{\nu\rho\sigma}_{\alpha\beta\gamma} \;, \tag{3.39}$$

$$\eta_{\alpha\beta\gamma\delta}\eta^{\mu\nu\rho\sigma} = -\delta^{\mu\nu\rho\sigma}_{\alpha\beta\gamma\delta} \;. \tag{3.40}$$

3.3 Trasformazioni infinitesime, isometrie e vettori di Killing

Le regole di trasformazione introdotte nelle sezioni precedenti non descrivono la trasformazione *locale* di un oggetto geometrico se le nuove e le vecchie componenti dell'oggetto vengono riferite alle coordinate di un'unica carta.

Infatti, per una data trasformazione $x \to x' = f(x)$, le vecchie componenti dell'oggetto tensoriale A, valutate nel punto P di coordinate x, vengono collegate alle nuove componenti A' valutate nel punto di coordinate $x' = f(x)$. Quest'ultimo punto coincide con P se le coordinate sono riferite alla nuova carta, ma corrisponde a un diverso punto P' dello spazio-tempo, di coordinate $f(x) \neq x$, se viene invece riferito alla vecchia carta. In sintesi, abbiamo una trasformazione del tipo

$$A(x) \to A'\left(f(x)\right).\tag{3.41}$$

La variazione locale dell'oggetto geometrico, ossia la differenza delle componenti valutata *nello stesso punto dello spazio-tempo*, $A'(x) - A(x)$, può però essere facilmente definita per le trasformazioni di coordinate sviluppabili in serie attorno alla trasformazione identica. Tali trasformazioni possono essere parametrizzate, al primo ordine dello sviluppo, da un vettore infinitesimo ξ^μ – detto *generatore* della trasformazione – come segue:

$$x'^\mu = f^\mu(x) \simeq x^\mu + \xi^\mu(x) + \mathcal{O}(\xi^2).\tag{3.42}$$

La trasformazione inversa, al primo ordine in ξ, è data da:

$$x^\mu = (f^{-1})^\mu(x') \simeq x'^\mu - \xi^\mu(x') + \mathcal{O}(\xi^2).\tag{3.43}$$

Lo sviluppo in serie di Taylor delle componenti $A'(x')$ nell'intorno di $x' = x$ (ossia nel limite $\xi \to 0$) fornisce allora $A'(x)$, e permette di calcolare la corrispondente variazione locale $\delta A = A'(x) - A(x)$, detta anche variazione "funzionale", oppure *trasformazione di gauge* (dove col termine *"gauge"* si fa riferimento alle proprietà di simmetria del modello geometrico considerato, e in particolare all'invarianza per diffeomorfismi della geometria Riemanniana). La procedura, che applicheremo per lo più al primo ordine, si può ovviamente estendere a ordini arbitrariamente elevati dello sviluppo in serie di potenze di ξ.

Per fare un semplice esempio prendiamo la trasformazione di un campo scalare ϕ, data dall'Eq. (3.6), per un generico cambio di carta $x' = f(x)$:

$$\phi'\left(f(x)\right) = \phi(x).\tag{3.44}$$

Per valutare la variazione locale di ϕ nel punto x è conveniente esprime questa legge di trasformazione non in x ma nel punto (traslato) di coordinate $x \to f^{-1}(x)$, dove la trasformazione assume la forma, esattamente equivalente all'Eq. (3.44),

$$\phi'(x) = \phi\left(f^{-1}(x)\right).$$ (3.45)

Consideriamo ora una trasformazione infinitesima del tipo (3.42), (3.43), ed espandiamo in serie di Taylor nell'intorno del punto x il membro destro dell'equazione precedente:

$$\phi'(x) = \phi\left(f^{-1}(x)\right) \simeq \phi(x - \xi) \simeq \phi(x) - \xi^\mu(x)\partial_\mu\phi(x) + \cdots,$$ (3.46)

dove abbiamo omesso termini di ordine ξ^2 e superiore. La variazione locale (o funzionale) del campo scalare per la trasformazione infinitesima generata da ξ, al primo ordine, è dunque:

$$\delta_\xi\phi \equiv \phi'(x) - \phi(x) = -\xi^\mu\partial_\mu\phi.$$ (3.47)

Si noti che questo risultato è in principio diverso da quello dell'Eq. (1.28), relativo a una traslazione di coordinate di tipo *globale*, per il fatto che il generatore della trasformazione non è costante ma dipende anch'esso dalle coordinate, $\xi^\mu = \xi^\mu(x)$.

Gli effetti di tale dipendenza dalle coordinate, ossia gli effetti della *località* della trasformazione infinitesima (3.42), diventano più evidenti se consideriamo la variazione di un oggetto tensoriale di rango superiore, ad esempio di un campo vettoriale controvariante $A^\mu(x)$. Applicando la regola generale (3.8) – valutata nel punto traslato di coordinate $f^{-1}(x)$ – alla trasformazione infinitesima (3.42), sviluppando in serie nell'intorno di x, e fermandoci al primo ordine in ξ, otteniamo

$$A'^\mu(x) = \frac{\partial x'^\mu}{\partial x^\nu}A^\nu(x - \xi) = (\delta^\mu_\nu + \partial_\nu\xi^\mu + \cdots)(1 - \xi^\alpha\partial_\alpha + \cdots)A^\nu(x)$$
$$= A^\mu(x) - \xi^\alpha\partial_\alpha A^\mu + A^\nu\partial_\nu\xi^\mu + \cdots$$ (3.48)

Perciò:

$$\delta_\xi A^\mu \equiv A'^\mu(x) - A^\mu(x) = -\xi^\alpha\partial_\alpha A^\mu + A^\nu\partial_\nu\xi^\mu.$$ (3.49)

Il secondo contributo a questa variazione, proporzionale alle derivata di ξ, è una conseguenza del carattere *locale* della trasformazione considerata. Tale contributo scompare nel limite di traslazioni rigide, caratterizzate da un parametro $\xi^\mu = \text{const}$.

Con la stessa procedura possiamo valutare la variazione locale di un vettore di tipo covariante, partendo dalla regola di trasformazione (3.10), e tenendo conto che la matrice Jacobiana inversa si ottiene derivando l'Eq. (3.43) rispetto a x'. Abbiamo allora

$$B'_\mu(x) = \frac{\partial x^\nu}{\partial x'^\mu}B_\nu(x - \xi) = (\delta^\nu_\mu - \partial_\mu\xi^\nu + \cdots)(1 - \xi^\alpha\partial_\alpha + \cdots)B_\nu(x)$$
$$= B_\mu(x) - \xi^\alpha\partial_\alpha B_\mu - B_\nu\partial_\mu\xi^\nu + \cdots$$ (3.50)

da cui:

$$\delta_\xi B_\mu \equiv B'_\mu(x) - B_\mu(x) = -\xi^\alpha\partial_\alpha B_\mu - B_\nu\partial_\mu\xi^\nu.$$ (3.51)

Si noti che, al primo ordine in ξ, abbiamo identificato $\partial \xi^\nu(x')/\partial x'^\mu$ con $\partial \xi^\nu(x)/\partial x^\mu$. Va anche notata la differenza di segno dell'ultimo termine dell'Eq. (3.51) rispetto al termine corrispondente dell'Eq. (3.49).

È utile, per le applicazioni successive, valutare anche la variazione locale del tensore metrico. Applicando la regola generale (3.3) al caso di una trasformazione infinitesima, e sviluppando in serie, otteniamo

$$g'_{\mu\nu}(x) = \left(\delta_\mu^\alpha - \partial_\mu \xi^\alpha + \cdots\right)\left(\delta_\nu^\beta - \partial_\nu \xi^\beta + \cdots\right)\left(1 - \xi^\rho \partial_\rho + \cdots\right) g_{\alpha\beta}(x), \quad (3.52)$$

da cui, al primo ordine in ξ,

$$\delta_\xi g_{\mu\nu} \equiv g'_{\mu\nu}(x) - g_{\mu\nu}(x) = -\xi^\alpha \partial_\alpha g_{\mu\nu} - g_{\mu\alpha} \partial_\nu \xi^\alpha - g_{\alpha\nu} \partial_\mu \xi^\alpha. \quad (3.53)$$

Ripetendo la procedura per le componenti controvarianti della metrica arriviamo invece all'espressione:

$$\delta_\xi g^{\mu\nu} = -\xi^\alpha \partial_\alpha g^{\mu\nu} + g^{\mu\alpha} \partial_\alpha \xi^\nu + g^{\alpha\nu} \partial_\alpha \xi^\mu. \quad (3.54)$$

Le trasformazioni di coordinate che lasciano la metrica localmente invariante, ossia che soddisfano alla condizione[2] $g'_{\mu\nu}(x) = g_{\mu\nu}(x)$, sono dette *isometrie*, e il generatore vettoriale ξ^μ della corrispondente trasformazione infinitesima è detto *vettore di Killing*. I vettori di Killing sono dunque determinati dalla condizione $\delta_\xi g_{\mu\nu} = 0$ (o, equivalentemente, $\delta_\xi g^{\mu\nu} = 0$) che, una volta fissata la metrica, diventa un'equazione differenziale alle derivate parziali per le componenti del vettore ξ^μ:

$$\xi^\alpha \partial_\alpha g_{\mu\nu} + g_{\mu\alpha} \partial_\nu \xi^\alpha + g_{\alpha\nu} \partial_\mu \xi^\alpha = 0. \quad (3.55)$$

Come vedremo in seguito, tale condizione si può scrivere anche in forma più compatta utilizzando la nozione di derivata covariante (che introdurremo nella Sez. 3.4). Ma anche applicando la condizione nella precedente forma differenziale ordinaria si può facilmente verificare, ad esempio, che le trasformazioni del gruppo di Poincarè sono isometrie dello spazio-tempo di Minkowski, ovvero che i sei generatori delle rotazioni di Lorentz e i quattro generatori delle traslazioni globali sono vettori di Killing per la metrica di Minkowski (si vedano gli Esercizi 3.1 e 3.2).

L'insieme delle isometrie associate a un dato tensore metrico costituisce un importante gruppo di simmetria per la varietà descritta da quella metrica. La conoscenza di tali simmetrie (ossia, la conoscenza dei corrispondenti vettori di Killing) permette di scegliere il sistema di coordinate più conveniente per semplificare la descrizione geometrica della varietà data[3].

---

[2] Quando la metrica soddisfa tale condizione si dice anche che la metrica è "invariante in forma".

[3] Le coordinate di tale sistema sono anche dette coordinate "adattate" alla geometria di quella varietà.

Supponiamo, ad esempio, che la varietà ammetta un vettore di Killing ξ^μ di tipo tempo. Scegliamo una carta con la coordinata temporale allineata lungo la direzione di ξ^μ, nella quale $\xi^\mu = \delta_0^\mu$. In questa carta troveremo che la condizione di Killing $\delta g_{\mu\nu} = 0$ si riduce a $\partial_0 g_{\mu\nu} = 0$ (si veda l'Eq. (3.55)), e quindi avremo una metrica indipendente dal tempo. In questa carta, inoltre, $\xi_\mu = g_{\mu 0}$, e $\xi^\mu \xi_\mu = g_{00}$. Analoghe semplificazioni si ottengono per vettori di Killing di tipo spazio o nulli.

Osserviamo infine che la variazione locale di un oggetto tensoriale T lungo la direzione spazio-temporale individuata da un vettore ξ^μ è anche chiamata *derivata di Lie* di T rispetto a ξ, e indicata dal simbolo $\mathcal{L}_\xi T$. L'azione di tale derivata sugli oggetti tensoriali coincide (ma col segno opposto) con quella dell'operatore differenziale $\delta_\xi T$, definito in precedenza per scalari, vettori e tensori di rango due. Questo significa che la variazione funzionale δ_ξ generata da ξ^μ può essere interpretata, geometricamente, come l'effetto di una traslazione locale infinitesima lungo la curva con equazione parametrica $x^\mu = x^\mu(\lambda)$ e con tangente $\xi^\mu = dx^\mu/d\lambda$. Ne consegue anche che la condizione di isometria, $\delta_\xi g_{\mu\nu} = 0$, per un arbitrario vettore di Killing ξ^μ, si può esprimere come condizione di metrica costante rispetto alla derivata di Lie:

$$\mathcal{L}_\xi \, g_{\mu\nu} = 0 = \mathcal{L}_\xi \, g^{\mu\nu}. \tag{3.56}$$

3.3.1 Trasformazioni infinitesime al secondo ordine

Concludiamo la sezione illustrando brevemente l'estensione al secondo ordine del calcolo delle variazioni locali. Tale estensione risulta di importanza cruciale in alcune moderne applicazioni della teoria delle perturbazioni cosmologiche (per questa teoria si vedano ad esempio i testi [16,20,21] della Bibliografia finale, oppure [22] per un testo in italiano). L'estensione al secondo ordine è necessaria, in particolare, per una corretta interpretazione fisica dei dati osservativi relativi all'Universo su grande scala, dati che stanno diventando ogni giorno più precisi .

Al secondo ordine perturbativo lo sviluppo della trasformazione di coordinate $x' = f(x)$ attorno alla trasformazione identica è caratterizzato in generale da due generatori vettoriali, ξ_1^μ e ξ_2^μ, e può essere parametrizzato come segue:

$$x'^\mu = f^\mu(x) \simeq x^\mu + \xi_1^\mu(x) + \frac{1}{2}\xi_2^\mu(x) + \frac{1}{2}\xi_1^\nu \partial_\nu \xi_1^\mu(x) + \cdots. \tag{3.57}$$

Il vettore ξ_1^μ gioca il ruolo del generatore ξ^μ che compare nella trasformazione (3.42) del primo ordine, mentre ξ_2^μ contribuisce alle correzioni del secondo ordine. Ovviamente, termini contenenti ξ_2 e ξ_1^2 sono dello stesso ordine. La trasformazione inversa, calcolata al secondo ordine, è data da:

$$x^\mu = (f^{-1})^\mu(x') \simeq x'^\mu - \xi_1^\mu(x') - \frac{1}{2}\xi_2^\mu(x') + \frac{1}{2}\xi_1^\nu \partial_\nu \xi_1^\mu(x') + \cdots \tag{3.58}$$

(si veda l'Esercizio 3.3). Applicando a questa particolare trasformazione di coordinate le regole generali di trasformazione degli oggetti tensoriali, e sviluppando in serie di Taylor, si possono facilmente estendere al secondo ordine i risultati dei calcoli precedenti.

Consideriamo ad esempio il caso di un campo scalare, e sviluppiamo il membro destro dell'Eq. (3.45) nell'intorno del punto x, tenendo tutti i termini fino al secondo ordine compreso. Applicando l'Eq. (3.58) abbiamo

$$\phi\left(f^{-1}(x)\right) \simeq \phi(x) + \left(-\xi_1^\mu - \frac{1}{2}\xi_2^\mu + \frac{1}{2}\xi_1^\nu \partial_\nu \xi_1^\mu + \cdots\right)(x)\partial_\mu\phi +$$
$$+\frac{1}{2}\left(-\xi_1^\mu + \cdots\right)\left(-\xi_1^\nu + \cdots\right)\partial_\mu\partial_\nu\phi + \cdots \qquad (3.59)$$
$$= \phi(x) - \xi_1^\mu \partial_\mu\phi - \frac{1}{2}\xi_2^\mu \partial_\mu\phi + \frac{1}{2}\xi_1^\nu \partial_\nu\left(\xi_1^\mu \partial_\mu\phi\right) + \cdots .$$

Confrontando con $\phi'(x)$ otteniamo infine la variazione locale, al secondo ordine, nella forma:

$$\delta_\xi^{(2)}\phi \equiv \phi'(x) - \phi(x) = -\left(\xi_1^\mu + \frac{1}{2}\xi_2^\mu\right)\partial_\mu\phi + \frac{1}{2}\xi_1^\nu \partial_\nu\left(\xi_1^\mu \partial_\mu\phi\right). \qquad (3.60)$$

Procedendo allo stesso modo si possono generalizzare i risultati ottenuti in questa sezione relativi agli altri oggetti tensoriali.

3.4 Derivata covariante e connessione affine

Per formulare modelli fisici nell'ambito di una varietà spazio-temporale dotata di una struttura geometrica Riemanniana non basta aver introdotto la metrica (che consente di definire i prodotti scalari), ma è necessario introdurre un ulteriore oggetto geometrico, detto *connessione affine* (o *affinità*), che consente di definire il differenziale e la derivata parziale in modo covariante rispetto alle trasformazioni generali di coordinate.

Infatti, contrariamente al differenziale delle coordinate dx^μ che si trasforma come un vettore (si veda l'Eq. (3.7)), il differenziale ordinario di un generico vettore A^μ *non* si comporta, in generale, come un vettore rispetto ai diffeomorfismi. Per verificarlo basta differenziare, ad esempio, la trasformazione vettoriale inversa (3.11). Utilizzando la definizione esplicita (3.2) della matrice Jacobiana otteniamo:

$$dA^\mu = \left(J^{-1}\right)^\mu{}_\nu dA'^\nu + \frac{\partial^2 x^\mu}{\partial x'^\alpha \partial x'^\nu} A'^\nu dx'^\alpha. \qquad (3.61)$$

L'ultimo termine, che si annulla solo per matrici Jacobiane costanti – ossia per il caso particolare di trasformazioni di coordinate lineari – modifica la corretta forma della trasformazione vettoriale, e rompe la general-covarianza del modello geometrico considerato.

Per compensare tale correzione, e ripristinare le proprietà di simmetria rispetto al gruppo dei diffeomorfismi, generalizziamo la nozione di differenziale aggiungendo a dA^μ un nuovo termine δA^μ, che supponiamo dipenda linearmente dal vettore A e dallo spostamento infinitesimo considerato, e che renda conto di un'eventuale variazione di A associata al suo trasporto dal punto x al punto $x + dx$ (variazione intrinsecamente dovuta alle proprietà geometriche della varietà data). Più precisamente, definiamo un differenziale generalizzato, DA^μ, tale che:

$$DA^\mu = dA^\mu + \delta A^\mu \equiv dA^\mu + \Gamma_{\alpha\beta}{}^\mu dx^\alpha A^\beta. \tag{3.62}$$

I coefficienti $\Gamma_{\alpha\beta}{}^\mu$ del nuovo termine rappresentano le componenti di un opportuno "campo compensativo" (o "campo di *gauge*"), che si trasforma in modo da ripristinare la corretta legge di trasformazione vettoriale per l'espressione (3.62). Poichè A e dx sono vettori, mentre dA non è un vettore, è evidente che Γ non è un oggetto di tipo tensoriale, ma un nuovo tipo di oggetto geometrico chiamato "connessione affine".

Le proprietà geometriche di Γ sono fissate dalla sua legge di trasformazione, che a sua volta risulta fissata dalla richiesta che DA^μ si trasformi come un vettore controvariante. Imponiamo dunque che valga la legge di trasformazione

$$DA^\mu = \left(J^{-1}\right)^\mu{}_\nu \left(DA^\nu\right)', \tag{3.63}$$

e scriviamo esplicitamente il membro sinistro e il membro destro di questa equazione in funzione di Γ e Γ'.

Usando la definizione (3.62) e le leggi di trasformazione di dA^μ, dx^α, A^β, il membro sinistro si può riscrivere come

$$\left(J^{-1}\right)^\mu{}_\nu dA'^\nu + \frac{\partial^2 x^\mu}{\partial x'^\alpha \partial x'^\beta}\, dx'^\alpha A'^\beta + \Gamma_{\lambda\sigma}{}^\mu \left(J^{-1}\right)^\lambda{}_\alpha \left(J^{-1}\right)^\sigma{}_\beta\, dx'^\alpha A'^\beta. \tag{3.64}$$

Il membro destro dell'Eq. (3.63), invece, si può riscrivere esplicitamente come

$$\left(J^{-1}\right)^\mu{}_\nu \left(dA'^\nu + \Gamma'_{\alpha\beta}{}^\nu dx'^\alpha A'^\beta\right). \tag{3.65}$$

Uguagliando i coefficienti di $dx'^\alpha A'^\beta$ che appaiono nei due membri, semplificando i termini simili, e moltiplicando per $J^\rho{}_\mu$, arriviamo così alla legge di trasformazione della connessione affine:

$$\Gamma'_{\alpha\beta}{}^\rho = J^\rho{}_\mu \left(J^{-1}\right)^\lambda{}_\alpha \left(J^{-1}\right)^\sigma{}_\beta \Gamma_{\lambda\sigma}{}^\mu + \left(\frac{\partial x'^\rho}{\partial x^\mu}\right) \left(\frac{\partial^2 x^\mu}{\partial x'^\alpha \partial x'^\beta}\right). \tag{3.66}$$

Per trasformazioni di coordinate lineari il termine con le derivate seconde si annulla, e Γ si trasforma come un tensore (misto) di rango 3. Per una generica trasformazione di coordinate, invece, la relazione $\Gamma \to \Gamma'(\Gamma)$ non è omogenea, a conferma del carattere non-tensoriale dell'oggetto. Si noti, però, che la parte antisimmetrica della connessione,

$$Q_{\alpha\beta}{}^{\rho} = \Gamma_{[\alpha\beta]}{}^{\rho}, \qquad (3.67)$$

chiamata *torsione*, si trasforma sempre come un tensore: prendendo la parte antisimmetrica in α e β dell'Eq. (3.66) il termine non-omogeneo scompare infatti automaticamente, essendo simmetrico in α e β. La connessione affine contiene dunque in generale $4^3 = 64$ componenti, di cui solo $6 \times 4 = 24$ (le componenti di Q) sono di tipo tensoriale.

La parte simmetrica $\Gamma_{(\alpha\beta)}{}^{\mu}$ della connessione contiene $10 \times 4 = 40$ componenti, tutte di tipo non-tensoriale, e gode di un'interessante proprietà (che ha un'importante significato fisico, come vedremo in seguito): può essere posta uguale a zero in una speciale carta, senza per questo essere zero in tutte le carte. Possiamo sempre trovare, in particolare, una carta detta "localmente inerziale" (si veda la Sez. 2.2) dove la metrica si riduce localmente a quella di Minkowski, e la parte simmetrica di Γ è localmente nulla, in un punto di coordinate x_0 arbitrariamente dato.

Per verificare questa importante proprietà della connessione affine consideriamo la trasformazione di coordinate (2.28) già introdotta nel Capitolo 2, e imponiamo che nella carta x' la parte simmetrica di Γ' si annulli nel punto x_0. Utilizzando la legge di trasformazione (3.66), ed imponendo $\Gamma'_{\alpha\beta}{}^{\rho}(x_0) = 0$, otteniamo allora la condizione

$$\left(\frac{\partial^2 x^{\mu}}{\partial x'^{\alpha} \partial x'^{\beta}} \right)_{x_0} = -I^{\lambda}{}_{(\alpha} I^{\sigma}{}_{\beta)} \Gamma_{\lambda\sigma}{}^{\mu}(x_0), \qquad (3.68)$$

(abbiamo usato la definizione (2.29) della matrice $I^{\mu}{}_{\nu}$, che corrisponde alla matrice Jacobiana inversa J^{-1} valutata nel punto $x = x_0$).

A questo punto possiamo osservare che le componenti della connessione Γ nella carta di partenza sono note dappertutto – e quindi, in particolare, anche nel punto x_0 – e che le componenti della matrice I possono essere fissate dalla condizione locale sulla metrica, $g(x_0) = \eta$ (si veda l'Eq. (2.30)). Ne consegue che l'Eq. (3.68) determina completamente, in funzione di quantità note, i 40 coefficienti del termine del secondo ordine della trasformazione di coordinate cercata, che ci porta alla carta localmente inerziale (si veda l'Eq. (2.28)). È sempre possibile, quindi, introdurre localmente un sistema di riferimento rispetto al quale la parte simmetrica della connessione si annulla e la geometria dello spazio-tempo si riduce localmente a quella di Minkowski.

Una volta definito il differenziale covariante di un vettore, è immediato introdurre la corrispondente derivata parziale covariante (che indicheremo col simbolo $\nabla_{\alpha} A^{\mu}$), facendo il limite del rapporto incrementale tra la quantità DA^{μ} dell'Eq. (3.62) e lo spostamento infinitesimo dx^{α}. Si ottiene così:

$$\nabla_{\alpha} A^{\mu} = \partial_{\alpha} A^{\mu} + \Gamma_{\alpha\beta}{}^{\mu} A^{\beta}. \qquad (3.69)$$

Il primo termine al membro destro, ottenuto dal differenziale ordinario, coincide con l'ordinaria derivata parziale. Si noti che i due contributi a $\nabla_\alpha A^\mu$ non si comportano, separatamente, come oggetti tensoriali, ma la loro somma è un tensore a tutti gli effetti, in quanto sia DA^μ che dx^α hanno le corrette proprietà di trasformazione. L'operatore differenziale covariante ∇_α (il cosiddetto gradiente covariante) appartiene dunque a pieno titolo alla rappresentazione vettoriale covariante del gruppo dei diffeomorfismi.

Nota l'azione di ∇_α sul vettore controvariante A^μ, la corrispondente azione su un oggetto di tipo covariante B_μ si ottiene considerando il prodotto scalare $B_\mu A^\mu$, e osservando che la trasformazione di uno scalare non coinvolge la matrice Jacobiana, per cui il differenziale covariante di uno scalare coincide col suo differenziale ordinario. Applicando la regola di Leibnitz alla derivata di un prodotto abbiamo quindi

$$\nabla_\alpha(B_\mu A^\mu) = (\nabla_\alpha B_\mu)A^\mu + B_\mu \nabla_\alpha A^\mu$$
$$\equiv \partial_\alpha(B_\mu A^\mu) = (\partial_\alpha B_\mu)A^\mu + B_\mu \partial_\alpha A^\mu. \tag{3.70}$$

Sostituendo a $\nabla_\alpha A^\mu$ l'espressione (3.69), e semplificando, si ottiene

$$A^\mu \nabla_\alpha B_\mu + \Gamma_{\alpha\beta}{}^\mu A^\beta B_\mu = A^\mu \partial_\alpha B_\mu. \tag{3.71}$$

Fattorizzando ovunque A^μ, ed uguagliando i coefficienti dei vari termini, abbiamo infine

$$\nabla_\alpha B_\mu = \partial_\alpha B_\mu - \Gamma_{\alpha\mu}{}^\beta B_\beta. \tag{3.72}$$

Si noti che la connessione contribuisce alla derivata di un oggetto covariante con un termine di segno opposto a quello che appare nella derivata di un oggetto controvariante (si veda l'Eq. (3.69)).

In modo analogo possiamo ottenere la regola per la derivata covariante di un oggetto tensoriale di rango e tipo arbitrario, osservando che un tensore di rango n rispetto agli indici controvarianti e rango m rispetto agli indici covarianti si trasforma come il prodotto di n vettori controvarianti e m vettori covarianti. Definiamo dunque

$$T^{\mu_1 \cdots \mu_n}{}_{\nu_1 \cdots \nu_m} \equiv A^{\mu_1} \cdots A^{\mu_n} A_{\nu_1} \cdots A_{\nu_m}, \tag{3.73}$$

e applichiamo la regola di Leibniz alla derivata del prodotto:

$$\nabla_\alpha T^{\mu_1 \cdots \mu_n}{}_{\nu_1 \cdots \nu_m} = (\nabla_\alpha A^{\mu_1})A^{\mu_2} \cdots A^{\mu_n} A_{\nu_1} \cdots A_{\nu_m} +$$
$$+ A^{\mu_1}(\nabla_\alpha A^{\mu_2}) \cdots A^{\mu_n} A_{\nu_1} \cdots A_{\nu_m} + \cdots$$
$$+ A^{\mu_1} \cdots A^{\mu_n}(\nabla_\alpha A_{\nu_1})A_{\nu_2} \cdots A_{\nu_m} +$$
$$+ \cdots . \tag{3.74}$$

Usando le prescrizioni note, Eqs. (3.69) e (3.72), arriviamo infine alla regola di derivazione:

$$\begin{aligned}
\nabla_\alpha T^{\mu_1\cdots\mu_n}{}_{\nu_1\cdots\nu_m} &= \\
&= \partial_\alpha T^{\mu_1\cdots\mu_n}{}_{\nu_1\cdots\nu_m} + \\
&\quad + \Gamma_{\alpha\beta}{}^{\mu_1} T^{\beta\mu_2\cdots\mu_n}{}_{\nu_1\cdots\nu_m} + \Gamma_{\alpha\beta}{}^{\mu_2} T^{\mu_1\beta\cdots\mu_n}{}_{\nu_1\cdots\nu_m} + \cdots \\
&\quad - \Gamma_{\alpha\nu_1}{}^{\beta} T^{\mu_1\cdots\mu_n}{}_{\beta\nu_2\cdots\nu_m} - \Gamma_{\alpha\nu_2}{}^{\beta} T^{\mu_1\cdots\mu_n}{}_{\nu_1\beta\cdots\nu_m} - \cdots .
\end{aligned} \tag{3.75}$$

Possiamo riassumere dicendo che la derivata covariante di un generico oggetto tensoriale si costruisce a partire dalla sua derivata parziale, aggiungendo tanti termini contenenti il contributo della connessione quanti sono gli indici del tensore dato. Tali termini aggiuntivi vanno presi col segno $+$ e con la prescrizione dell'Eq. (3.69) per indici di tipo controvariante, col segno $-$ e con le prescrizioni dell'Eq. (3.72) per indici di tipo covariante. Per un tensore misto di rango 2, ad esempio, otteniamo la seguente derivata covariante:

$$\nabla_\alpha T^\mu{}_\nu = \partial_\alpha T^\mu{}_\nu + \Gamma_{\alpha\beta}{}^\mu T^\beta{}_\nu - \Gamma_{\alpha\nu}{}^\beta T^\mu{}_\beta. \tag{3.76}$$

L'illustrazione di alcune semplici regole di calcolo differenziale covariante è rimandata alla Sez. 3.6, per farla precedere da un necessario approfondimento delle proprietà della connesssione affine che verrà effettuato nella Sez. 3.5.

3.4.1 Curve autoparallele

La nozione di differenziale covariante di un vettore, definita dall'Eq. (3.62), può essere applicata in particolare al vettore tangente di una curva, e alla sua variazione lungo la curva stessa.

Consideriamo una curva immersa in una varietà Riemanniana, con equazione parametrica $x^\mu = x^\mu(\tau)$, e tangente $u^\mu = dx^\mu/d\tau$. Si noti che u^μ si trasforma correttamente come un vettore se la variabile temporale τ, usata per parametrizzare la curva, è di tipo scalare. Uno spostamento infinitesimo lungo la curva si può esprimere come $dx^\mu = u^\mu d\tau$, e il differenziale covariante (3.62), per lo spostamento infinitesimo lungo la curva di un generico vettore A^μ, diventa

$$DA^\mu = dA^\mu + \Gamma_{\alpha\beta}{}^\mu u^\alpha A^\beta d\tau. \tag{3.77}$$

Il limite del rapporto incrementale tra DA^μ e $d\tau$ definisce allora la derivata covariante di A^μ lungo la curva,

$$\frac{DA^\mu}{d\tau} = \frac{dA^\mu}{d\tau} + \Gamma_{\alpha\beta}{}^\mu u^\alpha A^\beta. \tag{3.78}$$

Tale derivata può anche essere scritta, in modo equivalente, come la derivata parziale covariante di A^μ proiettata sulla tangente u^μ, ossia:

$$u^\alpha \nabla_\alpha A^\mu = u^\alpha \left(\partial_\alpha A^\mu + \Gamma_{\alpha\beta}{}^\mu A^\beta \right) \equiv \frac{DA^\mu}{d\tau}. \tag{3.79}$$

Consideriamo ora il differenziale covariante della tangente stessa, Du^μ. Una curva si dice *autoparallela* (o anche *geodetica affine*) se la derivata covariante della tangente lungo la curva stessa è nulla, ossia se

$$\frac{Du^\mu}{d\tau} = \frac{du^\mu}{d\tau} + \Gamma_{\alpha\beta}{}^\mu u^\alpha u^\beta = 0. \tag{3.80}$$

Questa condizione esprime il fatto che la tangente è "covariantemente costante" lungo la curva, e generalizza la condizione di tangente costante, $du^\mu/d\tau = 0$, che caratterizza le traiettorie rettilinee dello spazio Euclideo. La curva autoparallela generalizza dunque la nozione di retta al caso di varietà dotate di connessione affine diversa da zero.

È importante notare che l'Eq. (3.80) contiene solo la parte simmetrica della connessione, in quanto il tensore $u^\alpha u^\beta$ è simmetrico. Come visto in precedenza tale parte non è di tipo tensoriale, e può essere localmente eliminata. Questo significa che l'equazione della geodetica affine si può sempre ridurre, localmente, all'equazione di una retta ($du^\mu/d\tau = d^2x^\mu/d\tau^2 = 0$).

3.5 Torsione, non-metricità e simboli di Christoffel

Fino ad ora abbiamo trattato la connessione affine come un oggetto geometrico definito sulla varietà spazio-temporale in modo indipendente dalla metrica, e necessario, al pari della metrica, per descrivere la struttura geometrica dello spazio-tempo. La metrica serve a definire i prodotti scalari e rende conto della distorsione del modulo di un vettore, punto per punto, rispetto ad una varietà Euclidea (o pseudo-Euclidea); la connessione serve a definire il differenziale covariante e rende conto della deformazione di un vettore, in direzione e modulo, dovuta al suo trasporto da un punto ad un altro. In generale, entrambi gli oggetti g e Γ vanno dunque specificati per caratterizzare in modo completo la geometria dello spazio-tempo dato.

Possiamo allora distinguere, a questo punto, due possibili tipi di strutture geometriche tra loro alternative. Se g e Γ sono indipendenti si dice che la varietà possiede una struttura geometrica *metrico-affine*. Invece, se Γ può essere espresso in funzione di g e delle sue derivate parziali, allora la metrica – da sola – è sufficiente a descrivere la geometria della varietà, e si dice che la varietà possiede una struttura di tipo *metrico*.

Questa seconda situazione è quella che si realizza nel contesto della geometria Riemanniana, dove si impongono delle opportune condizioni sulle 64 componenti indipendenti di Γ in modo tale che le componenti residue siano completamente calcolabili in funzione della metrica. Tali condizioni, come vedremo, sono motivate da considerazioni di carattere fenomenologico strettamente legate all'interazione gravitazionale classica dei corpi macroscopici. A livello microscopico, però, alcune di tali motivazioni potrebbero venir meno, suggerendo la necessità di una struttura geometrica più generale (si veda in particolare il Cap. 14).

Per determinare la possibile forma di un'eventuale relazione tra metrica e connessione affine consideriamo la derivata covariante del tensore metrico, $\nabla_\alpha g_{\mu\nu}$, e scriviamola esplicitamente tre volte permutando ciclicamente i tre indici α, μ, ν. Applicando le regole di derivazione covariante di Sez. 3.4 abbiamo:

$$\nabla_\alpha g_{\mu\nu} = \partial_\alpha g_{\mu\nu} - \Gamma_{\alpha\mu}{}^\beta g_{\beta\nu} - \Gamma_{\alpha\nu}{}^\beta g_{\mu\beta} \equiv N_{\mu\nu\alpha}, \qquad (3.81)$$

$$\nabla_\mu g_{\nu\alpha} = \partial_\mu g_{\nu\alpha} - \Gamma_{\mu\nu}{}^\beta g_{\beta\alpha} - \Gamma_{\mu\alpha}{}^\beta g_{\nu\beta} \equiv N_{\nu\alpha\mu}, \qquad (3.82)$$

$$\nabla_\nu g_{\alpha\mu} = \partial_\nu g_{\alpha\mu} - \Gamma_{\nu\alpha}{}^\beta g_{\beta\mu} - \Gamma_{\nu\mu}{}^\beta g_{\alpha\beta} \equiv N_{\alpha\mu\nu}. \qquad (3.83)$$

Abbiamo introdotto, per comodità, il tensore $N_{\mu\nu\alpha} = \nabla_\alpha g_{\mu\nu}$, simmetrico nei primi due indici.

Moltiplichiamo ora la prima equazione per $1/2$, la seconda e la terza per $-1/2$, e sommiamole tra loro. In questo modo alcuni termini si combinano in modo da dare la parte simmetrica e antisimmetrica della connessione, e otteniamo:

$$\frac{1}{2}\left(\partial_\alpha g_{\mu\nu} - \partial_\mu g_{\nu\alpha} - \partial_\nu g_{\alpha\mu}\right) + \Gamma_{(\mu\nu)\alpha} - \Gamma_{[\alpha\mu]\nu} - \Gamma_{[\alpha\nu]\mu}$$
$$= \frac{1}{2}\left(N_{\mu\nu\alpha} - N_{\nu\alpha\mu} - N_{\alpha\mu\nu}\right). \qquad (3.84)$$

Ricordando la definizione (3.67) di torsione aggiungiamo $Q_{\mu\nu\alpha} = \Gamma_{[\mu\nu]\alpha}$ ad entrambi i membri, e portiamo al membro destro le derivate parziali della metrica, così da ricostruire e isolare, al membro sinistro, la connessione affine completa:

$$\Gamma_{(\mu\nu)\alpha} + Q_{\mu\nu\alpha} \equiv \Gamma_{\mu\nu\alpha} = \frac{1}{2}\left(\partial_\mu g_{\nu\alpha} + \partial_\nu g_{\alpha\mu} - \partial_\alpha g_{\mu\nu}\right)$$
$$+ Q_{\mu\nu\alpha} + Q_{\alpha\mu\nu} + Q_{\alpha\nu\mu} + \frac{1}{2}\left(N_{\mu\nu\alpha} - N_{\nu\alpha\mu} - N_{\alpha\mu\nu}\right). \qquad (3.85)$$

Moltiplicando per $g^{\rho\alpha}$ per riportare la connessione alla sua forma canonica (con il terzo indice in alto) otteniamo infine

$$\Gamma_{\mu\nu}{}^\rho = \{_{\mu\nu}{}^\rho\} - K_{\mu\nu}{}^\rho + W_{\mu\nu}{}^\rho, \qquad (3.86)$$

dove

$$\{_{\mu\nu}{}^\rho\} = \frac{1}{2}g^{\rho\alpha}\left(\partial_\mu g_{\nu\alpha} + \partial_\nu g_{\alpha\mu} - \partial_\alpha g_{\mu\nu}\right) \qquad (3.87)$$

definisce i cosiddetti *simboli di Christoffel*,

$$-K_{\mu\nu}{}^{\rho} = Q_{\mu\nu}{}^{\rho} - Q_{\nu}{}^{\rho}{}_{\mu} + Q^{\rho}{}_{\mu\nu} \tag{3.88}$$

definisce il tensore di *contorsione*, costruito con la torsione, e

$$W_{\mu\nu}{}^{\rho} = \frac{1}{2}\left(N_{\mu\nu}{}^{\rho} - N_{\nu}{}^{\rho}{}_{\mu} - N^{\rho}{}_{\mu\nu}\right) \tag{3.89}$$

definisce il cosiddetto tensore di *non-metricità*.

Il risultato di questo semplice calcolo è molto importante e istruttivo perchè illustra chiaramente la possibilità di ottenere, in generale, tre diversi tipi di contributi indipendenti alla connessione affine: (i) dalle derivate parziali della metrica, (ii) dalla torsione, e (iii) dalle derivate covarianti della metrica. Il primo e il terzo termine, $\{\}$ e W, sono simmetrici in μ,ν, e contribuiscono solo alla parte simmetrica $\Gamma_{(\mu\nu)}{}^{\rho}$ della connessione. Il secondo termine, $-K$, ha la torsione come parte antisimmetrica, $-K_{[\mu\nu]}{}^{\rho} = Q_{\mu\nu}{}^{\rho} = \Gamma_{[\mu\nu]}{}^{\rho}$, e fornisce anche un contributo simmetrico del tipo $-K_{(\mu\nu)}{}^{\rho} = Q^{\rho}{}_{\mu\nu} + Q^{\rho}{}_{\nu\mu}$.

Esistono quindi varie possibili classi di connessione, che differiscono per le condizioni che imponiamo sulle sue componenti. In particolare, una connessione è detta *simmetrica* se $\Gamma_{[\mu\nu]}{}^{\rho} = Q_{\mu\nu}{}^{\rho} = 0$, ed è detta *metrico-compatibile* se soddisfa alla condizione di metricità $N_{\mu\nu\rho} = \nabla_{\rho}g_{\mu\nu} = 0$. Connessione diverse corrispondono a varietà spazio-temporali con strutture geometriche diverse. È opportuno presentare, in questo contesto, tre esempi di connessione caratterizzate da livelli di generalità crescente.

- Nell'ambito della geometria di Riemann e della teoria della relatività generale di Einstein si fa l'ipotesi che la torsione sia simmetrica ($Q = 0$) e metrico-compatibile ($\nabla g = 0$). In questo caso $K = 0 = W$, e la connessione si riduce a quella di Christoffel,

$$\Gamma_{\mu\nu}{}^{\rho} = \frac{1}{2}g^{\rho\alpha}\left(\partial_{\mu}g_{\nu\alpha} + \partial_{\nu}g_{\mu\alpha} - \partial_{\alpha}g_{\mu\nu}\right) \equiv \{{}_{\mu\nu}{}^{\rho}\}. \tag{3.90}$$

  In questo contesto la metrica, da sola, è sufficiente a determinare completamente la geometria dello spazio-tempo. Inoltre, la connessione è simmetrica, non contiene parti tensoriali, e può essere sempre localmente eliminata in un'opportuna carta inerziale, in accordo al principio di equivalenza.
- Se la connessione è metrico-compatibile ($\nabla g = 0$), ma non simmetrica ($Q \neq 0$), otteniamo la cosiddetta struttura geometrica di Riemann-Cartan, che serve da base per una teoria gravitazionale generalizzata detta "teoria di Einstein-Cartan". In questo caso la connessione $\Gamma = \{\} - K$ contiene anche un contributo tensoriale, la cui parte antisimmetrica Q non può essere eliminata neppure localmente, in quanto evade gli argomenti presentati in Sez. 3.4. Tale struttura geometrica sembra essere in contrasto con le proprietà tipiche dell'interazione gravitazionale, e quindi inadatta a una teoria geometrica che descriva il campo gravitazionale classico, per-

lomeno a livello macroscopico. Come vedremo nel Capitolo 14, però, la presenza di torsione sembra necessaria nel'ambito delle teorie supersimmetriche che includono campi spinoriali e che unificano la gravità con le altre interazioni.

- Infine, se la connessione non è nè simmetrica ($Q \neq 0$) nè metrico-compatibile ($\nabla g \neq 0$), abbiamo una struttura geometrica di tipo metrico-affine, caratterizzata da una connessione che contiene tutti e tre i contributi dell'Eq. (3.86). Un possibile esempio di questa geometria è fornita dal cosiddetto "modello di Weyl (originariamente costruito, però, con torsione nulla). Tale modello è stato suggerito, in passato, per cercare di rappresentare gli effetti del campo elettromagnetico in modo puramente geometrico, ma è stato successivamente abbandonato. Al contrario della torsione, i contributi di W alla connessione non sembrano trovare attualmente motivazioni fisiche convincenti.

Nel seguito di questo capitolo, e nei capitoli successivi, assumeremo sempre – a meno che non sia esplicitamente affermato il contrario – che la connessione con cui lavoriamo è simmetrica e metrico-compatibile, e dunque esprimibile nella forma di Christoffel (3.90).

3.6 Utili regole di calcolo differenziale covariante

In alcune importanti applicazioni fisiche del formalismo differenziale covariante è necessario calcolare la traccia della connessione di Christoffel che, usando la definizione (3.90), è data data:

$$\Gamma_{\mu\nu}{}^{\nu} = \frac{1}{2} g^{\nu\alpha} \left(\partial_\mu g_{\nu\alpha} + \partial_\nu g_{\mu\alpha} - \partial_\alpha g_{\mu\nu} \right) \equiv \frac{1}{2} g^{\nu\alpha} \partial_\mu g_{\nu\alpha} \qquad (3.91)$$

(gli ultimi due termini si cancellano perchè sono antisimmetrici in ν,α, mentre $g^{\nu\alpha}$ è simmetrico). In questa sezione mostreremo che la traccia $\Gamma_{\mu\nu}{}^{\nu}$ si può riscrivere in una forma che contiene il determinante del tensore metrico, e che risulta particolarmente conveniente per calcolare la derivata covariante delle densità tensoriali, la divergenza covariante, e il D'Alembertiano covariante.

3.6.1 Traccia della connessione di Christoffel

Partiamo dalle equazioni (3.32)-(3.34), che collegano il determinante del tensore metrico al tensore completamente antisimmetrico. Differenziando l'Eq. (3.33) otteniamo

$$-dg\epsilon_{\alpha\beta\gamma\delta} = d\left(g_{\alpha\mu}g_{\beta\nu}g_{\gamma\rho}g_{\delta\sigma}\right)\epsilon^{\mu\nu\rho\sigma} = \epsilon^{\mu\nu\rho\sigma}\left[\left(dg_{\alpha\mu}\right)g_{\beta\nu}g_{\gamma\rho}g_{\delta\sigma} + \cdots\right].$$

$$(3.92)$$

Dentro la parentesi quadra abbiamo omesso, per semplicità, i restanti tre termini che sono simili al primo, e che contengono i differenziali $dg_{\beta\nu}$, $dg_{\gamma\rho}$, $dg_{\delta\sigma}$. Dividendo per $\sqrt{-g}$ entrambi i membri, e ricordando le definizioni (3.31), (3.34), possiamo riscrivere la precedente equazione nella forma:

$$\sqrt{-g}\,\epsilon_{\alpha\beta\gamma\delta}\left(\frac{dg}{g}\right) \equiv \eta_{\alpha\beta\gamma\delta}\left(\frac{dg}{g}\right) = \eta^{\mu}{}_{\beta\gamma\delta}\left(dg_{\alpha\mu}\right) + \cdots . \tag{3.93}$$

Moltiplicando per $\eta^{\alpha\beta\gamma\delta}$, e usando le relazioni (3.36), (3.37), abbiamo infine

$$\begin{aligned} 4!\left(\frac{dg}{g}\right) &= 3!\left[g^{\alpha\mu}dg_{\alpha\mu} + g^{\beta\nu}dg_{\beta\nu} + \cdots\right] \\ &= 3!\,4\,g^{\alpha\mu}dg_{\alpha\mu}, \end{aligned} \tag{3.94}$$

da cui

$$\frac{dg}{g} \equiv \frac{2}{\sqrt{-g}}d(\sqrt{-g}) = g^{\alpha\beta}dg_{\alpha\beta} = -g_{\alpha\beta}dg^{\alpha\beta} \tag{3.95}$$

(nell'ultimo passaggio abbiamo sfruttato la condizione $d(g^{\alpha\beta}g_{\alpha\beta}) \equiv 0$). In forma finita:

$$\frac{2}{\sqrt{-g}}\partial_\mu(\sqrt{-g}) = g^{\alpha\beta}\partial_\mu g_{\alpha\beta}. \tag{3.96}$$

Sostituendo nell'Eq. (3.91) per la traccia della connessione di Christoffel otteniamo quindi:

$$\Gamma_{\mu\nu}{}^{\nu} = \frac{1}{\sqrt{-g}}\partial_\mu(\sqrt{-g}) = \partial_\mu\left(\ln\sqrt{-g}\right). \tag{3.97}$$

3.6.2 Derivata covariante di densità tensoriali

Per definire la derivata covariante di una densità tensoriale $V^{\mu\nu\cdots}$, di rango r e peso w, ricordiamo innanzitutto che il gradiente covariante si deve trasformare come un vettore rispetto ai diffeomorfismi: l'operazione di derivata covariante deve quindi produrre un oggetto di rango $r+1$ e peso w invariato.

Ricordiamo, a questo proposito, che $\sqrt{-g}$ è una densità scalare di peso $w = -1$, per cui, se $V^{\mu\nu\cdots}$ ha peso w, allora $(-g)^{w/2}V^{\mu\nu\cdots}$ ha peso $w = 0$, ed è un tensore. La derivata covariante di quest'ultimo oggetto può quindi essere calcolata con le ordinarie regole tensoriali presentate in Sez. 3.4, e fornisce un tensore di rango $r+1$ e peso 0. Se il risultato viene poi moltiplicato per $(-g)^{-w/2}$ si otterrà infine una densità di rango $r+1$ e peso w, come desiderato.

Adottando tale procedura, la derivata covariante di una densità di peso w viene dunque definita come segue:

$$^{(w)}\nabla_\alpha V^{\mu\nu\cdots} \equiv (-g)^{-w/2}\nabla_\alpha \left[(-g)^{w/2}V^{\mu\nu\cdots}\right], \tag{3.98}$$

dove ∇_α è l'ordinario gradiente covariante che opera su oggetti tensoriali, mentre $^{(w)}\nabla_\alpha$ è il gradiente covariante che opera su densità di peso w. Effettuando esplicitamente la derivata covariante del termine in parentesi quadra, secondo le regole della Sez. 3.4, possiamo allora scrivere:

$$^{(w)}\nabla_\alpha V^{\mu\nu\cdots} = \partial_\alpha V^{\mu\nu\cdots} + \Gamma_{\alpha\beta}{}^\mu V^{\beta\nu\cdots} + \Gamma_{\alpha\beta}{}^\nu V^{\mu\beta\cdots} + \cdots$$
$$+(-g)^{-w/2}\partial_\alpha(-g)^{w/2}V^{\mu\nu\cdots}. \tag{3.99}$$

L'equazione va completata aggiungendo, ovviamente, tutti gli eventuali contributi della connessione associati agli eventuali ulteriori indici (covarianti o controvarianti) posseduti dall'oggetto V (in questo esempio abbiamo considerati esplicitamente, per semplicità, solo due indici contrarianti).

L'operazione così definita differisce dall'ordinaria derivata covariante per la presenza dell'ultimo termine, che contiene il determinante della metrica, e che sembra qualitativamente diverso dai termini che lo precedono. È facile però verificare che anche quest'ultimo termine può essere espresso mediante la connessione di Christoffel. Sfruttando i risultati (3.96), (3.97) abbiamo infatti:

$$(-g)^{-w/2}\partial_\alpha(-g)^{w/2} = \frac{w}{2g}\partial_\alpha g = w\,\partial_\alpha\left(\ln\sqrt{-g}\right) = w\Gamma_{\alpha\beta}{}^\beta, \tag{3.100}$$

e la derivata covariante di una densità si può mettere nella forma:

$$^{(w)}\nabla_\alpha V^{\mu\nu\cdots} = \nabla_\alpha V^{\mu\nu\cdots} + w\Gamma_{\alpha\beta}{}^\beta\, V^{\mu\nu\cdots}. \tag{3.101}$$

Se $w = 0$, in particolare, l'oggetto considerato è di tipo tensoriale, e ritroviamo la definizione dell'ordinaria derivata covariante (ossia, $^{(w)}\nabla_\alpha \to \nabla_\alpha$ per $w \to 0$).

3.6.3 Divergenza e D'Alembertiano covariante

Conviene infine presentare un'espressione compatta per la divergenza covariante di un vettore, $\nabla_\mu A^\mu$. Applicando le regole della Sez. 3.4 abbiamo:

$$\nabla_\mu A^\mu = \partial_\mu A^\mu + \Gamma_{\mu\alpha}{}^\mu A^\alpha. \tag{3.102}$$

D'altra parte, usando l'Eq. (3.97) per la traccia di Γ,

$$\nabla_\mu A^\mu = \partial_\mu A^\mu + \frac{1}{\sqrt{-g}}\partial_\alpha\left(\sqrt{-g}\right)A^\alpha \equiv \frac{1}{\sqrt{-g}}\partial_\alpha\left(\sqrt{-g}A^\alpha\right). \tag{3.103}$$

Questa espressione è utile, in particolare, per esprimere in forma covariante il teorema di Gauss nel contesto di uno spazio-tempo Riemanniano.

Infatti, se integriamo la divergenza covariante data dall'Eq. (3.102) sul volume quadri-dimensionale di una regione spazio-temporale Ω, non sembra possibile applicare direttamente l'ordinario teorema di Gauss a causa del secondo termine della divergenza, che contiene la connessione. L'elemento di quadri-volume d^4x, d'altra parte, non è uno scalare per trasformazioni generali di coordinate, mentre la quantità $d^4x\sqrt{-g}$ costituisce invece una corretta misura d'integrazione scalare sul quadri-volume di una varietà Riemanniana (si veda l'Eq. (3.27)).

Introducendo questa nuova misura di integrazione, ed usando per la divergenza l'Eq. (3.103), possiamo allora esprimere l'integrale in una forma che – pur essendo covariante – si riconduce esplicitamente ad una divergenza ordinaria. Questo ci permette di riformulare l'usuale teorema di Gauss (si veda ad esempio l'Eq. (1.33)) come segue:

$$\int_\Omega d^4x\sqrt{-g}\,\nabla_\mu A^\mu = \int_\Omega d^4x\,\partial_\mu\left(\sqrt{-g}A^\mu\right) = \int_{\partial\Omega}\sqrt{-g}A^\mu dS_\mu, \qquad (3.104)$$

dove $\sqrt{-g}dS_\mu$ è la misura di integrazione covariante per il flusso di A^μ uscente dal bordo $\partial\Omega$ della regione spazio-temporale considerata.

Come seconda applicazione dell'Eq. (3.103) possiamo considerare l'espressione del D'Alembertiano covariante, $\nabla_\mu\nabla^\mu$, per una funzione scalare ψ. Per definizione, il D'Alembertiano è la divergenza del gradiente: quindi, applicando l'Eq. (3.103),

$$\nabla_\mu\nabla^\mu\psi = \nabla_\mu\partial^\mu\psi = \frac{1}{\sqrt{-g}}\partial_\mu\left(\sqrt{-g}\partial^\mu\psi\right) = \frac{1}{\sqrt{-g}}\partial_\mu\left(\sqrt{-g}g^{\mu\nu}\partial_\nu\psi\right). \qquad (3.105)$$

Scrivendolo in forma più esplicita otteniamo

$$g^{\mu\nu}\partial_\mu\partial_\nu\psi + \partial_\nu\psi\frac{1}{\sqrt{-g}}\partial_\mu\left(\sqrt{-g}g^{\mu\nu}\right), \qquad (3.106)$$

ed è facile vedere tale che espressione risulta molto semplificata se la metrica soddisfa alla condizione di "*gauge* armonico", ossia soddisfa alla proprietà differenziale $\partial_\mu\left(\sqrt{-g}g^{\mu\nu}\right) = 0$. Tale semplificazione risulta particolarmente utile, come vedremo nel Capitolo 9, per discutere la propagazione di onde gravitazionali nell'approssimazione lineare.

Esercizi Capitolo 3

3.1. Isometrie dello spazio-tempo di Minkowski
Determinare i vettori di Killing della metrica di Minkowski.

3.2. Boost e vettore di Killing
Determinare il vettore di Killing associato ad un *"boost"* lungo l'asse z nello spazio di Minkowski.

3.3. Trasformazione infinitesima inversa
Verificare che l'Eq. (3.58) rappresenta esattamente, al secondo ordine, l'inverso della trasformazione di coordinate (3.57).

3.4. Equazione di Killing
Dimostrare che l'equazione di Killing (3.55) si può scrivere in forma esplicitamente covariante come segue:

$$\nabla_{(\mu}\xi_{\nu)} = 0. \tag{3.107}$$

3.5. Traccia della connessione di Christoffel
Ricavare l'Eq. (3.95) sfruttando la formula per il determinante di una generica matrice M,

$$\det M = e^{\operatorname{Tr}\ln M}. \tag{3.108}$$

3.6. Derivata covariante del determinante metrico
Verificare che la derivata covariante del determinante della metrica, fatta rispetto alla connessione di Christoffel, è identicamente nulla.

3.7. Derivata covariante del tensore completamente antisimmetrico
Dimostrare che per la connessione di Christoffel vale la relazione

$$\nabla_\alpha \eta^{\mu\nu\rho\sigma} = 0, \tag{3.109}$$

dove η è il tensore completamente antisimmetrico definito dall'Eq. (3.31).

Soluzioni

3.1. Soluzione
Ponendo $g_{\mu\nu} = \eta_{\mu\nu}$ nell'equazione di Killing (3.55) otteniamo la condizione

$$\partial_{(\mu}\xi_{\nu)} = 0. \tag{3.110}$$

Derivando questa condizione abbiamo

$$\partial_{(\alpha}\partial_\mu\xi_{\nu)} = 0, \tag{3.111}$$

ed usando la proprietà $\partial_\alpha\partial_\mu = \partial_\mu\partial_\alpha$ abbiamo anche

$$\partial_{[\alpha}\partial_\mu\xi_{\nu]} = 0. \tag{3.112}$$

Sommando le ultime due equazioni, e utilizzando la (3.110), otteniamo

$$\partial_\mu \partial_\nu \xi_\alpha = 0, \tag{3.113}$$

la cui integrazione fornisce

$$\partial_\nu \xi_\alpha = \omega_{\nu\alpha} = \text{cost.} \tag{3.114}$$

Integrando una seconda volta si arriva infine alla soluzione generale

$$\xi_\alpha = c_\alpha + \omega_{\mu\alpha} x^\mu, \tag{3.115}$$

dove $c_\alpha = \text{cost}$, e dove la matrice ω deve essere antisimmetrica affinchè l'equazione di Killing (3.110) sia soddisfatta.

Al variare delle componenti indipendenti di c_α e di $\omega_{\mu\nu} = \omega_{[\mu\nu]}$ si ottengono, rispettivamente, i 4 generatori delle traslazioni globali (si veda l'Eq.(1.23)) e i 6 generatori delle rotazioni globali di Lorentz (si veda l'Eq.(1.44)). Si ritrova così il gruppo di Poincarè come gruppo massimo di isometrie dello spazio-tempo di Minkowski.

3.2. Soluzione

La matrice di Lorentz per un *boost* lungo l'asse z ha componenti non nulle $\Lambda^0{}_0 = \Lambda^3{}_3 = \gamma$, $\Lambda^0{}_3 = \Lambda^3{}_0 = -\beta\gamma$, $\Lambda^1{}_1 = \Lambda^2{}_3 = 1$. Sviluppandola attorno all'identità, per piccole velocità, e ponendo

$$\Lambda^\mu{}_\nu \simeq \delta^\mu_\nu + \omega^\mu{}_\nu, \tag{3.116}$$

troviamo che le componenti di ω diverse da zero sono $\omega^0{}_3 = \omega^3{}_0 = -\beta = -v/c$. Sfruttando il risultato dell'esercizio precedente, e in particolare la soluzione generale (3.115) per i vettori di Killing, troviamo subito che il vettore di Killing corrispondente al *boost* considerato ha le seguenti componenti non nulle:

$$\xi_0 = \omega^3{}_0 x_3 = \beta z, \qquad \xi_3 = \omega^0{}_3 x_0 = -\beta ct. \tag{3.117}$$

È facile verificare che per il vettore $\xi_\mu = (\beta z, 0, 0, -\beta ct)$ l'equazione di Killing (3.110) è identicamente soddisfatta.

3.3. Soluzione

Sostituiamo nei vari termini della (3.58) l'espressione di x'^μ fornita dalla (3.57), omettendo contributi di ordine superiore al secondo. Si ottiene:

$$\begin{aligned}
(f^{-1})^\mu(x') &\simeq x^\mu + \xi_1^\mu(x) + \frac{1}{2}\xi_2^\mu(x) + \frac{1}{2}\xi_1^\nu \partial_\nu \xi_1^\mu(x) = \\
&\quad -\xi_1^\mu(x + \xi_1) - \frac{1}{2}\xi_2^\mu(x) + \frac{1}{2}\xi_1^\nu \partial_\nu \xi_1^\mu(x).
\end{aligned} \tag{3.118}$$

Sviluppiamo in serie di Taylor, nell'intorno di x, il quinto termine di questa espressione:

$$\xi_1^\mu(x + \xi_1) \simeq \xi_1^\mu(x) + \xi_1^\nu \partial_\nu \xi_1^\mu(x) + \cdots. \tag{3.119}$$

Sostituendo nell'equazione precedente si semplificano tutti i termini tranne il primo, e si ottiene:

$$(f^{-1})^\mu(x') = x^\mu, \qquad (3.120)$$

ossia esattamente l'inverso dell'espressione (3.57).

3.4. Soluzione

Sfruttando le proprietà metrico-compatibili della connessione di Christoffel ($\nabla g = 0$) possiamo scrivere:

$$\nabla_\mu \xi_\nu = \nabla_\mu \left(g_{\nu\alpha}\xi^\alpha\right) = g_{\nu\alpha}\nabla_\mu \xi^\alpha = g_{\nu\alpha}\left(\partial_\mu \xi^\alpha + \Gamma_{\mu\beta}{}^\alpha \xi^\beta\right). \qquad (3.121)$$

Perciò

$$2\nabla_{(\mu}\xi_{\nu)} = g_{\nu\alpha}\partial_\mu \xi^\alpha + g_{\mu\alpha}\partial_\nu \xi^\alpha + \left(g_{\nu\alpha}\Gamma_{\mu\beta}{}^\alpha + g_{\mu\alpha}\Gamma_{\nu\beta}{}^\alpha\right)\xi^\beta. \qquad (3.122)$$

D'altra parte, imponendo che valga la condizione $\nabla_\beta g_{\mu\nu} = 0$, abbiamo anche

$$\partial_\beta g_{\mu\nu} = \Gamma_{\beta\mu}{}^\alpha g_{\alpha\nu} + \Gamma_{\beta\nu}{}^\alpha g_{\mu\alpha}. \qquad (3.123)$$

Sostituendo nell'Eq. (3.122), ed usando la simmetria di g e dei primi due indici di Γ, troviamo

$$2\nabla_{(\mu}\xi_{\nu)} = g_{\nu\alpha}\partial_\mu \xi^\alpha + g_{\mu\alpha}\partial_\nu \xi^\alpha + \xi^\alpha \partial_\alpha g_{\mu\nu}, \qquad (3.124)$$

e quindi

$$\nabla_{(\mu}\xi_{\nu)} = -\frac{1}{2}\delta_\xi g_{\mu\nu}, \qquad (3.125)$$

dove $\delta_\xi g_{\mu\nu}$ è definito dall'Eq. (3.53). In modo analogo si trova

$$\nabla^{(\mu}\xi^{\nu)} = \frac{1}{2}\delta_\xi g^{\mu\nu}, \qquad (3.126)$$

dove $\delta_\xi g^{\mu\nu}$ è definito dall'Eq. (3.54). La condizione $\nabla_{(\mu}\xi_{\nu)} = 0$ (oppure $\nabla^{(\mu}\xi^{\nu)} = 0$) è quindi equivalente all'equazione di Killing $\delta_\xi g_{\mu\nu} = 0$ (oppure $\delta_\xi g^{\mu\nu} = 0$), che garantisce l'invarianza locale della metrica per trasformazioni generate dal vettore ξ^μ.

3.5. Soluzione

Differenziando l'Eq. (3.108) abbiamo

$$d\left(\det M\right) = \det M \, \mathrm{Tr}\left(M^{-1}dM\right). \qquad (3.127)$$

Sostituiamo M con la matrice $g_{\mu\nu}$, e ricordiamo che in questo caso la matrice inversa è rappresentata dalle componenti controvarianti $g^{\mu\nu}$ (si veda l'Eq. (3.21). Perciò:

$$\frac{dg}{g} = \mathrm{Tr}\left(g^{\alpha\beta}dg_{\beta\nu}\right) = g^{\alpha\beta}dg_{\alpha\beta}, \qquad (3.128)$$

in accordo all'Eq. (3.95).

3.6. Soluzione

Il determinante g della metrica è una densità scalare di peso $w = -2$. Applicando la regola (3.101) per la derivata covariante delle densità tensoriali, e l'Eq. (3.97) per la traccia della connessione di Christoffel, otteniamo quindi

$$
\begin{aligned}
{}^{(w)}\nabla_\alpha g &= \partial_\alpha g - 2\Gamma_{\alpha\beta}{}^\beta g \\
&= \partial_\alpha g - 2g \frac{1}{\sqrt{-g}} \partial_\alpha \sqrt{-g} \\
&= \partial_\alpha g - 2g \frac{1}{2g} \partial_\alpha g \equiv 0.
\end{aligned}
\tag{3.129}
$$

Tale risultato è un'ovvia conseguenza del fatto che la connessione di Christoffel è metrico-compatibile, ossia del fatto che $\nabla_\alpha g_{\mu\nu} = 0$.

3.7. Soluzione

Applicando la definizione (3.31) di $\eta^{\mu\nu\rho\sigma}$, e la definizione (3.75) di derivata covariante, abbiamo

$$
\begin{aligned}
\nabla_\alpha \eta^{\mu\nu\rho\sigma} = {}&\epsilon^{\mu\nu\rho\sigma} \partial_\alpha (-g)^{-1/2} + \Gamma_{\alpha\beta}{}^\mu \eta^{\beta\nu\rho\sigma} \\
&+ \Gamma_{\alpha\beta}{}^\nu \eta^{\mu\beta\rho\sigma} + \Gamma_{\alpha\beta}{}^\rho \eta^{\mu\nu\beta\sigma} \\
&+ \Gamma_{\alpha\beta}{}^\sigma \eta^{\mu\nu\rho\beta}.
\end{aligned}
\tag{3.130}
$$

Poichè η è un tensore completamente antisimmetrico, le sue componenti sono diverse da zero solo se i quattro indici sono tutti diversi tra loro. In uno spazio tempo a 4 dimensioni, d'altra parte, ci sono solo 4 valori disponibili per gli indici. Confrontando gli indici di η presenti al membro sinistro della precedente equazione con gli indici di η presenti al membro destro, ne consegue allora che i termini contenenti la connessione, al membro destro, sono diversi da zero solo se $\beta = \mu$ nel primo termine, $\beta = \nu$ nel secondo termine, $\beta = \rho$ nel terzo termine e $\beta = \sigma$ nel quarto termine.

La somma dei quattro termini riproduce quindi la traccia della connessione. Usando l'Eq. (3.97) per la traccia otteniamo infine:

$$
\begin{aligned}
\nabla_\alpha \eta^{\mu\nu\rho\sigma} &= \eta^{\mu\nu\rho\sigma} (-g)^{1/2} \partial_\alpha (-g)^{-1/2} + \Gamma_{\alpha\beta}{}^\beta \eta^{\mu\nu\rho\sigma} \\
&= \eta^{\mu\nu\rho\sigma} \left[(-g)^{1/2} \partial_\alpha (-g)^{-1/2} + (-g)^{-1/2} \partial_\alpha (-g)^{1/2} \right] \\
&\equiv 0.
\end{aligned}
\tag{3.131}
$$

4

Equazioni di Maxwell e geometria di Riemann

Se accettiamo un modello di spazio-tempo dotato di una struttura geometrica Riemanniana dobbiamo chiederci, innanzitutto, come trasferire in tale contesto i risultati fisici ottenuti nell'ambito dello spazio-tempo di Minkowski. Il principio di equivalenza ci dice che le equazioni della relatività ristretta rimangono *localmente* valide in un'opportuna carta inerziale e in una regione dello spazio-tempo sufficientemente limitata (si veda la Sez. 2.2). Però, per essere globalmente estese su di una varietà Riemanniana diversa da quella di Minkowski, tali equazioni devono essere opportunamente generalizzate.

La procedura che ci permette di farlo correttamente è il cosiddetto *principio di minimo accoppiamento*, che introdurremo nella sezione seguente, e che in questo capitolo applicheremo al caso della teoria elettromagnetica. È opportuno sottolineare che la validità di tale procedura non è limitata all'elettromagnetismo ma si estende, in generale, a tutti i sistemi fisici e a tutte le interazioni. Tale procedura verrà utilizzata a più riprese anche nei capitoli successivi, e in situazioni fisiche molto diverse tra loro.

4.1 Il principio di minimo accoppiamento

In accordo al principio di relatività generalizzato introdotto nel Capitolo 2, le leggi fisiche devono essere rappresentate da equazioni che risultino covarianti rispetto a trasformazioni generali di coordinate (e, più precisamente, rispetto al gruppo dei diffeomorfismi).

Se consideriamo, in particolare, sistemi fisici descritti da equazioni che sono già covarianti (rispetto al gruppo di Lorentz) nello spazio-tempo di Minkowski, possiamo allora immergere tali sistemi in un contesto geometrico Riemanniano – ossia rendere le loro equazioni general-covarianti – median-

© Springer-Verlag Italia 2015

M. Gasperini, *Relatività Generale e Teoria della Gravitazione*,
UNITEXT for Physics, DOI 10.1007/978-88-470-5690-9_4

te una semplice procedura detta "principio di minimo accoppiamento". In pratica, questa procedura consiste nell'effettuare le seguenti operazioni:

- sostituire nei prodotti scalari la metrica di Minkowski con la metrica di Riemann, $\eta_{\mu\nu} \to g_{\mu\nu}$;
- sostituire ovunque le derivate parziali con le derivate covarianti, $\partial_\mu \to \nabla_\mu$;
- usare opportune potenze di $\sqrt{-g}$ per saturare a zero i pesi delle densità tensoriali. In particolare, nell'integrale di azione, usare la prescrizione $d^4x \to d^4x\sqrt{-g}$.

Mediante questa procedura, effettuata direttamente nelle equazioni del moto oppure – più correttamente – nell'azione che descrive il sistema fisico, si "accoppia" il sistema alla geometria Riemanniana dello spazio-tempo. L'accoppiamento è *minimo* nel senso che dipende solo dalla metrica e dalle sue derivate prime (la connessione), e quindi scompare nel limite in cui, localmente, $g \to \eta$ e $\Gamma \to 0$, in accordo al principio di equivalenza. Termini geometrici contenenti derivate della metrica di ordine superiore al primo coinvolgerebbero la curvatura della varietà spazio-temporale (si veda il Capitolo 6), e non potrebbero essere eliminati neppure localmente.

Inoltre, tale accoppiamento è *universale*, nel senso che coinvolge necessariamente e allo stesso modo tutti i sistemi fisici, senza eccezioni. Ovviamente, oggetti geometrici di tipo diverso realizzano l'accoppiamento con regole diverse (la derivata covariante, ad esempio, dipende dal tipo di oggetto considerato). Non esistono, però, sistemi fisici "geometricamente neutri", ossia insensibili alle proprietà geometriche dello spazio-tempo dato.

Osserviamo infine che il principio di minimo accoppiamento non costituisce un aspetto esclusivo dei modelli Riemanniani di spazio-tempo, ma è un ingrediente tipico di tutte le cosiddette *teorie di gauge*, dove tale principio viene usato per ripristinare l'invarianza della teoria rispetto ad un gruppo di simmetria locale. Anche nel contesto della geometria di Riemann, d'altra parte, l'accoppiamento viene introdotto per rendere il modello invariante rispetto alle trasformazioni del gruppo dei diffeomorfismi, innalzando così a livello locale la simmetria associata alle trasformazioni "rigide" (ossia globali) di Lorentz, tipiche della geometria di Minkowski. In questo senso, come già osservato nella Sez. 3.4, la connessione Γ rappresenta il "potenziale di *gauge*" associato a una simmetria locale.

Chiariremo meglio questo punto nel Capitolo 12. Qui ci limitiamo a notare che le teorie di *gauge* sembrano fornire il modello più adatto a descrivere tutte le interazioni fondamentali attualmente note: questa analogia tra teorie di *gauge* e modello geometrico Riemanniano suggerisce dunque che anche la geometria della varietà spazio-temporale potrebbe essere usata per rappresentare un'interazione di tipo fondamentale come, in particolare, quella gravitazionale.

4.2 Accoppiamento tra campo elettromagnetico e geometria

Applicando il principio di minimo accoppiamento alla definizione del tensore elettromagnetico, $F_{\mu\nu} = \partial_\mu A_\nu - \partial_\nu A_\mu$, possiamo innanzitutto osservare che la relazione tra campi e potenziali resta invariata, ossia che:

$$
\begin{aligned}
F_{\mu\nu} \rightarrow \; & \nabla_\mu A_\nu - \nabla_\nu A_\mu \\
= \; & \partial_\mu A_\nu - \partial_\nu A_\mu - \left(\Gamma_{\mu\nu}{}^\alpha - \Gamma_{\nu\mu}{}^\alpha \right) A_\alpha \\
= \; & \partial_\mu A_\nu - \partial_\nu A_\mu \equiv F_{\mu\nu}.
\end{aligned}
\tag{4.1}
$$

I termini di connessione si cancellano a causa della proprietà di simmetria $\Gamma_{[\mu\nu]}{}^\alpha = 0$.

È opportuno sottolineare che l'universalità della relazione tra campi e potenziali non è un risultato accidentale tipico dei modelli che utilizzano un connessione simmetrica (come sembrerebbe dall'equazione precedente), ma è – in realtà – un risultato molto più generale, valido anche in presenza di torsione.

Questo perché la corretta descrizione geometrica del potenziale elettromagnetico (così come quella di tutti i potenziali associati a campi di *gauge*, Abeliani e non-Abeliani) va riferita non tanto alle rappresentazioni vettoriali dei diffeomorfismi quanto, piuttosto, alle cosiddette "forme esterne" (o forme differenziali) che verranno introdotte nell'Appendice A. Senza entrare per il momento in ulteriori dettagli basterà osservare, per i nostri scopi, che il potenziale corrisponde in particolare alla 1-forma esterna $A = A_\mu dx^\mu$, che si comporta come uno scalare nello spazio-tempo di Minkowski localmente tangente alla varietà di Riemann data (si veda anche il Capitolo 12). Le derivate covarianti esterne di questo oggetto scalare si riducono quindi sempre a derivate ordinarie, indipendentemente dalle proprietà della connessione. Se poi la connessione è simmetrica, come nel caso della connessione di Christoffel che stiamo usando, la distinzione tra vettore covariante e 1-forma diventa irrilevante.

In ogni caso, il fatto che la relazione tra $F_{\mu\nu}$ e A_ν resti invariata ha due conseguenze importanti.

La prima conseguenza è che il principio di minimo accoppiamento lascia invariate anche le equazioni di Maxwell che riguardano la divergenza del campo magnetico e il rotore del campo elettrico, $\partial_{[\alpha} F_{\mu\nu]} = 0$. Calcoliamo infatti il gradiente covariante di $F_{\mu\nu}$:

$$
\nabla_\alpha F_{\mu\nu} = \partial_\alpha F_{\mu\nu} - \Gamma_{\alpha\mu}{}^\beta F_{\beta\nu} - \Gamma_{\alpha\nu}{}^\beta F_{\mu\beta}.
\tag{4.2}
$$

Prendendo la parte completamente antisimmetrica di questa equazione otteniamo, identicamente,

$$
\nabla_{[\alpha} F_{\mu\nu]} = \partial_{[\alpha} F_{\mu\nu]} = 0,
\tag{4.3}
$$

dove i termini con la connessione sono scomparsi, anche stavolta, a causa della simmetria $\Gamma_{[\mu\nu]}{}^{\alpha} = 0$. L'accoppiamento alla geometria non modifica quindi questo settore delle equazioni di Maxwell.

La seconda, importante conseguenza riguarda l'invarianza di $F_{\mu\nu}$ rispetto alle trasformazioni di *gauge*,

$$A_\mu \to A_\mu + \partial_\mu f, \tag{4.4}$$

generate da un'arbitraria funzione scalare $f(x)$. Tale invarianza continua a valere e continua ad avere come conseguenza la conservazione della carica elettrica, esattamente come in relatività ristretta, indipendentemente dalla geometria nella quale i campi elettromagnetici e le sorgenti cariche si trovano immersi.

Consideriamo infatti l'azione che descrive il campo elettromagnetico e la densità di corrente delle sorgenti, scritta in una varietà spazio-temporale Riemaniana. Usando il principio di minimo accoppiamento l'azione si può scrivere

$$S = -\int_\Omega d^4x \sqrt{-g}\left(\frac{1}{16\pi}F_{\mu\nu}F^{\mu\nu} + \frac{1}{c}\widetilde{J}^\mu A_\mu\right), \tag{4.5}$$

dove i prodotti scalari sono effettuati mediante la metrica di Riemann g, e dove $\widetilde{J}$ è la corrente ottenuta col principio di minimo accoppiamento dalla corrispondente corrente J definita nello spazio-tempo di Minkowski.

Effettuando una trasformazione di *gauge* (4.4) – ossia variando il potenziale e imponendo che $\delta A_\mu = \partial_\mu f$ – otteniamo che la corrispondente variazione dell'azione è data da

$$\begin{aligned}
\delta S &= -\frac{1}{c}\int_\Omega d^4x \sqrt{-g}\,\widetilde{J}^\mu \partial_\mu f \\
&= -\frac{1}{c}\int_\Omega d^4x\, \partial_\mu\left(\sqrt{-g}\widetilde{J}^\mu f\right) + \frac{1}{c}\int_\Omega d^4x\, f \partial_\mu\left(\sqrt{-g}\widetilde{J}^\mu\right).
\end{aligned} \tag{4.6}$$

Applicando il teorema di Gauss al primo di questi due integrali si ottiene il flusso uscente di $\widetilde{J}f$ sul bordo $\partial\Omega$ del quadri-volume di integrazione, e quindi si trova che tale integrale non contribuisce a δS purché la corrente $\widetilde{J}$ vada a zero abbastanza rapidamente sul bordo $\partial\Omega$ (cosa che ci aspettiamo se le sorgenti sono localizzate in una porzione finita di spazio). In questo caso, poiché la funzione scalare f che genera la trasformazione di *gauge* è arbitraria, possiamo concludere che l'azione risulta invariante per trasformazioni di *gauge* purché:

$$\partial_\mu\left(\sqrt{-g}\widetilde{J}^\mu\right) = 0. \tag{4.7}$$

Utilizzando la definizione (3.103) di divergenza covariante tale equazione si può anche riscrivere come:

$$\nabla_\mu \widetilde{J}^\mu = 0. \tag{4.8}$$

L'invarianza di *gauge* implica dunque l'esistenza di una corrente conservata (in accordo al teorema di Nöther), ma la legge di conservazione sembra riferita a una corrente, $\widetilde{J}$, diversa da quella dello spazio-tempo di Minkowski. Correnti diverse, d'altra parte, definiscono cariche conservate che in generale sono differenti (ricordiamo le equazioni (1.33)–(1.35), che mostrano come ottenere la carica conservata dall'equazione di continuità per la corrente). Sembrerebbe dunque che la quantità conservata dipenda non solo dalle proprietà intrinseche della sorgente elettromagnetica, ma anche dalla metrica, e quindi dalle proprietà geometriche dello spazio-tempo in cui la sorgente è immersa.

Invece, questa apparente influenza della geometria sulla conservazione della carica elettrica in realtà non esiste, come si può verificare considerando la relazione esplicita che esiste tra J e $\widetilde{J}$, e che è fornita dal principio di minimo accoppiamento.

Ricordiamo inazitutto che nello spazio-tempo di Minkowski la densità di corrente è definita dalla ben nota espressione $J^\mu = \rho dx^\mu/dt$, dove ρ è la densità di carica elettrica. Moltiplicando la corrente J^μ per d^4x (che è una misura di integrazione scalare per trasformazioni del gruppo di Lorentz ristretto) si ottiene allora il quadrivettore

$$J^\mu d^4x = cdqdx^\mu, \tag{4.9}$$

dove $dq = \rho d^3x$ è la carica per elemento di volume infinitesimo, e dx^μ è lo spostamento infinitesimo lungo la "linea d'universo" che descrive l'evoluzione temporale della carica dq. In uno spazio-tempo di Riemann, applicando all'equazione precedente il principio di minimo accoppiamento, si ottiene la corrispondente equazione covariante

$$\widetilde{J}^\mu d^4x \sqrt{-g} = cdqdx^\mu. \tag{4.10}$$

Il confronto con l'Eq. (4.9) fornisce allora $\widetilde{J}^\mu = J^\mu/\sqrt{-g}$. Ne consegue che le equazioni (4.7), (4.8) non sono altro che una trascrizione in forma esplicitamente covariante dell'equazione di conservazione $\partial_\mu J^\mu = 0$, valida per la stessa identica corrente nello spazio-tempo di Minkowski.

La carica elettrica q (di una data sorgente) che si conserva in uno spazio-tempo di Riemann coincide dunque esattamente con la carica (della stessa sorgente) che si conserva nello spazio-tempo di Minkowski.

4.3 Le equazioni di Maxwell generalizzate

Nella sezione precedente abbiamo visto che in uno spazio-tempo dotato della struttura geometrica Riemanniana non cambia la relazione tra campi e potenziali elettromagnetici, e non cambia la legge di conservazione della carica elettrica. Possiamo chiederci, allora, se c'è qualcosa che cambia. La risposta è affermativa: viene modificata l'equazione dinamica che descrive la propagazione dei campi elettromagnetici. Tale equazione diventa crucialmente dipendente dalle proprietà geometriche dello spazio-tempo stesso.

Per illustrare questo effetto ricordiamo l'azione (4.5), che riscriviamo come

$$S = \int_\Omega d^4x \, \sqrt{-g} \, \mathcal{L}(A, \partial A), \tag{4.11}$$

dove $\mathcal{L}$ è il termine in parentesi tonde dell'Eq. (4.5). Variando rispetto ad A_ν, ed imponendo che l'azione sia stazionaria, otteniamo le equazioni di Eulero-Lagrange

$$\partial_\mu \frac{\partial \left(\sqrt{-g}\mathcal{L}\right)}{\partial \left(\partial_\mu A_\nu\right)} = \frac{\partial \left(\sqrt{-g}\mathcal{L}\right)}{\partial A_\nu}, \tag{4.12}$$

scritte per la Lagrangiana "effettiva" $\sqrt{-g}\mathcal{L}$ (che non è più uno scalare, ma una densità scalare di peso $w = -1$). Effettuando le derivate, e dividendo per $\sqrt{-g}$, si arriva facilmente all'equazione del moto

$$\frac{1}{\sqrt{-g}}\partial_\mu \left(\sqrt{-g}F^{\mu\nu}\right) = \frac{4\pi}{c} \widetilde{J}^\nu. \tag{4.13}$$

Notiamo ora che

$$\begin{aligned}
\nabla_\mu F^{\mu\nu} &= \partial_\mu F^{\mu\nu} + \Gamma_{\mu\alpha}{}^\mu F^{\alpha\nu} + \Gamma_{\mu\alpha}{}^\nu F^{\mu\alpha} \\
&= \partial_\mu F^{\mu\nu} + \frac{1}{\sqrt{-g}}\partial_\alpha \left(\sqrt{-g}\right) F^{\alpha\nu} \\
&= \frac{1}{\sqrt{-g}}\partial_\mu \left(\sqrt{-g}F^{\mu\nu}\right).
\end{aligned} \tag{4.14}$$

L'ultimo termine della prima riga si annulla perché gli indici (simmetrici in μ e α) della connessione vengono contratti con gli indici del campo elettromagnetico, antisimmetrico in μ e α. Nel penultimo termine della prima riga, inoltre, abbiamo usato l'Eq. (3.97) per la traccia della connessione. L'Eq. (4.13) si può allora riscrivere come:

$$\nabla_\mu F^{\mu\nu} = \frac{4\pi}{c} \widetilde{J}^\nu. \tag{4.15}$$

In questa forma, l'equazione per $F^{\mu\nu}$ coincide esattamente con quella che si sarebbe ottenuta applicando il principio di minimo accoppiamento direttamente alle equazioni di Maxwell scritte nello spazio-tempo di Minkowski (si veda l'Eq. (1.78)).

Per riassumere i risultati ottenuti, e per meglio evidenziare gli effetti dell'accoppiamento minimo dei campi elettromagnetici alla geometria di Riemann, è conveniente a questo punto scrivere l'insieme completo delle equazioni di Maxwell generalizzate in funzione delle variabili *che non cambiano* rispetto allo spazio di Minkowski. Queste variabili sono il tensore $F_{\mu\nu}$ (si veda l'Eq. (4.1)) e la corrente $J^\mu = \sqrt{-g}\,\widetilde{J}^\mu$ (si vedano le equazioni (4.9) e (4.10)). Otteniamo allora il seguente sistema di equazioni:

$$\partial_\mu \left(\sqrt{-g}\,g^{\mu\alpha}g^{\nu\beta}F_{\alpha\beta}\right) = \frac{4\pi}{c}J^\nu, \qquad \partial_{[\mu}F_{\alpha\beta]} = 0,$$
$$F_{\alpha\beta} = \partial_\alpha A_\beta - \partial_\beta A_\alpha. \tag{4.16}$$

In queste equazioni tutti i contributi di origine geometrica appaiono scritti in forma esplicita. La forma di queste equazioni suggerisce l'esistenza di una stretta analogia formale tra le equazioni elettromagnetiche scritte in una varietà Riemanniana e le stesse equazioni scritte in un mezzo ottico continuo.

4.3.1 Analogia con le equazioni in un mezzo ottico

È ben noto che, in presenza di un mezzo dielettrico continuo, e nel contesto dello spazio-tempo di Minkowski, le equazioni di Maxwell possono essere scritte introducendo due diversi tensori per il campo elettromagnetico. L'usuale tensore $F_{\mu\nu}$, le cui componenti $F_{0i} = E_i$ e $F_{ij} = -\epsilon_{ijk}B^k$ descrivono il campo elettromagnetico del vuoto, correlato alla densità di carica totale e alla corrente totale; e un secondo tensore $G^{\mu\nu}$, le cui componenti $G^{i0} = D^i$ e $G^{ij} = -\epsilon^{ijk}H_k$ descrivono il campo di induzione elettromagnetica del mezzo, correlato alla densità di carica libera e alla corrente libera.

I due campi F e G soddisfano le equazioni seguenti,

$$\partial_\mu G^{\mu\nu} = \frac{4\pi}{c}J^\nu, \qquad \partial_{[\mu}F_{\alpha\beta]} = 0, =$$
$$F_{\alpha\beta} = \partial_\alpha A_\beta - \partial_\beta A_\alpha. \tag{4.17}$$

e sono collegati tra loro dalla cosiddetta "relazione costitutiva",

$$G^{\mu\nu} = \chi^{\mu\nu\alpha\beta}F_{\alpha\beta}, \tag{4.18}$$

che descrive le proprietà elettromagnetiche intrinseche del mezzo considerato. Il tensore χ gode in generale delle seguenti proprietà:

$$\chi^{\mu\nu\alpha\beta} = \chi^{[\mu\nu][\alpha\beta]} = \chi^{\alpha\beta\mu\nu}, \qquad \chi^{[\mu\nu\alpha\beta]} = 0. \tag{4.19}$$

Per fare un semplice esempio possiamo considerare un mezzo isotropo, non conduttore, con una costante dielettrica ϵ e una permeabilità magnetica μ. In questo caso, e nel sistema a riposo con il mezzo, abbiamo

$$\chi^{i0j0} = -\epsilon\delta^{ij}, \qquad \chi^{ijkl} = \frac{1}{2\mu}\left(\delta^{ik}\delta^{jl} - \delta^{il}\delta^{jk}\right), \tag{4.20}$$

e l'Eq. (4.18) fornisce la ben nota relazione costitutiva

$$\boldsymbol{D} = \epsilon \boldsymbol{E}, \qquad\qquad \boldsymbol{B} = \mu \boldsymbol{H}. \qquad (4.21)$$

Il confronto delle equazioni (4.16), (4.17) mostra chiaramente che una varietà Riemanniana, da un punto di vista elettrodinamico, si comporta formalmente come un mezzo ottico continuo le cui proprietà dielettriche sono determinate dalla metrica mediante il seguente tensore costitutivo "effettivo":

$$\chi^{\mu\nu\alpha\beta} = \frac{1}{2}\sqrt{-g}\left(g^{\mu\alpha}g^{\nu\beta} - g^{\mu\beta}g^{\nu\alpha}\right). \qquad (4.22)$$

Questa analogia non è solamente formale. Infatti, come vedremo in seguito nel Capitolo 8, una geometria spazio-temporale descritta da un'opportuna metrica Riemanniana è in grado di deflettere e rallentare i raggi luminosi – e, più in generale, i segnali elettromagnetici – esattamente come può fare un dielettrico trasparente non-omogeneo. E ancora: una metrica di tipo non-omogeneo e non statico, con componenti $g^{0i} \neq 0$, si comporta esattamente come un mezzo otticamente attivo, capace di far ruotare il piano di polarizzazione di un'onda elettromagnetica. Ulteriori effetti della geometria sulla propagazione dei segnali luminosi ed elettromagnetici saranno illustrati nel capitolo seguente.

Concludiamo il capitolo osservando che sarebbe sbagliato, però, prendere troppo sul serio questa analogia tra mezzi ottici e geometria. Ci sono infatti differenze sostanziali tra le equazioni (4.16) – valide per i campi nel vuoto, immersi in uno spazio-tempo di Riemann – e le equazioni (4.17) – valide per i campi immersi in un mezzo, nello spazio-tempo di Minkowski – che impediscono un'analogia completa. Al contrario di un dielettrico reale, infatti, il "mezzo geometrico" soddisfa al principio di equivalenza, e agisce in maniera universale su tutti i sistemi fisici.

Possiamo fare, a questo proposito, un importante esempio fisico che riguarda l'effetto Cherenkov. In un dielettrico reale la velocità dei fotoni viene rallentata, e diventa quindi possibile che una particella carica si propaghi con velocità superiore a quella della luce in quel mezzo. In quel caso, come ben noto, viene emessa radiazione Cherenkov.

Nell'analogo geometrico del dielettrico, invece, l'effetto Cherenokov non può verificarsi[1]. Infatti la geometria, oltre a rallentare la propagazione della luce, rallenta anche – e nella stessa identica misura – la velocità di propagazione di qualsiasi altro segnale e/o particella. Se una particella è più lenta dei fotoni nello spazio vuoto di Minkowski rimarà dunque più lenta dei fotoni anche nello spazio vuoto di Riemann, qualunque sia il tipo di metrica introdotto. Solo un mezzo dielettrico reale può agire in modo non-universale, rallentando maggiormente la luce delle altre particelle, e rendendo così possibile l'effetto Cherenkov.

---

[1] M. Gasperini, *Phys. Rev. Lett.* **62**, 1945 (1989).

Esercizi Capitolo 4

4.1. Campo elettrostatico in una geometria sfericamente simmetrica

Determinare il campo elettrostatico di una carica puntiforme e, immersa in una varietà Riemanniana parametrizzata dalle coordinate Cartesiane e descritta dalla metrica

$$g_{00} = f(r), \qquad g_{ij} = -\delta_{ij}, \qquad g_{i0} = 0, \qquad (4.23)$$

dove $r = (x_i x^i)^{1/2}$.

4.2. Invarianza conforme delle equazioni di Maxwell

Scrivere l'equazione di propagazione del potenziale vettore $\boldsymbol{A}$ in assenza di sorgenti, nel *gauge* di radiazione ($\boldsymbol{\nabla} \cdot \boldsymbol{A} = 0$, $A_0 = 0$), e in uno spazio-tempo la cui geometria è descritta dalla metrica

$$g_{00} = 1, \qquad g_{ij} = -a^2(t)\delta_{ij}, \qquad g_{i0} = 0 \qquad (4.24)$$

(si usino, per semplicità le unità naturali in cui $c = 1$). Mostrare anche che tale equazione si riduce all'ordinaria equazione d'onda di D'Alembert mediante un'opportuno cambio della coordinata temporale. Determinare infine la forma assunta dalla metrica nel nuovo sistema di coordiante.

Soluzioni

4.1. Soluzione

Consideriamo le equazioni (4.16), e poniamo

$$J^i = 0, \qquad J^0 = ec\delta^{(3)}(x), \qquad F_{ij} = 0, \qquad F_{0i} = E_i. \qquad (4.25)$$

Osservando che $\sqrt{-g} = f^{1/2}$ e che $g^{00} = f^{-1}$ otteniamo:

$$\partial_i \left(\sqrt{-g}\, g^{ij} g^{00} F_{j0}\right) = \partial_i \left(f^{-1/2} E^i\right) = 4\pi e\delta^{(3)}(x). \qquad (4.26)$$

Introduciamo una funzione scalare $\chi(r)$ tale che

$$f^{-1/2} E^i = -\partial^i \chi, \qquad (4.27)$$

e sostituiamo nell'Eq. (4.26). Risolvendo l'equazione di Poisson ottenuta per χ si trova allora facilmente che $\chi = e/r$, e quindi che le componenti del campo elettrico sono date da:

$$E^i = -f^{1/2}\partial^i \chi = f^{1/2}\frac{ex^i}{r^3}. \qquad (4.28)$$

4.2. Soluzione

Sostituiamo le componenti della metrica (4.24) nelle equazioni (4.16), notando che

$$g^{00} = 1, \qquad g^{ij} = -a^{-2}\delta^{ij}, \qquad \sqrt{-g} = a^3. \qquad (4.29)$$

Utilizzando il *gauge* di radiazione $A_0 = 0$, $\partial^i A_i = 0$, otteniamo

$$-\partial_0 \left(a\delta^{ij}\partial_0 A_j\right) + \frac{1}{a}\delta^{kj}\delta^{il}\partial_k\partial_j A_l = 0, \qquad (4.30)$$

da cui, dividendo per a,

$$\left(\frac{\partial^2}{\partial t^2} + \frac{\dot{a}}{a}\frac{\partial}{\partial t} - \frac{\nabla^2}{a^2}\right) \boldsymbol{A} = 0, \qquad (4.31)$$

dove $\dot{a} = da/dt$, e dove $\nabla^2 = \delta^{ij}\partial_i\partial_j$ è l'usuale operatore Laplaciano dello spazio Euclideo tridimensionale (abbiamo posto $c = 1$).

Tale equazione si può ridurre all'ordinaria equazione di D'Alembert introducendo una nuova coordinata temporale τ, collegata a t dalla relazione differenziale $dt = ad\tau$. Con questa nuova coordinata, infatti,

$$\begin{aligned}
\frac{\partial A}{\partial \tau} &= a\frac{\partial A}{\partial t}, \\
\frac{\partial^2 A}{\partial \tau^2} &= a\frac{\partial}{\partial t}\left(a\frac{\partial A}{\partial t}\right) = a^2\frac{\partial^2 A}{\partial t^2} + a\dot{a}\frac{\partial A}{\partial t},
\end{aligned} \qquad (4.32)$$

e l'Eq. (4.31) si riscrive come

$$\left(\frac{\partial^2}{\partial \tau^2} - \nabla^2\right) \boldsymbol{A} = 0. \qquad (4.33)$$

Questo risultato è una conseguenza della cosiddetta *invarianza conforme* della Lagrangiana di Maxwell,

$$\sqrt{-g}\,g^{\mu\alpha}g^{\nu\beta}F_{\mu\nu}F_{\alpha\beta}, \qquad (4.34)$$

che è invariante rispetto a trasformazioni del tipo

$$g_{\mu\nu} \to \widetilde{g}_{\mu\nu} = f(x)g_{\mu\nu}, \qquad g^{\mu\nu} \to \widetilde{g}^{\mu\nu} = f^{-1}(x)g^{\mu\nu} \qquad (4.35)$$

(dette "trasformazioni locali di scala" o anche "trasformazioni di Weyl"). Come conseguenza di questa invarianza le equazioni di Maxwell mantengono la stessa forma nelle due varietà descritte dalle due metriche g e $\widetilde{g}$ collegate dalla trasformazione precedente.

Cambiando coordinata da t a τ, d'altra parte, l'elemento di linea dello spazio-tempo (4.24) assume la forma

$$ds^2 = dt^2 - a^2 dx_i dx^i = a^2 \left(d\tau^2 - dx_i dx^i \right), \qquad (4.36)$$

e la geometria viene ad essere descritta da una metrica $\widetilde{g}_{\mu\nu}$ che è detta "conformemente piatta",

$$\widetilde{g}_{\mu\nu} = a^2(\tau)\eta_{\mu\nu}, \qquad (4.37)$$

ossia da una metrica $\widetilde{g}$ collegata alla metrica di Minkowski η da una trasformazione del tipo (4.35), con $f = a^2$.

Poiché le equazioni di Maxwell devono avere la stessa forma rispetto alle due metriche $\widetilde{g}$ e η, si può immediatamente dedurre che l'equazione d'onda del potenziale vettore, se espressa mediante la coordinata temporale τ della metrica $\widetilde{g}$, deve coincidere in forma con l'equazione per il potenziale vettore che si otterrebbe nella metrica di Minkowski η (ossia con l'equazione d'onda di D'Alembert), come infatti ottenuto nell'Eq. (4.33).

Corpi di prova e segnali nello spazio-tempo di Riemann

Nei capitoli precedenti abbiamo discusso una possibile generalizzazione della struttura geometrica dello spazio-tempo, basandoci sul modello di varietà Riemanniana. Abbiamo illustrato le principali proprietà e i nuovi aspetti formali di questa struttura geometrica, mostrando anche come immergere in un generico contesto Riemanniano i modelli fisici formulati nello spazio-tempo di Minkowski. È giunto ora il momento di rendere più chiara ed esplicita la stretta connessione esistente tra geometria dello spazio-tempo e interazione gravitazionale.

In questo capitolo mostreremo che l'introduzione di un'opportuna metrica sullo spazio-tempo permette di riprodurre fedelmente tutti gli effetti dinamici della teoria gravitazionale di Newton. Ma vedremo anche che tale rappresentazione geometrica dell'interazione gravitazionale non si limita a fornire la semplice riformulazione di un modello già noto: l'approccio geometrico prevede infatti nuovi effetti gravitazionali che erano assenti nel contesto della teoria Newtoniana, e che sono stati invece osservati e confermati con esperimenti di precisione sempre crescente.

5.1 Moto geodetico di un corpo libero puntiforme

Per discutere la possibilità di rappresentare geometricamente gli effetti dell'interazione gravitazionale chiediamoci innanzitutto come si muove un corpo di prova immerso in una varietà Riemanniana, descritta da una metrica arbitraria.

Consideriamo il semplice caso di una particella puntiforme di massa m, e cerchiamo la sua equazione del moto partendo dall'azione libera scritta nello spazio-tempo di Minkowski (tale azione è stata già introdotta nella soluzione dell'Esercizio 1.4, Eq. (1.118)). Applicando il principio di minimo accoppiamento (si veda la Sez. 4.1) otteniamo l'azione

© Springer-Verlag Italia 2015
M. Gasperini, *Relatività Generale e Teoria della Gravitazione*,
UNITEXT for Physics, DOI 10.1007/978-88-470-5690-9_5

$$S = -mc \int ds = -mc \int \sqrt{dx^\mu dx_\mu} = -mc \int \sqrt{dx^\mu dx^\nu g_{\mu\nu}}$$
$$= -mc \int d\tau \sqrt{\dot{x}^\mu \dot{x}^\nu g_{\mu\nu}}, \tag{5.1}$$

valida in una generica varietà Riemanniana. Nell'ultimo passaggio abbiamo indicato con il punto la derivata rispetto al parametro temporale τ, che è scalare rispetto a trasformazioni generali di coordinate, e che parametrizza la cosiddetta "linea d'universo" $x^\mu = x^\mu(\tau)$, ossia la traiettoria spazio-temporale della particella.

È utile notare che questa azione può esere riscritta in una forma che è più semplice – senza la radice quadrata – ma equivalente ai fini dinamici. A tale scopo basta introdurre un campo ausiliario $V(\tau)$ (che agisce da moltiplicatore di Lagrange), con dimensioni dell'inverso di una massa, e considerare l'azione:

$$S = -\frac{1}{2} \int d\tau \left(V^{-1} \dot{x}^\mu \dot{x}^\nu g_{\mu\nu} + m^2 c^2 V \right) \equiv \int d\tau L\,(x, \dot{x}). \tag{5.2}$$

La variazione rispetto a V fornisce il vincolo

$$\dot{x}^\mu \dot{x}^\nu g_{\mu\nu} = m^2 c^2 V^2. \tag{5.3}$$

Risolvendo per V, e sostituendo nell'Eq. (5.2), si ritrova esattamente l'azione di partenza (5.1).

Per ottenere l'equazione del moto possiamo usare indifferentemente una delle due azioni precedenti. La seconda – detta "azione di Poliakov" – è ben definita anche nel caso limite di particelle con massa nulla, al contrario della prima.

Variamo dunque l'azione (5.2) rispetto alle coordinate x^μ del corpo di prova, fissando il parametro τ in modo che risulti proporzionale al tempo proprio lungo la "linea d'universo" della particella. Con questa scelta del "gauge" temporale il campo ausiliario V si riduce a una costante (si veda l'Eq. (5.3)), e il suo contributo moltiplicativo non influisce sulle equazioni del moto. Abbiamo infatti

$$\frac{\partial L}{\partial x^\mu} = -\frac{1}{2V}\,\dot{x}^\alpha \dot{x}^\beta \partial_\mu g_{\alpha\beta}, \tag{5.4}$$

$$\frac{\partial L}{\partial \dot{x}^\mu} = -\frac{1}{V}\,g_{\mu\nu}\dot{x}^\nu, \tag{5.5}$$

e le equazioni di Eulero-Lagrange forniscono:

$$\begin{aligned}
0 &= -\frac{d}{d\tau}\frac{\partial L}{\partial \dot{x}^\mu} + \frac{\partial L}{\partial x^\mu} \\
&= g_{\mu\nu}\ddot{x}^\nu + \dot{x}^\alpha \dot{x}^\nu \partial_\alpha g_{\mu\nu} - \frac{1}{2}\dot{x}^\alpha \dot{x}^\beta \partial_\mu g_{\alpha\beta} \\
&= g_{\mu\nu}\ddot{x}^\nu + \frac{1}{2}\dot{x}^\alpha \dot{x}^\beta \left(\partial_\alpha g_{\mu\beta} + \partial_\beta g_{\mu\alpha} - \partial_\mu g_{\alpha\beta} \right).
\end{aligned} \tag{5.6}$$

Moltiplicando per $g^{\rho\mu}$ si ottiene infine

$$\ddot{x}^\rho + \Gamma_{\alpha\beta}{}^\rho \dot{x}^\alpha \dot{x}^\beta = 0, \tag{5.7}$$

dove Γ è la connessione di Christoffel definita dall'Eq. (3.90).

L'equazione del moto (5.7) corrisponde esattamente all'equazione della curva detta *"geodetica*. Corpi di prova puntiformi, liberi di muoversi in uno spazio-tempo di Riemann descritto dalla metrica $g_{\mu\nu}$, seguono dunque fedelmente le geodetiche della metrica data. È evidente, per come è stata ottenuta, che una geodetica rappresenta la traiettoria che estremizza il cammino tra due punti della varietà Riemanniana. È anche evidente, dal confronto con l'Eq.(3.80), che la geodetica coincide con la curva autoparallela se la connessione coincide con quella di Christoffel, come appunto avviene nel contesto geometrico che stiamo considerando.

In un contesto geometrico più generale, in cui la connessione contiene anche termini di torsione e/o non-metricità (si veda l'Eq. (3.86)), i corpi di prova puntiformi continuano a muoversi lungo le geodetiche definite dalla connessione di Christoffel associata alla metrica – in accordo al principio variazionale di minima azione – ma tali traiettorie non sono più autoparallele. In un contesto Riemanniano, invece, curve geodetiche ed autoparallele sono sempre coincidenti.

Le traiettorie dei corpi di prova possono essere geodetiche di tipo tempo, $\dot{x}^\mu \dot{x}_\mu > 0$, oppure di tipo luce, $\dot{x}^\mu \dot{x}_\mu = 0$. Nel primo caso il corpo di prova è massivo: moltiplicando per la massa, e ponendo $m\dot{x}^\mu = mu^\mu = p^\mu$, l'equazione del moto (5.7) si può riscrivere come

$$\frac{dp^\mu}{d\tau} + \Gamma_{\alpha\beta}{}^\mu u^\alpha p^\beta = 0, \tag{5.8}$$

oppure, in forma differenziale:

$$Dp^\mu \equiv dp^\mu + \Gamma_{\alpha\beta}{}^\mu dx^\alpha p^\beta = 0. \tag{5.9}$$

(si veda la definizione (3.77) di differenziale covariante lungo una curva). Questa equazione ci dice che il quadrivettore impulso del corpo di prova è covariantemente costante – ossia, viene trasportato parallelamente a se stesso – lungo la traiettoria del moto (ricordiamo, a questo proposito, anche le osservazioni già fatte nella Sez. 3.4.1).

Per una traiettoria di tipo luce, associata ad una particella di massa nulla, l'Eq. (5.9) rimane valida ma con la condizione $p^\mu p_\mu = 0$. Se al posto di una particella consideriamo un segnale elettromagnetico, e consideriamo l'approssimazione dell'ottica geometrica, possiamo descrivere la sua propagazione mediante il quadrivettore d'onda k^μ. La traiettoria corrispondente viene allora fissata dal trasporto parallelo del vettore k^μ che sostituisce il quadri-impulso:

$$Dk^\mu = dk^\mu + \Gamma_{\alpha\beta}{}^\mu dx^\alpha k^\beta = 0. \tag{5.10}$$

Concludiamo la sezione osservando che l'evoluzione geodetica dei corpi di prova e dei segnali è un risultato che conferma e sostiene l'idea di poter rappresentare geometricamente gli effetti dell'interazione gravitazionale, per due importanti motivi.

Il primo motivo è che l'equazione geodetica (5.7) è in accordo col principio di equivalenza. Il moto geodetico, infatti, è di tipo *localmente inerziale* (l'equazione del moto si riduce a quella libera, $\ddot{x} = 0$, quando $\Gamma = 0$). Inoltre, la traiettoria geodetica è indipendente dalla massa del corpo di prova, per tutti i corpi, e questa proprietà di *universalità* si ottiene in modo automatico (senza assumere l'uguaglianza tra massa inerziale e massa gravitazionale, che invece è necessario imporre nella teoria gravitazionale di Newton).

Il secondo motivo è che l'equazione geodetica permette di riprodurre l'equazione del moto Newtoniana, nel limite di velocità non-relativistiche e campi gravitazionali sufficientemente deboli, mediante l'introduzione di una opportuna metrica spazio-temporale. Questo punto sarà illustrato nella sezione seguente.

5.2 Limite Newtoniano

Consideriamo una particella di prova di massa m, che interagisce con un campo gravitazionale descritto dal potenziale Newtoniano $\phi(x)$ (si veda la Lagrangiana (2.2), con ϕ al posto di U). Supponiamo che il campo sia *debole*,

$$|\phi| \ll c^2 \tag{5.11}$$

(ossia che l'energia potenziale gravitazionale sia trascurabile rispetto all'energia di massa a riposo), che sia *statico*,

$$\dot{\phi} = 0 \tag{5.12}$$

(più in generale, che i gradienti temporali siano trascurabili rispetto ai gradienti spaziali, $|\partial_t \phi| \ll |\partial_i \phi|$), e supponiamo infine che le velocità dei corpi di prova siano *non-relativistiche*:

$$|v^i| = \left| \frac{dx^i}{dt} \right| \ll c. \tag{5.13}$$

In questo regime, l'azione associata alla Lagrangiana (2.2) assume la forma

$$S = -mc^2 \int dt \left(\sqrt{1 - \frac{v^2}{c^2}} + \frac{\phi}{c^2} \right)$$
$$\simeq \int dt \left(-mc^2 + \frac{1}{2}mv^2 - m\phi \right). \tag{5.14}$$

L'azione di una particella massiva immersa in una geometria spazio-temporale descritta dalla metrica $g_{\mu\nu}$, d'altra parte, è data dall'Eq. (5.1), e si può scrivere come segue:

$$S = -mc \int dt \, \sqrt{g_{\mu\nu} \frac{dx^\mu}{dt} \frac{dx^\nu}{dt}}$$
$$= -mc \int dt \left(g_{00}c^2 + g_{ij}v^i v^j + 2g_{0i}cv^i\right)^{1/2}. \tag{5.15}$$

Se prendiamo la seguente metrica

$$g_{00} = \left(1 + 2\frac{\phi}{c^2}\right), \qquad g_{ij} = -\delta_{ij}, \qquad g_{0i} = 0, \tag{5.16}$$

l'azione diventa

$$S = -mc^2 \int dt \left(1 + \frac{2\phi}{c^2} - \frac{v^2}{c^2}\right)^{1/2}. \tag{5.17}$$

Usando le approssimazioni (5.11), (5.13), ed espandendo la radice quadrata all'ordine più basso in ϕ/c^2 e v^2/c^2, arriviamo infine all'espressione

$$S \simeq -mc^2 \int dt \left(1 - \frac{1}{2}\frac{v^2}{c^2} + \frac{\phi}{c^2}\right), \tag{5.18}$$

che coincide esattamente con l'azione (5.14).

La geometria descritta dalla metrica (5.16) riproduce quindi esattamente gli effetti dinamici dell'interazione gravitazionale nel cosiddetto *limite Newtoniano*, in cui il campo gravitazionale è debole e statico, e le velocità sono non-relativistiche, come specificato dalle equazioni (5.11)–(5.13). Possiamo infatti verificare, come utile esercizio, che le geodetiche associate alla metrica (5.16) forniscono in questo limite l'ordinaria equazione del moto della teoria gravitazionale Newtoniana.

A questo scopo è conveniente separare l'equazione della geodetica (5.7) nelle sue componenti spaziali e temporali:

$$\ddot{x}^0 + \Gamma_{\alpha\beta}{}^0 \dot{x}^\alpha \dot{x}^\beta = 0, \tag{5.19}$$

$$\ddot{x}^i + \Gamma_{\alpha\beta}{}^i \dot{x}^\alpha \dot{x}^\beta = 0. \tag{5.20}$$

Usiamo per la connessione la definizione (3.90), osservando però che la metrica (5.16) devia da quella di Minkowski solo per la presenza di un termine proporzionale a ϕ, e che i gradienti della metrica diversi da zero contengono dunque il potenziale, $\partial g \sim \partial\phi$. Trascurando potenze di ϕ di ordine due (e superiori) possiamo perciò approssimare la metrica con quella di Minkowski nei termini che moltiplicano ∂g, e valutare la connessione (nel limite di campi deboli) come segue:

$$\Gamma_{\alpha\beta}{}^\mu \simeq \frac{1}{2}\eta^{\mu\rho}\left(\partial_\alpha g_{\beta\rho} + \partial_\beta g_{\alpha\rho} - \partial_\rho g_{\alpha\beta}\right). \tag{5.21}$$

Inserendo in questa equazione la metrica (5.16) troviamo allora

$$\Gamma_{00}{}^{0} = 0, \qquad \Gamma_{ij}{}^{0} = 0, \qquad \Gamma_{0i}{}^{j} = 0, \qquad \Gamma_{ij}{}^{k} = 0, \qquad (5.22)$$

perché la metrica è statica, diagonale, e solo i gradienti spaziali di g_{00} contribuiscono alla connessione. Le uniche componenti di Γ diverse da zero, in questo limite, sono date da

$$\Gamma_{0i}{}^{0} = \frac{1}{c^2}\partial_i\phi, \Gamma_{00}{}^{i} = \frac{1}{c^2}\delta^{ij}\partial_j\phi. \qquad (5.23)$$

La componente $\Gamma_{0i}{}^{0}$, d'altra parte, contribuisce all'Eq. (5.19) con un termine misto del tipo $v^i\partial_i\phi$, che possiamo trascurare nell'approssimazione in cui restiamo al primo ordine in ϕ/c^2 e v/c. Le equazioni del moto geodetico (5.19), (5.20) si riducono quindi, nel limite Newtoniano, alle due condizioni

$$\ddot{x}^0 = 0, \qquad (5.24)$$

$$\ddot{x}^i + \delta^{ij}\partial_j\phi\left(\frac{\dot{x}^0}{c}\right)^2 = 0. \qquad (5.25)$$

Ricordiamo ora che il punto indica la derivata rispetto al parametro covariante τ (si veda la Sez. 5.1). L'integrazione dell'Eq. (5.24) fornisce allora

$$\dot{x}^0 = c\frac{dt}{d\tau} = \alpha = \text{cost}, \qquad (5.26)$$

dove α è una costante di integrazione arbitraria. Sostituendo questo risultato nel membro sinistro dell'Eq. (5.25) otteniamo:

$$\dot{x}^i = \frac{dt}{d\tau}\frac{dx^i}{dt} = \frac{\alpha}{c}v^i, \qquad \ddot{x}^i = \frac{\alpha^2}{c^2}\frac{dv^i}{dt}. \qquad (5.27)$$

Possiamo quindi riscrivere l'equazione del moto (5.25) nella forma (vettoriale) finale

$$\boldsymbol{a} = \frac{d\boldsymbol{v}}{dt} = -\boldsymbol{\nabla}\phi, \qquad (5.28)$$

che riproduce esattamente il ben noto risultato Newtoniano.

La discussione precedente ci mostra che la dinamica della teoria non-relativistica di Newton può essere riprodotta in modo puramente geometrico, modificando la metrica di Minkowski e introducendo sullo spazio-tempo una struttura geometrica Riemanniana descritta da un nuovo elemento di linea, che in coordinate cartesiane assume la forma:

$$ds^2 = g_{\mu\nu}dx^\mu dx^\nu = \left(1 + \frac{2\phi}{c^2}\right)c^2dt^2 - |d\boldsymbol{x}|^2 \qquad (5.29)$$

(si veda la metrica (5.16)). È importante sottolineare, però, che questa rappresentazione geometrica non si limita a fornire una diversa (e interessante) riformulazione della teoria di Newton, ma prevede anche nuovi effetti gravitazionali, di origine geometrica, che non erano contemplati dalla teoria di Newton, e che verranno illustrati nella sezione seguente.

5.3 Dilatazione temporale e spostamento delle frequenze

Se vogliamo descrivere un campo gravitazionale Newtoniano introducendo nello spazio-tempo l'elemento di linea (5.29) al posto di quello di Minkowski dobbiamo anche accettare, come immediata conseguenza, una generalizzazione della relazione che collega gli intervalli di tempo proprio $d\tau$ – caratteristici di un dato processo fisico – agli intervalli dt della coordinata temporale di una generica carta definita sullo spazio-tempo.

Nel caso della metrica di Minkowski è ben noto che tale relazione dipende dallo stato di moto del sistema di riferimento solidale con l'osservatore, rispetto al sistema di riferimento solidale col processo considerato: si trova infatti $dt/d\tau = \gamma$, dove $\gamma = (1 - v^2/c^2)^{-1/2}$ è il fattore di Lorentz associato al moto relativo dei due sistemi di coordinate.

Nel caso della metrica (5.29) si trova invece che la relazione tra gli intervalli temporali dipende non solo dallo stato di moto relativo, ma anche dalla relativa *posizione spaziale* dell'osservatore rispetto al processo considerato. Si trova, in particolare, una differenza tra gli intervalli temporali anche all'interno della stessa carta, in assenza di moto relativo, per processi che avvengono in posizioni diverse. Un effetto del genere è comune a tutte le metriche caratterizzate da una componente g_{00} che dipende dalle coordinate spaziali, come nel caso dell'Eq. (5.29).

Ricordiamo infatti che l'intervallo di tempo proprio tra due eventi è dato, per definizione, dall'intervallo spazio-temporale ds/c valutato nel sistema di riferimento in cui la separazione spaziale tra i due eventi è nulla, $dx^i = 0$. Se la componente g_{00} della metrica non è costante, tale quantità dipende dalle coordinate anche all'interno della stessa carta. Per un processo fisico che viene osservato nel punto x_1, ad esempio, il corrispondente intervallo di tempo proprio $d\tau_1$ è collegato all'intervallo di tempo coordinato dt dalla relazione

$$d\tau_1 = \sqrt{g_{00}(x_1)}\, dt. \tag{5.30}$$

Analogamente, per lo stesso processo che viene osservato nel punto x_2 abbiamo:

$$d\tau_2 = \sqrt{g_{00}(x_2)}\, dt \tag{5.31}$$

(si noti che dt è l'intervallo che verrebbe misurato in assenza di gravitazione nello spazio-tempo di Minkowski, e quindi è lo stesso in tutti i punti). Ne consegue la relazione

$$\frac{d\tau_1}{d\tau_2} = \left[\frac{g_{00}(x_1)}{g_{00}(x_2)}\right]^{1/2}, \tag{5.32}$$

che determina la variazione relativa degli intervalli temporali in funzione della posizione in cui viene osservato il processo.

È interessante osservare che il potenziale Newtoniano della metrica (5.29) è negativo, $\phi < 0$, per cui $g_{00} < 1$. Se confrontiamo l'intervallo temporale tra due eventi misurato nel punto x_1, dove $\phi(x_1) \neq 0$, con il corrispondente intervallo temporale misurato all'infinito, dove $\phi_\infty = 0$, $g_{00} = 1$ e $dt = d\tau$, otteniamo allora, dall'Eq. (5.32):

$$d\tau_\infty = \frac{d\tau_1}{\sqrt{g_{00}(x_1)}} = \frac{d\tau_1}{\left[1 + \frac{2\phi(x_1)}{c^2}\right]^{1/2}} > d\tau_1. \qquad (5.33)$$

La durata di un processo che avviene in presenza di un campo gravitazionale, confrontata con la durata dello stesso processo in assenza di campo, appare dunque "allungata": è il famoso effetto di *dilatazione temporale gravitazionale*, certamente non previsto dalla teoria Newtoniana.

Per l'osservazione sperimentale di tale effetto può essere conveniente considerare processi periodici, e confrontare tra loro i periodi (o le frequenze) dello stesso processo misurati in punti differenti dello spazio. Prendiamo ad esempio un segnale monocromatico, che si propaga dal punto di emissione x_e al punto di ricezione x_r. Il rapporto tra i periodi del segnall nelle due diverse posizioni è fissato dall'Eq. (5.32), con $x_1 = x_e$ e $x_2 = x_r$. Per le frequenze abbiamo allora il rapporto inverso, ossia:

$$\frac{\omega_r}{\omega_e} = \left[\frac{g_{00}(x_e)}{g_{00}(x_r)}\right]^{1/2}. \qquad (5.34)$$

È utile (e istruttivo) osservare che questa relazione può essere ricavata anche con un differente argomento basato sulla nozione di "osservatore statico", ossia di osservatore caratterizzato da un quadrivettore velocità u^μ che ha solo la componente temporale:

$$u^i = 0, \qquad\qquad u^0 = \frac{c}{\sqrt{g_{00}}} \qquad (5.35)$$

(il vettore è opportunamente normalizzato in modo tale che $g_{\mu\nu}u^\mu u^\nu = c^2$).

A questo scopo supponiamo che la sorgente e il ricevitore siano a riposo rispetto a due osservatori statici, localizzati rispettivamente nei punti x_e e x_r, e supponiamo che la propagazione del segnale possa essere descritta dal quadrivettore d'onda $k^\mu = (\boldsymbol{k}, \omega/c)$. La frequenza del segnale osservata localmente nei punti x_e e x_r è allora data, rispettivamente, dalle proiezioni $(k^\mu u_\mu)_{x_e}$ e $(k^\mu u_\mu)_{x_r}$.

In un sistema localmente inerziale, dove $g_{00} = 1$, queste due proiezioni scalari forniscono lo stesso risultato perché i due osservatori sono statici, e non c'è alcun effetto Doppler prodotto dal loro moto relativo. L'uguaglianza tra le due proiezioni, d'altra parte, è una relazione scalare, valida in tutti i sistemi di riferimento. Il risultato delle due proiezioni considerate continua dunque a coincidere in qualunque sistema:

$$\left(g_{\mu\nu}k^{\mu}u^{\nu}\right)_{x_e} = \left(g_{\mu\nu}k^{\mu}u^{\nu}\right)_{x_r}. \tag{5.36}$$

Per una metrica diagonale si ottiene allora la relazione

$$\omega_e\sqrt{g_{00}(x_e)} = \omega_r\sqrt{g_{00}(x_r)} \tag{5.37}$$

che riproduce esattamente l'Eq. (5.34), come anticipato.

5.3.1 Spostamento spettrale in un campo Newtoniano

Concentriamoci ora sulla metrica (5.29) che descrive gli effetti gravitazionali nel limite Newtoniano, e applichiamo a questa metrica il precedente risultato relativo allo spostamento spettrale. Sviluppando la radice quadrata (5.34) al primo ordine in ϕ/c^2 otteniamo immediatamente

$$\frac{\omega_r}{\omega_e} \simeq \left(1 + \frac{\phi_e}{c^2}\right)\left(1 - \frac{\phi_r}{c^2}\right) \simeq 1 - \frac{1}{c^2}\left(\phi_r - \phi_e\right), \tag{5.38}$$

da cui

$$\frac{\Delta\omega}{\omega} \equiv \frac{\omega_r - \omega_e}{\omega_e} = -\frac{1}{c^2}\left(\phi_r - \phi_e\right) \equiv -\frac{\Delta\phi}{c^2}. \tag{5.39}$$

Tenendo conto che il potenziale è negativo possiamo allora osservare che se il campo è più intenso nella regione di emissione che in quella di ricezione (ossia, se $\phi_e < \phi_r$) si trova che la differenza $\Delta\omega$ è negativa, e quindi che $\omega_r < \omega_e$. Questo significa che la frequenza ricevuta è "spostata verso il rosso" rispetto a quella emessa (in accordo al cosiddetto effetto di *redshift* gravitazionale).

La radiazione emessa da un atomo che si trova sulla superficie di una stella molto compatta, ad esempio, risulta essere più rossa (agli occhi di un osservatore terrestre) della stessa radiazione emessa da un atomo identico posto sulla superficie del Sole o della Terra, dove il campo gravitazionale è più debole. Ma esiste – ovviamente – anche l'effetto opposto: se $\phi_e > \phi_r$ allora l'Eq. (5.39) implica $\omega_r > \omega_e$: la frequenza di un segnale, ricevuto in regioni con potenziale gravitazionale più intenso che all'emissione, risulta "spostata verso il blu" (ossia più elevata di quella misurata dall'emettitore).

Effetti di questo tipo sono molto piccoli nel limite Newtoniano. Ad esempio, il *redshift* che caratterizza un segnale emesso dalla superficie del Sole – che ha un raggio $R \sim 7 \times 10^{10}$ cm e una massa $M \sim 10^{33}$ g – e ricevuto sulla Terra, è dell'ordine di

$$\frac{\Delta\omega}{\omega} = -\left(\frac{GM}{Rc^2}\right)_{\text{Sole}} \sim -10^{-6}. \tag{5.40}$$

Ciononostante, l'effetto di *redshift* gravitazionale è stato osservato e confermato sperimentalmente persino nel campo gravitazionale terreste. Il primo esperimento, effettuato da Pound e Rebka[1] nel 1959, ha preso in considerazione lo spostamento di frequenza della radiazione elettromagnetica associato ad un dislivello di circa 23 metri sulla superficie terrestre, e ha confermato la predizione (5.39) con una precisione del 10%. In esperimenti successivi la precisione è migliorata, ed è stato anche osservato il *redshift* della radiazione emessa dalla superficie di stelle compatte come la "nana bianca" Sirius B.

Più recentemente è stato direttamente verificato anche l'effetto di dilatazione temporale (5.33), confrontando il tempo misurato da orologi atomici posti su aerei in volo con il tempo segnato da orologi identici rimasti al suolo[2]. Tale effetto risulta ovviamente amplificato nel caso di orologi posti su satelliti artificiali, orbitanti a grandi altezze, tanto da essere tenuto in considerazione (e automaticamente corretto) nei moderni sistemi di navigazione satellitare come il sistema GPS (*Global Positioning System*). In quel caso particolare gli orologi in volo, essendo soggetti ad un campo gravitazionale più debole, scandiscono il tempo più velocemente degli orologi terresti di circa 46 microsecondi al giorno. Questo effetto è dominante rispetto al rallentamento degli orologi di tipo cinematico (dovuto cioè al loro movimento) previsto dalla relatività ristretta, che ammonta invece a circa 7.2 microsecondi al giorno.

Concludiamo la sezione osservando che la relazione (5.39) tra spostamento spettrale e potenziale Newtoniano, per un segnale descritto dal quadrivettore d'onda k^μ, si può anche ricavare direttamente dalla condizione (5.10) che fissa la propagazione lungo una traiettoria geodetica.

Consideriamo, in particolare, la metrica (5.16) che descrive gli effetti gravitazionali nel limite Newtoniano, e usiamo la corrispondente connessione già calcolata nelle equazioni (5.22), (5.23). Per la componente temporale di k^μ abbiamo allora:

$$
\begin{aligned}
\frac{d\omega}{c} &= -\Gamma_{\alpha\beta}{}^0 dx^\alpha k^\beta \\
&= -\Gamma_{0i}{}^0 \left(dx^0 k^i + \frac{\omega}{c} dx^i \right) \\
&= -\frac{1}{c^2} \partial_i \phi \left(cdt\, k^i + \frac{\omega}{c} dx^i \right).
\end{aligned}
\tag{5.41}
$$

Ricordiamo ora che il vettore d'onda k^i ha componenti $k^i = (\omega/w)n^i$, dove n^i è il versore di propagazione e w è il modulo della velocità di fase del segnale, legato al modulo v della velocità di gruppo dalla relazione $w = c^2/v$. Quindi $k^i \partial_i \phi$ è un termine misto di ordine $v^i \partial_i \phi$, che può essere trascurato nell'approssimazione Newtoniana. In questo limite l'Eq. (5.41) fornisce

[1] R. V. Pound and G. A. Rebka, *Phys. Rev. Lett.* **4**, 337 (1960).

[2] J. Hafele and R. Keating, *Science* **177**, 166 (1972).

dunque

$$\frac{d\omega}{\omega} = -\frac{1}{c^2} dx^i \partial_i \phi = -\frac{1}{c^2} d\phi, \tag{5.42}$$

che riproduce (in forma differenziale) il precedente risultato (5.39).

Esercizi Capitolo 5

5.1. Spostamento spettrale dipendente dal tempo
Un fotone si propaga lungo le geodetiche (di tipo luce) del seguente elemento di linea,

$$ds^2 = c^2 dt^2 - a^2(t) \, |d\boldsymbol{x}|^2 \,, \tag{5.43}$$

che descrive una geometria dipendente dal tempo. Il fotone viene emesso al tempo t_e e ricevuto al tempo t_r. Determinare lo spostamento di frequenza che si osserva tra l'istante di emissione e quello di ricezione.

5.2. Moto geodetico iperbolico
Determinare le traiettorie geodetiche di tipo tempo per un moto uni-dimensionale lungo l'asse x, nello spazio-tempo parametrizzato dalle coordinate $x^0 = ct$, $x^i = (x, y, z)$ e descritto dall'elemento di linea

$$ds^2 = \left(\frac{t_0}{t}\right)^2 \left(c^2 dt^2 - dx^2\right) - dy^2 - dz^2, \tag{5.44}$$

dove t_0 è una costante.

Soluzioni

5.1. Soluzione
Per valutare la variazione di frequenza in funzione del tempo, lungo la traiettoria geodetica, usiamo la condizione di trasporto parallelo del quadrivettore impulso data dall'Eq. (5.9).

Osserviamo innanzitutto che nello spazio-tempo di Minkowski un fotone di frequenza ω ha energia $\mathcal{E} = \hbar\omega$ e impulso $p^i = (\hbar\omega/c)n^i$, dove n^i è il versore che specifica la direzione di propagazione. Nello spazio-tempo descritto dall'elemento di linea (5.43) il quadri-impulso p^μ del fotone ha dunque componenti

$$p^0 = \frac{\hbar\omega}{c}, \qquad\qquad p^i = \frac{n^i}{a(t)} \frac{\hbar\omega}{c}. \tag{5.45}$$

Si noti, in particolare, che l'impulso spaziale deve contenere il fattore a^{-1} per soddisfare alla condizione covariante di vettore nullo:

$$g_{\mu\nu}p^\mu p^\nu = \left(p^0\right)^2 - a^2(t) \, |\boldsymbol{p}|^2 = 0. \tag{5.46}$$

Le componenti non-nulle della connessione per la metrica (5.43) sono date da:

$$\Gamma_{0i}{}^{j} = \frac{1}{ac}\frac{da}{dt}\delta_i^j, \qquad \Gamma_{ij}{}^{0} = \frac{a}{c}\frac{da}{dt}\delta_{ij} \qquad (5.47)$$

(abbiamo usato la definizione (3.90)). Applicando la condizione geodetica (5.9) otteniamo quindi:

$$\begin{aligned} dp^0 = d\left(\frac{\hbar\omega}{c}\right) &= -\Gamma_{ij}{}^{0}dx^i p^j \\ &= -\frac{\hbar\omega}{c^2}\frac{da}{dt}\delta_{ij}dx^i n^j. \end{aligned} \qquad (5.48)$$

Ricordiamo ora che una geodetica di tipo luce è caratterizzata da un intervallo spazio-temporale nullo, $dx_\mu dx^\mu = ds^2 = 0$. Un fotone che si propaga lungo la direzione spaziale n^i, nella geometria specificata dall'Eq. (5.43), deve quindi seguire una traiettoria che soddisfa la condizione differenziale

$$cdt\, n^i = a\, dx^i. \qquad (5.49)$$

Sostituiamo nell'Eq. (5.48), usiamo $\delta_{ij}n^i n^j = 1$, e dividiamo per $\hbar/c$. Otteniamo allora

$$\frac{d\omega}{\omega} = -\frac{da}{a}, \qquad (5.50)$$

la cui integrazione fornisce la dipendenza temporale di ω in funzione del parametro geometrico $a(t)$:

$$\omega(t) = \frac{\omega_0}{a(t)}, \qquad (5.51)$$

dove ω_0 è una costante di integrazione che rappresenta la corrispondente frequenza del fotone nello spazio-tempo di Minkowski (dove $a = 1$). Lo spostamento spettrale tra frequenza emessa $\omega_e \equiv \omega(t_e)$ e frequenza ricevuta $\omega_r \equiv \omega(t_r)$ è quindi fissata dal rapporto

$$\frac{\omega_r}{\omega_e} = \frac{a(t_e)}{a(t_r)}. \qquad (5.52)$$

Si noti che per $a(t_r) > a(t_e)$ risulta $\omega_r < \omega_e$, ossia la frequenza ricevuta è spostata verso il rosso rispetto a quella emessa. Questo effetto è tipico del campo gravitazionale cosmologico che permea lo spazio-tempo del nostro Universo su scale di distanza cosmiche, e che può essere rappresentato appunto da una geometria del tipo (5.43) (si vedano ad esempio i testi [2, 7, 15, 22] della Bibliografia finale).

5.2. Soluzione

La geometria della varietà (5.44) è descritta dalla metrica

$$\begin{aligned} g_{00} &= \left(\frac{t_0}{t}\right)^2 = -g_{11}, & g_{22} &= g_{33} = -1, \\ g^{00} &= \left(\frac{t}{t_0}\right)^2 = -g^{11}, & g^{22} &= g^{33} = -1, \end{aligned} \qquad (5.53)$$

e le componenti non-nulle della connessione (calcolate dalla definizione (3.90))
sono date da

$$\Gamma_{00}{}^0 = \Gamma_{11}{}^0 = \Gamma_{01}{}^1 = \Gamma_{10}{}^1 = -\frac{1}{ct}. \tag{5.54}$$

Scriviamo esplicitamente l'equazione geodetica (5.7), ponendo $x^0 = ct$ e ricordando che il punto indica la derivata rispetto al parametro τ, che possiamo identificare con il tempo proprio lungo la traiettoria del moto:

$$c\ddot{t} - \frac{1}{ct}\left(c^2\dot{t}^2 + \dot{x}^2\right) = 0, \tag{5.55}$$

$$\ddot{x} - \frac{2}{t}\dot{x}\dot{t} = 0, \tag{5.56}$$

$$\ddot{y} = 0, \tag{5.57}$$

$$\ddot{z} = 0. \tag{5.58}$$

Consideriamo ora un moto uni-dimensionale lungo l'asse x. L'Eq. (5.56) può essere facilmente integrata, e fornisce:

$$\dot{x} = \frac{\alpha}{t_0}t^2, \tag{5.59}$$

dove α è una costante di integrazione con le dimensioni di un'accelerazione (la costante t_0 è stata inserita per comodità futura). Anziché integrare anche l'Eq. (5.55) osserviamo che una traiettoria di tipo tempo deve soddisfare la condizione di normalizzazione della quadrivelocità,

$$g_{\mu\nu}\dot{x}^\mu\dot{x}^\nu = \left(\frac{t_0}{t}\right)^2\left(c^2\dot{t}^2 - \dot{x}^2\right) = c^2, \tag{5.60}$$

che combinata con la (5.59) fornisce:

$$c^2\dot{t}^2 = \frac{c^2}{t_0^2}t^2 + \frac{\alpha^2}{t_0^2}t^4. \tag{5.61}$$

Eliminando il tempo proprio dalla (5.59) mediante la (5.61) si ottiene:

$$\frac{dx}{dt} = \frac{\dot{x}}{\dot{t}} = \frac{\alpha t}{\sqrt{1 + \frac{\alpha^2 t^2}{c^2}}}. \tag{5.62}$$

Una seconda integrazione fornisce subito l'equazione della traiettoria,

$$x(t) = x_0 + \int dt \frac{\alpha t}{\sqrt{1 + \frac{\alpha^2 t^2}{c^2}}} = x_0 + \frac{c^2}{\alpha}\sqrt{1 + \frac{\alpha^2 t^2}{c^2}}, \tag{5.63}$$

dove x_0 è una costante di integrazione determinata dalle condizioni iniziali. Anche l'Eq. (5.55) è automaticamente soddisfatta da questa soluzione, come si può verificare derivando esplicitamente rispetto a τ.

È facile interpretare geometricamente questa traiettoria: elevando al quadrato, e portando ct al membro sinistro, si ottiene

$$(x - x_0)^2 - c^2 t^2 = \frac{c^4}{\alpha^2}. \tag{5.64}$$

Nel piano (x, ct) questa equazione rappresenta un'iperbole, che ha il centro nel punto di coordinate $x = x_0$ e $t = 0$ e per asintoti le rette del cono luce $x = x_0 \pm ct$. Le geodetiche della geometria considerata riproducono quindi esattamente le traiettorie del moto uniformemente accelerato dello spazio di Minkowski, con quadri-accelerazione di modulo $\alpha = $ costante.

6

Deviazione geodetica e tensore di curvatura

Poiché la geometria di Riemann si presta bene a descrivere gli effetti del campo gravitazionale Newtoniano, è lecito supporre che si presti altrettanto bene a descrivere un campo gravitazionale anche nel regime relativistico. Per arrivare a una descrizione completa e quantitativamente precisa dell'interazione gravitazionale in termini geometrici ci manca ancora, però, un'importante nozione: quella di tensore di curvatura (o tensore di Riemann). In questo capitolo mostreremo che tale tensore caratterizza in modo covariante la curvatura della varietà data e ne distingue la geometria, in modo non-ambiguo, da quella dello spazio-tempo di Minkowski.

Nel precedente capitolo abbiamo visto che è possibile riprodurre gli effetti dinamici della gravità introducendo sullo spazio-tempo un'opportuna metrica. La forma della metrica, però, dipende non solo dalla geometria intrinseca, ma anche dalla carta (o sistema di coordinate) usata per parametrizzare la varietà spazio-temporale. Anche nella varietà di Minkowski è possibile, con opportune coordinate, introdurre globalmente una metrica non costante, $g_{\mu\nu}(x) \neq \eta_{\mu\nu}$, simulando così gli effetti di un campo gravitazionale (si veda l'esempio dell'Esercizio 6.1). È dunque inevitabile porsi la domanda: come caratterizzare geometricamente la presenza (o l'assenza) di un campo gravitazionale, senza possibili ambiguità dovute alle coordinate prescelte?

La risposta a questa domanda coinvolge necessariamente la curvatura dello spazio-tempo, come vedremo nella sezione seguente.

6.1 L'equazione di deviazione geodetica

Per rappresentare la dinamica gravitazionale in maniera geometrica corretta dobbiamo rispettare le proprietà fisiche fondamentali del campo gravitazionale. A questo proposito va richiamato, innanzitutto, il principio di equivalenza (si veda la Sez. 2.2), secondo il quale gli effetti del campo gravitazionale sono localmente indistinguibili da quelli di un sistema accelerato.

© Springer-Verlag Italia 2015
M. Gasperini, *Relatività Generale e Teoria della Gravitazione*,
UNITEXT for Physics, DOI 10.1007/978-88-470-5690-9_6

Questa equivalenza, valida in una regione sufficientemente limitata di spazio e di tempo, permette di eliminare gli effetti gravitazionali introducendo un'opportuna carta che descrive un sistema di riferimento localmente inerziale. L'esempio classico di tale riferimento è quello dell'ascensore in caduta libera nel campo di gravità terrestre: un corpo di prova dentro l'ascensore galleggia liberamente rispetto alle pareti, come se l'ascensore si trovasse in una regione di spazio priva di campi gravitazionali.

Però, se prendiamo in considerazione non uno ma due corpi di prova dentro l'ascensore, c'è un'importante differenza fisica tra le due situazioni appena menzionate – ossia, caduta libera in un campo dato e assenza reale di campo – che emerge subito chiaramente. Supponiamo, ad esempio, che i due corpi di prova siano inizialmente a riposo all'istante iniziale t_0: allora, per $t > t_0$, essi resteranno a riposo nel caso dell'ascensore situato in una regione priva di gravità, mentre acquisteranno un moto relativo di avvicinamento accelerato nel caso dell'ascensore in caduta libera.

Quest'ultimo effetto è dovuto al fatto che i due corpi cadono lungo traiettorie che non sono parallele, ma convergenti verso la sorgente del campo (il centro di gravità terrestre). Perciò, anche se i due corpi hanno una velocità relativa che è nulla all'istante iniziale, $v(t_0) = 0$, la loro accelerazione iniziale relativa, $a(t_0)$, è diversa da zero. E qui arriviamo al punto che è rilevante per la nostra discussione.

In presenza di un generico campo gravitazionale è possibile eliminare, sempre e completamente, l'accelerazione gravitazionale in un punto qualunque dello spazio ad un dato istante t_0, ma non è mai possibile eliminare l'accelerazione tra due punti distinti – non importa quanto vicini – allo stesso istante. Se prendiamo i due punti su due distinte traiettorie geodetiche, in particolare, ci sarà sempre tra loro un'accelerazione relativa (prodotta dalla gravità, che tende a distorcere e a focalizzare le traiettorie) non eliminabile neppure localmente. In assenza di campo gravitazionale, al contrario, le geodetiche dei corpi liberi – indipendentemente dalla carta prescelta – sono rette dello spazio-tempo di Minkowski, con accelerazione relativa nulla.

Questo ci porta alla seguente conclusione: data una metrica definita sulla varietà spazio-temporale, e dato un fascio di traiettorie geodetiche associate a quella metrica, l'accelerazione tra due punti localizzati su due geodetiche differenti dipende esclusivamente dalla distorsione delle traiettorie prodotta dall'interazione gravitazionale, e caratterizza senza ambiguità la presenza (o l'assenza) di un campo. Ai fini di una corretta rappresentazione geometrica del campo di forze gravitazionali diventa quindi importante determinare in modo preciso tale accelerazione, che è descritta dalla cosiddetta equazione di "deviazione geodetica" che ora deriveremo esplicitamente.

Consideriamo due corpi di prova liberi, immersi in una varietà spazio-temporale Riemanniana dotata della metrica $g_{\mu\nu}$, e in moto lungo due traiettorie geodetiche parametrizzate dalla variabile scalare τ, che identificheremo con il tempo proprio. Supponiamo che questi due corpi siano infinitamente vicini e che le due geodetiche, $x^\mu(\tau)$ e $y^\mu(\tau)$, abbiano una separazione infinitesima controllata dal quadrivettore (di tipo spazio) $\xi^\mu(\tau)$, tale che:

$$y^\mu(\tau) = x^\mu(\tau) + \xi^\mu(\tau). \tag{6.1}$$

Cerchiamo un'equazione che determini l'evoluzione temporale della loro separazione, restando al primo ordine in ξ^μ.

A tal scopo scriviamo le due equazioni geodetiche,

$$\ddot{x}^\mu + \Gamma_{\alpha\beta}{}^\mu \dot{x}^\alpha \dot{x}^\beta = 0, \tag{6.2}$$

$$\ddot{x}^\mu + \ddot{\xi}^\mu + \Gamma_{\alpha\beta}{}^\mu (x + \xi)\left(\dot{x}^\alpha + \dot{\xi}^\alpha\right)\left(\dot{x}^\beta + \dot{\xi}^\beta\right) = 0 \tag{6.3}$$

(il punto indica la derivata rispetto a τ, si veda l'Eq. (5.7)). Nella seconda equazione espandiamo la connessione nel limite $\xi \to 0$, trascurando termini di ordine ξ^2 e superiore:

$$\ddot{x}^\mu + \ddot{\xi}^\mu + \left[\Gamma_{\alpha\beta}{}^\mu(x) + \xi^\nu \partial_\nu \Gamma_{\alpha\beta}{}^\mu(x) + \cdots\right]\left(\dot{x}^\alpha \dot{x}^\beta + 2\dot{x}^\alpha \dot{\xi}^\beta + \cdots\right) = 0. \tag{6.4}$$

Sottraendo da quest'ultima equazione l'Eq. (6.2) abbiamo allora

$$\ddot{\xi}^\mu + 2\Gamma_{\alpha\beta}{}^\mu \dot{x}^\alpha \dot{\xi}^\beta + \xi^\nu \left(\partial_\nu \Gamma_{\alpha\beta}{}^\mu\right) \dot{x}^\alpha \dot{x}^\beta = 0, \tag{6.5}$$

che fornisce l'accelerazione tra le due geodetiche in funzione della connessione e delle sue derivate prime.

Il risultato ottenuto non è facilmente interpretabile, perché non è scritto in una forma esplicitamente covariante. Questa difficoltà si può superare ricordando la definizione di (3.78) di derivata covariante lungo una curva: applicando tale definizione al quadrivettore ξ^μ, lungo la curva geodetica $x^\mu(\tau)$, si ottiene:

$$\frac{D\xi^\mu}{d\tau} = \dot{\xi}^\mu + \Gamma_{\alpha\beta}{}^\mu \dot{x}^\alpha \xi^\beta. \tag{6.6}$$

Applicando ulteriormente la definizione si può calcolare la derivata seconda,

$$\begin{aligned}
\frac{D^2\xi^\mu}{d\tau^2} &= \frac{d}{d\tau}\frac{D\xi^\mu}{d\tau} + \Gamma_{\lambda\sigma}{}^\mu \dot{x}^\lambda \frac{D\xi^\sigma}{d\tau} \\
&= \ddot{\xi}^\mu + \Gamma_{\alpha\beta}{}^\mu \left(\ddot{x}^\alpha \xi^\beta + \dot{x}^\alpha \dot{\xi}^\beta\right) + \dot{x}^\nu \left(\partial_\nu \Gamma_{\alpha\beta}{}^\mu\right) \dot{x}^\alpha \xi^\beta \\
&\quad + \Gamma_{\lambda\sigma}{}^\mu \dot{x}^\lambda \left(\dot{\xi}^\sigma + \Gamma_{\alpha\beta}{}^\sigma \dot{x}^\alpha \xi^\beta\right),
\end{aligned} \tag{6.7}$$

che fornisce una relazione esplicita tra l'accelerazione $\ddot{\xi}^\mu$ e la sua forma covariante $D^2\xi^\mu/d\tau^2$. Eliminando in questa relazione $\ddot{\xi}^\mu$ con l'Eq. (6.5), e $\ddot{x}^\mu$ con l'Eq. (6.2), si trova che i termini contenenti $\dot{x}\dot{\xi}$ si semplificano tra loro, e si ottiene infine:

$$\frac{D^2\xi^\mu}{d\tau^2} = -\dot{x}^\beta \dot{x}^\alpha \xi^\nu \left(\partial_\nu \Gamma_{\beta\alpha}{}^\mu - \partial_\alpha \Gamma_{\beta\nu}{}^\mu + \Gamma_{\beta\alpha}{}^\rho \Gamma_{\rho\nu}{}^\mu - \Gamma_{\beta\nu}{}^\rho \Gamma_{\alpha\rho}{}^\mu\right). \tag{6.8}$$

Quest'ultima equazione si può anche riscrivere in forma compatta come

$$\frac{D^2 \xi^\mu}{d\tau^2} = -\xi^\nu R_{\nu\alpha\beta}{}^\mu \dot{x}^\beta \dot{x}^\alpha, \tag{6.9}$$

dove

$$R_{\mu\nu\alpha}{}^\beta = \partial_\mu \Gamma_{\nu\alpha}{}^\beta - \partial_\nu \Gamma_{\mu\alpha}{}^\beta + \Gamma_{\mu\rho}{}^\beta \Gamma_{\nu\alpha}{}^\rho - \Gamma_{\nu\rho}{}^\beta \Gamma_{\mu\alpha}{}^\rho \tag{6.10}$$

è un oggetto geometrico che rappresenta un tensore di rango quattro noto col nome di *tensore di Riemann*. La natura tensoriale di questo oggetto si deduce dall'Eq. (6.9) e dal fatto che ξ^α e $\dot{x}^\beta$ sono vettori.

L'Eq. (6.9) (detta equazione di deviazione geodetica) determina in forma covariante l'accelerazione relativa tra due geodetiche la cui separazione spaziale, di ampiezza infinitesima, è parametrizzata dal vettore $\xi^\mu(\tau)$. Poiché tale accelerazione è prodotta, fisicamente, dall'interazione gravitazionale, e poiché essa è controllata, geometricamente, dal tensore di Riemann (6.10), ne consegue che è proprio tale tensore a caratterizzare la presenza o l'assenza fisica di un campo gravitazionale sulla varietà spazio-temporale data, e a descriverne (in caso di presenza) gli effetti.

In tensore di Riemann, d'altra parte, è anche l'oggetto geometrico che descrive in modo covariante le proprietà di curvatura di una varietà Riemanniana (si veda ad esempio l'Esercizio 6.2 e la discussione di Sez. 6.3), e che permette di distinguerla senza ambiguità dallo spazio-tempo "piatto" di Minkowski. Si può infatti dimostrare in maniera rigorosa che l'annullarsi del tensore di Riemann è condizione necessaria e sufficiente affinché sia sempre possibile trovare una trasformazione di coordinate che riduca la metrica alla forma di Minkowski *dappertutto* sulla varietà data (si veda ad esempio il testo [9] della Bibliografia finale).

In altri termini, una generica metrica $g_{\mu\nu}(x)$ descrive uno spazio-tempo "curvo" se e solo se $R_{\mu\nu\alpha\beta}(g) \neq 0$. In caso contrario la metrica data corrisponde a una particolare parametrizzazione "accelerata" dello spazio-tempo di Minkowski, ma la deviazione tra le geodetiche è nulla, e non ci sono effetti gravitazionali inclusi nella geometria.

Questo ci porta all'importante (e interessante) conclusione che gli effetti fisici dell'interazione gravitazionale si possono identificare (e rappresentare) geometricamente con la curvatura dello spazio-tempo. Se vogliamo costruire un modello geometrico relativistico del campo gravitazionale dobbiamo dunque specificare in che modo le sorgenti gravitazionali "producano" curvatura, e come questa curvatura si propaghi attraverso lo spazio-tempo.

È opportuno, però, che la discussione di questi problemi – che verrà affrontata nel Capitolo 7 – sia preceduta da un approfondimento delle proprietà del tensore di Riemann. A questo scopo è dedicata la sezione successiva.

6.2 Il tensore di curvatura di Riemann

Un tensore di rango quattro, in uno spazio-tempo a quattro dimensioni, ha in generale $4^4 = 256$ componenti. Il numero di componenti indipendenti del tensore di Riemann è invece molto minore, grazie alle proprietà di simmetria dei suoi indici e alle identità che esso soddisfa.

Una prima proprietà, che risulta evidente dalla definizione (6.10), è l'antisimmetria nei primi due indici:

$$R_{\mu\nu\alpha}{}^{\beta} = R_{[\mu\nu]\alpha}{}^{\beta}. \qquad (6.11)$$

Una seconda proprietà del tensore di Riemann – scritto in forma covariante come tensore di tipo $(0,4)$ – è l'invarianza rispetto allo scambio della prima coppia di indici con la seconda:

$$R_{\mu\nu\alpha\beta} \equiv R_{\mu\nu\alpha}{}^{\rho}g_{\rho\beta} = R_{\alpha\beta\mu\nu} \qquad (6.12)$$

(si veda l'Esercizio 6.3). Ne consegue che il tensore deve essere antisimmetrico anche negli ultimi due indici, e quindi:

$$R_{\mu\nu\alpha\beta} = R_{[\mu\nu][\alpha\beta]}. \qquad (6.13)$$

Questa proprietà ci dice che $R_{\mu\nu\alpha\beta}$ si può scrivere come il prodotto tensoriale di due tensori antisimmetrici di rango due, per cui il numero totale delle sue componenti indipendenti si riduce da 256 a $6 \times 6 = 36$.

Non abbiamo ancora completamente esaurito, però, le proprietà di simmetria degli indici. Se prendiamo la parte completamente antisimmetrica nei primi tre indici otteniamo la condizione

$$R_{[\mu\nu\alpha]}{}^{\beta} = 0, \qquad (6.14)$$

nota col nome di *"prima identità di Bianchi"*. Come si può direttamente verificare dalla definizione (6.10), questa proprietà è una semplice conseguenza della simmetria della connessione di Christoffel, $\Gamma_{[\alpha\beta]}{}^{\mu} = 0$, e quindi non è più valida in presenza di torsione. Nel nostro caso però è valida, e impone $4 \times 4 = 16$ condizioni sulle componenti del tensore di Riemann. Rimangono dunque, alla fine, solo $36 - 16 = 20$ componenti indipendenti.

C'è anche un'altra proprietà che riguarda la derivata del tensore di Riemann (che non cambia, però, il numero di componenti indipendenti), che prende il nome di *"seconda identità di Bianchi"*:

$$\nabla_{[\lambda}R_{\mu\nu]\alpha}{}^{\beta} = 0. \qquad (6.15)$$

È facile dimostrare questa relazione utilizzando la carta localmente inerziale nella quale la connessione Γ è nulla (ma le derivate di Γ non sono nulle). In questa carta la derivata covariante del tensore di Riemann si riduce a

$$\nabla_\lambda R_{\mu\nu\alpha}{}^\beta\big|_{\Gamma=0} = \partial_\lambda\partial_\mu\Gamma_{\nu\alpha}{}^\beta - \partial_\lambda\partial_\nu\Gamma_{\mu\alpha}{}^\beta. \tag{6.16}$$

Se antisimmetrizziamo in λ, μ e ν troviamo infatti che entrambi i termini a membro destro di questa equazione si annullano, per cui anche il membro sinistro si annulla. Ma il membro sinistro è un tensore, e se è nullo in una carta è nullo in tutte le carte, come espresso appunto dall'identità (6.15).

Ricordiamo ora che, come discusso nella sezione precedente, un tensore di Riemann diverso da zero caratterizza una geometria "fisicamente" diversa da quella di Minkowski, in quanto descrive una varietà Riemanniana "incurvata" dagli effetti dell'interazione gravitazionale. Nello spazio-tempo di Minkowski, d'altra parte, gli operatori differenziali sono rappresentati dalle derivate parziali, che commutano tra loro. In una varietà Riemanniana, invece, le derivate parziali sono sostituite dalle derivate covarianti (si vedano i Capitoli 3 e 4). Se lo spazio-tempo ha una geometria genuinamente diversa da quella di Minkowski dovrà essere caratterizzata da derivate covarianti che non si possono globalmente ridurre a quelle parziali, e che quindi non commutano. Ci possiamo aspettare dunque che il tensore di Riemann, che controlla le deviazioni dalla geometria di Minkowski, controlli anche il commutatore di due derivate covarianti.

Questo è infatti quello che avviene, come possiamo verificare esplicitamente calcolando la derivata seconda di un campo vettoriale A^α. Usando le definizioni generali della Sez. 3.4 otteniamo:

$$\begin{aligned}
\nabla_\mu\nabla_\nu A^\alpha &= \nabla_\mu\left(\partial_\nu A^\alpha + \Gamma_{\nu\beta}{}^\alpha A^\beta\right) \\
&= \partial_\mu\partial_\nu A^\alpha + \left(\partial_\mu\Gamma_{\nu\beta}{}^\alpha\right) A^\beta + \Gamma_{\nu\beta}{}^\alpha\partial_\mu A^\beta \\
&\quad + \Gamma_{\mu\beta}{}^\alpha\left(\partial_\nu A^\beta + \Gamma_{\nu\rho}{}^\beta A^\rho\right) - \Gamma_{\mu\nu}{}^\rho\left(\partial_\rho A^\alpha + \Gamma_{\rho\beta}{}^\alpha A^\beta\right).
\end{aligned} \tag{6.17}$$

Prendendo il commutatore di due derivate, e usando la simmetria della connessione, $\Gamma_{[\mu\nu]}{}^\rho = 0$, troviamo allora che tutti i termini contenenti le derivate parziali di A si cancellano, e rimane:

$$\begin{aligned}
\left(\nabla_\mu\nabla_\nu - \nabla_\nu\nabla_\mu\right) A^\alpha &= \\
= \left(\partial_\mu\Gamma_{\nu\beta}{}^\alpha - \partial_\nu\Gamma_{\mu\beta}{}^\alpha\right) A^\beta &+ \left(\Gamma_{\mu\rho}{}^\alpha\Gamma_{\nu\beta}{}^\rho - \Gamma_{\nu\rho}{}^\alpha\Gamma_{\mu\beta}{}^\rho\right) A^\beta,
\end{aligned} \tag{6.18}$$

ossia

$$\left[\nabla_\mu, \nabla_\nu\right] A^\alpha = R_{\mu\nu\beta}{}^\alpha A^\beta. \tag{6.19}$$

Dunque le derivate covarianti applicate a un vettore commutano se e solo se la geometria dello spazio-tempo ha curvatura nulla.

Concludiamo la sezione presentando le possibili contrazioni del tensore di Riemann. Contraendo un indice della prima coppia con un'indice della seconda otteniamo il cosiddetto *tensore di Ricci*,

$$R_{\nu\alpha} \equiv R_{\mu\nu\alpha}{}^\mu = R_{(\nu\alpha)}, \tag{6.20}$$

che è simmetrico nei suoi due indici, $R_{\nu\alpha} = R_{\alpha\nu}$. La simmetria si può facilmente verificare dalla definizione esplicita,

$$R_{\nu\alpha} = \partial_\mu \Gamma_{\nu\alpha}{}^\mu - \partial_\nu \Gamma_{\mu\alpha}{}^\mu + \Gamma_{\mu\rho}{}^\mu \Gamma_{\nu\alpha}{}^\rho - \Gamma_{\nu\rho}{}^\mu \Gamma_{\mu\alpha}{}^\rho, \qquad (6.21)$$

ricordando che $\Gamma_{\nu\alpha}{}^\mu = \Gamma_{(\nu\alpha)}{}^\mu$, usando il risultato (3.97),

$$\partial_\nu \Gamma_{\alpha\mu}{}^\mu = \partial_\nu \partial_\alpha \left(\ln \sqrt{-g} \right), \qquad (6.22)$$

e osservando che

$$\Gamma_{\nu\rho}{}^\mu \Gamma_{\mu\alpha}{}^\rho = \Gamma_{\alpha\mu}{}^\rho \Gamma_{\rho\nu}{}^\mu = \Gamma_{\alpha\rho}{}^\mu \Gamma_{\mu\nu}{}^\rho. \qquad (6.23)$$

La traccia del tensore di Ricci definisce la cosiddetta *curvatura scalare*,

$$R = R_\nu{}^\nu = g^{\nu\alpha} R_{\nu\alpha}. \qquad (6.24)$$

Combinando la curvatura scalare e il tensore di Ricci si ottiene il cosiddetto *tensore di Einstein*,

$$G_{\mu\nu} = R_{\mu\nu} - \frac{1}{2} g_{\mu\nu} R, \qquad (6.25)$$

che, come vedremo nel prossimo capitolo, gioca un ruolo importante nelle equazioni del campo gravitazionale. È importante notare che tale tensore è simmetrico, $G_{\mu\nu} = G_{\nu\mu}$, e che ha divergenza covariante nulla,

$$\nabla_\nu G_\mu{}^\nu = 0. \qquad (6.26)$$

Quest'ultima relazione, detta *identità di Bianchi contratta*, si ottiene appunto dalla identità di Bianchi (6.15) che, scritta in forma esplicita, assume la forma:

$$\nabla_\lambda R_{\mu\nu\alpha}{}^\beta + \nabla_\mu R_{\nu\lambda\alpha}{}^\beta + \nabla_\nu R_{\lambda\mu\alpha}{}^\beta = 0. \qquad (6.27)$$

Se prendiamo la divergenza covariante del tensore di Ricci, e sfruttiamo l'equazione precedente, otteniamo allora

$$\nabla_\nu R_\mu{}^\nu = \nabla_\nu R_{\alpha\mu}{}^{\nu\alpha} = -\nabla_\alpha R_{\mu\nu}{}^{\nu\alpha} - \nabla_\mu R_{\nu\alpha}{}^{\nu\alpha}, \qquad (6.28)$$

ossia

$$2\nabla_\nu R_\mu{}^\nu = \nabla_\mu R, \qquad (6.29)$$

da cui

$$\nabla_\nu \left(R_\mu{}^\nu - \frac{1}{2} \delta_\mu^\nu R \right) = 0, \qquad (6.30)$$

che coincide appunto con l'Eq. (6.26).

6.3 Un esempio: varietà a curvatura costante

In questa sezione calcoleremo il tensore di Riemann per una varietà multi-dimensionale (con segnatura pseudo-euclidea, $g_{\mu\nu} = (+, -, -, -, \ldots)$) a curvatura costante. Mostreremo, in particolare, che la rappresentazione mista di tipo $(2, 2)$ (rispetto alla quale il tensore di Riemann assume la forma $R_{\mu\nu}{}^{\alpha\beta}$) è caratterizzata da componenti costanti, direttamente collegate al cosiddetto "raggio di curvatura" della varietà data.

Consideriamo un'ipersuperficie D-dimensionale Σ_D (con una dimensione di tipo tempo e $D - 1$ dimensioni di tipo spazio), immersa in uno spazio-tempo di Minkowski $(D + 1)$-dimensionale parametrizzato dalle coordinate X^A e descritto dall'elemento di linea

$$ds^2 = \eta_{AB}dX^A dX^B, \qquad\qquad A, B = 0, 1, \ldots, D. \qquad (6.31)$$

L'ipersuperficie è rappresentata dall'equazione

$$\eta_{AB}X^A X^B = -\frac{1}{k}, \qquad\qquad (6.32)$$

dove k è una costante, con dimensioni dell'inverso di una lunghezza al quadrato.

Per $k > 0$ tale equazione descrive una "pseudo-ipersfera" che ha raggio $a^2 = 1/k$ e sezioni spazio-temporali di tipo iperbolico (si veda ad esempio l'Eq. (2.39) nella soluzione dell'Esercizio 2.2). Per $k < 0$ l'equazione descrive un iperboloide multi-dimensionale. In ogni caso si tratta di una varietà con raggio di curvatura costante, pari a $|k|^{-1/2}$.

Per calcolare il tensore di Riemann è conveniente parametrizzare la geometria intrinseca dell'ipersuperficie usando le coordinate x^μ, $\mu = 0, 1, \ldots, D - 1$, dette coordinate "stereografiche", che coincidono con la coordinata temporale e con le prime $D - 1$ coordinate spaziali dello spazio-tempo esterno di Minkowski. Chiamiamo y la D-esima coordinata spaziale (per distinguerla chiaramente dalle altre), e poniamo quindi

$$\begin{aligned}
X^A &= \delta_\mu^A x^\mu, & A &= 0, 1, \ldots, D - 1, \\
X^A &= y, & A &= D
\end{aligned} \qquad (6.33)$$

(si vedano gli Esercizi 2.2, 6.5, 6.6 per parametrizzazioni alternative dello stesso tipo di ipersuperficie).

Le coordinate intrinseche x^μ sono vincolate a variare sull'ipersuperficie Σ_D considerata, perciò devono soddisfare il vincolo (6.32) che assume la forma:

$$\eta_{\mu\nu}x^\mu x^\nu - y^2 = -\frac{1}{k}. \qquad (6.34)$$

Differenziando otteniamo

$$\eta_{\mu\nu}x^\mu dx^\nu = ydy, \qquad\qquad (6.35)$$

da cui

$$dy^2 = \frac{1}{y^2}\left(x_\mu dx^\mu\right)^2 = \frac{x_\mu x_\nu dx^\mu dx^\nu}{\frac{1}{k} + x_\alpha x^\alpha}. \tag{6.36}$$

Eliminando con questa equazione il termine dy^2 presente nell'elemento di linea (6.31) otteniamo la forma quadratica ds^2 espressa in funzione di x^μ come:

$$\begin{aligned} ds^2 &= \eta_{\mu\nu} dx^\mu dx^\nu - dy^2 \\ &= \eta_{\mu\nu} dx^\mu dx^\nu - k\frac{x_\mu x_\nu}{1 + kx_\alpha x^\alpha} dx^\mu dx^\nu. \end{aligned} \tag{6.37}$$

La metrica intrinseca sull'ipersuperficie, ossia il tensore $g_{\mu\nu}$ tale che $ds^2 = g_{\mu\nu}(x)dx^\mu dx^\nu$, assume quindi la forma

$$g_{\mu\nu}(x) = \eta_{\mu\nu} - k\frac{x_\mu x_\nu}{1 + kx_\alpha x^\alpha}, \tag{6.38}$$

dove x^μ sono le coordinate della carta stereografica considerata. Tale metrica descrive la geometria di una varietà a curvatura costante, con curvatura controllata dal parametro k che può essere positivo, negativo o nullo. Per $k = 0$ ritroviamo ovviamente la metrica piatta $g_{\mu\nu} = \eta_{\mu\nu}$ che descrive l'iperpiano di Minkowski, a curvatura costante ma nulla.

Calcoliamo ora il tensore di Riemann per questa metrica. Partiamo dal fatto che, per la carta stereografica, la connessione assume la semplice forma

$$\Gamma_{\nu\alpha}{}^\beta = -kg_{\nu\alpha}x^\beta \tag{6.39}$$

(si veda l'Esercizio 6.4). Usando la definizione (6.10) abbiamo quindi

$$R_{\mu\nu\alpha}{}^\beta = -k\left(\partial_\mu g_{\nu\alpha}x^\beta + g_{\nu\alpha}\delta_\mu^\beta\right) + \Gamma_{\mu\rho}{}^\beta\Gamma_{\nu\alpha}{}^\rho - \{\mu \leftrightarrow \nu\}, \tag{6.40}$$

dove il simbolo $\{\mu \leftrightarrow \nu\}$ indica un'espressione identica a quella che precede, ma con μ sostituito da ν e viceversa. In virtù della proprietà di metricità della connessione di Christoffel ($\nabla_\mu g_{\nu\alpha} = 0$, si veda la Sez. 3.5) possiamo inoltre porre

$$\partial_\mu g_{\nu\alpha} = \Gamma_{\mu\nu}{}^\rho g_{\rho\alpha} + \Gamma_{\mu\alpha}{}^\rho g_{\nu\rho}. \tag{6.41}$$

Sostituendo questa relazione nell'Eq. (6.40), ed usando la forma esplicita (6.39) della connessione, troviamo allora che tutti i termini quadratici nella connessione si cancellano, e quindi che

$$\begin{aligned} R_{\mu\nu\alpha}{}^\beta &= \Gamma_{\mu\nu}{}^\rho\Gamma_{\rho\alpha}{}^\beta + \Gamma_{\mu\alpha}{}^\rho\Gamma_{\nu\rho}{}^\beta - kg_{\nu\alpha}\delta_\mu^\beta + \Gamma_{\mu\rho}{}^\beta\Gamma_{\nu\alpha}{}^\rho - \{\mu \leftrightarrow \nu\} \\ &\equiv k\left(g_{\mu\alpha}\delta_\nu^\beta - g_{\nu\alpha}\delta_\mu^\beta\right). \end{aligned} \tag{6.42}$$

Moltiplicando per $g^{\rho\alpha}$, per passare alla rappresentazione tensoriale mista di tipo $(2, 2)$, otteniamo infine:

$$R_{\mu\nu}{}^{\rho\beta} = k\left(\delta_\mu^\rho\delta_\nu^\beta - \delta_\nu^\rho\delta_\mu^\beta\right). \tag{6.43}$$

Tutte le componenti sono costanti, come anticipato all'inizio della sezione, e fissate dall'inverso del raggio di curvatura al quadrato.

Per questo tipo di tensore è facile calcolare la contrazione di Ricci e la curvatura scalare. Usando le definizioni (6.20) e (6.24), e ricordando che la varietà è D-dimensionale, arriviamo a:

$$R_\mu{}^\beta \equiv R_{\mu\nu}{}^{\nu\beta} = -k(D-1)\delta_\mu^\beta, \qquad (6.44)$$

e

$$R \equiv R_\mu{}^\mu = -kD(D-1). \qquad (6.45)$$

Per $D = 2$ e $k = 1/a^2$ si ritrova, in particolare, si ritrova il risultato dell'Esercizio 6.2 relativo alla superficie sferica bidimensionale (modulo una differenza di segno, dovuta all'uso di una segnatura negativa per le dimensioni spaziali nelle equazioni precedenti).

Concludiamo osservando che le varietà a curvatura costante che abbiamo considerato in questa sezione vengono anche chiamate varietà "massimamente simmetriche". Esse infatti ammettono sempre $D(D+1)/2$ isometrie, che è il numero massimo di isometrie consentito in D dimensioni. Ciò si può verificare, ad esempio, risolvendo l'Eq. (3.55) e determinando esplicitamente i corrispondenti vettori di Killing (si veda anche la Sez. 7.4). Un esempio triviale è fornito dallo spazio-tempo di Minkowski in $D = 4$, che ha curvatura costante nulla, e che ammette come gruppo massimo di isometrie il gruppo di Poincarè a 10 parametri.

Un esempio meno triviale è il caso dello *spazio-tempo di de Sitter*, che descrive una pseudosfera 4-dimensionale a curvatura costante positiva, e che ammette anch'esso un gruppo di isometrie a 10 parametri, diverso da quello di Poincarè, chiamato appunto gruppo di de Sitter. Questo tipo di varietà, che può essere ottenuta come soluzione esatta delle equazioni gravitazionali di Einstein (si veda il Capitolo 7), sembra ricoprire un ruolo di primo piano nella descrizione della geometria dell'Universo primordiale (si vedano ad esempio i testi [15, 16, 22] della Bibliografia finale). Possibili parametrizzazioni della varietà di de Sitter, diverse da quella stereografica, verranno introdotte e discusse negli Esercizi 2.2, 5.2 e 6.6.

Esercizi Capitolo 6

6.1. Metrica di Rindler

Si consideri la geometria dello spazio-tempo di Minkowski, e la trasformazione dalle coordinate $x^\mu = (ct, x, y, z)$ di un arbitrario sistema inerziale alle nuove coordinate $x'^\mu = (ct', x', y, z)$, definite da:

$$x = x' \cosh(ct'), \qquad ct = x' \sinh(ct'). \qquad (6.46)$$

Calcolare la metrica $g'_{\mu\nu}(x')$ riferita alla nuova carta $\{x'^{\mu}\}$, e verificare che il tensore di curvatura associato a tale metrica è nullo. Determinare infine la regione di spazio-tempo parametrizzata dalla carta $\{x'^{\mu}\}$ rispetto a quella parametrizzata dalla carta $\{x^{\mu}\}$.

6.2. Curvatura di Gauss di una superficie sferica

Calcolare le componenti del tensore di curvatura di una superficie sferica bidimensionale di raggio a, descritta dall'elemento di linea (2.24), e verificare che la curvatura scalare R corrisponde alla curvatura di Gauss $2/a^2$.

6.3. Una proprietà del tensore di Riemann

Dimostrare che se il tensore di Riemann è costruito con la connessione di Christoffel vale allora la proprietà

$$R_{\mu\nu\alpha\beta} = R_{\alpha\beta\mu\nu}. \qquad (6.47)$$

Usare la definizione esplicita di $R_{\mu\nu\alpha\beta}$ e le proprietà di simmetria del tensore metrico.

6.4. La connessione per la carta stereografica

Verificare che la connessione di Christoffel associata alla metrica (6.38) assume la forma (6.39).

6.5. La geometria dell'ipersfera

Calcolare ipersuperficie e ipervolume di un'ipersfera n-dimensionale Σ_n, di segnatura Euclidea e raggio a. L'ipersfera è immersa in uno spazio Euclideo $(n+1)$-dimensionale con coordinate X^A, ed è rappresentata dall'equazione

$$X_1^2 + X_2^2 + \cdots + X_{n+1}^2 = a^2, \qquad A = 1, 2, \ldots, n+1. \qquad (6.48)$$

Si usi la metrica intrinseca dell'ipersfera parametrizzata da n coordinate angolari ξ^{μ} di tipo sferico-polare,

$$\xi^{\mu} = (a\theta_1, a\,\theta_2, \ldots, a\,\theta_{n-1}, a\,\varphi), \qquad (6.49)$$

dove

$$0 \leq \theta_i \leq \pi, \qquad i = 1, \ldots, n-1, \qquad 0 \leq \varphi \leq 2\pi. \qquad (6.50)$$

6.6. Parametrizzazione statica della varietà di de Sitter

Dimostrare che l'elemento di linea

$$ds^2 = \left(1 - \frac{r^2}{a^2}\right) c^2 dt^2 - \left(1 - \frac{r^2}{a^2}\right)^{-1} dr^2 - r^2 \left(d\theta^2 + \sin^2\theta d\varphi^2\right), \quad (6.51)$$

dove a è una costante, descrive in coordinate polari uno spazio-tempo 4-dimensionale a curvatura costante positiva. Si verifichi che la metrica (6.51) e la metrica (2.42) dell'Esercizio 2.2 corrispondono a diverse parametrizzazioni (entrambe incomplete) della stessa varietà spazio-temporale, caratterizzata dalla cosiddetta geometria di de Sitter.

Soluzioni

6.1. Soluzione

Differenziando l'Eq. (6.46) abbiamo:

$$dx = dx' \cosh(ct') + x'cdt' \sinh(ct'),$$
$$cdt = dx' \sinh(ct') + x'cdt' \cosh(ct'). \tag{6.52}$$

Sostituiamo dx e dt nell'elemento di linea di Minkowski in funzione di dx' e dt':

$$ds^2 = c^2dt^2 - dx^2 - dy^2 - dz^2$$
$$= x'^2c^2dt'^2 - dx'^2 - dy^2 - dz^2. \tag{6.53}$$

Introducendo una nuova metrica $g'(x')$ l'elemento di linea per la carta x'^μ si può dunque riscrivere come

$$ds^2 = g'_{\mu\nu}(x')dx'^\mu dx'^\nu, \tag{6.54}$$

dove

$$g'_{00} = x'^2, \qquad g'_{11} = g'_{22} = g'_{33} = -1. \tag{6.55}$$

Le componenti non nulle della connessione associata a questa metrica sono date da:

$$\Gamma'_{01}{}^0 = \Gamma'_{10}{}^0 = \frac{1}{x'}, \qquad \Gamma'_{01}{}^1 = x'. \tag{6.56}$$

Usando la definizione (6.10) del tensore di Riemann troviamo allora che tutte le sue componenti sono nulle. Infatti, in virtù del risultato (6.56), e in virtù delle proprietà di antisimmetria degli indici di Riemann (si veda la Sez. 6.2), gli unici termini eventualmente diversi da zero possono essere del tipo $R'_{101}{}^0$ e $R'_{100}{}^1$. Ma anche in questi casi si trova

$$R'_{101}{}^0 = \partial_1\Gamma'_{01}{}^0 + \Gamma'_{10}{}^0\Gamma'_{01}{}^0 = -\frac{1}{x'^2} + \frac{1}{x'^2} \equiv 0,$$
$$R'_{100}{}^1 = \partial_1\Gamma'_{00}{}^1 - \Gamma'_{00}{}^1\Gamma'_{10}{}^0 = 1 - 1 \equiv 0. \tag{6.57}$$

Il risultato $R'_{\mu\nu\alpha\beta} = 0$ è un'ovvia conseguenza del fatto che la metrica $g'_{\mu\nu}(x')$ è stata ottenuta tramite una trasformazione di coordinate dalla metrica $\eta_{\mu\nu}$. Quindi, mediante la trasformazione inversa, si può ridurre $g'_{\mu\nu}$ (sempre e dappertutto) alla metrica di Minkowski $\eta_{\mu\nu}$, per la quale ovviamente $\Gamma(\eta) = 0$, e quindi $R(\Gamma) = 0$.

La metrica (6.55), però, non si applica a tutta la varietà spazio-temporale di Minkowski ma solo a una sua porzione, detta *"spazio di Rindler"*. Le coordinate x' e ct', infatti, non ricoprono tutto il piano di Minkowski (x, ct), ma solo la porzione di piano "esterna" al cono-luce delimitato dalle bisettrici $x = \pm ct$.

Ciò si può facilmente verificare notando che dalle trasformazioni (6.46) si ottiene:

$$\frac{ct}{x} = \tanh(ct'), \qquad x^2 - c^2 t^2 = x'^2. \tag{6.58}$$

La prima equazione, per t' fissato, rappresenta una retta che passa per l'origine nel piano (x, ct), e che forma con l'asse x un angolo compreso tra $-\pi/4$ e $\pi/4$. La seconda equazione, per x' fissato, rappresenta un'iperbole centrata nell'origine nel piano (x, ct), che ha come asintoti le rette $x = \pm ct$, e che interseca l'asse x nei punti $x = \pm x'$. Facendo variare x' e t' tra $-\infty$ e $+\infty$, e tenendo conto che il punto $x' = 0$ va escluso (perché la trasformazione è singolare, e le coordinate di Rindler non sono definite in quel punto), si trova che le due curve spazzano la porzione di piano di Minkowski definita dalla condizione

$$x > |ct|, \qquad x < -|ct| \tag{6.59}$$

(il cosiddetto "spazio di Rindler").

6.2. Soluzione

Conviene innanzitutto normalizzare le coordinate angolari moltiplicandole per il raggio della sfera, in modo che acquistino le dimensioni di una lunghezza: $x^1 = a\theta$, $x^2 = a\varphi$. Con queste coordinate, l'elemento di linea (2.24) definisce la metrica adimensionale

$$g_{11} = 1 = g^{11}, \qquad g_{22} = \sin^2 \theta = \left(g^{22}\right)^{-1}, \tag{6.60}$$

e le componenti non nulle della connessione sono date da:

$$\Gamma_{22}{}^1 = -\frac{1}{a} \sin\theta \cos\theta, \Gamma_{12}{}^2 = \Gamma_{21}{}^2 = \frac{1}{a} \frac{\cos\theta}{\sin\theta}. \tag{6.61}$$

Le componenti non nulle del tensore di Riemann sono del tipo $R_{121}{}^2$ e $R_{122}{}^1$. Usando la definizione (6.10) si trova che

$$R_{121}{}^2 = -\frac{1}{a^2}, \qquad R_{122}{}^1 = \frac{1}{a^2} \sin^2 \theta, \tag{6.62}$$

e quindi

$$R_{12}{}^{12} = -R_{12}{}^{21} = -\frac{1}{a^2}. \tag{6.63}$$

La corrispondente curvatura scalare,

$$R = R_{\mu\nu}{}^{\nu\mu} = R_{12}{}^{21} + R_{21}{}^{12} = \frac{2}{a^2}, \tag{6.64}$$

coincide con la curvatura di Gauss per una superficie sferica di raggio $a =$ costante. Il risultato è in accordo con anche con l'Eq. (6.45) per $D = 2$ (modulo una differenza di segno, dovuta all'uso di una segnatura opposta per le dimensioni spaziali nelle equazioni precedenti).

6.3. Soluzione

Verifichiamo la relazione (6.47) nella carta localmente inerziale, dove $g =$ cost, $\Gamma = 0$, ma $\partial \Gamma \neq 0$, e $\partial^2 g \neq 0$. Poniamo

$$R_{\mu\nu\alpha\beta} = R_{\mu\nu\alpha}{}^{\rho} g_{\rho\beta}, \qquad\qquad R_{\alpha\beta\mu\nu} = R_{\alpha\beta\mu}{}^{\rho} g_{\rho\nu}, \qquad (6.65)$$

e usiamo la definizione (6.10). Per $R_{\mu\nu\alpha\beta}$ abbiamo

$$
\begin{aligned}
R_{\mu\nu\alpha\beta}\big|_{\Gamma=0} &= g_{\beta\rho} \left(\partial_\mu \Gamma_{\nu\alpha}{}^{\rho} - \partial_\nu \Gamma_{\mu\alpha}{}^{\rho} \right) \\
&= \frac{1}{2} g_{\beta\rho} \partial_\mu \left[g^{\rho\sigma} \left(\partial_\nu g_{\alpha\sigma} + \partial_\alpha g_{\nu\sigma} - \partial_\sigma g_{\nu\alpha} \right) \right] - \{ \mu \leftrightarrow \nu \}.
\end{aligned}
\qquad (6.66)
$$

Poiché $g_{\beta\rho} g^{\rho\sigma} = \delta_\beta^\sigma$ l'espressione precedente si riduce a

$$R_{\mu\nu\alpha\beta}\big|_{\Gamma=0} = \frac{1}{2} \left(\partial_\mu \partial_\alpha g_{\nu\beta} - \partial_\mu \partial_\beta g_{\nu\alpha} \right) - \frac{1}{2} \left(\partial_\nu \partial_\alpha g_{\mu\beta} - \partial_\nu \partial_\beta g_{\mu\alpha} \right). \quad (6.67)$$

Allo stesso modo otteniamo

$$R_{\alpha\beta\mu\nu}\big|_{\Gamma=0} = \frac{1}{2} \left(\partial_\alpha \partial_\mu g_{\beta\nu} - \partial_\alpha \partial_\nu g_{\beta\mu} \right) - \frac{1}{2} \left(\partial_\beta \partial_\mu g_{\alpha\nu} - \partial_\beta \partial_\nu g_{\alpha\mu} \right). \quad (6.68)$$

È immediato verificare che i risultati (6.67) e (6.68) coincidono, per cui, nella carta localmente inerziale considerata, la relazione (6.47) è soddisfatta. Essendo una relazione di tipo tensoriale la sua validità si estende ovviamente a qualunque altro sistema di coordinate.

6.4. Soluzione

La derivata parziale della metrica (6.38) è data da

$$\partial_\alpha g_{\mu\nu} = -\frac{k}{1 + kx^2} \left(\eta_{\mu\alpha} x_\nu + \eta_{\nu\alpha} x_\mu \right) + \frac{2k^2}{(1 + kx^2)^2} x_\mu x_\nu x_\alpha, \qquad (6.69)$$

dove $x^2 \equiv \eta_{\alpha\beta} x^\alpha x^\beta$, e dove gli indici delle coordinate stereografiche x^μ sono alzati ed abbassati sempre con la metrica di Minkowski. Dalla condizione di metricità (6.41) abbiamo anche

$$\partial_\alpha g_{\mu\nu} = \Gamma_{\alpha\mu\nu} + \Gamma_{\alpha\nu\mu}. \qquad (6.70)$$

Permutando ciclicamente gli indici otteniamo allora (si veda anche l'Eq. (3.85) per $Q = 0$, $N = 0$):

$$\begin{aligned}
\Gamma_{\alpha\mu\nu} &= \frac{1}{2}\left(\partial_\alpha g_{\mu\nu} + \partial_\mu g_{\alpha\nu} - \partial_\nu g_{\alpha\mu}\right) \\
&= -\frac{k}{1 + kx^2}\eta_{\mu\alpha}x_\nu + \frac{k^2}{(1 + kx^2)^2}x_\mu x_\nu x_\alpha \\
&\equiv -\frac{k}{1 + kx^2}g_{\mu\alpha}x_\nu.
\end{aligned} \tag{6.71}$$

Nel secondo passaggio abbiamo usato il risultato (6.69), e nel terzo passaggio la definizione della metrica stereografica (6.38).

Se invertiamo la matrice (6.38) troviamo che le componenti controvarianti della metrica sono date da

$$g^{\mu\nu} = \eta^{\mu\nu} + k\, x^\mu x^\nu \tag{6.72}$$

(possiamo facilmente verificare, infatti, che per queste componenti la relazione $g^{\mu\alpha}g_{\mu\beta} = \delta^\alpha_\beta$ è identicamente soddisfatta). Si ottiene quindi

$$\begin{aligned}
\Gamma_{\alpha\mu}{}^\beta &\equiv g^{\beta\nu}\Gamma_{\alpha\mu\nu} = -\frac{k}{1 + kx^2}g_{\mu\alpha}x_\nu\left(\eta^{\beta\nu} + kx^\beta x^\nu\right) \\
&= -kg_{\alpha\mu}x^\beta,
\end{aligned} \tag{6.73}$$

che coincide con il risultato (6.39) cercato.

6.5. Soluzione

Procediamo per induzione, partendo dalla sfera bidimensionale Σ_2.

Per $n = 2$ abbiamo $\xi^\mu = (a\theta_1, a\,\varphi)$, e le equazioni parametriche (che collegano le usuali coordinate angolari alle coordinate cartesiane) sono date da:

$$\begin{aligned}
X_1 &= a\sin\theta_1\cos\phi, \\
X_2 &= a\sin\theta_1\sin\phi, \\
X_3 &= a\cos\theta_1.
\end{aligned} \tag{6.74}$$

Differenziando, e sostituendo nell'elemento di linea Euclideo, abbiamo

$$ds^2 = \delta_{AB}dX^A dX^B = a^2\left(d\theta_1^2 + \sin^2\theta_1 d\phi^2\right) \tag{6.75}$$

(si veda anche l'Eq. (2.24)), che ci dà la metrica diagonale

$$g_{\mu\nu} = \text{diag}\left(1, \sin^2\theta_1\right). \tag{6.76}$$

La misura di integrazione covariante per una superficie sferica bidimensionale è quindi:

$$\sqrt{\det g_{\mu\nu}}\, d^2\xi = a^2\sin\theta_1 d\theta_1 d\phi. \tag{6.77}$$

Integrando sulle variabili angolari otteniamo l'area della superficie sferica:

$$S_2(a) = a^2 \int_0^\pi d\theta_1 \sin\theta_1 \int_0^{2\pi} d\varphi = 4\pi a^2. \tag{6.78}$$

Integrando in dr una generica superficie sferica $S_2(r)$ di raggio r, partendo da $r = 0$ fino al raggio della sfera $r = a$, abbiamo infine il volume di spazio Euclideo tridimensionale racchiuso dalla sfera Σ_2:

$$V_3(a) = \int_0^a dr\, S_2(r) = \int_0^a dr\, 4\pi r^2 = \frac{4}{3}\pi a^3. \tag{6.79}$$

Ripetiamo la procedura per una varietà sferica Σ_3 con $n = 3$ dimensioni e tre coordinate angolari, $\xi^\mu = (a\theta_2, a\,\theta_1, a\,\varphi)$. La varietà è descritta dalle equazioni parametriche:

$$\begin{aligned}
X_1 &= a\sin\theta_2 \sin\theta_1 \cos\phi, \\
X_2 &= a\sin\theta_2 \sin\theta_1 \sin\phi, \\
X_3 &= a\sin\theta_2 \cos\theta_1, \\
X_4 &= a\cos\theta_2.
\end{aligned} \tag{6.80}$$

Differenziando abbiamo l'elemento di linea

$$ds^2 = a^2 \left(d\theta_2^2 + \sin^2 d\theta_2 d\theta_1^2 + \sin^2 d\theta_2 \sin^2\theta_1 d\phi^2 \right). \tag{6.81}$$

Perciò:

$$\sqrt{\det g_{\mu\nu}}\, d^3\xi = a^3 \sin^2\theta_2 \sin\theta_1 \, d\theta_2 d\theta_1 d\phi. \tag{6.82}$$

Integrando sulle variabili angolari abbiamo "l'area" tridimensionale dell'iper-superficie sferica Σ_3,

$$S_3(a) = a^3 \int_0^\pi d\theta_2 \sin^2\theta_2 \int_0^\pi d\theta_1 \sin\theta_1 \int_0^{2\pi} d\varphi = 2\pi^2 a^3, \tag{6.83}$$

e infine, integrando in dr, abbiamo l'ipervolume a quattro dimensioni dello spazio Euclideo da essa racchiuso:

$$V_4(a) = \int_0^a dr\, S_3(r) = \int_0^a dr\, 2\pi^2 r^3 = \frac{\pi^2}{2} a^4. \tag{6.84}$$

Generalizzando la procedura al caso di una varietà sferica n-dimensionale Σ_n, parametrizzata dalle n coordinate angolari $\xi^\mu = (a\theta_1, \ldots, a\,\theta_{n-1}, a\,\varphi)$, si arriva facilmente all'elemento di linea dell'ipersfera,

$$\begin{aligned}
ds^2 = a^2 \Big(d\theta_{n-1}^2 &+ \sin^2\theta_{n-1} d\theta_{n-2}^2 + \sin^2\theta_{n-1}\sin^2\theta_{n-2}d\theta_{n-3}^2 + \cdots \\
&+ \sin^2\theta_{n-1}\sin^2\theta_{n-2}\sin^2\theta_{n-3}\cdots\sin^2\theta_1 d\varphi^2 \Big),
\end{aligned} \tag{6.85}$$

che fornisce l'elemento di ipersuperficie:

$$\sqrt{\det g_{\mu\nu}}\, d^n\xi = a^n \sin\theta_1 \sin^2\theta_2 \cdots \sin^{n-1}\theta_{n-1}\, d\theta_1 d\theta_2 \cdots d\theta_{n-1}d\varphi. \tag{6.86}$$

Perciò:

$$S_n(a) = 2\pi a^n \int_0^\pi d\theta_1 \sin\theta_1 \int_0^\pi d\theta_2 \sin^2\theta_2 \cdots \int_0^\pi d\theta_{n-1} \sin^{n-1}\theta_{n-1}. \tag{6.87}$$

Utilizzando il risultato dell'integrale

$$\int_0^\pi \sin^p x\, dx = \frac{\sqrt{\pi}\,\Gamma\left(\frac{p+1}{2}\right)}{\Gamma\left(\frac{p}{2}+1\right)}, \tag{6.88}$$

dove Γ è la funzione di Eulero[1], si ha:

$$S_n(a) = 2\pi a^n \pi^{\frac{n-1}{2}} \left[\frac{\Gamma(1)}{\Gamma\left(\frac{3}{2}\right)} \frac{\Gamma\left(\frac{3}{2}\right)}{\Gamma(2)} \frac{\Gamma(2)}{\Gamma\left(\frac{5}{2}\right)} \cdots \frac{\Gamma\left(\frac{n}{2}\right)}{\Gamma\left(\frac{n+1}{2}\right)} \right]. \tag{6.89}$$

Dentro la parentesi quadra, tutte le funzioni Gamma al numeratore si semplificano con quelle del denominatore precedente, tranne il caso del primo numeratore e dell'ultimo denominatore. "L'area" n-dimensionale dell'ipersfera Σ_n è dunque data da

$$S_n(a) = \frac{2\pi^{\frac{n+1}{2}}}{\Gamma\left(\frac{n+1}{2}\right)} a^n. \tag{6.90}$$

L'integrale in dr fornisce infine l'ipervolume dello spazio Euclideo da essa racchiuso:

$$V_{n+1}(a) = \int_0^a dr\, S_n(r) = \frac{2\pi^{\frac{n+1}{2}}}{(n+1)\Gamma\left(\frac{n+1}{2}\right)} a^{n+1}. \tag{6.91}$$

6.6. Soluzione

Usiamo le coordinate $x^\mu = (ct, r, \theta, \phi)$ e consideriamo una generica metrica di tipo (6.51), con componenti

$$g_{00} = f(r) = \frac{1}{g^{00}}, \qquad\qquad g_{11} = -\frac{1}{f(r)} = \frac{1}{g^{11}},$$

$$g_{22} = -r^2 = \frac{1}{g^{22}}, \qquad\qquad g_{33} = -r^2 \sin^2\theta = \frac{1}{g^{33}}, \tag{6.92}$$

---

[1] Si veda ad esempio H. B. Dwight, *Tables of integrals and other mathematical data* (Macmillan Publishing Co, New York, 1961).

dove f è funzione solo di r. Le componenti diverse da zero della connessione solo le seguenti (indichiamo con un primo la derivata rispetto a r):

$$\Gamma_{01}{}^{0} = \frac{1}{2}\frac{f'}{f}, \qquad \Gamma_{00}{}^{1} = \frac{1}{2}ff', \qquad \Gamma_{33}{}^{1} = -r\,f\sin^2\theta,$$

$$\Gamma_{11}{}^{1} = -\frac{1}{2}\frac{f'}{f}, \qquad \Gamma_{22}{}^{1} = -r\,f,\,\Gamma_{12}{}^{2} = \frac{1}{r}, \tag{6.93}$$

$$\Gamma_{33}{}^{2} = -\sin\theta\cos\theta,\,\Gamma_{13}{}^{3} = \frac{1}{r}, \qquad \Gamma_{23}{}^{3} = \frac{\cos\theta}{\sin\theta}.$$

Calcolando il tensore di Riemann per questa connessione si trova che $R_{\mu\nu\alpha}{}^{\beta}$ è diverso da zero solo se $\mu = \alpha$ e $\nu = \beta$, oppure $\mu = \beta$ e $\nu = \alpha$. I termini non-nulli che si ottengono sono quindi i seguenti:

$$R_{01}{}^{01} = -\frac{1}{2}f'', \qquad R_{02}{}^{02} = R_{03}{}^{03} = R_{12}{}^{12} = R_{13}{}^{13} = -\frac{1}{2r}f',$$

$$R_{23}{}^{23} = -\frac{1}{r^2}(f - 1). \tag{6.94}$$

Il corrispondente tensore di Ricci è diagonale, e ha componenti:

$$R_0{}^{0} = R_1{}^{1} = \frac{1}{2}f'' + \frac{1}{r}f',$$

$$R_2{}^{2} = R_3{}^{3} = \frac{1}{r}f' + \frac{1}{r^2}(f - 1). \tag{6.95}$$

La curvatura scalare, infine, è data da

$$R = \frac{4}{r}f' + f'' + \frac{2}{r^2}(f - 1). \tag{6.96}$$

Consideriamo ora il caso particolare della metrica (6.51). Per questa metrica abbiamo

$$f = 1 - \frac{r^2}{a^2}, \qquad f' = -2\frac{r}{a^2}, \qquad f'' = -\frac{2}{a^2}, \tag{6.97}$$

e dalle equazioni (6.94)–(6.96) otteniamo direttamente le componenti non-nulle del tensore di Riemann,

$$R_{01}{}^{01} = R_{02}{}^{02} = R_{03}{}^{03} = R_{12}{}^{12} = R_{13}{}^{13} = R_{23}{}^{23} = \frac{1}{a^2}, \tag{6.98}$$

del tensore di Ricci,

$$R_0{}^{0} = R_1{}^{1} = R_2{}^{2} = R_3{}^{3} = -\frac{3}{a^2}, \tag{6.99}$$

e la curvatura scalare,

$$R = -\frac{12}{a^2}. \tag{6.100}$$

Il confronto con le equazioni (6.43)–(6.45), per $D = 4$, ci permette immediatamente di concludere che la metrica (6.51) descrive una varietà con curvatura costante positiva $k = 1/a^2$. Tale metrica corrisponde dunque a una parametrizzazione statica della geometria di de Sitter.

È istruttivo confrontare più in dettaglio questa parametrizzazione con quella usata per la varietà di de Sitter nell'Esercizio 2.2. Le diverse carte usate forniscono una metrica che in un caso è statica, mentre nell'altro caso dipende dal tempo. I due elementi di linea (6.51) e (2.42) sono così diversi che potrebbero far pensare a due varietà fisicamente diffferenti.

Ci si può però facilmente convincere che la varietà è la stessa considerando l'ipersuperficie a 4 dimensioni immersa in uno spazio-tempo di Minkowski 5-dimensionale (con coordinate z^A, $A = 1, \ldots, 4$), e descritta dalle seguenti equazioni parametriche:

$$
\begin{aligned}
z^0 &= \sqrt{a^2 - r^2}\, \sinh\left(\frac{ct}{a}\right) \\
z^1 &= r \sin\theta \cos\varphi, \\
z^2 &= r \sin\theta \sin\varphi, \\
z^3 &= r \cos\theta, \\
z^4 &= \sqrt{a^2 - r^2}\, \cosh\left(\frac{ct}{a}\right).
\end{aligned}
\tag{6.101}
$$

Tale ipersuperficie soddisfa l'equazione

$$
\eta_{AB} z^a z^B = -a^2,
\tag{6.102}
$$

e quindi riproduce esattamente la pseudo-ipersfera dell'Eq. (2.39), con raggio $a^2 = c^2/H^2$. D'altra parte, differenziando le equazioni (6.101) rispetto a ct, r, θ, φ, e sostituendo nell'elemento di linea dello spazio di Minkowski 5-dimensionale, si ottiene

$$
\begin{aligned}
ds^2 &= \eta_{AB} dz^A dz^B \\
&= \left(1 - \frac{r^2}{a^2}\right) c^2 dt^2 - \frac{dr^2}{1 - \frac{r^2}{a^2}} - r^2 \left(d\theta^2 + \sin^2\theta d\varphi^2\right),
\end{aligned}
\tag{6.103}
$$

ossia proprio l'elemento di linea (6.51). Si tratta dunque della stessa varietà, descritta con sistemi di coordinate differenti.

Concludiamo osservando che nè le coordinate (6.101), nè le coordinate dell'Esercizio 2.2 (si veda l'Eq. (2.31)), forniscono una parametrizzazione completa di tutta la varietà di de Sitter (ossia, della pseudo-sfera a 4 dimensioni descritta dall'Eq. (6.102)).

Se usiamo le coordinate (2.31), ad esempio, è facile vedere che al variare di x^i e t da $-\infty$ a $+\infty$ risulta sempre soddisfatta la condizione $z^0 \geq -z^4$ (la condizione di bordo $z^0 = -z^4$ viene raggiunta nel limite $t \to -\infty$). Se prendiamo le sezioni $x^i = 0$ dello spazio di de Sitter troviamo allora che le coordinate scelte parametrizzano solo il ramo $z^4 > 0$ dell'iperbole $z_4^2 - z_0^2 = c^2/H^2$, ma non l'altro ramo con $z^4 < 0$. Lo stesso succede per le coordinate definite dalla parametrizzazione (6.101), che implica $z^0 \geq -z^4$ e $z^0 \leq z^4$.

Le due carte considerate sono dunque incomplete. Un ricoprimento completo della varietà di de Sitter (6.102) è invece fornito dalla carta $x^\mu = (ct, \chi, \theta, \varphi)$ definita dalle seguenti equazioni parametriche:

$$
\begin{aligned}
z^0 &= cH^{-1}\sinh\left(Ht\right)\\
z^1 &= cH^{-1}\cosh\left(Ht\right)\sin\chi\sin\theta\cos\varphi,\\
z^2 &= cH^{-1}\cosh\left(Ht\right)\sin\chi\sin\theta\sin\varphi,\\
z^3 &= cH^{-1}\cosh\left(Ht\right)\sin\chi\cos\theta,\\
z^4 &= cH^{-1}\cosh\left(Ht\right)\cos\chi,
\end{aligned}
\tag{6.104}
$$

dove $c/H = a$, e dove t varia tra $-\infty$ a $+\infty$, χ e θ variano tra 0 e π, mentre φ varia tra 0 e 2π (si veda ad esempio il testo [2] della Bibliografia finale). Lasciamo al lettore la verifica del fatto che, per questa carta, l'elemento di linea della varietà di de Sitter assume la forma

$$
ds^2 = c^2 dt^2 - \frac{c^2}{H^2}\cosh^2(Ht)\left[d\chi^2 + \sin^2\chi\left(d\theta^2 + \sin^2 d\varphi^2\right)\right].
\tag{6.105}
$$

Ponendo $cH^{-1}\sin\chi = r$ l'elemento di linea si può anche riscrivere nella forma seguente,

$$
ds^2 = c^2 dt^2 - \cosh^2(Ht)\left[\frac{dr^2}{1 - \frac{H^2}{c^2}r^2} + r^2\left(d\theta^2 + \sin^2 d\varphi^2\right)\right],
\tag{6.106}
$$

di uso più frequente nelle applicazioni cosmologiche.

7
Equazioni di Einstein per il campo gravitazionale

Col tensore di Riemann, introdotto nel capitolo precedente, abbiamo completato la lista dei principali ingredienti geometrici necessari per la formulazione di una teoria gravitazionale relativistica: la metrica, la connessione e la curvatura.

Lo studio dell'equazione geodetica ci ha mostrato che la connessione – proporzionale alle derivate prime della metrica – descrive le forze gravitazionali, assegnando così alla metrica un ruolo effettivo di "potenziale". D'altra parte, l'equazione di deviazione geodetica ci ha mostrato che gli effetti dinamici del campo gravitazionale sono contenuti nel tensore di curvatura – che contiene il quadrato della connessione, e quindi il quadrato delle derivate prime della metrica. Tutto ciò suggerisce che una teoria gravitazionale relativistica simile alle teorie di campo già note (basate su equazioni differenziali del second'ordine) si possa ottenere usando la metrica come variabile di base, introducendo la metrica nell'azione dei campi materiali mediante il principio di minimo accoppiamento ed usando il tensore di curvatura come termine cinetico per la metrica stessa.

In questo capitolo presenteremo un'azione di questo tipo che porta alle famose equazioni di Einstein. Svolgeremo in dettaglio tutti i passaggi del necessario calcolo variazionale, che presenta aspetti non convenzionali e non adeguatamente illustrati in molti libri di testo. Illustreremo poi i principali aspetti di queste equazioni, soffermandoci sulle proprietà del tensore energia-impulso: in particolare, sul suo ruolo di sorgente di curvatura – e quindi di gravità – che gli viene assegnato dalle equazioni di Einstein, e sulle importanti conseguenze della sua equazione di conservazione.

7.1 Azione gravitazionale ed equazioni di campo

Partiamo da una generica azione materiale S_m, che controla l'evoluzione dinamica di un sistema fisico ψ descritto dalla Lagrangiana $\mathcal{L}_m(\psi, \partial\psi)$, e rendia-

© Springer-Verlag Italia 2015
M. Gasperini, *Relatività Generale e Teoria della Gravitazione*,
UNITEXT for Physics, DOI 10.1007/978-88-470-5690-9_7

mola covariante rispetto al gruppo dei diffeomorfismi applicando il principio di minimo accoppiamento (si veda il Capitolo 4):

$$S_m = \int_\Omega d^4x \sqrt{-g}\, \mathcal{L}_m(\psi, \nabla\psi, g). \tag{7.1}$$

Si noti che questa azione generalizzata contiene esplicitamente la connessione Γ (presente all'interno delle derivate covarianti $\nabla\psi$), oltre a contenere la metrica g stessa. Quest'ultima è necessaria sia all'interno della Lagrangiana (per la definizione dei prodotti scalari covarianti) sia nella misura di integrazione spazio-temporale (si veda in partcolare la Sez. 3.2).

A questa azione va aggiunto un termine cinetico per la metrica, che possiamo costruire mediante la curvatura, e che deve risultare invariante per trasformazioni generali di coordinate. La scelta più semplice – corrispondente alla cosiddetta "azione di Einstein-Hilbert" – è la seguente:

$$S_{EH} = -\frac{1}{2\chi} \int_\Omega d^4x \sqrt{-g}\, R. \tag{7.2}$$

Qui R è la curvatura scalare definita dall'Eq. (6.24), e χ una opportuna costante – necessaria affinché S abbia le corrette dimensioni fisiche – che controlla l'intensità dell'accoppiamento tra materia e geometria (e che per il momento tratteremo come parametro arbitrario). Il valore preciso di χ verrà determinato nel capitolo successivo; notiamo fin d'ora, però, che con le nostre convenzioni le dimensioni dell'azione sono di energia per lunghezza, $[S] = EL$, quelle di R sono $[R] = L^{-2}$, e quindi χ deve avere dimensioni $[\chi] = E^{-1}L$.

È opportuno osservare, a questo punto, che un'azione scalare contenente la curvatura può essere ottenuta anche contraendo le componenti del tensore di Riemann e di Ricci con se stesse. Potremmo prendere, ad esempio,

$$S \propto \int_\Omega d^4x \sqrt{-g}\, \left(\alpha_1 R_{\mu\nu\alpha\beta} R^{\mu\nu\alpha\beta} + \alpha_2 R_{\mu\nu} R^{\mu\nu} + \alpha_3 R^2 \right), \tag{7.3}$$

dove α_1, α_2, α_3 sono coefficienti arbitrari. Più in generale, potremmo pensare che R/χ sia solo il termine di ordine più basso di una serie di termini contenenti potenze arbitrariamente elevate del tensore di curvatura e delle sue contrazioni. In questo caso potremmo sostituire R/χ nell'azione (7.2) con un'espressione del tipo

$$\frac{1}{\chi} \left(R + \lambda^2 R^2 + \lambda^4 R^3 + \lambda^6 R^4 + \cdots \right), \tag{7.4}$$

dove R^n indica una generica potenza n-esima del tensore di curvatura, e dove λ è una costante con dimensioni di lunghezza necessaria per ragioni dimensionali (tutti i termini in parentesi devono avere dimensione L^{-2}).

In effetti, termini del tipo (7.4) possono essere indotti da correzioni quantistiche (di *loops*) all'azione classica (7.2): in questo caso si trova che λ è collegato alla costante d'accoppiamento χ dalla relazione $\lambda^2 \sim \hbar c \chi$, che mostra chiaramente come tutte le correzioni spariscano nel limite classico $\hbar \to 0$. Correzioni all'azione di Einstein-Hilbert nella forma di una serie infinita di potenze della curvatura sono inoltre previste dalla teoria delle stringhe (si vedano ad esempio i testi [26]- [29] della Bibliografia finale): in quel caso λ coincide con la lunghezza di stringa λ_s, che è il parametro fondamentale di quella teoria.

Poiché la curvatura contiene il quadrato delle derivate della metrica, $R \sim (\partial g)^2$, potenze della curvatura superiori alla prima contengono potenze di ∂g maggiori di due, e quindi danno luogo ad equazioni differenziali di ordine superiore al secondo, molto complicate. Però, come appare chiaramente dallo sviluppo (7.4), i termini contenenti potenze superiori della curvatura diventano importanti rispetto al termine lineare solo per $\lambda^2 R \gtrsim 1$, vale a dire per curvature dello spazio-tempo sufficientemente elevate rispetto alla scala di distanze λ^{-2} (ovvero, per raggi di curvatura trascurabili rispetto alla lunghezza λ).

Scale di curvatura di ordine λ^{-2}, d'altra parte, sono estremamente elevate – sia nelle teorie quantistiche che nelle teorie di stringa – rispetto alle curvature tipicamente associate ai campi gravitazionali (di livello macroscopico e/o astronomico) che sono oggetto di questo testo. Possiamo dunque limitarci, nel nostro contesto, all'azione di Einstein-Hilbert (7.2) (tenendo presente però che il suo regime di validità è limitato dalla condizione $\lambda^2 R \ll 1$).

Se guardiamo alla forma esplicita del tensore di curvatura, $R \sim \partial\Gamma + \Gamma^2$, vediamo però che ci sono due tipi di termini: uno lineare e uno quadratico nella connessione. L'azione di Einstein, oltre ai quadrati delle derivate prime della metrica (contenuti in Γ^2), contiene dunque anche termini che sono lineari nelle derivate seconde della metrica, $\partial\Gamma \sim \partial^2 g$. Questi ultimi, come vedremo, appaiono nell'integrale d'azione sotto forma di una divergenza che, integrata mediante il teorema di Gauss, fornisce l'integrale di flusso (sul bordo $\partial\Omega$ della regione spazio-temporale considerata) di termini *lineari* nelle derivate prime. Simbolicamente abbiamo:

$$\int_\Omega \partial^2 g \sim \int_{\partial\Omega} \partial g. \tag{7.5}$$

Variando l'azione rispetto alla metrica troviamo dunque dei contributi di bordo che sono proporzionali alla *variazione delle derivate della metrica*, $\partial\delta g$: tali contributi, in generale, sono diversi da zero anche se imponiamo l'usuale condizione che la variazione della metrica sia nulla ($\delta g = 0$) sul bordo $\partial\Omega$ del quadri-volume di integrazione. Con questa condizione, infatti, si annullano i gradienti di δg presi lungo le direzioni che giacciono sull'ipersuperficie $\partial\Omega$, ma non si annullano i gradienti presi lungo la direzione normale a $\partial\Omega$.

Per annullare completamente il contributo di $\delta\partial g$, ed ottenere così le ordinarie equazioni di Eulero-Lagrange, è necessario che questi termini siano cancellati mediante la variazione di un'opportuna azione di bordo, S_{YGH}, che va dunque aggiunta alla precedente azione di Einstein-Hilbert. L'azione completa da considerare, per ottenere correttamente le equazioni di campo del secondo ordine nella metrica mediante l'ordinario formalismo variazionale, è dunque la seguente:

$$S_{EH} + S_{YGH} + S_m. \tag{7.6}$$

Il termine S_{YGH}, detto "azione di York-Gibbons-Hawking" (dai nomi di coloro che hanno chiarito questo importante punto di calcolo variazionale[1]), verrà specificato in seguito.

Imponiamo dunque che l'azione completa (7.6) sia stazionaria rispetto alle variazioni locali del tensore metrico, $\delta_g S = 0$, assumendo che sia soddisfatta la condizione di bordo $(\delta g)_{\partial \Omega} = 0$.

Iniziamo dall'azione di Einstein S_{EH}. Separando i vari contributi, ricordando il risultato

$$\delta \sqrt{-g} = -\frac{1}{2} \sqrt{-g}\, g_{\mu\nu} \delta g^{\mu\nu} \tag{7.7}$$

(si veda l'Eq. (3.95)), e ricordando la definizione (6.25) del tensore di Einstein $G_{\mu\nu}$, otteniamo:

$$
\begin{aligned}
\delta_g S_{EH} &= -\frac{1}{2\chi} \int_\Omega d^4x\, \delta \left(\sqrt{-g} R \right) = -\frac{1}{2\chi} \int_\Omega d^4x\, \delta \left(\sqrt{-g} g^{\mu\nu} R_{\mu\nu} \right) \\
&= -\frac{1}{2\chi} \int_\Omega d^4x \left(\sqrt{-g} R_{\mu\nu} \delta g^{\mu\nu} + g^{\mu\nu} R_{\mu\nu} \delta \sqrt{-g} + \sqrt{-g} g^{\mu\nu} \delta R_{\mu\nu} \right) \\
&= -\frac{1}{2\chi} \int_\Omega d^4x \sqrt{-g} \left[\left(R_{\mu\nu} - \frac{1}{2} g_{\mu\nu} R \right) \delta g^{\mu\nu} + g^{\mu\nu} \delta R_{\mu\nu} \right] \\
&= -\frac{1}{2\chi} \int_\Omega d^4x \sqrt{-g} \left[G_{\mu\nu} \delta g^{\mu\nu} + g^{\mu\nu} \delta R_{\mu\nu} \right].
\end{aligned}
\tag{7.8}
$$

7.1.1 Contributo di bordo

Il secondo termine dell'ultima riga rappresenta il contributo di bordo che abbiamo anticipato. Per verificarlo, calcoliamo la variazione del tensore di Ricci partendo dalla sua definizione esplicita (6.21):

$$\delta R_{\nu\alpha} = \partial_\mu \left(\delta \Gamma_{\nu\alpha}{}^{\mu} \right) + \delta \Gamma_{\mu\rho}{}^{\mu} \Gamma_{\nu\alpha}{}^{\rho} + \Gamma_{\mu\rho}{}^{\mu} \delta \Gamma_{\nu\alpha}{}^{\rho} - \{ \mu \leftrightarrow \nu \}. \tag{7.9}$$

Usando la definizione di derivata covariante abbiamo

$$\nabla_\mu \left(\delta \Gamma_{\nu\alpha}{}^{\mu} \right) = \partial_\mu \left(\delta \Gamma_{\nu\alpha}{}^{\mu} \right) + \Gamma_{\mu\rho}{}^{\mu} \delta \Gamma_{\nu\alpha}{}^{\rho} - \Gamma_{\mu\nu}{}^{\rho} \delta \Gamma_{\rho\alpha}{}^{\mu} - \Gamma_{\mu\alpha}{}^{\rho} \delta \Gamma_{\nu\rho}{}^{\mu}, \tag{7.10}$$

---

[1] J. W. York, *Phys. Rev. Lett.* **28**, 1082 (1972); G. W. Gibbons and S. W. Hawking, *Phys. Rev.* **D15**, 2752 (1977).

e possiamo scrivere l'Eq. (7.9) nella forma

$$\delta R_{\nu\alpha} = \nabla_\mu \left(\delta \Gamma_{\nu\alpha}{}^\mu \right) - \nabla_\nu \left(\delta \Gamma_{\mu\alpha}{}^\mu \right) \tag{7.11}$$

(questa relazione è anche nota col nome di *identità di Palatini* contratta). Il contributo di $\delta R_{\mu\nu}$ alla variazione data dall'Eq (7.8) può essere dunque rappresentato come una quadri-divergenza:

$$
\begin{aligned}
& -\frac{1}{2\chi} \int_\Omega d^4x \sqrt{-g}\, g^{\nu\alpha} \delta R_{\nu\alpha} \\
&= -\frac{1}{2\chi} \int_\Omega d^4x \sqrt{-g}\, \nabla_\mu \left(g^{\nu\alpha} \delta \Gamma_{\nu\alpha}{}^\mu - g^{\mu\alpha} \delta \Gamma_{\alpha\nu}{}^\nu \right)
\end{aligned}
\tag{7.12}
$$

(abbiamo usato la proprietà metrica $\nabla g = 0$). È importante notare che il termine sotto divergenza (in parentesi tonda) si trasforma come un vero tensore di tipo controvariante e rango uno, nonostante sia espresso mediante la connessione (si veda l'Esercizio 7.1 per una versione equivalente, ma esplicitamente covariante, dello stesso termine).

Usando il teorema di Gauss, il precedente contributo variazionale si può riscrivere come un integrale di flusso sull'ipersuperficie $\partial\Omega$ che costituisce il bordo del quadri-volume di integrazione:

$$
\begin{aligned}
& -\frac{1}{2\chi} \int_{\partial\Omega} dS_\mu \sqrt{-g}\, \left(g^{\nu\alpha} \delta \Gamma_{\nu\alpha}{}^\mu - g^{\mu\alpha} \delta \Gamma_{\alpha\nu}{}^\nu \right) \\
&= -\frac{1}{2\chi} \int_{\partial\Omega} d^3\xi \sqrt{|h|}\, n_\mu \left(g^{\nu\alpha} \delta \Gamma_{\nu\alpha}{}^\mu - g^{\mu\alpha} \delta \Gamma_{\alpha\nu}{}^\nu \right).
\end{aligned}
\tag{7.13}
$$

Nel secondo passaggio abbiamo introdotto esplicitamente l'elemento di volume covariante $d^3\xi \sqrt{|h|}$ sull'ipersuperficie di bordo, orientato lungo la normale n_μ, dove n_μ soddisfa

$$g_{\mu\nu} n^\mu n^\nu = \epsilon, \qquad \epsilon = \pm 1 \tag{7.14}$$

(il segno è positivo o negativo a seconda che la normale sia di tipo tempo o di tipo spazio, rispettivamente). Inoltre, h è il determinante della cosiddetta "metrica indotta" $h_{\mu\nu}$ sull'ipersuperficie $\partial\Omega$, definita in modo da risultare tangente all'ipersuperficie stessa:

$$h_{\mu\nu} = g_{\mu\nu} - \epsilon n_\mu n_\nu, \qquad h_{\mu\nu} n^\nu = 0. \tag{7.15}$$

Valutiamo ora esplicitamente il contributo (7.13), tenendo presente che la variazione viene effettuata imponendo che la metrica resti fissa sul bordo,

$(\delta g)_{\partial\Omega} = 0$. Usando la definizione (3.90) della connessione di Christoffel, e trascurando i termini a contributo nullo, abbiamo:

$$
\begin{aligned}
\Big[n_\mu \left(g^{\nu\alpha} \delta\Gamma_{\nu\alpha}{}^{\mu} - g^{\mu\alpha} \delta\Gamma_{\alpha\nu}{}^{\nu} \right) \Big]_{\partial\Omega} \\
= n^\mu g^{\nu\alpha} \tfrac{1}{2} \left(\partial_\nu \delta g_{\alpha\mu} + \partial_\alpha \delta g_{\nu\mu} - \partial_\mu \delta g_{\nu\alpha} \right) \\
- n^\alpha g^{\nu\mu} \frac{1}{2} \left(\partial_\alpha \delta g_{\nu\mu} + \partial_\nu \delta g_{\alpha\mu} - \partial_\mu \delta g_{\alpha\nu} \right) \\
= - g^{\nu\alpha} n^\mu \partial_\mu \delta g_{\nu\alpha} + n^\mu g^{\nu\alpha} \partial_\nu \delta g_{\alpha\mu}.
\end{aligned}
\tag{7.16}
$$

Per separare il contributo dei gradienti della metrica normali al bordo e tangenziali al bordo è conveniente, a questo punto, utilizzare la definizione (7.15) della metrica indotta. Usando $h_{\mu\nu}$ si può infatti riscrivere l'espressione precedente come segue:

$$
\begin{aligned}
\left(- g^{\nu\alpha} n^\mu + n^\nu g^{\mu\alpha} \right) \partial_\mu \delta g_{\nu\alpha} = \\
= \Big[- n^\mu \left(h^{\nu\alpha} - \epsilon n^\nu n^\alpha \right) + n^\nu \left(h^{\mu\alpha} - \epsilon n^\mu n^\alpha \right) \Big] \partial_\mu \delta g_{\nu\alpha} \\
= - h^{\nu\alpha} n^\mu \partial_\mu \delta g_{\nu\alpha} + n^\nu h^{\mu\alpha} \partial_\mu \delta g_{\nu\alpha}.
\end{aligned}
\tag{7.17}
$$

Nel secondo termine dell'ultima riga il gradiente di δg è proiettato – mediante la metrica indotta – lungo la direzione tangente all'ipersuperficie $\partial\Omega$. La condizione di bordo usata implica che tale contributo tangenziale sia nullo, $(h^{\mu\alpha} \partial_\mu \delta g)_{\partial\Omega} = 0$, per cui rimane solo il primo contributo, dove il gradiente è proiettato lungo la normale al bordo. La variazione del tensore di Ricci fornisce quindi il seguente risultato finale:

$$
- \frac{1}{2\chi} \int_\Omega d^4x \sqrt{-g}\, g^{\nu\alpha} \delta R_{\nu\alpha} = \frac{1}{2\chi} \int_{\partial\Omega} d^3\xi \sqrt{|h|}\, h^{\nu\alpha} n^\mu \partial_\mu \delta g_{\nu\alpha}.
\tag{7.18}
$$

Questo contributo variazionale in generale è diverso da zero, e può essere cancellato solo dalla variazione di un opportuno termine da aggiungere all'azione di partenza.

A questo proposito consideriamo l'azione S_{YGH}, che in generale scriviamo come un'integrale sull'ipersuperficie di bordo $\partial\Omega$, e definiamo come:

$$
S_{YGH} = - \frac{1}{2\chi} \int_{\partial\Omega} dS_\mu \sqrt{-g}\, V^\mu = - \frac{1}{2\chi} \int_{\partial\Omega} d^3\xi \sqrt{|h|}\, n_\mu V^\mu.
\tag{7.19}
$$

Il termine geometrico V^μ deve contenere le derivate prime della metrica, e fornire un contributo variazionale che annulli esattamente quello del tensore di Ricci (7.18). A parte questo, però, la sua definizione non è univoca, perché la variazione viene effettuata tenendo fissi sul bordo la metrica e le sue derivate tangenziali[2]. Azioni di bordo che differiscono per arbitrarie funzioni della metrica $g_{\mu\nu}$, del vettore normale n_μ, e delle loro derivate tangenziali $h^{\alpha\beta}\partial_\beta g_{\mu\nu}$, $h^{\alpha\beta}\partial_\beta n_\mu$ forniscono lo stesso contributo variazionale (si noti che la variazione di n_μ viene ottenuta differenziando l'Eq. (7.14), ed è quindi proporzionale a quella di $g_{\mu\nu}$).

Un possibile esempio di azione di bordo, facile da scrivere in forma covariante e da interpretare geometricamente, si ottiene considerando la cosiddetta "curvatura estrinseca" $K_{\mu\nu}$ della superficie di bordo,

$$K_{\mu\nu} = h_\mu^\alpha h_\nu^\beta \nabla_\alpha n_\beta = K_{\nu\mu}, \qquad K_{\mu\nu}n^\nu = 0, \qquad (7.20)$$

e scegliendo come Lagrangiana di bordo

$$n_\mu V^\mu = 2K \equiv 2h^{\mu\nu}K_{\mu\nu} = 2h^{\mu\nu}\left(\partial_\mu n_\nu - \Gamma_{\mu\nu}{}^\alpha n_\alpha\right). \qquad (7.21)$$

La sua variazione, trascurando termini con contributo nullo, fornisce:

$$\begin{aligned}
\delta\left(\sqrt{|h|}2K\right)_{\partial\Omega} &= 2\sqrt{|h|}h^{\mu\nu}\left(\partial_\mu \delta n_\nu - n_\alpha \delta\Gamma_{\mu\nu}{}^\alpha\right) \\
&= -2\sqrt{|h|}h^{\mu\nu}n_\alpha \delta\Gamma_{\mu\nu}{}^\alpha \\
&= -2\sqrt{|h|}h^{\mu\nu}n^\alpha \frac{1}{2}\left(\partial_\mu \delta g_{\nu\alpha} + \partial_\nu \delta g_{\mu\alpha} - \partial_\alpha \delta g_{\mu\nu}\right) \\
&= \sqrt{|h|}h^{\mu\nu}n^\alpha \partial_\alpha \delta g_{\mu\nu}.
\end{aligned} \qquad (7.22)$$

Sostituendo questa Lagrangiana nell'azione (7.19) abbiamo dunque il contributo variazionale

$$\delta_g S_{YGH} = -\frac{1}{2\chi}\int_{\partial\Omega} d^3\xi \sqrt{|h|}\, h^{\mu\nu}n^\alpha \partial_\alpha \delta g_{\mu\nu}, \qquad (7.23)$$

che cancella esattamente il contributo (7.18). Sommando le equazioni (7.8), (7.18) e (7.23) si ottiene dunque

$$\delta_g\left(S_{EH} + S_{YGH}\right) = -\frac{1}{2\chi}\int_\Omega d^4x \sqrt{-g}\, G_{\mu\nu}\delta g^{\mu\nu}. \qquad (7.24)$$

7.1.2 Contributo dell'azione materiale

Per completare la variazione dell'azione (7.6) dobbiamo ancora variare rispetto alla metrica l'azione materiale (7.1). Tenendo presente che $\mathcal{L}_m$ può

---

[2] È interessante notare, in particolare, che sommando alla curvatura scalare un opportuno termine di bordo è possibile ricondursi ad un'azione che contiene solo i termini quadratici nella connessione (e che quindi è quadratica nelle derivate prime della metrica), e che riproduce le stesse equazioni del moto dell'azione $S_{EH} + S_{YGH}$ (si veda il testo [3] della Bibliografia finale).

dipendere da $g_{\mu\nu}$ e dalle sue derivate possiamo scrivere, in generale,

$$
\begin{aligned}
\delta_g S_m &= \int_\Omega d^4x \left[\frac{\partial(\sqrt{-g}\mathcal{L}_m)}{\partial g^{\mu\nu}} \delta g^{\mu\nu} + \frac{\partial(\sqrt{-g}\mathcal{L}_m)}{\partial(\partial_\alpha g^{\mu\nu})} \partial_\alpha \delta g^{\mu\nu} + \cdots \right] \\
&= \int_\Omega d^4x \left[\frac{\partial(\sqrt{-g}\mathcal{L}_m)}{\partial g^{\mu\nu}} - \partial_\alpha \frac{\partial(\sqrt{-g}\mathcal{L}_m)}{\partial(\partial_\alpha g^{\mu\nu})} + \cdots \right] \delta g^{\mu\nu}
\end{aligned}
\tag{7.25}
$$

(nel secondo passaggio abbiamo applicato il teorema di Gauss, e sfruttato la condizione di bordo $(\delta g)_{\partial\Omega} = 0$). Abbiamo omesso, per semplicità, termini con derivate della metrica di ordine superiore al primo, dato che tali termini sono assenti nelle azioni dei sistemi fisici di tipo più convenzionale. In ogni caso, il risultato (7.25) può essere espresso in maniera compatta e generale introducendo un tensore simmetrico $T_{\mu\nu}$ tale che

$$
\delta_g S_m = \int_\Omega d^4x\, \delta_g \left(\sqrt{-g}\mathcal{L}_m\right) = \frac{1}{2} \int_\Omega d^4x \sqrt{-g}\, T_{\mu\nu} \delta g^{\mu\nu},
\tag{7.26}
$$

ovvero, in forma di derivata funzionale,

$$
T_{\mu\nu} = \frac{2}{\sqrt{-g}} \frac{\delta\left(\sqrt{-g}\mathcal{L}_m\right)}{\delta g^{\mu\nu}},
\tag{7.27}
$$

dove il simbolo $\delta/\delta g^{\mu\nu}$ indica la successione di operazioni differenziali effettuate dentro la parentesi quadra nella seconda riga dell'Eq. (7.25).

7.1.3 Equazioni di Einstein

Sommando i contributi variazionali (7.24), (7.26), ed imponendo la condizione di stazionarietà, $\delta S = 0$, per arbitrarie variazioni $\delta g^{\mu\nu}$ della metrica, otteniamo infine le equazioni di Einstein,

$$
G_{\mu\nu} \equiv R_{\mu\nu} - \frac{1}{2} g_{\mu\nu} R = \chi T_{\mu\nu}.
\tag{7.28}
$$

Prendendo la traccia abbiamo $G_\mu{}^\mu = -R = \chi T$, dove $T = T_\mu{}^\mu$. Perciò, sostituendo R con T, le equazioni di Einstein si possono anche scrivere:

$$
R_{\mu\nu} = \chi \left(T_{\mu\nu} - \frac{1}{2} g_{\mu\nu} T \right).
\tag{7.29}
$$

Nel resto del capitolo discuteremo alcuni importanti aspetti di queste equazioni, a cominciare dall'interpretazione fisica del tensore $T_{\mu\nu}$ che verrà illustrata nella sezione seguente.

7.2 Il tensore dinamico energia-impulso

Il tensore $T_{\mu\nu}$, definito dalle equazioni (7.26), (7.27), è il cosiddetto tensore *dinamico* energia-impulso (anche detto tensore *metrico* energia-impulso).

L'aggettivo "dinamico" si può facilmente spiegare facendo riferimento al fatto che questo tensore gioca il ruolo di sorgente della curvatura dello spazio-tempo, descritta dal membro sinistro delle equazioni di Einstein. L'aggettivo "metrico" si riferisce invece alla sua origine, ossia al fatto che $T_{\mu\nu}$ si ottiene variando l'azione materiale rispetto alla metrica $g_{\mu\nu}$. Tale definizione, tra l'altro, ne garantisce automaticamente la simmetria ($T_{\mu\nu} = T_{\nu\mu}$). Molto meno ovvia, invece, è la la spiegazione del perché tale tensore si possa interpretare come densità d'energia e di impulso del sistema materiale considerato.

Dobbiamo innanzitutto ricordare, a questo proposito, che nel primo capitolo di questo libro abbiamo visto come il tensore canonico energia-impulso rappresenti le "correnti" che si conservano in seguito all'invarianza per traslazioni (si veda in particolare la Sez. 1.2). Nel contesto dello spazio-tempo di Minkowski abbiamo considerato, in particolare, traslazioni di tipo *globale*, ossia dipendenti da parametri costanti. Uno spazio-tempo di tipo Riemanniano, però, non è in generale compatibile con questo tipo di trasformazioni "rigide" delle coordinate. Dobbiamo considerare al loro posto le *traslazioni locali*, rappresentate da trasformazioni del tipo

$$x^{\mu} \rightarrow x'^{\mu} = x^{\mu} + \xi^{\mu}(x), \qquad (7.30)$$

dove la traslazione descritta dal parametro ξ^{μ} (che supporremo infinitesimo) può variare da punto a punto.

Lavorando in un contesto Riemanniano, chiediamoci dunque sotto quali condizioni un sistema fisico, rappresentato dal campo ψ immerso in uno spazio-tempo curvo, e descritto dalla generica azione materiale (7.1), risulti invariante per traslazioni locali infinitesime. Per rispondere calcoliamo la variazione dell'azione generata dalla trasformazione infinitesima (7.30), imponendo, come vincolo, che siano soddisfatte le equazioni del moto (di Eulero-Lagrange) del campo ψ. Seguiamo cioè la procedura dettata dal teorema di Nöther, già utilizzata nella Sez. 1.2 a proposito delle traslazioni globali nello spazio piatto. Partendo dall'azione (7.1) imponiamo dunque

$$\delta_{\xi} S_m = \int_{\Omega} d^4x \left[\frac{\delta(\sqrt{-g}\mathcal{L}_m)}{\delta\psi} \delta_{\xi}\psi + \frac{\delta(\sqrt{-g}\mathcal{L}_m)}{\delta g^{\mu\nu}} \delta_{\xi} g^{\mu\nu} \right], \qquad (7.31)$$

dove $\delta_{\xi}\psi$ e $\delta_{\xi} g^{\mu\nu}$ denotano le variazioni locali (e indipendenti tra loro) del campo e della metrica indotte dalla trasformazione infinitesima(7.30), calcolate al primo ordine in ξ^{μ}. Esse moltiplicano, rispettivamente, le derivate funzionali della densità di azione $\sqrt{-g}\mathcal{L}_m$, calcolate (a x fissato) rispetto a ψ e a $g^{\mu\nu}$. È opportuno sottolineare che non ci sono contributi a $\delta_{\xi} S_m$ direttamente indotti dalla variazione delle coordinate, $\delta x^{\mu} = \xi^{\mu}$, perché sia $d^4x\sqrt{-g}$ che $\mathcal{L}_m$ sono scalari, invarianti per diffeomorfismi.

Notiamo ora che il primo termine del precedente integrale fornisce esattamente le equazioni di Eulero-Lagrange per ψ, e dunque si annulla se richie-
diamo – in accordo al teorema di Nöther – che le equazioni del moto siano
soddisfatte. Nel secondo termine, la variazione locale della metrica prodotta
da una trasformazione di coordinate infinitesima del tipo (7.30) è già stata considerata in Sez. 3.3 (si veda l'Eq. (3.42)), e si può scrivere, in forma
covariante compatta, come segue:

$$\delta_\xi g^{\mu\nu} = \nabla^\mu \xi^\nu + \nabla^\nu \xi^\mu \tag{7.32}$$

(si veda in particolare la soluzione dell'Esercizio 3.4). Inoltre, la derivata
funzionale della Lagrangiana materiale fatte rispetto alla metrica definisce il
tensore $T_{\mu\nu}$, in accordo all'Eq. (7.27). Arriviamo quindi al risultato

$$\begin{aligned}
\delta_\xi S_m &= \frac{1}{2} \int_\Omega d^4x \sqrt{-g}\, T_{\mu\nu} \left(\nabla^\mu \xi^\nu + \nabla^\nu \xi^\mu\right) \\
&= \int_\Omega d^4x \sqrt{-g}\, T_{\mu\nu} \nabla^\mu \xi^\nu,
\end{aligned} \tag{7.33}$$

dove abbiamo sfruttato la proprietà di simmetria simmetria di $T_{\mu\nu} = T_{\nu\mu}$.

A questo punto è conveniente mettere in evidenza una quadri-divergenza,
e riscrivere il risultato nella forma

$$\delta_\xi S_m = \int_\Omega d^4x \sqrt{-g} \left[\nabla_\mu \left(T_\nu{}^\mu \xi^\nu\right) - \xi^\nu \nabla_\mu T_\nu{}^\mu\right]. \tag{7.34}$$

Il primo termine rappresenta una divergenza totale e si può trasformare,
col teorema di Gauss, in un integrale di flusso di termini proporzionali a
$T_\mu{}^\nu$ sul bordo $\partial\Omega$ della regione di integrazione. Il suo contributo è nullo se il
sistema considerato è localizzato in una porzione finita di spazio, e $T_{\mu\nu}$ tende a
zero in modo sufficientemente rapido sul bordo della regione spazio-temporale
considerata. In ogni caso, un termine con la forma di quadri-divergenza si può
anche riassorbire nella parte dell'azione che porta alle equazioni del moto del
sistema, e non dà contributi alla variazione $\delta_\xi S_m$.

Possiamo quindi concludere che l'azione è invariante per traslazioni locali
infinitesime, generate da un arbitrario parametro $\xi^\mu(x)$, se vale la legge di
conservazione convariante

$$\nabla_\nu T_\mu{}^\nu = 0. \tag{7.35}$$

Questo risultato ci permette di identificare $T_{\mu\nu}$ come la corretta versione
generalizzata del tensore energia-impulso, valida nel caso di uno spazio-tempo
curvo dotato di una generica struttura geometrica Riemanniana.

È importante osservare che questo risultato è anche in accordo con la
consistenza formale delle equazioni di Einstein. L'identità di Bianchi contratta (6.26) implica infatti che il tensore di Einstein, ossia il membro sinistro
dell'Eq. (7.28), abbia divergenza covariante nulla. Perciò anche il membro
destro, ossia $T_{\mu\nu}$, deve avere divergenza covariante nulla. D'altra parte la di-

vergenza di $T_{\mu\nu}$, in accordo all'Eq. (7.34), controlla la variazione dell'azione materiale prodotta dalle traslazioni locali. Ne consegue che, per la consistenza formale delle equazioni di Einstein, l'azione materiale deve essere invariante per traslazioni locali infinitesime – ossia, per diffeomorfismi del tipo (7.30) – il che significa che la materia deve accoppiarsi alla geometria in modo general-covariante.

La general-covarianze della teoria che stiamo considerando – ovvero la simmetria intrinseca dell'azione (7.6) rispetto al gruppo dei diffeomorfismi – emerge anche dall'osservazione seguente.

Il vincolo di divergenza nulla,

$$\nabla_\nu G_\mu{}^\nu = \chi \nabla_\nu T_\mu{}^\nu = 0, \qquad (7.36)$$

impone 4 condizioni sulle 10 componenti delle equazioni di Einstein (7.28), lasciando solo 6 componenti indipendenti. Risolvendo tali equazioni è dunque possibile determinare, al massimo, solo 6 delle 10 componenti del tensore metrico $g_{\mu\nu}$. Uno studio dettagliato del cosiddetto "problema di Cauchy" associato alle equazioni di Einstein – che costituiscono, in generale, un sistema di equazioni differenziali non lineari alle derivate parziali del secondo ordine – mostra infatti che ci sono solo sei equazioni di tipo veramente "dinamico", contenenti cioè le derivate temporali seconde della metrica. Le restanti quattro equazioni contengono solo derivate temporali prime, e rappresentano quindi "vincoli" sulla distribuzione dei dati iniziali, ma non servono a determinare l'evoluzione temporale delle variabili incognite.

D'altra parte, il fatto che 4 componenti della metrica restino arbitrarie è in perfetto accordo con la covarianza della teoria, in virtù della quale ci deve sempre essere la libertà di cambiare il sistema di coordinate, $x^\mu \to x'^\mu$, e di imporre sulla metrica 4 condizioni di *"gauge"*, fissando così i gradi di libertà residui. Tali condizioni possono anche essere usate per semplificare le equazioni di campo, come vedremo in modo esplicito nel capitolo seguente.

7.2.1 Esempi: campo scalare, vettoriale, sorgente puntiforme

Il tensore energia-impulso dinamico, definito dalle equazioni (7.26), (7.27), generalizza al caso Riemanniano e general-covariante il corrispondente tensore energia-impulso canonico nella sua forma già automaticamente simmetrizzata. Lo verificheremo, in questa sezione, nel caso particolare di un campo scalare, di un campo vettoriale a massa nulla (il campo elettromagnetico), e di una particella massiva puntiforme.

Cominciamo col caso scalare, considerando un campo ϕ che nello spazio-tempo di Minkowski è descritto dalla densità di Lagrangiana (1.64) (in unità $\hbar = c = 1$). La corrispondente azione covariante in una generica varietà Riemanniana si ottiene applicando il principio di minimo accoppiamento

(Capitolo 4), ed è data da:

$$S = \int_\Omega d^4x \sqrt{-g} \left[\frac{1}{2} g^{\mu\nu} \partial_\mu \phi \partial_\nu \phi - V(\phi) \right].$$

(7.37)

Il confronto con l'Eq. (7.1) fornisce allora la Lagrangiana effettiva (o densità di azione) seguente:

$$\sqrt{-g}\mathcal{L}_m = \sqrt{-g} \left(\frac{1}{2} g^{\mu\nu} \partial_\mu \phi \partial_\nu \phi - V \right).$$

(7.38)

Abbiamo messo in evidenza esplicita la dipendenza dalla metrica anche nei prodotti scalari, perché è rispetto alla metrica che dobbiamo variare questa espressione per ottenere il tensore energia-impulso (7.27).

In questo caso particolare la Lagrangiana dipende da g ma non dalle sue derivate, per cui la derivata funzionale dell'Eq. (7.27) si riduce ad una semplice derivata parziale:

$$T_{\mu\nu} = \frac{2}{\sqrt{-g}} \frac{\delta \left(\sqrt{-g}\mathcal{L}_m \right)}{\delta g^{\mu\nu}} = \frac{2}{\sqrt{-g}} \frac{\partial \left(\sqrt{-g}\mathcal{L}_m \right)}{\partial g^{\mu\nu}}.$$

(7.39)

Utilizzando il risultato (7.7) otteniamo allora

$$\begin{aligned}
T_{\mu\nu} &= \frac{2}{\sqrt{-g}} \left[\frac{1}{2} \sqrt{-g} \partial_\mu \phi \partial_\nu \phi - \frac{1}{2} \sqrt{-g} g_{\mu\nu} \left(\frac{1}{2} \partial_\alpha \phi \partial^\alpha \phi - V \right) \right] \\
&= \partial_\mu \phi \partial_\nu \phi - \frac{1}{2} g_{\mu\nu} \partial_\alpha \phi \partial^\alpha \phi + g_{\mu\nu} V(\phi),
\end{aligned}$$

(7.40)

che rappresenta la versione covariante del tensore canonico (1.68) (già simmetrico anche nel caso canonico, per l'assenza di momento angolare intrinseco). Si può verificare facilmente che la divergenza covariante di questo tensore è nulla, purché siano soddisfatte le equazioni del moto del campo scalare (si veda l'Esercizio 7.2).

Ripetiamo la stessa procedura per il campo elettromagnetico, che in un generico spazio-tempo Riemanniano è descritto dall'azione covariante (4.5). Consideriamo il campo nel vuoto, per semplicità, e poniamo $J^\mu = 0$. La densità di Lagrangiana associata all'azione (4.5) è la seguente:

$$\sqrt{-g}\mathcal{L}_m = -\frac{\sqrt{-g}}{16\pi} \left(g^{\mu\nu} g^{\alpha\beta} F_{\mu\alpha} F_{\nu\beta} \right),$$

(7.41)

e anche in questo caso non compaiono derivate della metrica. Applicando l'Eq. (7.39) troviamo

$$\begin{aligned}
T_{\mu\nu} &= \frac{2}{\sqrt{-g}} \left[-\frac{\sqrt{-g}}{16\pi} 2g^{\alpha\beta} F_{\mu\alpha} F_{\nu\beta} + \frac{1}{2} \frac{\sqrt{-g}}{16\pi} g_{\mu\nu} F^2 \right] \\
&= -\frac{1}{4\pi} \left(F_\mu{}^\beta F_{\nu\beta} - \frac{1}{4} g_{\mu\nu} F^2 \right),
\end{aligned}$$

(7.42)

dove $F^2 \equiv F_{\alpha\beta}F^{\alpha\beta}$. Abbiamo così ottenuto la versione covariante del tensore canonico nella sua forma simmetrizzata (si veda l'Eq. (1.74)).

Va notato, a questo punto, che la definizione del tensore dinamico energia-impulso può essere usata anche come procedura di simmetrizzazione direttamente nello spazio-tempo piatto di Minkowski: si accoppia formalmente il sistema materiale ad una "fittizia" geometria curva descritta dalla metrica $g_{\mu\nu}$, si varia rispetto alla metrica applicando la definizione (7.27), e poi si prende il limite $g_{\mu\nu} \to \eta_{\mu\nu}$.

Consideriamo infine una particella puntiforme, che nello spazio-tempo di Mikowski è descritta dall'azione (1.120) (si veda l'Esercizio 1.4). In un contesto geometrico descritto da un'arbitraria metrica $g_{\mu\nu}$ l'azione covariante diventa

$$S = mc \int_\Omega d^4x \int d\tau \sqrt{\dot{x}_\mu \dot{x}_\nu g^{\mu\nu}}\, \delta^4\big(x - x(\tau)\big) \tag{7.43}$$

(dove abbiamo scelto il segno in modo da adeguarci alle convenzioni usate per l'azione di Einstein nella sezione precedente). Si noti, in particolare, l'assenza del fattore $\sqrt{-g}$ nella misura di integrazione sul quadri-volume Ω: la distribuzione $\delta^4(x)$ si comporta infatti come una densità scalare di peso $w = -1$ (si veda la Sez. 3.2), e quindi $d^4x\, \delta^4(x)$ rappresenta già uno scalare per trasformazioni generali di coordinate.

La corrispondente densità di Lagrangiana (canonicamente normalizata come densità d'energia),

$$\sqrt{-g}\mathcal{L}_m = mc^2 \int d\tau \sqrt{\dot{x}_\mu \dot{x}_\nu g^{\mu\nu}}\, \delta^4\big(x - x(\tau)\big), \tag{7.44}$$

è localizzata con una distribuzione deltiforme sulla posizione istantaneamente occupata dalla particella, lungo la sua traiettoria spazio-temporale. Anche questa Lagrangiana dipende dalla metrica ma non dalle sue derivate, ed applicando l'Eq. (7.39) troviamo:

$$T_{\mu\nu} = \frac{2}{\sqrt{-g}} \left[\frac{mc^2}{2} \int d\tau \frac{\dot{x}_\mu \dot{x}_\nu}{\sqrt{\dot{x}_\alpha \dot{x}^\alpha}}\, \delta^4\big(x - x(\tau)\big) \right]. \tag{7.45}$$

Identificando il parametro τ col tempo proprio abbiamo $\dot{x}_\alpha \dot{x}^\alpha = c^2$, e arriviamo così al tensore energia-impulso

$$T_{\mu\nu}(x) = \frac{mc}{\sqrt{-g}} \int d\tau\, \delta^4\big(x - x(\tau)\big) u_\mu u_\nu, \tag{7.46}$$

dove $u_\mu = \dot{x}_\mu$ è la quadri-velocità della particella, e $x(\tau)$ è la curva che rappresenta la sua "linea d'universo" spazio-temporale. Questa espressione generalizza il risultato (1.87) ottenuto nel contesto della relatività ristretta, rendendolo covariante rispetto ai diffeomorfismi (si noti, in particolare, che $\delta^4(x)/\sqrt{-g}$ si trasforma esattamente come uno scalare). Lo stesso risultato può essere ottenuto anche partendo dalla forma alternativa dell'azione per una particella libera, presentata nell'Eq. (5.2).

Il tensore energia-impulso (7.46) si può anche riscrivere in una forma equivalente che non è esplicitamente covariante, ma che risulta conveniente per alcune applicazioni successive. Separando la delta sulla coordinata temporale, e parametrizzando la traiettoria con una generica variabile temporale t', possiamo porre infatti

$$T_{\mu\nu}(\boldsymbol{x}, t) = \frac{mc}{\sqrt{-g}} \int dt' \, \delta^4\big(x - x(t')\big) u_\mu \frac{dx_\nu}{dt'}$$
$$\equiv c \int dt' \delta\left(x^0 - ct'\right) T_{\mu\nu}(\boldsymbol{x}, t'), \tag{7.47}$$

da cui otteniamo

$$T_{\mu\nu}(\boldsymbol{x}, t) = \frac{m}{\sqrt{-g}} \delta^3\big(\boldsymbol{x} - \boldsymbol{x}(t)\big) u_\mu \frac{dx_\nu}{dt}, \tag{7.48}$$

o anche

$$T_{\mu\nu}(\boldsymbol{x}, t) = \frac{c}{\sqrt{-g}} \delta^3\big(\boldsymbol{x} - \boldsymbol{x}(t)\big) \frac{p_\mu p_\nu}{p^0}, \tag{7.49}$$

dove $p^\mu = mu^\mu = mdx^\mu/d\tau$ e $p^0 = mdx^0/d\tau$. Queste due ultime espressioni generalizzano, rispettivamente, le versioni (1.83) e (1.85) del tensore energia-impulso canonico, ottenuto nello spazio-tempo di Minkowski, al caso di una generica varietà Riemanniana.

7.3 Equazioni di Einstein con costante cosmologica

L'azione di Einstein della Sez. 7.1 si può generalizzare introducendo non solo potenze della curvatura di ordine superiore, ma anche potenze di ordine zero, ossia termini costanti. Il determinante della metrica, presente nella misura d'integrazione spazio-temporale, fa sì che anche una costante fornisca un contributo dinamico alle equazioni di campo.

Consideriamo infatti la seguente generalizzazione dell'azione di Einstein-Hilbert (7.2),

$$S = -\int_\Omega d^4x \sqrt{-g} \left(\frac{R}{2\chi} + \Lambda\right), \tag{7.50}$$

dove Λ è un parametro costante con le dimensioni di una densità d'energia. La variazione rispetto alla metrica del nuovo termine fornisce il contributo

$$\delta_g\big(-\sqrt{-g}\Lambda\big) = \frac{1}{2}\sqrt{-g}\, g_{\mu\nu}\Lambda\, \delta g^{\mu\nu} \tag{7.51}$$

(si veda l'Eq. (7.7)). Sommando gli altri contributi variazionali forniti dalle equazioni (7.24) e (7.26) si ottengono le seguenti equazioni di campo generalizzate:

$$G_{\mu\nu} = \chi\left(T_{\mu\nu} + g_{\mu\nu}\Lambda\right). \qquad (7.52)$$

Queste equazioni restano compatibili con il vincolo di divergenza nulla (7.36), in quanto $\nabla^\nu g_{\mu\nu} = 0$.

La costante Λ è chiamata "costante cosmologica", perché è stata originariamente introdotta (da Einstein) per permettere soluzioni cosmologiche delle equazioni di campo che descrivano una geometria indipendente dal tempo, e quindi un Universo di tipo statico. Risolvendo le equazioni (7.52), e assumendo che Λ abbia un segno positivo e un appropriato valore numerico, si trova infatti che Λ genera delle forze gravitazionali di tipo repulsivo che sono in grado di controbilanciare le forze attrattive generate dalle altre sorgenti materiali descritte da $T_{\mu\nu}$, mantenendo così l'Universo in una configurazione d'equilibrio statico (che però è instabile).

La presenza (o comunque la rilevanza fisica) del termine cosmologico $\Lambda g_{\mu\nu}$ è stata messa seriamente in dubbio dalle scoperte astronomiche che hanno confermato – sin dalla prima metà del secolo scorso e dall'epoca delle legge di Hubble-Humason – la "non-staticità" del nostro Universo, e lo stato di espansione della geometria cosmica su grande scala.

Recentemente, però, l'importanza e la necessità di tale termine è stata rivalutata, sia nel contesto dei moderni modelli "inflazionari" dell'Universo primordiale, sia alla luce delle recenti osservazioni (basate soprattutto sui dati delle Supernovae) che attribuiscono all'Universo attuale uno stato di espansione accelerata. In questi casi, però, il ruolo delle forze repulsive generate da Λ non è più quello di garantire la staticità della geometria, bensì quello di accelerarne l'evoluzione temporale, cancellando e sopravanzando le forze frenanti prodotte dalle altre sorgenti. Si vedano, a questo proposito, i testi [19, 20, 22] della Bibliografia finale.

Al di là delle possibili interpretazioni e applicazioni cosmologiche, l'Eq. (7.52) mostra chiaramente che l'effetto dinamico di un termine costante nell'azione è quello di aggiungere alle sorgenti gravitazionali un tensore energia-impulso effettivo proporzionale alla metrica,

$$\tau_{\mu\nu} \equiv g_{\mu\nu}\Lambda. \qquad (7.53)$$

Un tensore energia-impulso di questo tipo si può interpretare, formalmente, come quello di un fluido perfetto con densità d'energia $\rho = \Lambda$ ed equazione di stato $p = -\rho$.

Infatti, se consideriamo il tensore energia-impulso fluido-dinamico che abbiamo introdotto nell'Eq. (1.97), e lo generalizziamo mediante il principio di minimo accoppiamento per renderlo covariante in un contesto geometrico Riemanniano, otteniamo l'espressione:

$$T_{\mu\nu} = (\rho + p)\frac{u_\mu u_\nu}{c^2} - p g_{\mu\nu}. \qquad (7.54)$$

È immediato verificare che l'Eq. (7.53) per $\tau_{\mu\nu}$ può essere riprodotta ponendo $\rho + p = 0$, e $-p = \rho = \Lambda$. Ma quale fluido, o quale tipo di campo materiale, può essere descritto da un tensore energia-impulso di quel tipo?

Il fatto che tale tensore sia indipendente dalla Lagrangiana materiale, e contribuisca alle equazioni di Einstein anche in assenza di altre sorgenti, suggerisce la possibilità che $\tau_{\mu\nu}$ sia da identificare con il tensore energia-impulso effettivo associato *non* ad un particolare sistema fisico, ma allo spazio-tempo stesso, *anche se vuoto*. E in effetti, se includiamo le cosiddette "energie di punto zero" delle fluttuazioni quantistiche del vuoto – sempre presenti anche quando i campi classici sono nulli – troviamo che lo stato di vuoto delle teorie di campo quantistiche ha un'energia media costante $\langle \rho \rangle \neq 0$, e un tensore energia-impulso il cui valore di aspettazione assume la generica forma[3]

$$\langle T_{\mu\nu} \rangle = \langle \rho \rangle g_{\mu\nu}. \tag{7.55}$$

È lecito quindi interpretare fisicamente la costante Λ come densità d'energia media del vuoto. Anch'essa, come qualunque altra forma d'energia, contribuisce ad incurvare la geometria dello spazio-tempo – agendo da sorgente gravitazionale – attraverso il tensore energia-impulso effettivo (7.53).

In accordo a questa interpretazione possiamo (e dobbiamo) includere in Λ tutti gli eventuali contributi all'energia del vuoto, di tipo classico o quantistico, tenendo conto di tutte le interazioni note e delle loro sorgenti. Un possibile contributo tipico del modello standard delle interazioni fondamentali, ad esempio, è quello fornito da un campo scalare costante, localizzato al minimo del suo potenziale $V(\phi)$. In quel caso, infatti, l'equazione del moto (7.94) (si veda l'Esercizio 7.2) è risolta ponendo $\phi = \phi_0$, dove ϕ_0 è la posizione dell'estremo, $(\partial V/\partial \phi)_{\phi_0} = 0$. Sostituendo nella (7.40) si ottiene il tensore energia-impulso di questa configurazione scalare,

$$T_{\mu\nu} = g_{\mu\nu} V(\phi_0), \tag{7.56}$$

che coincide appunto con l'Eq. (7.53) con $\Lambda = V(\phi_0)$.

Il valore complessivo di Λ, per non essere in conflitto con le attuali osservazioni relative alla geometria cosmica su grande scala, deve essere però estremamente piccolo[4]: più precisamente, deve soddisfare il vincolo $\Lambda \lesssim 6 \times 10^{-9}$ erg/cm^3, ovvero, in unità $\hbar = c = 1$, $\Lambda \lesssim 3 \times 10^{-47}$ GeV^4. Va detto che la spiegazione di tale valore numerico costituisce attualmente uno dei maggiori problemi aperti della fisica teorica contemporanea.

Vista la piccolezza del valore permesso per Λ, il suo contributo alle equazioni di campo (7.52) può essere tranquillamente trascurato in presenza (e in prossimità) delle ordinarie sorgenti macroscopiche e astronomiche che saranno prese in considerazioni in questo testo. D'ora in avanti useremo quindi, in tutte le applicazioni, le equazioni di Einstein *senza* il termine cosmologico.

---

[3] Si veda ad esempio S. Weinberg, *Rev. Mod. Phys.* **61**, 1 (1989).

[4] Si veda ad esempio *Particle Data Group*, all'indirizzo web http://pdg.lbl.gov.

È però importante notare, prima di abbandonarlo completamente, che tale termine permette di ottenere interessanti soluzioni delle equazioni di Einstein anche in assenza di altre sorgenti.

Ponendo $T_{\mu\nu} = 0$, e prendendo la traccia dell'Eq. (7.52), otteniamo infatti le equazioni:

$$R_{\mu\nu} = -\chi\Lambda g_{\mu\nu}, \qquad R = -4\chi\Lambda. \tag{7.57}$$

Il confronto con le equazioni (6.44), (6.45) mostra immediatamente che la costante cosmologica induce sulla varietà spazio-temporale una geometria massimamente simmetrica, con curvatura costante e parametro di curvatura k che, in $D = 4$, è collegato a Λ dalla relazione

$$k = \frac{1}{3}\chi\Lambda. \tag{7.58}$$

Con una costante cosmologica positiva – o, equivalentemente, con un fluido perfetto che soddisfa a $\rho = -p = \text{cost}$, $\rho > 0$ – si ottiene dunque dalle equazioni di Einstein la soluzione esatta di de Sitter (si veda la Sez. 6.3 e l'Esercizio 6.6), che descrive una pseudo-ipersfera a quattro dimensioni con raggio di curvatura $a = \text{cost}$, tale che:

$$a^2 = \frac{1}{k} = \frac{3}{\chi\Lambda}. \tag{7.59}$$

Per $\Lambda < 0$ si ottiene invece una varietà a curvatura costante negativa, detta spazio di *anti-de Sitter*. Tale tipo di geometria non sembra attualmente avere applicazioni di tipo cosmologico o fenomenologico; essa, però, gioca un ruolo formale rilevante nell'ambito di alcuni modelli gravitazionali supersimmetrici (si veda il Capitolo 14).

7.4 Conservazione dell'energia-impulso e moto dei corpi di prova

In questa sezione mostreremo che l'equazione del moto di un corpo di prova libero, immerso in un'arbitraria geometria spazio-temporale, si può direttamente dedurre dall'equazione di conservazione covariante del suo tensore energia-impulso. Vedremo, in particolare, che l'equazione del moto risulta di tipo geodetico solo nell'approssimazione in cui il corpo può essere trattato come una particella puntiforme, con estensione trascurabile e nessuna struttura interna.

Se il corpo ha una struttura, invece, il campo di gravità esterno induce delle forze "di marea" tra gli elementi che lo compongono: si genera così un accoppiamento tra i momenti interni (ad esempio, il momento angolare intrinseco, il momento di quadripolo, etc.) e la curvatura dello spazio-tempo. Di conseguenza, la traiettoria del moto devia da quella geodetica.

Partiamo dall'Eq. (7.35), che riscriviamo in modo esplicito come segue:

$$\partial_\nu T^{\mu\nu} + \Gamma_{\nu\alpha}{}^\mu T^{\alpha\nu} + \Gamma_{\nu\alpha}{}^\nu T^{\mu\alpha} =$$
$$= \partial_\nu T^{\mu\nu} + \Gamma_{\nu\alpha}{}^\mu T^{\alpha\nu} + \frac{1}{\sqrt{-g}}\left(\partial_\alpha \sqrt{-g}\right) T^{\mu\alpha} = 0 \qquad (7.60)$$

(abbiamo usato l'Eq. (3.97) per la traccia della connessione). Moltiplicando per $\sqrt{-g}$ otteniamo l'equazione

$$\partial_\nu \left(\sqrt{-g} T^{\mu\nu}\right) + \sqrt{-g}\, \Gamma_{\nu\alpha}{}^\mu T^{\alpha\nu} = 0, \qquad (7.61)$$

equivalente alla (7.35).

Supponiamo ora che $T_{\mu\nu}$ rappresenti il tensore energia-impulso di un corpo di prova, ossia di un corpo che non influenza in modo significativo la geometria nella quale è immerso, e che è localizzato in una porzione limitata di spazio. Possiamo quindi assumere che $T_{\mu\nu}$ sia diverso da zero solo all'interno di uno stretto "tubo d'universo" (a quattro dimensioni), centrato attorno alla "linea d'universo" unidimensionale, $z^\mu(t)$, che descrive la traiettoria del baricentro del corpo di prova.

Per illustrare in modo diretto la dipendenza del moto dai momenti interni del corpo integriamo l'Eq. (7.61) su di una ipersuperficie spaziale Σ che si estende all'infinito, e che interseca il "tubo d'universo" ad un dato istante $t = $ costante. Separando la divergenza in parte spaziale e parte temporale abbiamo:

$$\int_\Sigma d^3x\,\partial_i\left(\sqrt{-g}T^{\mu i}\right) + \frac{1}{c}\frac{d}{dt}\int_\Sigma d^3x\sqrt{-g}\,T^{\mu 0} + \int_\Sigma d^3x\sqrt{-g}\,\Gamma_{\nu\alpha}{}^\mu T^{\alpha\nu} = 0. \quad (7.62)$$

Usando il teorema di Gauss troviamo che il primo termine non contribuisce (perché $T_{\mu\nu}$, che descrive una sorgente localizzata, è nullo a distanza infinita), e la precedente condizione si riduce a

$$\frac{1}{c}\frac{d}{dt}\int_\Sigma d^3x\sqrt{-g}\,T^{\mu 0} + \int_\Sigma d^3x\sqrt{-g}\,\Gamma_{\nu\alpha}{}^\mu T^{\alpha\nu} = 0. \qquad (7.63)$$

Consideriamo innanzitutto il caso di un corpo puntiforme, che evolve lungo la traiettoria $z^\mu = z^\mu(t)$, e che è descritto dalla distribuzione di energia-impulso (7.48) (dove $x(t)$ è ovviamente sostituito da $z(t)$). In questo caso l'integrazione si effettua immediatamente grazie alla presenza di $\delta^3(\boldsymbol{x} - \boldsymbol{z}(t))$, e si ottiene

$$\frac{dp^\mu}{dt} + \Gamma_{\nu\alpha}{}^\mu p^\alpha \frac{dz^\nu}{dt} = 0, \qquad (7.64)$$

dove abbiamo posto $p^\mu = mu^\mu = mdz^\mu/d\tau$. Moltiplicando per $dt/d\tau$ si ritrova così l'equazione della geodetica che – come già visto nella Sez. 5.1 – è l'equazione del moto per una particella puntiforme libera, in uno generico spazio-tempo Riemanniano. Questa equazione del moto rimane valida anche per un corpo di prova esteso, a patto che i momenti associati alla sua struttura interna siano trascurabili.

Consideriamo infatti l'Eq. (7.63), e sviluppiamo in serie di Taylor la connessione dentro al "tubo d'universo", attorno alla posizione del baricentro $z^\mu(t)$:

$$\Gamma_{\nu\alpha}{}^\mu(x) = \Gamma_{\nu\alpha}{}^\mu(z) + \left(\partial_\rho\Gamma_{\nu\alpha}{}^\mu\right)_z (x^\rho - z^\rho) + \cdots. \tag{7.65}$$

Supponiamo che la sezione del tubo abbia un'estensione $|\delta x| = |x - z|$ molto minore del raggio di curvatura dello spazio-tempo, così da poter trattare in modo perturbativo tutti i termini dello sviluppo superiori al primo. Si ottiene allora un'espansione di tipo "multipolare", che approssima con una serie infinita di termini l'equazione del moto esatta (7.63):

$$\begin{aligned}
&\frac{1}{c}\frac{d}{dt}\int_\Sigma d^3x\sqrt{-g}\,T^{\mu 0} + \Gamma_{\nu\alpha}{}^\mu(z)\int_\Sigma d^3x\sqrt{-g}\,T^{\alpha\nu} \\
&+ \left(\partial_\rho\Gamma_{\nu\alpha}{}^\mu\right)_z \int_\Sigma d^3x\sqrt{-g}\,T^{\alpha\nu}(x^\rho - z^\rho) + \cdots = 0.
\end{aligned} \tag{7.66}$$

Consideriamo inoltre la divergenza di $x^\alpha\sqrt{-g}T^{\mu\nu}$ che, usando l'Eq. (7.61), si può esprimere come:

$$\begin{aligned}
\partial_\nu\left(x^\alpha\sqrt{-g}T^{\mu\nu}\right) &= \sqrt{-g}T^{\mu\alpha} + x^\alpha\partial_\nu\left(\sqrt{-g}T^{\mu\nu}\right) \\
&= \sqrt{-g}T^{\mu\alpha} - x^\alpha\sqrt{-g}\Gamma_{\nu\beta}{}^\mu T^{\beta\nu}.
\end{aligned} \tag{7.67}$$

Integrando questa relazione sull'ipersuperficie Σ, ed usando il teorema di Gauss, otteniamo la condizione

$$\begin{aligned}
&\frac{1}{c}\frac{d}{dt}\int_\Sigma d^3x\sqrt{-g}\,x^\alpha T^{\mu 0} - \int_\Sigma d^3x\sqrt{-g}\,T^{\mu\alpha} \\
&+ \int_\Sigma d^3x\sqrt{-g}\,\Gamma_{\nu\beta}{}^\mu T^{\beta\nu}x^\alpha = 0.
\end{aligned} \tag{7.68}$$

Sviluppando in serie la connessione (si veda l'Eq. (7.65)) abbiamo infine

$$\begin{aligned}
&\frac{1}{c}\frac{d}{dt}\int_\Sigma d^3x\sqrt{-g}\,x^\alpha T^{\mu 0} - \int_\Sigma d^3x\sqrt{-g}\,T^{\mu\alpha} \\
&+ \Gamma_{\nu\beta}{}^\mu(z)\int_\Sigma d^3x\sqrt{-g}\,T^{\beta\nu}x^\alpha \\
&+ \left(\partial_\rho\Gamma_{\nu\beta}{}^\mu\right)_z \int_\Sigma d^3x\sqrt{-g}\,T^{\beta\nu}x^\alpha(x^\rho - z^\rho) + \cdots = 0.
\end{aligned} \tag{7.69}$$

Prendiamo ora un corpo di prova per il quale tutti gli integrali del tipo

$$\int_\Sigma d^3x\sqrt{-g}\,T^{\mu\nu}\delta x^\alpha \qquad \delta x^\alpha = x^\alpha - z^\alpha, \tag{7.70}$$

(che rappresentano momenti interni di tipo "dipolare"), siano nulli o trascurabili, così come tutti gli integrali che rappresentano momenti di ordine superiore, del tipo $\int T \delta x \delta x$, $\int T \delta x \delta x \delta x$, etc. In questo caso possiamo descrivere il moto nella cosiddetta approssimazione di "monopolo". Ponendo nell'Eq. (7.69) $x^\alpha = z^\alpha + \delta x^\alpha$, ricavando il secondo integrale in funzione degli altri, e sostituendo il risultato nell'Eq. (7.66) – trascurando ovviamente tutti gli integrali multipolari e i termini di ordine superiore nello sviluppo – otteniamo:

$$\frac{1}{c}\frac{d}{dt}\int_\Sigma d^3x \sqrt{-g}\, T^{\mu 0} + \Gamma_{\nu\alpha}{}^{\mu}(z)\frac{dz^\nu}{dt}\frac{1}{c}\int_\Sigma d^3x \sqrt{-g}\, T^{\alpha 0} = 0. \qquad (7.71)$$

Sostituendo la definizione

$$\frac{1}{c}\int_\Sigma d^3x \sqrt{-g}\, T^{\mu 0} = p^\mu \qquad (7.72)$$

(che generalizza quella canonica della Sez. 1.2) ritroviamo infine, in questa approssimazione, l'equazione geodetica (7.64).

Se invece abbiamo un corpo di prova per il quale i momenti interni di tipo (7.70) non sono trascurabili, troviamo che la sua equazione del moto non è più una geodetica: compaiono infatti correzioni che – come appare evidente dall'Eq. (7.66) – dipendono dai gradienti della connessione e che, come vedremo, si possono esprimere mediante la curvatura e le sue derivate superiori. È utile (ed interessante) calcolare esplicitamente queste correzioni nel caso più comune di corpo con struttura interna di tipo dipolare, ossia di un corpo di prova che possiede momento angolare intrinseco.

A questo scopo osserviamo, innanzitutto, che le equazioni del moto (7.66), così come l'equazione che definisce l'impulso (7.72), non sono equazioni scritte in una forma esplicitamente covariante. Inoltre, l'oggetto definito dall'Eq. (7.72) non è globalmente conservato (ossia, $\partial_\nu(\sqrt{-g}T^{\mu\nu}) \neq 0$, in accordo all'Eq. (7.61)), e quindi il suo valore dipende dalla scelta dell'ipersuperficie Σ su cui si effettua l'integrazione. Ciò si comprende, fisicamente, osservando che $T_{\mu\nu}$ descrive correttamente l'energia-impulso del corpo di prova, ma non include completamente il corrispondente contributo del campo gravitazionale esterno. D'altra parte, in presenza di interazioni tra corpi materiali e geometria – così come in tutti i sistemi fisici composti da varie parti distinte e tra loro interagenti – quello che ci aspettiamo è che si conservi l'energia *totale* del sistema.

Per esprimere le equazioni del moto in forma esplicitamente covariante consideriamo il caso (fisicamente realistico) di una geometria che ammette isometrie, e quindi vettori di Killing ξ_μ (si veda la Sez. 3.3). In questo caso si può definire una quantità che è globalmente conservata (proprio come nello spazio-tempo di Minkowski) proiettando il tensore energia-impulso lunga la direzione spazio-temporale individuata dall'isometria data.

Consideriamo infatti il vettore $J^\mu = T^{\mu\nu}\xi_\nu$ che, per costruzione, ha divergenza covariante nulla,

$$\nabla_\mu \left(T^{\mu\nu}\xi_\nu\right) = \xi_\nu \nabla_\mu T^{\mu\nu} + T^{\mu\nu}\nabla_{(\mu}\xi_{\nu)} \equiv 0 \qquad (7.73)$$

(abbiamo usato le equazioni (7.35) e (3.107)). Integrando questa equazione su di un dominio spazio-temporale Ω, e usando il teorema di Gauss, otteniamo che il flusso di J^μ sul bordo $\partial\Omega$ è nullo

$$\int_\Omega d^4x\sqrt{-g}\,\nabla_\mu\left(T^{\mu\nu}\xi_\nu\right) = \int_{\partial\Omega} dS_\mu\sqrt{-g}\,T^{\mu\nu}\xi_\nu = 0, \qquad (7.74)$$

(se assumiamo, come al solito, che $T_{\mu\nu}$ sia prodotto da una distribuzione di sorgenti spazialmente localizzata). Prendiamo allora un quadri-volume Ω delimitato da due ipersuperfici spaziali Σ_1 e Σ_2, che intersecano, in due tempi diversi t_1 e t_2, il "tubo d'universo" del corpo di prova (si veda la Fig. 1.1). Ripetendo gli argomenti della Sez. 1.2 (si veda in particolare l'Eq. (1.33)) si trova dunque che il seguente integrale

$$\int_\Sigma dS_\mu\sqrt{-g}\,T^{\mu\nu}\xi_\nu = \text{cost} \qquad (7.75)$$

definisce una la quantità conservata, ossia una quantità il cui valore è indipendente dall'ipersuperficie Σ scelta per calcolarla.

Questa quantità conservata dipende da $T_{\mu\nu}$ e dal campo gravitazionale (polarizzato lungo ξ_ν) presente dentro al "tubo d'universo". Poiché l'integrazione si estende solo sulla piccola sezione di tubo determinata dall'intersezione con Σ (fuori dal tubo, infatti, $T_{\mu\nu} = 0$), possiamo valutare la quantità conservata sviluppando in serie ξ_ν intorno a un punto arbitrario di questa sezione. In particolare, attorno alla posizione del centro di massa (che, in funzione del tempo proprio τ, descrive la traiettoria $z^\mu(\tau)$).

A questo proposito conviene ricordare un'importante proprietà dei vettori di Killing: le loro derivate covarianti seconde si possono sempre esprimere in funzione del tensore di curvatura nel modo seguente:

$$\nabla_\alpha\nabla_\nu\xi_\mu = -R_{\mu\nu\alpha}{}^\beta\xi_\beta \qquad (7.76)$$

(si veda l'Esercizio 7.3). Grazie a questa proprietà, dato il vettore ξ e la sua derivata covariante $\nabla\xi$ in un punto z dello spazio tempo, tutte le derivate covarianti di ξ di ordine superiore al primo nel punto z sono determinate dall'Eq. (7.76) e dalle sue derivate, e sono quindi esprimibili come combinazioni lineari di $\xi(z)$ e $\nabla\xi(z)$.

D'altra parte, il valore del vettore di Killing in un generico punto x, situato nell'intorno di z, può essere sempre costruito come serie di Taylor con parametro di espansione $\delta x = x - z$: grazie alla proprietà precedente ne consegue dunque che $\xi^\mu(x)$ risulta completamente determinato dalla combinazione lineare di $\xi_\mu(z)$ e $\nabla_{[\mu}\xi_{\nu]}(z)$ (dove abbiamo preso la parte antisimmetrica delle derivate covarianti perché, per un vettore di Killing, $\nabla_{(\mu}\xi_{\nu)} = 0$). I coefficienti della combinazione lineare dipendono da x, da z e dalla geometria data, e sono gli stessi per tutti i vettori di Killing di quella metrica. Questo mostra, incidentalmente, che un vettore di Killing in uno spazio D-dimensionale dipende linearmente da $D + D(D-1)/2 = D(D+1)/2$ parametri, e che possono esserci al massimo $D(D+1)/2$ vettori di Killing linearmente indipendenti.

Nel nostro caso, quello che ci interessa per ottenere l'equazione del moto è lo sviluppo di $\xi_\nu(x)$ in serie di potenze dentro al "tubo d'universo" del corpo di prova, attorno alla traiettoria $z(\tau)$ del suo centro di massa. Per questo sviluppo possiamo quindi scrivere, al primo ordine, l'espressione seguente

$$\xi_\nu(x) = \xi_\nu(z) + A_\nu{}^\beta(x,z)\delta x^\alpha \nabla_{[\alpha}\xi_{\beta]}(z) + \cdots, \tag{7.77}$$

dove $\delta x^\alpha = x^a - z^a$, e dove $A_\nu{}^\beta$ è una funzione che dipende da x, z e dalla metrica considerata. Sostituiamo lo sviluppo nell'Eq. (7.75), dividendo per c e assumendo che i momenti interni di ordine superiore al dipolo siano trascurabili. Otteniamo allora:

$$\frac{1}{c}\int_\Sigma dS_\mu \sqrt{-g}\, T^{\mu\nu}\xi_\nu = \xi_\nu(z)p^\nu + \frac{1}{2}\nabla_{[\alpha}\xi_{\beta]}(z)S^{\alpha\beta} = \text{cost}, \tag{7.78}$$

dove abbiamo definito

$$\begin{aligned}
p^\nu &= \frac{1}{c}\int_\Sigma dS_\mu \sqrt{-g}\, T^{\mu\nu}, \\
S^{\alpha\beta} &= \frac{1}{c}\int_\Sigma dS_\mu \sqrt{-g}\left(T^{\mu\nu}A_\nu{}^\beta \delta x^\alpha - T^{\mu\nu}A_\nu{}^\alpha \delta x^\beta\right).
\end{aligned} \tag{7.79}$$

Ricordando i risultati dello spazio-tempo di Minkowski possiamo ora identificare, in accordo al principio di minimo accoppiamento, il primo integrale con il quadri-impulso conservato p^ν, e il secondo integrale con il momento angolare $S^{\alpha\beta}$ (di tipo intrinseco, perché associato a momenti interni). Nel limite di spazio-tempo piatto, infatti, abbiamo $\sqrt{-g} \to 1$, $A_\nu{}^\alpha \to \delta_\nu^\alpha$, e le definizioni (7.79) si riducono alle quantità corrispondenti dello spazio-tempo di Minkowski, ossia alle equazioni (1.36) e (1.57) già introdotte nel Capitolo 1.

È importante notare che l'espressione definita in Eq. (7.78) è funzione della posizione z del corpo di prova, ma è indipendente dal parametro temporale τ, ossia è costante lungo la curva $z^\mu(\tau)$. Prendendone la derivata covariante lungo la curva $z(\tau)$ otteniamo allora:

$$\xi_\nu \frac{Dp^\nu}{d\tau} + p^\nu \frac{dz^\mu}{d\tau}\nabla_{[\mu}\xi_{\nu]} + \frac{1}{2}\nabla_{[\alpha}\xi_{\beta]}\frac{DS^{\alpha\beta}}{d\tau} + \frac{1}{2}S^{\alpha\beta}\frac{dz^\mu}{d\tau}\nabla_\mu\nabla_\alpha\xi_\beta = 0. \tag{7.80}$$

Se usiamo la proprietà (7.76), e fattorizziamo i coefficienti dei termini in ξ e $\nabla\xi$, arriviamo alla condizione

$$\xi_\nu \left(\frac{Dp^\nu}{d\tau} + \frac{1}{2} R_{\alpha\beta\mu}{}^\nu S^{\alpha\beta} v^\mu \right)$$
$$+ \frac{1}{2} \nabla_{[\alpha}\xi_{\beta]} \left(\frac{DS^{\alpha\beta}}{d\tau} + v^\alpha p^\beta - v^\beta p^\alpha \right) = 0, \tag{7.81}$$

dove abbiamo posto $v^\mu = dz^\mu/d\tau$. Questa condizione deve valere per qualunque vettore di Killing, e quindi implica, separatamente, due equazioni del moto che fissano l'evoluzione di p e di S lungo la "linea d'universo" $z(\tau)$, per un corpo di prova con momento angolare intrinseco:

$$\frac{Dp^\mu}{d\tau} + \frac{1}{2} R_{\alpha\beta\nu}{}^\mu S^{\alpha\beta} v^\nu = 0, \tag{7.82}$$

$$\frac{DS^{\alpha\beta}}{d\tau} = p^\alpha v^\beta - p^\beta v^\alpha. \tag{7.83}$$

In assenza di momento intrinseco, $S^{\alpha\beta} \to 0$, ritroviamo dunque l'evoluzione geodetica descritta dall'equazione $Dp^\mu/d\tau = 0$. Risulta inoltre $p^{[a}v^{\beta]} = 0$, per cui p e v sono paralleli. In presenza di momento angolare intrinseco, invece, c'è un accoppiamento alla curvatura che produce forze "di marea", e la traiettoria del corpo devia dalla geodetica come previsto dall'Eq. (7.82) (detta anche equazione di Dixon-Mathisson-Papapetrou[5]). In aggiunta, la velocità "cinematica" $v^\mu = dz^\mu/d\tau$ non è più parallela, in generale, alla direzione del flusso d'energia-impulso individuata da p^μ. Per determinare tutte le 14 incognite p_μ, v^μ, $S_{\mu\nu}$ è dunque necessario completare il sistema delle 10 equazioni (7.82), (7.83) aggiungendo 4 opportune condizioni supplementari. Ad esempio, imponendo la condizione vettoriale $p_\nu S^{\mu\nu} = 0$, come proprietà specifica che caratterizza la "linea d'universo" del baricentro del corpo.

Esercizi Capitolo 7

7.1. Contributo variazionale del tensore di Ricci

Mostrare che il contributo variazionale del tensore di Ricci all'Eq. (7.8) si può scrivere in forma esplicitamente covariante come segue:

$$g^{\mu\nu}\delta R_{\mu\nu} = \nabla_\mu \left(g_{\alpha\beta}\nabla^\mu \delta g^{\alpha\beta} - \nabla_\nu \delta g^{\mu\nu} \right). \tag{7.84}$$

Verificare che da questa espressione si ottiene immediatamente il termine di bordo (7.16).

---

[5] M. Mathisson, *Acta Phys. Pol.* **6**, 163 (1937); A. Papapetrou, *Proc. Roy. Soc.* **A209**, 248 (1951); W. G. Dixon, *Proc. Roy. Soc.* **A314**, 499 (1970).

7.2. Conservazione dell'energia-impulso per un campo scalare

Dimostrare che il tensore dinamico energia-impulso (7.40) ha divergenza covariante nulla, purché siano soddisfatte le equazioni del moto del campo scalare.

7.3. Derivata covariante seconda dei vettori di Killing

Ricavare l'Eq. (7.76) usando le proprietà dei vettori di Killing e quelle del tensore di curvatura di Riemann.

Soluzioni

7.1. Soluzione

Per ottenere la relazione (7.84) è conveniente lavorare nel sistema localmente inerziale, dove $g = \text{cost}$, $\Gamma = 0$, $\partial\Gamma \neq 0$, e dove possiamo porre $\delta g = 0$ tenendo però $\partial\delta g \neq 0$. Usando la definizione (6.21) del tensore di Ricci abbiamo, in questo sistema,

$$
\begin{aligned}
\delta R_{\mu\nu}\big|_{\Gamma=0} &= \partial_\alpha\left(\delta\Gamma_{\mu\nu}{}^\alpha\right) - \partial_\mu\left(\delta\Gamma_{\alpha\nu}{}^\alpha\right) \\
&= \frac{1}{2}g^{\alpha\beta}\partial_\alpha\left(\partial_\mu\delta g_{\nu\beta} + \partial_\nu\delta g_{\mu\beta} - \partial_\beta\delta g_{\mu\nu}\right) - \frac{1}{2}g^{\alpha\beta}\partial_\mu\partial_\nu\delta g_{\alpha\beta}.
\end{aligned}
\tag{7.85}
$$

Prendendo la traccia otteniamo

$$
\left(g^{\mu\nu}\delta R_{\mu\nu}\right)_{\Gamma=0} = \partial^\beta\partial^\nu\delta g_{\nu\beta} - g^{\alpha\beta}\partial_\mu\partial^\mu\delta g_{\alpha\beta}.
\tag{7.86}
$$

In una generica carta (dove le derivate parziali diventano covarianti) abbiamo perciò:

$$
g^{\mu\nu}\delta R_{\mu\nu} = \nabla^\mu\nabla^\nu\delta g_{\mu\nu} - g^{\alpha\beta}\nabla_\mu\nabla^\mu\delta g_{\alpha\beta}.
\tag{7.87}
$$

Ricordando che $g^{\alpha\beta}\delta g_{\alpha\beta} = -g_{\alpha\beta}\delta g^{\alpha\beta}$, e usando la condizione di compatibilità metrica ($\nabla g = 0$), si arriva infine al risultato (7.84):

$$
\begin{aligned}
g^{\mu\nu}\delta R_{\mu\nu} &= g_{\alpha\beta}\nabla_\mu\nabla^\mu\delta g^{\alpha\beta} - \nabla_\mu\nabla_\nu\delta g^{\mu\nu} \\
&\equiv \nabla_\mu\left(g_{\alpha\beta}\nabla^\mu\delta g^{\alpha\beta} - \nabla_\nu\delta g^{\mu\nu}\right).
\end{aligned}
\tag{7.88}
$$

Per arrivare alla forma (7.16) del contributo di bordo è conveniente partire direttamente dall'espressione covariante (7.87). Integrando tale contributo variazionale su di un quadri-volume Ω, ed usando il teorema di Gauss, otteniamo

$$
-\frac{1}{2\chi}\int_{\partial\Omega} d^3\xi\sqrt{|h|}\, n^\mu\left(g^{\nu\alpha}\nabla_\alpha\delta g_{\mu\nu} - g^{\alpha\beta}\nabla_\mu\delta g_{\alpha\beta}\right).
\tag{7.89}
$$

Sul bordo $\partial\Omega$ si ha $\delta g = 0$ e dunque, nel termine in parentesi tonda, solo le derivate parziali contribuiscono alla variazione. Si ottiene allora il contributo di bordo

$$n^\mu g^{\nu\alpha}\partial_\alpha\delta g_{\mu\nu} - g^{\alpha\beta}n^\mu\partial_\mu\delta g_{\alpha\beta}, \tag{7.90}$$

che coincide esattamente con quello dell'Eq. (7.16).

7.2. Soluzione

Ricaviamo innanzitutto l'equazione del moto covariante per il campo scalare ϕ, accoppiato alla geometria dello spazio-tempo come prescritto dall'azione (7.37).

La variazione rispetto a ϕ di tale azione fornisce le equazioni di Eulero-Lagrange per la Lagrangiana effettiva (7.38):

$$\frac{\delta(\sqrt{-g}\mathcal{L}_m)}{\delta\phi} \equiv \frac{\partial(\sqrt{-g}\mathcal{L}_m)}{\partial\phi} - \partial_\mu\frac{\partial(\sqrt{-g}\mathcal{L}_m)}{\partial(\partial_\mu\phi)} = 0, \tag{7.91}$$

dove

$$\frac{\partial(\sqrt{-g}\mathcal{L}_m)}{\partial\phi} = -\sqrt{-g}\,\frac{\partial V}{\partial\phi},$$
$$\frac{\partial(\sqrt{-g}\mathcal{L}_m)}{\partial(\partial_\mu\phi)} = \sqrt{-g}\,g^{\mu\nu}\partial_\nu\phi. \tag{7.92}$$

Abbiamo perciò l'equazione del moto

$$\frac{1}{\sqrt{-g}}\partial_\mu\left(\sqrt{-g}g^{\mu\nu}\partial_\nu\right)\phi + \frac{\partial V}{\partial\phi} = 0, \tag{7.93}$$

che si può anche scrivere (ricordando la definizione (3.105) del D'Alembertiano covariante):

$$\nabla_\mu\nabla^\mu\phi + \frac{\partial V}{\partial\phi} = 0. \tag{7.94}$$

Prendiamo ora la divergenza covariante del tensore (7.40):

$$\nabla_\nu T_\mu{}^\nu = \nabla_\nu\left(\partial_\mu\phi\partial^\nu\phi\right) - \frac{1}{2}\nabla_\mu\left(\partial_\alpha\phi\partial^\alpha\phi\right) + \nabla_\mu V$$
$$= \left(\nabla_\nu\partial_\mu\phi\right)\partial^\nu\phi + \partial_\mu\phi\nabla^2\phi - \left(\nabla_\mu\partial_\alpha\phi\right)\partial^\alpha\phi + \frac{\partial V}{\partial\phi}\partial_\mu\phi, \tag{7.95}$$

dove $\nabla^2 \equiv \nabla_\nu\nabla^\nu$. Nella seconda riga, il secondo e quarto termine si cancellano grazie all'equazione del moto (7.94), mentre il primo e terzo termine si cancellano per la simmetria degli indici di derivata:

$$\nabla_\nu\partial_\mu\phi = \partial_\nu\partial_\mu\phi - \Gamma_{\nu\mu}{}^\alpha\partial_\alpha\phi = \nabla_\mu\partial_\nu\phi. \tag{7.96}$$

Dunque

$$\nabla_\nu T_\mu{}^\nu = 0. \tag{7.97}$$

7.3. Soluzione

Applichiamo a ξ la relazione (6.19) che ci dà il commutatore delle derivate covarianti per un vettore,

$$\nabla_\mu \nabla_\nu \xi_\alpha - \nabla_\nu \nabla_\mu \xi_\alpha = -R_{\mu\nu\alpha}{}^\beta \xi_\beta, \tag{7.98}$$

e prendiamone la parte completamente antisimmetrica negli indici μ, ν, α. Per l'identità di Bianchi (6.14) si ha $R_{[\mu\nu\alpha]}{}^\beta = 0$, e quindi

$$\nabla_\mu \nabla_\nu \xi_\alpha + \nabla_\nu \nabla_\alpha \xi_\mu + \nabla_\alpha \nabla_\mu \xi_\nu - \nabla_\nu \nabla_\mu \xi_\alpha - \nabla_\mu \nabla_\alpha \xi_\nu - \nabla_\alpha \nabla_\nu \xi_\mu = 0. \tag{7.99}$$

Usando la proprietà (3.107) dei vettori di Killing,

$$\nabla_\nu \xi_\alpha = -\nabla_\alpha \xi_\nu, \tag{7.100}$$

l'equazione precedente si può riscrivere

$$\nabla_\mu \nabla_\nu \xi_\alpha - \nabla_\nu \nabla_\mu \xi_\alpha = \nabla_\alpha \nabla_\nu \xi_\mu. \tag{7.101}$$

Sostituendo nell'Eq. (7.98) abbiamo infine

$$\nabla_\alpha \nabla_\nu \xi_\mu = -R_{\mu\nu\alpha}{}^\beta \xi_\beta, \tag{7.102}$$

che coincide appunto con l'Eq. (7.76) cercata.

Approssimazione di campo debole

Le equazioni di Einstein che abbiamo introdotto nel capitolo precedente collegano la curvatura dello spazio-tempo alla densità di energia e di impulso delle sorgenti materiali. In questo capitolo forniremo una definitiva interpretazione gravitazionale di queste equazioni, ricavando la loro versione linearizzata e confrontandola con le equazioni della teoria gravitazionale di Newton. Potremo così fissare la costante χ che controlla l'accoppiamento tra materia e geometria, e che finora abbiamo trattato come parametro arbitrario.

Risolveremo le equazioni di Einstein linearizzate per determinare la geometria associata ad un campo sufficientemente debole e statico, e troveremo così interessanti effetti dinamici e nuovi tipi di interazione tra sorgenti e geometria, non previsti dal limite Newtoniano. Ci concentreremo soprattutto su due effetti: la deflessione e il ritardo dei segnali elettromagnetici che si propagano nel campo gravitazionale del nostro sistema solare. La verifica sperimentale di entrambi questi effetti ha fornito importanti conferme della validità di una descrizione geometrica dell'interazione gravitazionale, basata, in particolare, sulle equazioni di campo di Einstein.

8.1 Equazioni di Einstein linearizzate

Supponiamo che la geometria della varietà spazio-temporale si discosti poco da quella di Minkowski, e che la metrica $g_{\mu\nu}$, in coordinate cartesiane, si possa sviluppare attorno alla metrica di Minkowski ponendo, all'ordine zero, $g_{\mu\nu}^{(0)} = \eta_{\mu\nu}$, e, al primo ordine, $g_{\mu\nu}^{(1)} = h_{\mu\nu}$.

Trascurando in questo sviluppo i termini di ordine superiore abbiamo dunque

$$g_{\mu\nu} \simeq \eta_{\mu\nu} + h_{\mu\nu}, \qquad |h_{\mu\nu}| \ll 1, \qquad (8.1)$$

dove il tensore simmetrico $h_{\mu\nu}$ descrive piccole fluttuazioni della geometria che si possono trattare perturbativamente. Sostituendo questa metrica nelle

© Springer-Verlag Italia 2015
M. Gasperini, *Relatività Generale e Teoria della Gravitazione*,
UNITEXT for Physics, DOI 10.1007/978-88-470-5690-9_8

equazioni di Einstein, e trascurando tutti i termini di ordine h^2 e superiori, otterremo delle equazioni differenziali lineari in $h_{\mu\nu}$ che ci permetteranno di determinare, in questa approssimazione, le deviazioni dalla geometria di Minkowski.

A questo proposito notiamo innanzitutto che, al primo ordine, le componenti covarianti e contrarianti di h sono collegate tra loro dalla metrica di Minkowski:

$$h_\mu{}^\nu = g^{\nu\alpha} h_{\mu\alpha} = \eta^{\nu\alpha} h_{\mu\alpha} + \mathcal{O}(h^2),$$

$$h \equiv h_\mu{}^\mu = g^{\mu\nu} h_{\mu\nu} = \eta^{\mu\nu} h_{\mu\nu} + \mathcal{O}(h^2). \tag{8.2}$$

Inoltre, sempre al primo ordine in h, le componenti controvarianti della metrica (ossia le componenti della matrice inversa) sono date da

$$g^{\mu\nu} \simeq \eta^{\mu\nu} - h^{\mu\nu}, \tag{8.3}$$

così da soddisfare la condizione

$$g^{\mu\alpha} g_{\nu\alpha} = \delta^\mu_\nu + h_\nu{}^\mu - h^\mu{}_\nu + \mathcal{O}(h^2) = \delta^\mu_\nu + \mathcal{O}(h^2). \tag{8.4}$$

Calcoliamo ora la connessione. All'ordine zero la metrica è quella di Minkowski e la connessione è ovviamente nulla, $\Gamma^{(0)}_{\mu\nu}{}^\alpha = 0$. Al primo ordine in h, usando le equazioni (8.1) e (8.3), abbiamo:

$$\Gamma^{(1)\beta}_{\nu\alpha} = \frac{1}{2}\eta^{\beta\rho}\left(\partial_\nu h_{\alpha\rho} + \partial_\alpha h_{\nu\rho} - \partial_\rho h_{\nu\alpha}\right). \tag{8.5}$$

Poiché questa connessione è proporzionale ai gradienti di h, nel calcolo al primo ordine del corrispondente tensore di curvatura possiamo trascurare i termini di tipo Γ^2. Otteniamo quindi:

$$\begin{aligned}
R^{(1)}_{\mu\nu\alpha}{}^\beta &= \partial_\mu \Gamma^{(1)}_{\nu\alpha}{}^\beta - \partial_\nu \Gamma^{(1)}_{\mu\alpha}{}^\beta \\
&= \frac{1}{2}\eta^{\beta\rho}(\partial_\mu\partial_\alpha h_{\nu\rho} - \partial_\mu\partial_\rho h_{\nu\alpha} - \partial_\nu\partial_\alpha h_{\mu\rho} + \partial_\nu\partial_\rho h_{\mu\alpha}).
\end{aligned} \tag{8.6}$$

Per scrivere le equazioni di Einstein ci serve, in particolare, la contrazione di Ricci, che in questa approssimazione diventa

$$R^{(1)}_{\nu\alpha} = R^{(1)}_{\mu\nu\alpha}{}^\mu = \frac{1}{2}\left(\partial_\mu\partial_\alpha h_\nu{}^\mu - \Box h_{\nu\alpha} - \partial_\nu\partial_\alpha h + \partial_\nu\partial_\rho h^\rho{}_\alpha\right) \tag{8.7}$$

(abbiamo posto $\Box = \eta^{\mu\nu}\partial_\mu\partial_\nu$). Sostituendo questo risultato nelle equazioni gravitazionali (7.29) abbiamo infine

$$\frac{1}{2}\left(\partial_\mu\partial_\alpha h_\nu{}^\mu - \Box h_{\nu\alpha} - \partial_\nu\partial_\alpha h + \partial_\nu\partial_\rho h^\rho{}_\alpha\right) = \chi\left(T_{\nu\alpha} - \frac{1}{2}\eta_{\nu\alpha}T\right). \tag{8.8}$$

Questo sistema di equazioni differenziali del second'ordine è lineare nella variabile geometrica $h_{\mu\nu}$, ed approssima al primo ordine le equazioni di Einstein per piccole deviazioni dalla metrica di Minkowski. In questa approssimazione, per essere in accordo con l'identità di Bianchi contratta, il tensore energia-impulso che appare al secondo membro va calcolato all'ordine zero in h (ovvero coincide col tensore energia-impulso imperturbato dello spazio-tempo di Minkowski), e soddisfa l'ordinaria legge di conservazione $\partial^\nu T_{\mu\nu} = 0$ (si veda l'Esercizio 8.1).

8.1.1 Il gauge armonico

Il membro sinistro delle precedenti equazioni può essere ulteriormente semplificato utilizzando la covarianza del modello geometrico Riemanniano, ed imponendo – mediante un'opportuna scelta di coordinate – quattro condizioni "di *gauge*" sulle componenti della metrica (si veda la discussione della Sez. 7.2).

Nel nostro caso, in particolare, è conveniente imporre la seguente condizione:

$$\partial_\nu \left(h_\mu{}^\nu - \frac{1}{2}\delta_\mu^\nu h \right) = 0, \tag{8.9}$$

detta "*gauge* armonico", o *gauge* di de Donder (si veda anche l'Esercizio 8.2). Imponendo questa condizione si trova che il primo, terzo e quarto termine del tensore di Ricci (8.7) si cancellano esattamente tra loro, e le equazioni di Einstein linearizzate (8.8) si riducono a

$$\Box h_\nu{}^\alpha = -2\chi \left(T_\nu{}^\alpha - \frac{1}{2}\delta_\nu^\alpha T \right). \tag{8.10}$$

È opportuno sottolineare che si può sempre adottare un sistema di coordinate dove la condizione (8.9) è soddisfattta. Consideriamo infatti la trasformazione infinitesima che ci fa passare dalla carta di partenza x^μ alla nuova carta $x'^\mu = x^\mu + \xi^\mu(x)$, dove ξ soddisfa alla condizione $|\partial_\alpha \xi^\mu| \ll 1$ (necessaria affinché lo sviluppo (8.1) resti valido, e si possa continuare ad usare l'approssimazione lineare). La variazione locale del tensore metrico indotta da una trasformazione di *gauge* di questo tipo è stata calcolata nella Sez. 3.3, ed è data in generale dall'Eq. (3.53). Sostituendo in quell'equazione lo sviluppo (8.1), ossia ponendo $g = \eta + h$, $g' = \eta + h'$, e trascurando termini di ordine h^2, ξ^2, e $h\xi$, troviamo:

$$h'_{\mu\nu} = h_{\mu\nu} - \partial_\mu \xi_\nu - \partial_\nu \xi_\mu. \tag{8.11}$$

Calcoliamo allora, in questa nuova carta, il membro sinistro dell'Eq. (8.9):

$$\partial_\nu \left(h'_\mu{}^\nu - \frac{1}{2}\delta_\mu^\nu h' \right) = \partial_\nu \left(h_\mu{}^\nu - \frac{1}{2}\delta_\mu^\nu h \right) - \Box \xi_\mu. \tag{8.12}$$

Se prendiamo per la nostra trasformazione di coordinate un generatore ξ_μ che soddisfa la condizione

$$\Box \xi_\mu = \partial_\nu \left(h_\mu{}^\nu - \frac{1}{2} \delta_\mu^\nu h \right) \tag{8.13}$$

otterremo quindi una nuova carta in cui la condizione (8.9) è soddisfatta. Inoltre, se tale condizione è già valida nella carta di partenza, possiamo ancora trasformare le coordinate e preservare la condizione di *gauge* armonico purché il generatore della trasformazione soddisfi a $\Box \xi_\mu = 0$. Questa situazione è molto simile, formalmente, a quella che riguarda il *gauge* di Lorenz nel contesto della teoria elettromagnetica (ma con importanti differenze fisiche, dovute al carattere tensoriale del campo $h_{\mu\nu}$).

8.2 Metrica dello spazio-tempo per un campo debole e statico

Cerchiamo dunque soluzioni per le equazioni linearizzate (8.10) assumendo che la geometria, oltre a deviare poco da quella di Minkowski, non dipenda dal tempo (ossia soddisfi alla condizione $\partial_0 h_{\mu\nu} = 0$), e sia generata da sorgenti statiche (o comunque dotate di velocità trascurabili). Il loro tensore energia-impulso può essere approssimato ponendo $T_0^0 \simeq \rho c^2$, dove ρ è la densità di massa a riposo, e $T_{ij} \simeq 0 \simeq T_{0j}$. In questo limite $T \simeq T_0^0$, e l'Eq. (8.10) per la componente h_{00} si riduce a

$$\nabla^2 h_{00} = \chi \rho c^2, \tag{8.14}$$

dove $\nabla^2 = \delta^{ij} \partial_i \partial_j$ è l'usuale operatore Laplaciano dello spazio Euclideo 3-dimensionale.

Possiamo ricordare, a questo punto, che nel limite Newtoniano di campi gravitazionali deboli, statici, e velocità non relativistiche, la deviazione di g_{00} dal valore Minkowskiano $\eta_{00} = 1$ è già stata discussa e determinata nella Sez. 5.2. Sfruttando il risultato dell'Eq. (5.16) abbiamo, in particolare,

$$h_{00} = g_{00} - \eta_{00} = \frac{2\phi}{c^2}, \tag{8.15}$$

dove ϕ è il potenziale gravitazionale Newtoniano.

Questo valore di h_{00} deve essere ritrovato – nello stesso limite – anche nel contesto delle equazioni di Einstein, se vogliamo che tali equazioni descrivano correttamente l'interazione gravitazionale. In tal caso l'Eq. (8.14) deve prendere la forma

$$\nabla^2 \phi = \frac{1}{2} \chi \rho c^4. \tag{8.16}$$

Ma il potenziale Newtoniano deve soddisfare, come ben noto, l'equazione di Poisson

$$\nabla^2 \phi = 4\pi G \rho, \tag{8.17}$$

dove G è la costante di Newton. Ne consegue che le equazioni di Einstein sono consistenti con la teoria gravitazionale di Newton – nel senso che la riproducono fedelmente nel limite di campi deboli, statici e velocità non relativistiche – purché la costante d'accoppiamento tra materia e geometria sia fissata come segue:

$$\chi = \frac{8\pi G}{c^4}. \tag{8.18}$$

Si noti che le dimensioni di questa costante sono $[\chi] = E^{-1}L$, come anticipato nella Sez. 7.1.

Una volta effettuata questa identificazione, le equazioni di Einstein linearizzate non solo riproducono il valore di g_{00} del limite Newtoniano, ma forniscono anche ulteriori e nuovi risultati per la parte spaziale della metrica.

Consideriamo infatti l'Eq. (8.10) per le componenti spaziali h_{ij}. Nel caso che stiamo considerando $T_{ij} = 0$, e quindi otteniamo:

$$\nabla^2 h_{ij} = \chi \delta_{ij} \rho c^2. \tag{8.19}$$

Confrontiamo questa equazione con l'Eq. (8.14) e la sua soluzione (8.15). Prendendo la stessa costante d'accoppiamento e le stesse costanti di integrazione le equazioni forniscono $h_{ij} = \delta_{ij} h_{00}$, ossia

$$h_{ij} = \delta_{ij} \frac{2\phi}{c^2}. \tag{8.20}$$

Perciò:

$$g_{ij} = \eta_{ij} + h_{ij} = -\delta_{ij}\left(1 - \frac{2\phi}{c^2}\right). \tag{8.21}$$

L'elemento di linea completo che risolve le equazioni di Einstein linearizzate, e rappresenta la geometria associata ad un campo debole e statico, è dunque il seguente:

$$ds^2 = \left(1 + \frac{2\phi}{c^2}\right) c^2 dt^2 - \left(1 - \frac{2\phi}{c^2}\right) |d\boldsymbol{x}|^2, \tag{8.22}$$

dove ϕ è soluzione dell'equazione di Poisson (8.17).

È interessante confrontare questo risultato con l'elemento di linea (5.29), ottenuto usando esclusivamente la teoria di Newton.

La soluzione approssimata delle equazioni di Einstein (8.22) riproduce gli effetti gravitazionali associati alla componente g_{00} della metrica e prodotti da sorgenti deboli e statiche (gli stessi del limite Newtoniano, già discussi nel Capitolo 5). In più, però, prevede che le stesse sorgenti deformino anche la geometria dello spazio Euclideo tridimensionale (che restava invece invariata nel limite Newtoniano). Dunque prevede nuove forme di interazione gravitazionale, ed ulteriori effetti dinamici sul moto dei corpi di prova e sulla propagazione dei segnali. Tali effetti saranno illustrati nelle sezioni seguenti.

8.3 Deflessione dei raggi luminosi

Consideriamo un'onda elettromagnetica che si propaga lungo una geodetica nulla della metrica (8.22) e che può descrivere, nell'approssimazione dell'ottica geometrica, mediante il quadrivettore d'onda $k^\mu = (\boldsymbol{k}, \omega/c)$, tale che $k^\mu k_\mu = 0$. La sua traiettoria, come discusso nella Sez. 5.1, è fissata dal trasporto parallelo del vettore k^μ, e quindi dalla condizione differenziale

$$dk^\mu + \Gamma_{\alpha\beta}{}^\mu dx^\alpha k^\beta = 0 \qquad (8.23)$$

(si veda l'Eq. (5.10)).

Supponiamo che l'elemento di linea (8.22) descriva un campo gravitazionale di tipo centrale, generato da una sorgente di massa M localizzata nell'origine: abbiamo quindi $\phi = -GM/r$. Supponiamo inoltre che l'onda (o il raggio luminoso) incida sul campo centrale lungo una direzione che inizialmente è parallela all'asse x_1, con parametro di impatto R (si veda la Fig. 8.1). Consideriamo l'evoluzione geodetica dell'onda nel piano (x_1, x_2), e calcoliamo l'angolo di deflessione $\Delta\theta$ rispetto alla direzione iniziale, al primo ordine in ϕ/c^2.

Possiamo assumere, in particolare, che il campo gravitazionale considerato sia quello del sole, $M \simeq 2 \times 10^{33}$ g, che il parametro di impatto sia di poco superiore al raggio solare, $R \gtrsim 7 \times 10^{10}$ cm, e che la frequenza dell'onda elettromagnetica sia compresa nella banda di spettro visibile. In questo caso abbiamo un raggio luminoso con lunghezza d'onda $\lambda = 2\pi c/\omega$ molto minore sia del parametro d'impatto che del raggio di curvatura locale dello spazio-

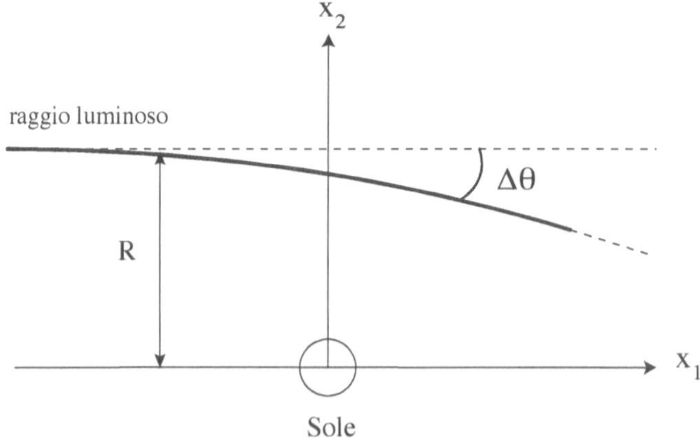

Figura 8.1 Illustrazione schematica del processo di deflessione nel piano (x_1, x_2)

tempo, per cui l'approssimazione dell'ottica geometrica è valida. Il potenziale gravitazionale soddisfa inoltre la condizione $GM/Rc^2 \ll 1$, per cui le deviazioni dalla metrica di Minkowski lungo la traiettoria del raggio sono piccole, e l'approssimazione di campo debole può essere correttamente applicata.

In questa situazione fisica è lecito assumere che l'angolo di deflessione sia piccolo, $|\Delta\theta| \ll 1$, e possa essere approssimato con la sua tangente. Poniamo dunque

$$\Delta\theta \simeq \frac{\Delta k^2}{k^1}, \tag{8.24}$$

dove Δk^2 è la componente del vettore d'onda lungo l'asse x_2, acquistata in totale dal raggio durante il suo cammino per effetto del campo gravitazionale. Per ottenere Δk^2 partiamo dalla variazione infinitesima di k^2 fornita dalla condizione geodetica (8.23),

$$dk^2 = -\Gamma_{\alpha\beta}{}^2 dx^\alpha k^\beta, \tag{8.25}$$

ed integriamo poi tale variazione su tutta la traiettoria del raggio.

Nell'approssimazione di campo debole la connessione è fornita dall'Eq. (8.5), ed è un oggetto del primo ordine in h (cioè in ϕ/c^2). Se vogliamo calcolare la deflessione dk^2 al primo ordine dobbiamo allora inserire, al membro destro dell'Eq. (8.25), lo spostamento dx^α e il vettore k^β espressi all'ordine zero (ossia i loro valori presi lungo la traiettoria imperturbata del raggio di luce):

$$dx^\alpha = \left(cdt, dx^1, 0, 0\right), \qquad cdt = dx^1,$$
$$k^\beta = \left(\frac{\omega}{c}, k^1, 0, 0\right), \qquad \frac{\omega}{c} = k^1. \tag{8.26}$$

L'Eq. (8.25) si riduce quindi a

$$dk^2 = -\left(\Gamma_{00}{}^2 + 2\Gamma_{01}{}^2 + \Gamma_{11}{}^2\right)\frac{\omega}{c}dx^1. \tag{8.27}$$

Per la metrica (8.22), in particolare, abbiamo:

$$\Gamma_{00}{}^2 = \frac{1}{2}\partial_2 h_{00} = \partial_2 \frac{\phi}{c^2}, \qquad \Gamma_{01}{}^2 = 0,$$
$$\Gamma_{11}{}^2 = \frac{1}{2}\partial_2 h_{11} = \partial_2 \frac{\phi}{c^2}. \tag{8.28}$$

Perciò:

$$dk^2 = -2\frac{\omega}{c^3}\partial_2\phi\, dx^1 = \frac{2\omega}{c^3}\partial_2\left(\frac{GM}{\sqrt{x_1^2 + x_2^2}}\right)dx^1$$
$$= -\frac{2\omega}{c^3}\frac{GMx_2}{\left(x_1^2 + x_2^2\right)^{3/2}}dx^1. \tag{8.29}$$

La componente totale Δk^2 si ottiene ora integrando questa variazione infinitesima su dx^1, da $-\infty$ a $+\infty$, lungo tutta la traiettoria imperturbata del raggio. Lungo tale traiettoria si ha $x_2 = R$. Sostituendo nell'Eq. (8.24) abbiamo quindi

$$\Delta\theta \simeq \frac{\Delta k^2}{k^1} = \frac{c}{\omega} \int_{-\infty}^{+\infty} \left(dk^2\right)_{x_2=R}$$

$$= -\frac{2GMR}{c^2} \int_{-\infty}^{+\infty} \frac{dx_1}{\left(x_1^2 + R^2\right)^{3/2}}. \tag{8.30}$$

Ponendo $x_1 = R \sinh z$ l'integrale si risolve facilmente, e fornisce:

$$\int_{-\infty}^{+\infty} \frac{dx_1}{\left(x_1^2 + R^2\right)^{3/2}} = \frac{1}{R^2} \int_{-\infty}^{+\infty} \frac{dz}{\cosh^2 z} = \frac{1}{R^2} \left[\tanh z\right]_{-\infty}^{+\infty} = \frac{2}{R^2}. \tag{8.31}$$

Otteniamo così, in prima approssimazione, il seguente angolo di deflessione totale

$$\Delta\theta \simeq -\frac{4GM}{Rc^2} \tag{8.32}$$

(detto anche "angolo di Einstein").

Nel caso del Sole, e di un raggio di luce proveniente da una stella lontana che arriva ai nostri telescopi dopo aver "sfiorato" il bordo solare – e che è caratterizzato quindi da un parametro di impatto circa uguale al raggio solare – l'angolo di deflessione previsto corrisponde a 1.75 *secondi d'arco*. Tale effetto è stato osservato (per la prima volta nel 1919) durante le eclissi di sole, e la predizione teorica (8.32) è stata ripetutamente confermata, con una precisione sperimentale che oggi è circa dell'uno per cento.

Una precisione migliore si può ottenere misurando la deflessione di onde con frequenza compresa nella banda radio, anziché in quella visibile: considerando, ad esempio, segnali provenienti da radiosorgenti (di tipo *quasar*) che sfiorano il bordo del sole. In quel caso non è necessario aspettare un'eclissi, ed usando tecniche di radio-interferometria – in particolare VLBI, ossia *Very Long Baseline Interferometry* – è possibile verificare le previsioni della relatività generale con una precisione di una parte su 10^{-4}.

È importante sottolineare che la deflessione della luce calcolata in Eq. (8.32) è alla base del cosiddetto effetto di "lente gravitazionale". Grazie a tale effetto il campo gravitazionale dei corpi celesti (stelle, galassie) è in grado di distorcere e focalizzare i raggi di luce, esattamente come un mezzo ottico trasparente. Può quindi produrre immagini multiple dello stesso oggetto e, in particolare, trasformare l'immagine di un corpo puntiforme in una serie di archi o di anelli luminosi, detti "anelli di Einstein". Anche questo tipo di effetto è stato osservato[1], e trovato in accordo con le predizioni della teoria.

---

[1] Si veda ad esempio R. Lynds and V. Petrosian, *Bull. Am. Astr. Soc.* **18**, 1014 (1986).

Lo studio delle lenti gravitazionali costituisce, al giorno d'oggi, un potente metodo di indagine in molti campi dell'astrofisica.

Osserviamo infine che l'angolo di deflessione (8.32) non dipende dalla frequenza (ossia dall'energia) dell'onda incidente. Questo risultato è una conseguenza del fatto che il segnale (o l'oggetto di prova) considerato si propaga lungo geodetiche nulle, con una relazione di dispersione che ha la forma imperturbata $\omega(k) = ck$ (si veda l'Eq. (8.26)). Se consideriamo invece la deflessione di un corpo massivo, che si propaga lungo geodetiche di tipo tempo con energia $E(p) = \hbar\omega = (c^2 p^2 + m^2 c^4)^{1/2}$, e ripetiamo i calcoli precedenti, troviamo infatti che l'angolo di deflessione dipende dall'energia (si veda l'Esercizio 8.3, Eq. (8.64)).

Se il fotone avesse massa, il campo gravitazionale si comporterebbe perciò come un prisma, deviando frequenza diverse con angoli diversi e separando i colori all'interno di un fascio di luminoso. L'assenza di "effetto prisma" nei fenomeni di lente gravitazionale osservati permette dunque di ricavare un limite superiore sulla massa del fotone m_γ. Tale limite, però, risulta meno stringente di altri limiti attualmente esistenti su m_γ, ottenuti mediante osservazioni di tipo elettromagnetico.

8.4 Ritardo dei segnali radar

Un altro interessante effetto, previsto dalla soluzione (8.22) delle equazioni di Einstein linearizzate, riguarda la possibile variazione del "tempo di viaggio" dei segnali (e dei corpi di prova in genere) che si propagano in un campo gravitazionale, rispetto al tempo di viaggio impiegato (per lo stesso tragitto) nello spazio-tempo piatto di Minkowski.

Per illustrare questo effetto consideriamo un'onda elettromagnetica (in particolare, un segnale radar) che si propaga nel campo di gravità solare. Il segnale viene lanciato dalla Terra, rimbalza su di un pianeta, e ritorna sulla terra passando a una distanza minima dal sole pari a R (si veda la Fig. 8.2). Durante il tragitto del segnale lo spostamento dei pianeti è trascurabile, per cui possiamo assumere che siano entrambi fermi, a distanze radiali dal Sole date rispettivamente da r_T e r_P. Per un calcolo al primo ordine del tempo di andata e ritorno assimeremo che il segnale si propaghi lungo la traiettoria rettilinea (imperturbata) mostrata in Fig. 8.2, trascurando l'effetto di deflessione gravitazionale (che si aggiungerebbe all'effetto che stiamo considerando, e porterebbe a correzioni totali di ordine superiore al primo).

In assenza di gravità la traiettoria imperturbata, parallela all'asse x_1, è percorsa con velocità c, e il tempo totale di andata e ritorno è ovviamente $2(x_P + x_T)/c$ (pari cioè alla distanza imperturbata diviso la velocità imperturbata). Chiediamoci come cambia questo tempo se teniamo conto del fatto che la geometria dello spazio-tempo non è quella di Minkowski, ma quella descritta dall'elemento di linea (8.22).

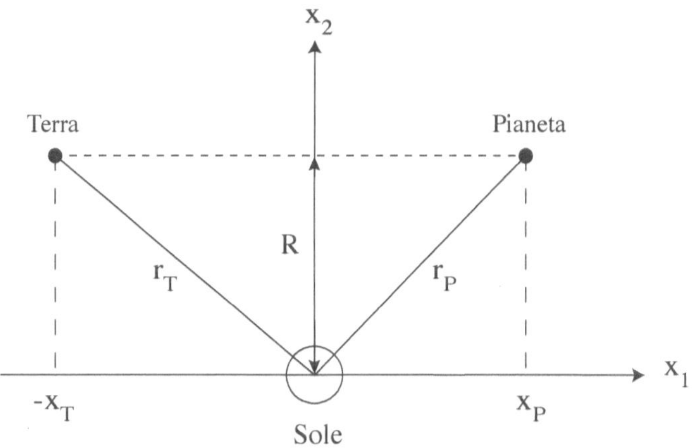

Figura 8.2 Illustrazione schematica del percorso del segnale radar nel piano (x_1, x_2)

A tal scopo osserviamo che il segnale considerato si propaga lungo le geodetiche nulle di tale geometria, e quindi la sua traiettoria è caratterizzata dalla condizione differenziale

$$\left(1 + \frac{2\phi}{c^2}\right)^{1/2} cdt = \left(1 - \frac{2\phi}{c^2}\right)^{1/2} dx_1, \tag{8.33}$$

ossia (al primo ordine in ϕ/c^2)

$$dt = \frac{dx_1}{c}\left(1 - \frac{2\phi}{c^2}\right) = \frac{dx_1}{c}\left(1 + \frac{2GM}{rc^2}\right). \tag{8.34}$$

Il secondo termine della parentesi tonda rappresenta le correzioni gravitazionali, che distorcono la geometria influenzando la metrica nella sua parte sia spaziale che temporale.

Per calcolare il tempo T di andata e ritorno, al primo ordine nel potenziale gravitazionale, integriamo l'Eq. (8.34) lungo la traiettoria imperturbata $x_2 = R$. Abbiamo quindi

$$\begin{aligned}
T &= 2\int dt = \frac{2}{c}\int_{-x_T}^{x_P} dx_1 \left(1 + \frac{2GM}{c^2\sqrt{x_1^2 + R^2}}\right) \\
&= \frac{2}{c}(x_T + x_P) + \Delta t,
\end{aligned} \tag{8.35}$$

dove Δt rappresenta la correzione rispetto alla geometria di Minkowski:

$$\begin{aligned}
\Delta t &= \frac{4GM}{c^3}\int_{-x_T}^{x_P} \frac{dx_1}{\sqrt{x_1^2 + R^2}} = \frac{4GM}{c^3}\ln\left(\frac{\sqrt{x_P^2 + R^2} + x_P}{(\sqrt{x_T^2 + R^2} - x_T)}\right) \\
&= \frac{4GM}{c^3}\ln\left(\frac{r_P + x_P}{r_T - x_T}\right).
\end{aligned} \tag{8.36}$$

Poiché l'argomento del logaritmo è sempre maggiore di uno si trova che l'intervallo Δt è positivo, e quindi l'effetto netto del campo gravitazionale, in questo caso, è quello di allungare il tempo di andata e ritorno (per questo si parla di "ritardo" del segnale rispetto allo spazio-tempo di Minkowski).

Come risulta evidente dall'Eq. (8.36), l'effetto è tanto più grande quanto più piccolo è il parametro di impatto R: il ritardo raggiunge dunque il valore massimo quando R è di poco superiore al raggio solare, ossia quando la Terra e il pianeta che funge da bersaglio sono nella configurazione astronomica chiamata "congiunzione". In prossimità di quella configurazione risulta $R \ll x_T, x_P$, e l'argomento del logaritmo si può approssimare come segue:

$$\frac{r_P + x_P}{r_T - x_T} \simeq \frac{x_P \left(1 + \frac{R^2}{2x_P^2} + \cdots\right) + x_P}{x_T \left(1 + \frac{R^2}{2x_T^2} + \cdots\right) - x_T} \simeq \frac{2x_P 2x_T}{R^2}. \tag{8.37}$$

In quel caso il tempo di ritardo (8.36) si riduce alla forma

$$\Delta t \simeq \frac{4GM}{c^3} \ln\left(\frac{4x_P x_T}{R^2}\right), \tag{8.38}$$

che rappresenta l'espressione standard del cosiddetto "effetto Shapiro"[2].

Tale effetto è stato misurato usando come pianeta "bersaglio" sia Marte che Venere. Nel caso di Marte, in particolare, si è anche utilizzato come riflettore dei segnali radar la sonda spaziale *Viking*, dopo il suo atterraggio sul pianeta Marte avvenuto nel 1976. In quel caso la previsone teorica del tempo di ritardo (8.38) è stata verificata con una precisione dell'uno per mille, nel 1979, grazie a un esperimento condotto da Reasenberg e Shapiro[3].

8.5 Misure di velocità in un campo gravitazionale

L'effetto discusso nella sezione precedente descrive il ritardo di un segnale elettromagnetico, ossia l'aumento del suo tempo effettivo di viaggio rispetto al tempo corrispondente che si misurerebbe nello spazio vuoto di Minkowski, privo di campi gravitazionali. La situazione è esattamente analoga a quella che si avrebbe se il segnale si propagasse con una velocità effettiva *minore di c*, a causa della presenza del campo gravitazionale che agisce come un "mezzo" ottico trasparente.

Non c'è dubbio che il campo gravitazionale, a differenza di un mezzo ottico, può essere sempre *localmente* eliminato (si veda la discussione della Sez. 2.2), e non c'è dubbio che la velocità *istantanea* del segnale elettromagnetico – così come la velocità di qualunque particella di massa nulla – si riduce lo-

---

[2] I. I. Shapiro, *Phys. Rev. Lett.* **13**, 789 (1964).

[3] R. Reasenberg et al., *Astrophys. J.* **234**, L219 (1989).

calmente alla velocità della luce, in accordo alle leggi della relatività ristretta. Dobbiamo tener presente, però, che la velocità *media* associata allo spostamento tra due punti distinti dello spazio si può determinare solo con misure *non locali*, e in quel caso gli effetti dovuti alla presenza di un eventuale campo gravitazionale non possono essere eliminati.

Se consideriamo la distorsione geometrica del tempo proprio e delle distanze spaziali prodotta, in generale, da una metrica non-Minkowskiana, troviamo allora che la gravità può causare non solo un "rallentamento" della velocità di propagazione effettiva, ma anche, in certi casi, un effettivo aumento di tale velocità, a seconda della posizione dell'osservatore e della situazione cinematica considerata[4].

Per illustrare questo punto è sufficiente un semplice esempio basato sulla geometria di campo debole e statico descritta dall'Eq. (8.22), con un potenziale centrale $\phi = -GM/r$.

Consideriamo un segnale luminoso che si propaga lungo una geodetica radiale nulla, tra due punti di coordinate r_1 e r_2, con $r_1 < r_2$. La distanza propria $\Delta\ell$ che separa i due punti, per una geometria di tipo statico, descritta dalla metrica

$$ds^2 = g_{00}c^2dt^2 + g_{ij}dx^i dx^j, \tag{8.39}$$

è una quantità costante, pari a:

$$\Delta\ell = \int_{r_1}^{r_2} \sqrt{|g_{ij}dx^i dx^j|}. \tag{8.40}$$

Applicando nel nostro caso l'Eq. (8.22) otteniamo, al primo ordine in ϕ/c^2,

$$\Delta\ell = \int_{r_1}^{r_2} \left(1 - \frac{\phi}{c^2}\right) dr = r_2 - r_1 + \frac{GM}{c^2} \ln \frac{r_2}{r_1}, \qquad r_2 > r_1. \tag{8.41}$$

Una geodetica radiale nulla della metrica (8.22), d'altra parte, è caratterizzata dalla condizione differenziale

$$dt = \frac{dr}{c} \left(1 - \frac{2\phi}{c^2}\right) \tag{8.42}$$

(si veda anche l'Eq. (8.34)). La "durata del viaggio" effettuato dal segnale – ossia il tempo necessario affinché il segnale percorra la distanza $\Delta\ell$ – se viene riferita al *tempo proprio* di un osservatore statico posizionato in un estremo della traiettoria (per esempio, nel punto r_1) è allora data da (si veda anche

---

[4] Questa seconda possibilità è stata recentemente sottolineata e discussa con particolare riferimento alla possibile esistenza (e alla eventuale rivelazione sperimentale) di particelle "superluminali". Si veda ad esempio B. Alles, *Phys. Rev.* **D85** 047501 (2012); D. Lust and M. Petropoulos, *Class.Q.Grav.* **29**, 085013 (2012).

l'Eq. (5.30)):

$$\Delta\tau(r_1) = \sqrt{g_{00}(r_1)}\,\Delta t = \frac{1}{c}\left(1 + \frac{\phi_1}{c^2}\right)\int_{r_1}^{r_2}\left(1 - \frac{2\phi}{c^2}\right)dr$$
$$= \frac{1}{c}\,(r_2 - r_1)\left[1 - \frac{GM}{c^2 r_1} + \frac{2GM}{c^2(r_2 - r_1)}\ln\frac{r_2}{r_1}\right], \qquad r_2 > r_1. \tag{8.43}$$

La velocità effettiva $v(r_1)$, misurata dall'osservatore posto nel punto r_1, è quindi definita dalla seguente espressione:

$$\frac{v(r_1)}{c} = \frac{\Delta\ell}{\Delta\tau(r_1)} = 1 + \frac{GM}{c^2 r_1} - \frac{GM}{c^2(r_2 - r_1)}\ln\frac{r_2}{r_1}, \qquad r_2 > r_1. \tag{8.44}$$

Si può facilmente verificare che, per $r_2 > r_1$, l'equazione precedente fornisce sempre il risultato $v(r_1) > c$, definendo quindi una propagazione con velocità effettiva di tipo "superluminale". Si ottiene il risultato opposto, invece, se la velocità viene misurata da un osservatore posizionato all'altro estremo della traiettoria (ossia nel punto $r = r_2$). In quel caso la velocità media effettiva è localmente definita da

$$\frac{v(r_2)}{c} = \frac{\Delta\ell}{\Delta\tau(r_2)} = 1 + \frac{GM}{c^2 r_2} - \frac{GM}{c^2(r_2 - r_1)}\ln\frac{r_2}{r_1}, \qquad r_2 > r_1, \tag{8.45}$$

e si ottiene sempre $v(r_2) < c$, ossia una velocità "subluminale".

È opportuno sottolineare, a questo punto, che gli aggettivi *subluminale* e *superluminale* usati in questo contesto sono convenzionalmente da riferire alla velocità della luce tipica dello spazio-tempo piatto, e non sottintendono alcuna violazione dei principi di relatività e causalità ordinari. Le velocità $v(r_i)$, $i = 1, 2$, che abbiamo calcolato rappresentano infatti le velocità medie effettive associate a percorsi effettuati lungo geodetiche nulle, ossia lungo traiettorie che giacciono esattamente sul cono luce (distorto) della varietà spazio-temporale considerata. Essendo riferite alla propagazione sul cono luce, sono proprio i valori $v(r_1)$, $v(r_2)$ – e non c – che rappresentano, a tutti gli effetti, le massime velocità fisicamente permesse per lo scambio di segnali ed informazioni tra i punti r_1 e r_2, relativamente ad osservatori posti in r_1 e r_2.

Notiamo infine che effettuando il limite $r_1 \to r_2$ nelle equazioni (8.44) e (8.45) otteniamo, in entrambi i casi, $v(r_i) \to c$. Si ritrova dunque sempre $v = c$ come velocità di propagazione istantanea sul cono luce per un processo fisico *locale* (esattamente come nello spazio-tempo di Minkowski, e come dobbiamo aspettarci sulla base del principio di equivalenza).

Esercizi Capitolo 8

8.1. Identità di Bianchi nell'approssimazione lineare

Mostrare che l'equazione linearizzata (8.8) è consistente con l'identità di Bianchi contratta purché il tensore energia-impulso soddisfi la legge di conservazione imperturbata

$$\partial^\alpha T_{\mu\alpha} = 0. \tag{8.46}$$

8.2. Gauge armonico

Dimostrare che la condizione di *gauge* armonico $g^{\alpha\beta}\Gamma_{\alpha\beta}{}^\mu = 0$ si può anche scrivere nella forma $\partial_\nu(\sqrt{-g}g^{\mu\nu}) = 0$, utilizzata in Sez. 3.6. Verificare inoltre che nell'approssimazione lineare tale condizione si riduce all'Eq. (8.9).

8.3. Deflessione gravitazionale di una particella massiva

Calcolare, nell'approssimazione di campo debole, l'angolo di deflessione subito da una particella di massa m che incide con energia E e parametro di impatto R su di un campo gravitazionale di tipo centrale, descritto dalla metrica (8.22) e da un potenziale effettivo $\phi = -GM/r$.

8.4. Forze centrali linearmente dipendenti dalla velocità

Si consideri la deflessione di una particella massiva da parte di un ipotetico campo di forze centrali che dipende linearmente dalla velocità della particella,

$$F^\mu = \frac{dp^\mu}{d\tau} = G^\mu{}_\nu u^\nu, \tag{8.47}$$

e che nel limite di sorgenti statiche si riduce a

$$\frac{dp^i}{d\tau} = G^i{}_0 u^0 = -m\frac{u^0}{c}\partial_i\phi = -\frac{p^0}{c}\partial_i\phi, \tag{8.48}$$

dove $\phi = -GM/r$. Mostrare che l'angolo di deflessione $\Delta\theta$, calcolato al primo ordine in ϕ, tende a zero quando la velocità della particella tende a quella della luce.

Soluzioni

8.1. Soluzione

L'identità di Bianchi contratta (si veda l'Eq. (6.30)) richiede, nell'approssimazione lineare, che la divergenza ordinaria del membro sinistro dell'Eq. (8.8) sia uguale alla divergenza del membro destro.

La divergenza del membro sinistro fornisce:

$$\partial^\alpha R_{\nu\alpha}^{(1)} = \frac{1}{2}\partial_\nu\left(-\Box h + \partial^\alpha\partial_\rho h^\rho{}_\alpha\right). \tag{8.49}$$

D'altra parte, prendendo la traccia dell'Eq. (8.8), abbiamo:

$$\partial_\mu\partial^\nu h_\nu{}^\mu - \Box h = -\chi T. \tag{8.50}$$

L'equazione precedente si può quindi riscrivere come:

$$\partial^\alpha R^{(1)}_{\nu\alpha} = -\frac{1}{2}\chi\partial_\nu T. \tag{8.51}$$

La divergenza del membro destro fornisce:

$$\chi\partial^\alpha T_{\nu\alpha} - \frac{1}{2}\chi\partial_\nu T. \tag{8.52}$$

Le due equazioni (8.51), (8.52) sono dunque consistenti se e solo se il tensore energia-impulso soddisfa l'ordinaria equazione di conservazione

$$\partial^\alpha T_{\nu\alpha} = 0. \tag{8.53}$$

8.2. Soluzione

Usando la definizione di connessione di Christoffel abbiamo:

$$\begin{aligned}
g^{\alpha\beta}\Gamma_{\alpha\beta}{}^\mu &= \frac{1}{2}g^{\alpha\beta}g^{\mu\nu}\left(\partial_\alpha g_{\beta\nu} + \partial_\beta g_{\alpha\nu} - \partial_\nu g_{\alpha\beta}\right) \\
&= g^{\alpha\beta}g^{\mu\nu}\partial_\alpha g_{\beta\nu} - \frac{1}{2}g^{\alpha\beta}\partial^\mu g_{\alpha\beta}.
\end{aligned} \tag{8.54}$$

Sfruttiamo il fatto che $\partial_\alpha(g^{\mu\nu}g_{\beta\nu}) = \partial_\alpha\delta^\mu_\beta = 0$, ed usiamo l'Eq. (3.96). Si ottiene:

$$\begin{aligned}
g^{\alpha\beta}\Gamma_{\alpha\beta}{}^\mu &= g^{\alpha\beta}g_{\beta\nu}\partial_\alpha g^{\mu\nu} - \frac{1}{\sqrt{-g}}\partial^\mu\sqrt{-g} \\
&= -\partial_\nu g^{\mu\nu} - \frac{1}{\sqrt{-g}}g^{\mu\nu}\partial_\nu\sqrt{-g} \\
&= -\frac{1}{\sqrt{-g}}\partial_\nu\left(\sqrt{-g}g^{\mu\nu}\right).
\end{aligned} \tag{8.55}$$

La condizione di *gauge* armonico si può perciò esprimere, equivalentemente, nei due modi seguenti:

$$g^{\alpha\beta}\Gamma_{\alpha\beta}{}^\mu = 0, \qquad\qquad \partial_\nu\left(\sqrt{-g}g^{\mu\nu}\right) = 0. \tag{8.56}$$

Nell'approssimazione lineare possiamo usare lo sviluppo (8.1), (8.3), e la forma della connessione data nell'Eq. (8.5). In questa approssimazione la precedente condizione di *gauge* si riduce (modulo correzione di ordine h^2 e superiori) a

$$\begin{aligned}
g^{\alpha\beta}\Gamma_{\alpha\beta}{}^\mu &= \eta^{\alpha\beta}\Gamma^{(1)}_{\alpha\beta}{}^\mu \\
&= \frac{1}{2}\eta^{\alpha\beta}\eta^{\mu\nu}\left(\partial_\alpha h_{\beta\nu} + \partial_\beta h_{\alpha\nu} - \partial_\nu h_{\alpha\beta}\right) \\
&= \partial_\alpha h^{\alpha\mu} - \frac{1}{2}\partial^\mu h \\
&= \partial_\alpha\left(h^{\mu\alpha} - \frac{1}{2}\eta^{\mu\alpha}h\right) = 0,
\end{aligned} \tag{8.57}$$

che coincide appunto con l'Eq. (8.9) cercata.

8.3. Soluzione

Consideriamo la stessa configurazione descritta nella Sez.8.3 per la deflessione di un raggio luminoso, con la differenza che il quadrivettore d'onda k^μ viene sostituito dal quadri-impulso $p^\mu = (\boldsymbol{p}, E/c)$ della particella massiva. L'Eq. (8.25) viene sostituita da

$$dp^2 = -\Gamma_{\alpha\beta}{}^2 dx^\alpha p^\beta, \tag{8.58}$$

dove

$$dx^\alpha = \left(cdt, dx^1, 0, 0\right), \qquad cdt = \frac{c}{v}dx^1 = \frac{E}{pc}dx^1,$$
$$k^\beta = \left(\frac{E}{c}, p, 0, 0\right), \qquad E = \left(p^2 c^2 + m^2 c^4\right)^{1/2}. \tag{8.59}$$

Abbiamo chiamato p l'impulso iniziale lungo l'asse x^1, e abbiamo usato la relazione di cinematica relativistica $p = Ev/c^2$ che caratterizza la traiettoria imperturbata di una particella di impulso p, velocità v ed energia E. L'Eq. (8.58) (tenendo conto che $\Gamma_{01}{}^2 = 0$) fornisce allora

$$dp^2 = -\Gamma_{00}{}^2 \left(\frac{E^2}{pc^2}\right) dx^1 - \Gamma_{11}{}^2 p\, dx^1, \tag{8.60}$$

e prendendo per la connessione il risultato (8.28) otteniamo:

$$dp^2 = -\frac{2p^2 c^2 + m^2 c^4}{pc^4} \frac{GM x_2}{\left(x_1^2 + x_2^2\right)^{3/2}}\, dx^1. \tag{8.61}$$

Procediamo ora come nella Sez. 8.3, dividendo per l'impulso incidente ed integrando l'incremento di impulso dp^2 lungo tutta la traiettoria imperturbata:

$$\Delta\theta \simeq \frac{\Delta p^2}{p} = \frac{1}{p}\int \left(dp^2\right)_{x_2=R}$$
$$= -\frac{2p^2 c^2 + m^2 c^4}{pc^2} \frac{GMR}{c^2} \int_{-\infty}^{+\infty} \frac{dx_1}{\left(x_1^2 + R^2\right)^{3/2}}. \tag{8.62}$$

Ricordiamo che questa relazione è valida per $|\Delta\theta| \ll 1$, e quindi l'impulso p del corpo di prova non può essere arbitrariamente piccolo (per restare nell'ambito delle approssimazioni usate). Sfruttando il risultato dell'integrale (8.31) otteniamo infine

$$\Delta\theta(p) = -\frac{2GM}{Rc^2}\left(2 + \frac{m^2 c^2}{p^2}\right), \tag{8.63}$$

che si può anche scrivere in funzione dell'energia come

$$\Delta\theta(E) = -\frac{2GM}{Rc^2}\left(1 + \frac{E^2}{E^2 - m^2c^4}\right). \qquad (8.64)$$

Per $m \to 0$ ritroviamo l'angolo di Einstein (8.32), indipendente dall'energia.

8.4. Soluzione

Procediamo come nell'esercizio precedente, supponendo che la particella incida sul campo di forze con un impulso p inizialmente parallelo all'asse x_1, e con un parametro di impatto R. L'angolo di deflessione, al primo ordine in ϕ, è dato da

$$\Delta\theta \simeq \frac{\Delta p^2}{p} = \frac{1}{p}\int \left(dp^2\right)_{x_2=R}, \qquad (8.65)$$

dove

$$\left(dp^2\right)_{x_2=R} = \left(\frac{dp^2}{d\tau}d\tau\right)_{x_2=R} = \left(\frac{dp^2}{d\tau}\right)_{x_2=R}\left(\frac{m}{p}\right)dx^1. \qquad (8.66)$$

Sostituendo nella (8.65), ed usando l'Eq. (8.48), si ottiene l'angolo

$$\Delta\theta = -\frac{2GM}{Rc^2}\,\frac{mcp^0}{(p)^2}, \qquad (8.67)$$

che si può riscrivere in funzione della velocità $v = p/(m\gamma)$ come segue:

$$\Delta\theta = -\frac{2GM}{Rc^2}\,\frac{c^2}{v^2\gamma} = -\frac{2GM}{Rc^2}\,\frac{c^2}{v^2}\left(1 - \frac{v^2}{c^2}\right)^{1/2}. \qquad (8.68)$$

Per $v \to c$ si ha $\Delta\theta \to 0$, e quindi una particella a massa nulla (come un fotone) non viene deflessa, al primo ordine, dall'ipotetico campo di forze centrali che abbiamo considerato.

È istruttivo confrontare questo risultato con quello dell'esercizio precedente. La forza geodetica prevista dalla relatività generale è *quadratica*, e non lineare, nella quadri-velocità dei corpi di prova. Ne consegue, in particolare, una differente dipendenza dalla velocità: l'angolo di deflessione (8.64), riscritto in funzione della velocità $v = pc^2/E$, assume la forma

$$\Delta\theta(v) = -\frac{2GM}{Rc^2}\,\frac{c^2}{v^2}\left(1 + \frac{v^2}{c^2}\right) \qquad (8.69)$$

(da confrontare con l'Eq. (8.68)). Per $v \to c$ la deflessione non si annulla, e si ritrova ancora una volta l'angolo di Einstein (8.32).

9

Le onde gravitazionali

Le equazioni di Einstein linearizzate (8.10) descrivono la dinamica del campo gravitazionale nell'approssimazione in cui le deviazioni dalla geometria di Minkowski, rappresetate da $h_{\mu\nu}$, sono sufficientemente piccole da essere trattate perturbativamente. Questa approssimazione può essere applicata con successo al campo gravitazionale statico delle sorgenti astrofisiche, come abbiamo visto nel capitolo precedente.

L'approssimazione rimane valida, però, anche se le perturbazioni $h_{\mu\nu}$ della geometria di Minkowski dipendono dal tempo. In quel caso le equazioni (8.10) descrivono la dinamica di fluttuazioni geometriche che si propagano da un punto all'altro dello spazio-tempo con la velocità della luce, e che si accoppiano alla materia con intensità controllata dalla costante di Newton: le onde gravitazionali.

In questo capitolo illustreremo le loro principali proprietà, soffermandoci su alcuni aspetti che stanno alla base delle odierne tecniche di rivelazione. A causa della loro debolissima interazione coi campi materiali, una rivelazione sperimentale diretta di queste onde non è ancora stata possibile. Grazie alle potenti antenne gravitazionali consentite dalla tecnologia attuale – alcune già operative, altre in fase di progettazione, di collaudo o di sviluppo – è lecito però prevedere che tale rivelazione non si farà attendere ancora per molto (si vedano ad esempio i testi [13, 14] della Bibliografia finale).

Non va dimenticato, comunque, che le onde gravitazionali sono già state rivelate – se pur indirettamente – tramite l'osservazione dei periodi orbitali di alcuni sistemi astrofisici binari. L'emissione di radiazione gravitazionale produce infatti una diminuzione del periodo che è stata sperimentalmente misurata, e che risulta in accordo con le predizioni della relatività generale (si veda la Sez. 9.2.1). Inoltre, le recenti misure della polarizzazione della radiazione cosmica elettromagnetica sembrano aver rivelato la presenza di un fondo di radiazione gravitazionale fossile risalente all'Universo primordiale e tutt'ora sufficientemente intenso da produrre effetti osservabili (si veda la Sez. 9.5).

© Springer-Verlag Italia 2015

M. Gasperini, *Relatività Generale e Teoria della Gravitazione*, UNITEXT for Physics, DOI 10.1007/978-88-470-5690-9_9

9.1 Propagazione delle fluttuazioni metriche nel vuoto

In assenza di sorgenti (ossia, per $T_{\mu\nu} = 0$) le equazioni linearizzate (8.10) forniscono l'equazione d'onda per la propagazione nel vuoto (e nello spazio-tempo di Minkowski) del campo tensoriale simmetrico $h_{\mu\nu}$,

$$\Box h_{\mu\nu} = 0, \qquad h_{\mu\nu} = h_{\nu\mu}, \tag{9.1}$$

soggetto alla condizione di *gauge* armonico (8.9):

$$\partial^\nu h_{\mu\nu} = \frac{1}{2}\partial_\mu h. \tag{9.2}$$

Questo sistema di equazioni è molto simile, formalmente, alle equazioni delle onde elettromagnetiche nel vuoto, $\Box A_\mu = 0$, dove A_μ è il potenziale vettore che soddisfa la condizione del *gauge* di Lorenz, $\partial^\mu A_\mu = 0$. Poiché l'operatore di D'Alembert è lo stesso, in entrambi i casi le soluzioni per le componenti di $h_{\mu\nu}$ e A_μ descrivono segnali che si propagano alla velocità della luce. Ci sono però importanti differenze dinamiche dovute al fatto che $h_{\mu\nu}$ si trasforma come un tensore di rango due, mentre A_μ è un vettore.

Infatti, come già sottolineato nel Capitolo 2, le forze tra due sorgenti statiche di segno identico sono attrattive se vengono trasmesse da un campo tensoriale, e repulsive se trasmesse da un vettore. La ragione fondamentale di questa differenza si può far risalire al fatto che il campo tensoriale quantizzato descrive particelle di massa nulla e spin 2 (i gravitoni), mentre il campo vettoriale quantizzato che descrive particelle di massa nulla e spin 1 (i fotoni). Dal punto di vista classico ciò si riflette sulle proprietà degli stati di polarizzazione (e in particolare sull'elicità) dei due campi, che ora discuteremo in dettaglio per il caso tensoriale.

9.1.1 Stati di polarizzazione ed elicità

Il campo tensoriale simmetrico $h_{\mu\nu}$ possiede, in generale, 10 componenti indipendenti, che si riducono a 6 dopo aver applicato le 4 condizioni del *gauge* armonico (9.2). Mostriamo ora che possiamo sempre applicare 4 ulteriori condizioni alle soluzioni del sistema di equazioni (9.1), (9.2), così da ottenere in totale solo 2 componenti indipendenti. Mostriamo inoltre che queste componenti indipendenti possono essere sempre scelte in modo tale che $h_{\mu\nu} \neq 0$ solo se gli indici μ, ν corrispondono a direzioni spaziali perpendicolari alla direzione di propagazione dell'onda.

Partiamo da una soluzione generale (di tipo ritardato) dell'Eq. (9.1), che descrive (ad esempio) la propagazione lungo l'asse x_1. Prendiamo ciè una soluzione del tipo:

$$h_{\mu\nu} = h_{\mu\nu}(x^1 - ct). \tag{9.3}$$

La condizione di *gauge* (9.2) si riduce, in questo caso, a:

$$\partial^0 h_{\mu 0} + \partial^1 h_{\mu 1} = \frac{1}{2}\partial_\mu h. \tag{9.4}$$

D'altra parte, per una qualunque funzione f che dipende dall'argomento $x^1 - ct$ abbiamo, in generale,

$$\partial_0 f(x^1 - ct) = -\partial_1 f(x^1 - ct) = \partial^1 f(x^1 - ct), \tag{9.5}$$

e quindi la condizione di *gauge* si può anche scrivere:

$$\partial^1 (h_{\mu 0} + h_{\mu 1}) = \frac{1}{2}\partial_\mu h. \tag{9.6}$$

Consideriamo ora il diffeomorfismo infinitesimo $x^\mu \to x'^\mu = x^\mu + \xi^\mu$, generato da un vettore ξ_μ tale che, nella nuova carta $\{x'\}$, le fluttuazioni della metrica soddisfino la condizione

$$h'_{\mu 0} = 0. \tag{9.7}$$

Per esprimere $h_{\mu\nu}$ nella nuova carta possiamo usare il risultato (8.11), ottenuto nella Sez. 8.1.1. Si trova allora che la trasformazione cercata è definita da un generatore ξ_μ tale che

$$\begin{aligned} h'_{\mu 0} &= h_{\mu 0} - \partial_\mu \xi_0 - \partial_0 \xi_\mu = 0, \\ \Box \xi_\mu &= 0, \end{aligned} \tag{9.8}$$

(la seconda condizione su ξ_μ va imposta per preservare la validità del *gauge* armonico, si veda l'Eq. (8.13)). Il sistema di equazioni non-omogeneo (9.8) ammette sempre soluzioni diverse dalla ovvia per la variabile ξ_μ, per cui è sempre possibile effettuare la trasformazione cercata.

Nel nuovo sistema di coordinate (omettendo l'apice sulle variabili, per semplicità), si ha $h_{\mu 0} = 0$, e la condizione di *gauge* (9.6) diventa

$$\partial^1 h_{\mu 1} = \frac{1}{2}\partial_\mu h. \tag{9.9}$$

Prendiamo per l'indice μ il valore particolare $\mu = 0$. Poiché $h_{01} = 0$ si ottiene $\partial_0 h = 0$, e quindi $h = $ costante. Questo significa che la traccia del campo tensoriale non descrive gradi di libertà dinamici, e che possiamo sempre imporre sulla soluzione dell'equazione d'onda la condizione

$$h = 0, \tag{9.10}$$

mediante un'opportuna scelta delle costanti di integrazione. Ma se $h = 0$ allora, dall'Eq. (9.9), si ottiene che anche $h_{\mu 1}$ è costante. Possiamo quindi imporre

$$h_{\mu 1} = 0, \tag{9.11}$$

modulo una parte non-dinamica da assorbire nelle costanti di integrazione.

Combinando le condizioni (9.7), (9.10), (9.11) troviamo che rimangono diverse da zero solo le componenti h_{22}, h_{23}, h_{32}, h_{33}, con le condizioni $h_{23} = h_{32}$ (simmetria) e $h_{22} = -h_{33}$ (traccia nulla). Perciò, nel sistema di coordinate considerato, il campo tensoriale dell'onda gravitazionale ha solo due componenti indipendenti, ed è diverso da zero solo lungo direzioni che giacciono sul piano ortogonale all'asse di propagazione. Questa scelta di coordinate è chiamata "*gauge* TT" – ossia *gauge* trasverso a traccia nulla – e corrisponde al caso particolare in cui il *gauge* armonico (9.2) si spezza nelle due condizioni separate

$$\partial^\nu h_{\mu\nu} = 0, \qquad\qquad h = 0. \tag{9.12}$$

In questo *gauge* è diventato usuale chiamare h_+ e $h_\times$ le componenti del campo tensoriale che si trovano, rispettivamente, sulla diagonale e fuori dalla diagonale. Nel nostro caso, in particolare, abbiamo

$$h_+ = h_{22} = -h_{33}, \qquad\qquad h_\times = h_{23} = h_{32}, \tag{9.13}$$

e la soluzione dell'equazione d'onda, nel *gauge* TT, asssume la forma

$$h_{\mu\nu} = \begin{pmatrix} 0 & 0 & 0 & 0 \\ 0 & 0 & 0 & 0 \\ 0 & 0 & h_+ & h_\times \\ 0 & 0 & h_\times & -h_+ \end{pmatrix}. \tag{9.14}$$

Più in generale, qualunque soluzione delle equazioni linearizzate nel vuoto – ossia qualunque onda gravitazionale che si propaga liberamente nello spazio-tempo di Minkowski – può essere rappresentata (nel *gauge* TT) come combinazione lineare delle sue componenti h_+ e $h_\times$ introducendo due opportuni tensori di polarizzazione, $\epsilon^{(1)}_{\mu\nu}$, $\epsilon^{(2)}_{\mu\nu}$, tali che

$$h_{\mu\nu} = \epsilon^{(1)}_{\mu\nu} h_+(x - ct) + \epsilon^{(2)}_{\mu\nu} h_\times(x - ct). \tag{9.15}$$

I tensori $\epsilon^{(1)}$ e $\epsilon^{(2)}$ sono costanti, a traccia nulla, e diversi da zero solo nel piano trasversale alla propagazione dell'onda. Le loro componenti non nulle sono posizionate, rispettivamente, sulla diagonale e fuori dalla diagonale. Nel caso di moto lungo l'asse x_1, in particolare, abbiamo:

$$\epsilon^{(1)}_{\mu\nu} = \begin{pmatrix} 0 & 0 & 0 & 0 \\ 0 & 0 & 0 & 0 \\ 0 & 0 & 1 & 0 \\ 0 & 0 & 0 & -1 \end{pmatrix}, \qquad \epsilon^{(2)}_{\mu\nu} = \begin{pmatrix} 0 & 0 & 0 & 0 \\ 0 & 0 & 0 & 0 \\ 0 & 0 & 0 & 1 \\ 0 & 0 & 1 & 0 \end{pmatrix}. \tag{9.16}$$

In generale questi tensori soddisfano la seguente relazione di "ortonormalità",

$$\mathrm{Tr}\left\{ \epsilon^{(i)} \epsilon^{(j)} \right\} \equiv \epsilon^{(i)}_{\mu\nu} \epsilon^{(j)\mu\nu} = 2\delta^{ij}, \qquad i, j = 1, 2, \tag{9.17}$$

e definiscono quindi due stati di polarizzazione linearmente indipendenti.

Come nel caso elettromagnetico, anche per le onde gravitazionali possiamo introdurre stati di polarizzazione circolare mediante un'opportuna combinazione (con coefficienti complessi) degli stati di polarizzazione lineare. I tensori di polarizzazione circolare, in particolare, sono definiti come

$$\epsilon_{\mu\nu}^{(\pm)} = \frac{1}{2}\left(\epsilon_{\mu\nu}^{(1)} \pm i\epsilon_{\mu\nu}^{(2)}\right), \qquad (9.18)$$

e soddisfano alle condizioni di ortonormalità

$$\mathrm{Tr}\left\{\epsilon^{(+)}\epsilon^{*(-)}\right\} = \epsilon_{\mu\nu}^{(+)}\epsilon^{*(-)\mu\nu} = 0$$
$$\mathrm{Tr}\left\{\epsilon^{(+)}\epsilon^{*(+)}\right\} = \mathrm{Tr}\left\{\epsilon^{(-)}\epsilon^{*(-)}\right\} = 1 \qquad (9.19)$$

(che seguono immediatamente dall'Eq. (9.17)). Le proprietà di trasformazione di $\epsilon^{(\pm)}$ rispetto alle rotazioni lungo l'asse di propagazione sono direttamente collegate alla cosiddetta *elicità* dell'onda, ossia al momento angolare intrinseco trasportato dall'onda e proiettato lungo la direzione di propagazione.

Più precisamente, considerando un'onda che si propaga in direzione $\widehat{n}$, si dice che l'onda ha elicità h se, effettuando rotazione di un angolo θ attorno alla direzione del moto, il suo stato di polarizzazione circolare ψ si trasforma come:

$$\psi \to \psi' = e^{ih\theta}\psi. \qquad (9.20)$$

Nel nostro caso, se abbiamo un'onda piana che si propaga lungo l'asse x_1, dobbiamo effettuare sui tensori $\epsilon^{(\pm)}$ una trasformazione del tipo

$$\epsilon_{\mu\nu}^{\prime(\pm)} = U_\mu{}^\alpha U_\nu{}^\beta \epsilon_{\alpha\beta}^{(\pm)}, \qquad (9.21)$$

dove

$$U_\mu{}^\alpha = \begin{pmatrix} 1 & 0 & 0 & 0 \\ 0 & 1 & 0 & 0 \\ 0 & 0 & \cos\theta & \sin\theta \\ 0 & 0 & -\sin\theta & \cos\theta \end{pmatrix} \qquad (9.22)$$

è la matrice di rotazione attorno a x_1. Utilizzando la rappresentazione esplicita dei tensori di polarizzazione $\epsilon^{(\pm)}$ si trova facilmente che

$$\epsilon_{\mu\nu}^{\prime(\pm)} = e^{\pm 2i\theta}\epsilon_{\mu\nu}^{(\pm)} \qquad (9.23)$$

(si veda l'Esercizio 9.2). Le onde gravitazionali sono dunque caratterizzate da due stati di polarizzazione circolare con elicità ± 2.

Riassumendo, possiamo dire che in questa sezione abbiamo ottenuto due importanti risultati: (*i*) le soluzioni dell'equazione di D'Alembert per le perturbazioni tensoriali della geometria di Minkowski, in uno spazio-tempo a quattro dimensioni, contengono solo due stati di polarizzazione indipendenti; (*ii*) gli stati di polarizzazione circolare hanno elicità ± 2. Questi risultati ci dicono che le onde gravitazionali, se quantizzate secondo le procedure standard della teoria quantistica dei campi, descrivono particelle che (i) hanno massa nulla e momento angolare intrinseco (ossia spin) parallelo o antiparallelo alla direzione del moto; inoltre, (ii) il loro spin è pari a 2 (in unità $\hbar$). Queste particelle sono i gravitoni, che rappresentano i quanti del campo gravitazionale (così come i fotoni sono i quanti del campo elettromagnetico).

9.2 Emissione di radiazione nell'approssimazione quadrupolare

Per discutere il processo di emissione di radiazione gravitazionale dobbiamo partire dalle equazioni linearizzate (8.10), includendo anche le sorgenti materiali al membro destro. Prendendo la traccia di tali equazioni abbiamo

$$\Box h = \frac{16\pi G}{c^4} T, \tag{9.24}$$

e sostituendo T in funzione di h possiamo riscrivere le equazioni (8.10) come

$$\Box \psi_\mu{}^\nu = -\frac{16\pi G}{c^4} T_\mu{}^\nu, \tag{9.25}$$

dove

$$\psi_\mu{}^\nu = h_\mu{}^\nu - \frac{1}{2}\delta_\mu^\nu h, \partial \qquad \nu \psi_\mu{}^\nu = 0, \qquad \partial_\nu T_\mu{}^\nu = 0. \tag{9.26}$$

Si noti che la condizione di gauge armonico (ossia, la divergenza nulla di $\psi_{\mu\nu}$) è perfettamente consistente con l'equazione di conservazione del tensore energia-impulso imperturbato (in accordo all'identità di Bianchi contratta, come mostrato nell'Esercizio 8.1).

La soluzione dell'Eq. (9.25) si può ora ottenere applicando il metodo standard delle funzioni di Green ritardate, e si può scrivere nella forma generale seguente,

$$\psi_{\mu\nu}(\boldsymbol{x}, t) = -\frac{4G}{c^4} \int d^3x' \, \frac{T_{\mu\nu}(\boldsymbol{x}', t')}{|\boldsymbol{x} - \boldsymbol{x}'|}, \tag{9.27}$$

dove $t' = t - |\boldsymbol{x} - \boldsymbol{x}'|/c$ è il cosiddetto tempo ritardato, mentre $T_{\mu\nu}$ è il tensore energia-impulso delle sorgenti valutato nello spazio-tempo di Minkowski, all'ordine zero nelle fluttuazioni della geometria. Nel caso particolare di una sorgente statica e puntiforme, di massa M, con $T_{00}(x') = Mc^2\delta^3(\boldsymbol{x}')$, l'Eq. (9.27) fornisce immediatamente:

$$\psi_{00} = -\frac{4GM}{c^2|\boldsymbol{x}|} \equiv \frac{4\phi}{c^2}, \tag{9.28}$$

in perfetto accordo con la definizione (9.26) di $\psi_{\mu\nu}$, e con le soluzioni (8.15), (8.20) ottenute in precedenza.

Per una generica distribuzione di sorgenti la soluzione (9.27) ammette in generale una approssimazione di tipo multipolare, che si ottiene sviluppando in serie il denominatore $|\boldsymbol{x} - \boldsymbol{x}'|^{-1}$, in stretta analogia con il caso ben noto dei potenziali ritardati della teoria elettromagnetica. Se consideriamo il flusso di radiazione emessa, a grande distanza dalla sorgente, troviamo però che c'è un'importante differenza dal caso elettromagnetico.

All'ordine più basso, infatti, la potenza elettromagnetica irraggiata risulta controllata dalla derivata temporale seconda del *momento di dipolo* del sistema di cariche considerato ($dE/dt \propto |\ddot{\boldsymbol{d}}|^2$). L'irraggiamento gravitazionale, invece, è controllato dalla derivata terza del *momento di quadrupolo* del sistema di masse ($dE/dt \propto |\dddot{Q}|^2$). Non c'è il contributo dipolare perché, per un sistema isolato di sorgenti massive, l'impulso totale $\boldsymbol{p}_T = \sum_i m_i \dot{\boldsymbol{x}}_i$ deve conservarsi, e quindi

$$\ddot{\boldsymbol{d}} \sim \frac{d^2}{dt^2} \sum_i m_i \boldsymbol{x}_i = \frac{d}{dt} \boldsymbol{p}_T = 0. \qquad (9.29)$$

Un simile argomento vale anche (ad esempio) per la radiazione dipolare di tipo magnetico, che è proibita a causa della conservazione del momento angolare totale.

Non ci può essere radiazione gravitazionale di dipolo e dunque, all'ordine più basso, possiamo aspettarci un flusso uscente di onde gravitazionali solo da distribuzioni di masse caratterizzate da un momento di quadrupolo non nullo e non costante. Per illustrare questo punto mostriamo innanzitutto che, sufficientemente lontano dalle sorgenti (nella cosiddetta "zona d'onda"), la soluzione (9.27) per ψ è direttamente collegata al momento di quadrupolo delle sorgenti.

9.2.1 Campo gravitazionale nella zona d'onda

Scriviamo separatamente l'equazione di conservazione $\partial_\nu T^{\mu\nu} = 0$ per le componenti spaziali $\mu = i$,

$$\partial^k T_{ik} + \partial^0 T_{i0} = 0, \qquad (9.30)$$

e per la componente temporale $\mu = 0$,

$$\partial^k T_{0k} + \partial^0 T_{00} = 0. \qquad (9.31)$$

Moltiplichiamo l'Eq. (9.30) per x_j, e integriamo su tutto il volume di un'ipersuperficie spaziale Σ, infinitamente estesa, corrispondente a una generica sezione spazio-temporale $t = $ costante:

$$\int_\Sigma d^3x\, \partial^k \left(x_j T_{ik}\right) - \int_\Sigma d^3x\, T_{ij} + \frac{1}{c}\frac{d}{dt}\int_\Sigma d^3x\, T_{i0}x_j = 0. \qquad (9.32)$$

Applicando il teorema di Gauss troviamo che il primo integrale non contribuisce (perché $T_{ik} = 0$, che descrive una sorgente spazialmente localizzata, è nullo a distanza infinita), e quindi:

$$\int_\Sigma d^3x\, T_{ij} = \frac{1}{2c}\frac{d}{dt}\int_\Sigma d^3x\, \left(T_{i0}x_j + T_{j0}x_i\right) \qquad (9.33)$$

(abbiamo preso la parte simmetrica del membro destro perché T_{ij}, al membro sinistro, è un tensore simmetrico). Moltiplichiamo poi l'Eq. (9.31) per $x_i x_j$, integriamo, e utilizziamo ancora il teorema di Gauss. Si ottiene:

$$-\int_\Sigma d^3x\, T_{0k}\partial^k \left(x_i x_j\right) + \frac{1}{c}\frac{d}{dt}\int_\Sigma d^3x\, T_{00}x_i x_j = 0, \qquad (9.34)$$

e quindi, sostituendo nel membro destro dell'Eq. (9.33):

$$\int_\Sigma d^3x\, T_{ij} = \frac{1}{2c^2}\frac{d^2}{dt^2}\int_\Sigma d^3x\, T_{00}x_i x_j. \qquad (9.35)$$

Supponiamo ora che le sorgenti siano localizzate in una porzione di spazio situata nell'intorno dell'origine delle coordinate, con un'estensione tipica caratterizzata dalla scala di distanze $\overline{x}$ (supponiamo cioè che $T_{\mu\nu}(x') = 0$ per $|x'| \gg \overline{x}$). Se siamo interessati all'emissione di radiazione con lunghezza d'onda $\lambda \gg \overline{x}$ possiamo considerare la soluzione (9.27) a grande distanza dalle sorgenti, in un punto P di coordinate x tali che $|x| \equiv R \gg \lambda$ (e quindi anche $|x| \gg \overline{x}$).

In questo limite di grandi distanze (ossia nella cosiddetta "zona d'onda") possiamo espandere il denominatore dell'integrale (9.27): se ci fermiamo all'ordine zero, ponendo $|x - x'| \simeq |x| = R$, la soluzione (9.27) diventa:

$$\psi_{\mu\nu}(x, t) = -\frac{4G}{Rc^4}\int d^3x'\, T_{\mu\nu}(x', t'). \qquad (9.36)$$

Per le componenti spaziali ψ_{ij} utilizziamo ora l'Eq. (9.35), e poniamo $T_{00} = \rho c^2$. Abbiamo allora:

$$\psi_{ij}(x, t) = -\frac{2G}{Rc^4}\frac{d^2}{dt^2}\int d^3x'\, \rho(x', t')x_i' x_j'. \qquad (9.37)$$

Ci servono solo le componenti spaziali del campo tensoriale perché, nel regime considerato in cui $R \gg \lambda \gg \overline{x}$, la soluzione può essere approssimata da un'onda piana, e tale onda piana – come visto nella Sez. 9.1.1 – ha componenti non nulle solo sul piano perpendicolare alla direzione di propagazione (che è di tipo radiale, diretto verso l'esterno). In questo regime possiamo inoltre adottare il *gauge* TT, ossia scegliere un sistema di coordinate in cui anche la traccia della fluttuazione gravitazionale $h = -\psi$ è nulla. In questo *gauge* $\psi_{ij} = h_{ij}$, e la soluzione (9.37) assume la forma seguente:

$$h_{ij} = -\frac{2G}{3Rc^4}\ddot{Q}_{ij}.$$

(9.38)

Abbiamo indicato con il punto indica la derivata rispetto a t, e abbiamo introdotto il momento di quadrupolo (a traccia nulla) delle sorgenti, definito da

$$Q_{ij} = \int d^3x'\, \rho(x',t)\left(3x'_i x'_j - |\boldsymbol{x}'|^2\delta_{ij}\right),$$

(9.39)

e valutato ovviamente al tempo ritardato $t' - R/c$.

9.2.2 Tensore energia-impulso dell'onda gravitazionale

Per calcolare il flusso d'energia irradiato dall'onda a grande distanza dalla sorgente ci serve ora il tensore energia-impulso della radiazione gravitazionale, espresso in funzione del campo $h_{\mu\nu}$, e valutato nel *gauge TT*. Per ottenere tale tensore direttamente normalizzato in forma canonica è conveniente partire dall'azione effettiva per le fluttuazioni metriche, ossia dall'azione che, variata rispetto a $h_{\mu\nu}$, fornisce l'equazione d'onda (9.1) (dopo aver imposto le condizioni di *gauge* (9.12)).

L'azione cercata si ottiene considerando l'azione di Einstein (7.2), ed usando per la metrica l'approssimazione di campo debole (8.1). Sviluppando l'azione S fino a termini quadratici nelle fluttuazioni $h_{\mu\nu}$, ossia ponendo $S = S^{(0)} + S^{(1)} + S^{(2)}$, possiamo scrivere in generale il contributo quadratico $S^{(2)}$ nella forma seguente:

$$\begin{aligned}
S^{(2)} = -\frac{1}{2\chi}\int d^4x \Bigg[&\left(\sqrt{-g}g^{\nu\alpha}\right)^{(2)} R^{(0)}_{\nu\alpha} + \\
&+ \left(\sqrt{-g}g^{\nu\alpha}\right)^{(0)} R^{(2)}_{\nu\alpha} + \left(\sqrt{-g}g^{\nu\alpha}\right)^{(1)} R^{(1)}_{\nu\alpha} \Bigg].
\end{aligned}$$

(9.40)

Il primo termine di questa azione è nullo perché la metrica all'ordine zero è quella di Minkowski, e quindi $R^{(0)}_{\nu\alpha} = 0$. Vediamo in dettaglio il secondo termine, osservando che

$$\begin{aligned}
&\left(\sqrt{-g}g^{\nu\alpha}\right)^{(0)} = \eta^{\nu\alpha}, \\
&R^{(2)}_{\nu\alpha} = \partial_\mu \Gamma^{(2)\,\mu}_{\nu\alpha} + \Gamma^{(1)\,\mu}_{\mu\rho}\Gamma^{(1)\,\rho}_{\nu\alpha} - \{\mu \leftrightarrow \nu\},
\end{aligned}$$

(9.41)

e considerando separatamente i vari contributi dei termini lineari in $\Gamma^{(2)}$ e quadratici in $\Gamma^{(1)}$.

I due termini lineari in $\Gamma^{(2)}$,

$$\eta^{\nu\alpha}\partial_\mu\Gamma^{(2)\ \mu}_{\nu\alpha}, \qquad -\eta^{\nu\alpha}\partial_\nu\Gamma^{(2)\ \mu}_{\mu\alpha}, \qquad (9.42)$$

sono divergenze totali e non contribuiscono all'equazione del moto per $h_{\mu\nu}$. Il primo termine quadratico in $\Gamma^{(1)}$ si può scrivere esplicitamente come

$$\eta^{\nu\alpha}\Gamma^{(1)\ \mu}_{\mu\rho}\Gamma^{(1)\ \rho}_{\nu\alpha} = \Gamma^{(1)\ \mu}_{\mu\rho}\frac{1}{2}\eta^{\beta\rho}\left(\partial^\alpha h_{\alpha\beta} + \partial^\nu h_{\nu\beta} - \partial_\beta h\right), \qquad (9.43)$$

e si trova che è identicamente nullo per le condizioni di *gauge* (9.12). Il secondo termine quadratico in $\Gamma^{(1)}$ si può scrivere:

$$-\eta^{\nu\alpha}\Gamma^{(1)\ \mu}_{\nu\rho}\Gamma^{(1)\ \rho}_{\mu\alpha}$$

$$= -\frac{1}{4}\eta^{\mu\beta}\left(\partial_\nu h_{\rho\beta} + \partial_\rho h_{\nu\beta} - \partial_\beta h_{\rho\nu}\right)\left(\partial_\mu h^{\nu\rho} + \partial^\nu h_\mu{}^\rho - \partial^\rho h_\mu{}^\nu\right), \qquad (9.44)$$

e, trascurando le divergenze totali, fornisce a $S^{(2)}$ il contributo:

$$-\frac{1}{4}h_\mu{}^\nu \square h_\nu{}^\mu. \qquad (9.45)$$

Resta da valutare, infine, il terzo termine dell'azione (9.40). Osserviamo innanzitutto che

$$\left(\sqrt{-g}\,g^{\nu\alpha}\right)^{(1)} = \left(\sqrt{-g}\right)^{(0)}\left(g^{\nu\alpha}\right)^{(1)} = -h^{\nu\alpha}, \qquad (9.46)$$

perché, al primo ordine, il determinante $\left(\sqrt{-g}\right)^{(1)}$ è proporzionale alla traccia h delle fluttuazioni, e quindi è nullo nel *gauge* TT. Usando il risultato (8.7) e le condizioni di *gauge* (9.12) abbiamo dunque:

$$\left(\sqrt{-g}\,g^{\nu\alpha}\right)^{(1)} R^{(1)}_{\nu\alpha} = \frac{1}{2}h^{\nu\alpha}\square h_{\nu\alpha}. \qquad (9.47)$$

Sommiamo ora i due contributi (9.45), (9.47) e integriamo per parti, trascurando una divergenza totale. L'azione effettiva (9.40) si riduce a:

$$S^{(2)} = \frac{c^4}{32\pi G}\int d^4x\,\frac{1}{2}\partial_\mu h^{\alpha\beta}\partial^\mu h_{\alpha\beta}. \qquad (9.48)$$

Questa azione descrive la dinamica di un'onda gravitazionale che si propaga liberamente nello spazio di Minkowski, e che è soggetta alle condizioni di *gauge* (9.12).

Il corrispondente tensore dinamico energia-impulso, che chiameremo $\tau_{\mu\nu}$, si ottiene applicando la definizione della Sez. 7.2. A tal scopo riscriviamo la precedente azione in arbitrarie coordinate curvilinee corrispondenti a una metrica effettiva $g_{\mu\nu}$, variamo rispetto alla metrica $g_{\mu\nu}$, e imponiamo che le equazioni del moto per $h_{\mu\nu}$ siano soddisfatte. Esplicitamente otteniamo:

$$\delta S^{(2)} \equiv \frac{1}{2} \int d^4x \sqrt{-g}\, \tau_{\mu\nu} \delta g^{\mu\nu}$$
$$= \frac{c^4}{32\pi G} \int d^4x\, \sqrt{-g}\, \frac{1}{2} \left(\partial_\mu h^{\alpha\beta} \partial_\nu h_{\alpha\beta} \delta g^{\mu\nu} + \cdots\right), \tag{9.49}$$

modulo termini che si annullano per onde che soddisfano l'equazione $\Box h_{\mu\nu} = 0$ e le condizioni di *gauge* TT. Perciò:

$$\tau_{\mu\nu} = \frac{c^4}{32\pi G} \partial_\mu h^{\alpha\beta} \partial_\nu h_{\alpha\beta}. \tag{9.50}$$

È facile verificare che questo tensore, per un'onda che soddisfa le equazioni (9.1), (9.12), ha traccia nulla ed è conservato,

$$\partial^\nu \tau_{\mu\nu} = 0. \tag{9.51}$$

(si veda l'Esercizio 9.3).

9.2.3 Potenza media irradiata

L'equazione di conservazione (9.51) ci permette di calcolare la potenza (ossia l'energia per unità di tempo) irradiata dalle sorgenti. Integrando l'Eq. (9.51) su di un volume finito V centrato sulle sorgenti, ed usando l'ordinario teorema di Gauss, abbiamo infatti

$$\frac{1}{c}\frac{d}{dt} \int_V d^3x\, \tau_\mu{}^0 = -\int_V d^3x\, \partial_i \tau_\mu{}^i = -\int_S \tau_\mu{}^i d\sigma_i, \tag{9.52}$$

dove $d\sigma_i$ è l'elemento di area calcolato sulla superficie bidimensionale S che racchiude il volume considerato. Perciò, prendendo la componente $\mu = 0$ della precedente equazione,

$$\frac{dE}{dt} = -c \int_S \tau_0{}^i d\sigma_i = -\int_S dI. \tag{9.53}$$

Il membro sinistro di questa equazione rappresenta la variazione temporale dell'energia associata alla radiazione gravitazionale all'interno del volume V (ossia la potenza delle onde gravitazionali emesse). Al membro destro, $c\tau_0{}^i$ rappresenta il flusso di energia gravitazionale lungo la direzione $\hat{x}_i$, mentre $dI = c\tau_0{}^i d\sigma_i$ è l'intensità di energia irradiata per unità di tempo attraverso un elemento di superficie infinitesima di area $d\sigma^i$.

Per calcolare la potenza totale emessa prendiamo una sfera di raggio R centrata sulle sorgenti, e calcoliamo l'intensità d'energia dI irraggiata nell'elemento di angolo solido $d\Omega$, lungo una generica direzione radiale individuata dal versore n_i (tale che $n_i n_j \delta^{ij} = 1$):

$$dI = c\tau_0{}^i n_i R^2 d\Omega. \tag{9.54}$$

Possiamo considerare, ad esempio, un'onda che si propaga lungo la direzione x_1 individuata da $n_i = (1, 0, 0)$. Usando il tensore energia-impulso (9.50), la soluzione (9.13), e il fatto che $\partial^1 h_{ij} = \partial_0 h_{ij}$ (si veda l'Eq. (9.5)), abbiamo

$$dI = \frac{c^3}{16\pi G} \left(\dot{h}_{22}^2 + \dot{h}_{23}^2 \right) R^2 d\Omega, \tag{9.55}$$

dove il punto indica la derivata rispetto a $t = x^0/c$. Se prendiamo invece un'onda che si propaga lungo una generica direzione parametrizzata dagli angoli polari θ e φ, e individuata dal versore n_i con componenti

$$n_1 = \sin\theta\cos\varphi, \qquad n_2 = \sin\theta\sin\varphi, \qquad n_3 = \cos\theta, \tag{9.56}$$

l'intensità infinitesima dI assume, più in generale, la forma seguente:

$$dI = \frac{c^3}{16\pi G} \left[\frac{1}{4} \left(\dot{h}_{ij} n^i n^j \right)^2 + \frac{1}{2} \dot{h}_{ij} \dot{h}^{ij} - \dot{h}_{ik} \dot{h}^k{}_j n^i n^j \right] R^2 d\Omega \tag{9.57}$$

(si veda l'Esercizio 9.4). Assumendo che il raggio R sia sufficientemente grande, e quindi che stiamo valutando dI nella cosiddetta zoan d'onda, possiamo applicare l'Eq. (9.38) per esprimere il campo di radiazione $h_{\mu\nu}$ mediante il momento di quadrupolo delle sorgenti. La relazione precedente assume allora la forma

$$dI = \frac{G}{36\pi c^5} \left[\frac{1}{4} \left(\dddot{Q}_{ij} n^i n^j \right)^2 + \frac{1}{2} \dddot{Q}_{ij} \dddot{Q}^{ij} - \dddot{Q}_{ik} \dddot{Q}^k{}_j n^i n^j \right] d\Omega, \tag{9.58}$$

e mostra che, a grandi distanze, la potenza irradiata diventa indipendente da R ed è completamente controllata dalla derivata temporale terza del momento di quadrupolo.

Dobbiamo ora effettuare l'integrazione angolare in $d\Omega = \sin\theta d\theta d\varphi$ su tutto l'angolo solido, corrispondente al dominio di integrazione $\theta \in [0, \pi]$ e $\varphi \in [0, 2\pi]$. Usando per n_i la rappresentazione polare (9.56) si ottiene facilmente

$$\int_\Omega d\Omega = 4\pi, \qquad \int_\Omega d\Omega\, n_i n_j = \frac{4\pi}{3} \delta_{ij}, \tag{9.59}$$

$$\int_\Omega d\Omega\, n_i n_j n_k n_l = \frac{4\pi}{15} \left(\delta_{ij}\delta_{kl} + \delta_{ik}\delta_{jl} + \delta_{il}\delta_{jk} \right) \tag{9.60}$$

(si veda l'Esercizio 9.5). Integriamo, e sfruttiamo le proprietà di simmetria $(Q_{ij} = Q_{ji})$ e traccia nulla $(Q_{ij}\delta^{ij} = 0)$ del momento di quadrupolo. Sostituendo nell'Eq. (9.53) troviamo allora la seguente espressione per l'energia totale irraggiata:

$$\frac{dE}{dt} = -\int_\Omega dI = -\frac{G}{36\pi c^5}4\pi\, \dddot{Q}_{ij}\dddot{Q}^{ij}\left(\frac{1}{30} + \frac{1}{2} - \frac{1}{3}\right) = -\frac{G}{45c^5}\dddot{Q}_{ij}\dddot{Q}^{ij}\,. \qquad (9.61)$$

Per sorgenti sottoposte a moti di tipo periodico è conveniente infine effettuare la media temporale (su un periodo T) della potenza emessa. Definendo

$$\langle\cdots\rangle = \frac{1}{T}\int_0^T dt\,(\cdots) \qquad (9.62)$$

abbiamo

$$\left\langle\frac{dE}{dt}\right\rangle = -\frac{G}{45c^5}\langle\dddot{Q}_{ij}\dddot{Q}^{ij}\rangle. \qquad (9.63)$$

Una immediata applicazione di questo risultato al semplice caso di un oscillatore armonico viene presentata nell'Esercizio 9.6. Nella sezione seguente discuteremo invece la sua applicazione al caso di un sistema stellare binario. La perdita di energia sotto forma di radiazione gravitazionale produce in questo sistema una diminuzione del periodo di rotazione che è stata osservata, e che ha confermato sperimentalmente le predizioni della relatività generale (nel regime in cui l'approssimazione di quadrupolo è valida).

9.2.4 Esempio: sistema stellare binario

La potenza emessa da un sistema di masse accelerate sotto forma di radiazione gravitazionale di quadrupolo, espressa dall'Eq. (9.63), è estremamente piccola. Possiamo facilmente rendercene conto considerando, come tipico esempio di sistema macroscopico da laboratorio, un oscillatore lineare di massa m, frequenza ω e ampiezza L. In questa caso l'Eq. (9.63) fornisce

$$\left\langle\frac{dE}{dt}\right\rangle = -\frac{48G}{45c^5}\,m^2 L^4 \omega^6 \qquad (9.64)$$

(si veda l'Esercizio 9.6). Se poniamo $m = 1$ Kg, $L = 1$ m e $\omega = 10$ Hz otteniamo una potenza irraggiata di circa 10^{-40} erg/sec, ossia 10^{-47} Watt, che risulta ben al di sotto della capacità di rivelazione consentita dalla tecnologia ordinaria.

Sorgenti di radiazione molto più intensa possono esistere, però, in ambito astrofisico. Un esempio molto semplice e ben noto, a questo proposito, è fornito dai sistemi stellari binari, formati da due astri molto vicini, orbitanti a grande velocità attorno al loro centro di massa. Il meccanismo di irraggiamento è in principio identico a quello dell'oscillatore di laboratorio, ma l'effetto risultante è ingigantito grazie alle masse (molto più elevate) che entrano in gioco.

Consideriamo infatti due corpi celesti (per esempio, due stelle) di massa m_1 e m_2, ruotanti nel piano (x_1, x_2) attorno al loro baricentro, con velocità non relativistiche. Supponiamo che questo sistema si possa descrivere, in prima approssimazione, cone un corpo puntiforme di massa ridotta

$$M = \frac{m_1 m_2}{m_1 + m_2}, \tag{9.65}$$

ruotante con velocità angolare ω su di un'orbita circolare di raggio a, descritta dalle equazioni:

$$x_1 = a\cos\omega t, \qquad x_2 = a\sin\omega t, \qquad x_3 = 0. \tag{9.66}$$

In questo caso

$$\rho = M\delta(x_1 - a\cos\omega t)\delta(x_2 - a\sin\omega t)\delta(x_3), \tag{9.67}$$

e il momento di quadrupolo (9.39) ha componenti:

$$\begin{aligned}
Q_{11} &= Ma^2\left(3\cos^2\omega t - 1\right), & Q_{22} &= Ma^2\left(3\sin^2\omega t - 1\right), \\
Q_{33} &= -Ma^2, & Q_{12} &= Q_{21} = 3Ma^2\cos\omega t\sin\omega t.
\end{aligned} \tag{9.68}$$

Il calcolo delle derivate terze fornisce:

$$\begin{aligned}
\dddot{Q}_{11} &= 24Ma^2\omega^3\sin\omega t\cos\omega t = -\dddot{Q}_{22}, \\
\dddot{Q}_{12} &= -12Ma^2\omega^3\left(\cos^2\omega t - \sin^2\omega t\right).
\end{aligned} \tag{9.69}$$

Effettuando la media temporale su un periodo $T = 2\pi/\omega$, secondo la prescrizione (9.62), abbiamo inoltre:

$$\begin{aligned}
\langle\sin^2\omega t\cos^2\omega t\rangle &= \frac{1}{8}, \\
\langle\left(\cos^2\omega t - \sin^2\omega t\right)^2\rangle &= \langle\cos^2 2\omega t\rangle = \frac{1}{2}.
\end{aligned} \tag{9.70}$$

Sostituendo nell'Eq. (9.63) troviamo allora che il sistema binario considerato emette radiazione gravitazionale di quadrupolo con una potenza media:

$$\left\langle\frac{dE}{dt}\right\rangle = -\frac{32G}{5c^5}M^2a^4\omega^6. \tag{9.71}$$

Per stimare l'intensità di irraggiamento di un tipico sistema binario possiamo prendere come massa stellare quella del sole, $M \sim 10^{33}$ g, una distanza di circa 10 raggi solari, $a \sim 10^{11}$ cm, e un periodo di qualche ora, $\omega \sim 10^{-4}$.

La potenza corrispondente è dell'ordine di 10^{27} erg/sec, ossia 10^{20} Watt. Se questo sistema è interno alla nostra galassia, possiamo assumere che si trovi a una distanza media dalla terra di circa $R \sim 10^{20}$ cm. Il corrispondente flusso d'energia da noi ricevuto è quindi dell'ordine di grandezza

$$\Phi = \frac{1}{4\pi R^2} \left| \left\langle \frac{dE}{dt} \right\rangle \right| \sim 10^{-14} \frac{\text{erg}}{\text{cm}^2\text{sec}} = 10^{-21} \frac{\text{Watt}}{\text{cm}^2}. \qquad (9.72)$$

Questo flusso di radiazione è di gran lunga più elevato di quello che potremmo ricevere stando ad un centimetro di distanza dall'oscillatore considerato all'inizio di questa sezione, ma è comunque ancora troppo piccolo per una rivelazione diretta. La radiazione emessa da un sistema binario, però, può essere indirettamente osservata tramite gli effetti che essa produce sul periodo orbitale.

Per illustrare questo punto dobbiamo collegare l'energia del sistema binario al suo periodo. Usiamo l'approssimazione Newtoniana per descrivere il sistema imperturbato, e prendiamo (per semplicità) due stelle di massa uguale, $m_1 = m_2 = m$, in rotazione con frequenza ω su un orbita circolare di raggio r attorno al baricentro. Per la radiazione gravitazionale emessa vale l'Eq. (9.71), con $M = m/2$ e $a = 2r$.

L'energia totale (cinetica più potenziale) di questo sistema, nell'approssimazione Newtoniana, è data da:

$$E = m\omega^2 r^2 - \frac{Gm^2}{2r}. \qquad (9.73)$$

La condizione di equilibrio tra forza gravitazionale e forza centrifuga (in pratica, la terza legge di Keplero) fornisce inoltre la relazione

$$m\omega^2 r = \frac{Gm^2}{4r^2}. \qquad (9.74)$$

Ricavando r in funzione di ω, e sostituendo nell'Eq. (9.73), otteniamo la relazione cercata tra energia e frequenza:

$$E(\omega) = -\left(\frac{G}{4} \right)^{2/3} m^{5/3} \omega^{2/3}. \qquad (9.75)$$

Differenziando, e introducendo il periodo $T = 2\pi/\omega$, abbiamo infine:

$$\frac{dE}{E} = \frac{2}{3} \frac{d\omega}{\omega} = -\frac{2}{3} \frac{dT}{T}. \qquad (9.76)$$

La variazione temporale del periodo e dell'energia sono dunque collegate dalla relazione:

$$\frac{dT}{dt} = -\frac{3}{2} \frac{T}{E} \frac{dE}{dt}. \qquad (9.77)$$

Per il nostro sistema, d'altra parte, l'energia totale definita dall'Eq. (9.73) è negativa: eliminando $m\omega^2$ con l'Eq. (9.74) abbiamo infatti:

$$E = -\frac{Gm^2}{4r} < 0. \tag{9.78}$$

Ne consegue che la variazione del periodo e dell'energia hanno lo stesso segno. La perdita di energia sotto forma di radiazione gravitazionale produce quindi una diminuzione del periodo, che può essere calcolata sostituendo nell'Eq. (9.77) la potenza irradiata (in approssimazione quadrupolare) fornita dall'Eq. (9.71).

Questo effetto è stato sperimentalmente osservato nel sistema binario scoperto da Hulse e Taylor[1] (premi Nobel per la Fisica nel 1993), in cui uno dei due componenti è la pulsar PSR B1913+16 (una stella di neutroni, compatta e altamente magnetizzata). Precise misure effettuate nell'arco di diversi anni hanno mostrato che il periodo orbitale i questi astri (pari a circa 7 ore e 45 minuti) decresce ad un ritmo dT/dt di circa 76.5 microsecondi all'anno. Il risultato di queste misure si accorda con le previsioni della relatività generale – in particolare, con l'emissione di radiazione gravitazionale di quadrupolo – con una precisione dello 0.2 per cento.

Non c'è dubbio quindi che le onde gravitazionali esistano, e siano correttamente descritte dalle equazioni di Einstein (perlomeno in prima approssimazione). Rimane però ancora aperta la sfida di una loro rivelazione diretta. Alcuni aspetti della fenomenologia delle onde gravitazionali, utili ad illustrare la loro interazione coi rivelatori, verranno brevemente introdotti nelle sezioni seguenti.

9.3 Interazione tra onde polarizzate e materia

Per discutere la rivelazione delle onde gravitazionali bisogna partire dal moto di un sistema di masse di prova in risposta al passaggio di un'onda. Il funzionamento dei rivelatori gravitazionali si basa infatti sul moto relativo delle masse prodotto dall'onda incidente – allo stesso modo in cui i rivelatori di onde elettromagnetiche si basano sul moto delle cariche. Dobbiamo quindi partire dall'equazione di deviazione geodetica (si veda la Sez. 6.1),

$$\frac{D^2\eta^\mu}{d\tau^2} + \eta^\nu R_{\nu\alpha\beta}{}^\mu u^\alpha u^\beta = 0, \tag{9.79}$$

che fornisce l'accelerazione prodotta localmente dal campo gravitazionale tra due masse di prova con separazione spaziale η^μ. È questa l'equazione che sta alla base del meccanismo di rivelazione, per qualunque tipo di "antenna" gravitazionale.

---

[1] R. H. Hulse and J. H. Taylor, *Astrophys. J. Lett.* **195**, L51 (1975).

Consideriamo due masse di prova sufficientemente vicine e inizialmente a riposo, con separazione spaziale $\eta^\mu = L^\mu = (0, L^i) = $ costante. Investite da un'onda gravitazionale descritta dal tensore di Riemann $R_{\mu\nu\alpha\beta}$ esse tendono a spostarsi dalla posizione d'equilibrio, muovendosi come previsto dall'Eq. (9.79). Assumendo che gli spostamenti siano piccoli, i moti non relativistici e i campi gravitazionali deboli, poniamo

$$\eta^\mu = L^\mu + \xi^\mu, \qquad\qquad |\xi| \ll |L|, \tag{9.80}$$

approssimiamo la quadrivelocità come $u^\mu = (c, \mathbf{0})$, e restiamo al primo ordine nello spostamento ξ e nel campo $h_{\mu\nu}$ dell'onda. In questo limite l'equazione di deviazione geodetica si riduce a

$$\ddot{\xi}^i = -L^j R^{(1)\ i}_{j00} c^2, \tag{9.81}$$

dove il punto indica la derivata rispetto a t, e $R^{(1)}_{\mu\nu\alpha}{}^\beta$ è il tensore di Riemann calcolato al primo ordine in h (si veda l'Eq. (8.6)).

Per il campo dell'onda gravitazionale è conveniente usare il *gauge* TT, nel quale $h_{\mu 0} = 0$ (si veda la Sez. 9.1.1). In questo caso l'unico contributo al primo odine si ottiene dal terzo termine dell'Eq. (8.6), che fornisce

$$R^{(1)\ i}_{j00} = \frac{1}{2c^2}\delta^{ik}\ddot{h}_{jk} = \frac{1}{2c^2}\ddot{h}_j{}^i, \tag{9.82}$$

e quindi l'Eq. (9.81) diventa:

$$\ddot{\xi}^i = -\frac{1}{2}L^j \ddot{h}_j{}^i. \tag{9.83}$$

Possiamo prendere, in particolare, un'onda piana monocromatica che si propaga lungo l'asse x_3, con frequenza $\omega = ck$ e con componenti non nulle nel piano trasversale (x_1, x_2):

$$h_{ij} = \begin{pmatrix} h_+ & h_\times \\ h_\times & -h_+ \end{pmatrix} \cos\left[k(z - ct) + \phi\right]. \tag{9.84}$$

Abbiamo introdotto una generica fase arbitraria ϕ, e una matrice 2×2 che rappresenta le componenti $h_{11} = -h_{22}$ e $h_{12} = h_{21}$. Per quest'onda

$$\ddot{h}_{ij} = -k^2 c^2 h_{ij} = -\omega^2 h_{ij}, \tag{9.85}$$

e l'equazione del moto (9.83) diventa

$$\begin{aligned}
\ddot{\xi}^1 &= -\frac{\omega^2}{2}\left(L^1 h_+ + L^2 h_\times\right)\cos\left(kz - \omega t + \phi\right), \\
\ddot{\xi}^2 &= -\frac{\omega^2}{2}\left(L^1 h_\times - L^2 h_+\right)\cos\left(kz - \omega t + \phi\right).
\end{aligned} \tag{9.86}$$

Per illustrare il moto relativo delle masse di prova supponiamo ora che nel piano (x_1, x_2) ci sia un gruppo di particelle massive, disposte in modo da formare un cerchio di raggio $L/2$. Consideriamo un'onda incidente con polarizzazione di tipo h_+, con ampiezza $h_+ = f$ (l'ampiezza $h_\times$ è ovviamente nulla per la polarizzazione scelta). La forza esercitata sul cerchio di particelle varia in modo periodico, passando dall'istante in cui $\cos(kz - \omega t + \phi) = 1$, e quindi

$$\ddot{\xi}^1 = -\frac{\omega^2}{2} L f, \qquad\qquad \ddot{\xi}^2 = \frac{\omega^2}{2} L f, \qquad\qquad (9.87)$$

(forza di attrazione massima lungo x_1 e repulsione massima lungo x_2), all'istante in cui $\cos(kz - \omega t + \phi) = -1$, e quindi

$$\ddot{\xi}^1 = \frac{\omega^2}{2} L f, \qquad\qquad \ddot{\xi}^2 = -\frac{\omega^2}{2} L f, \qquad\qquad (9.88)$$

(repulsione massima lungo x_1 e attrazione massima lungo x_2). Al variare periodico di $h_+(t)$ il cerchio di particelle subisce dunque una serie successiva e alternata di compressioni e dilatazioni lungo gli assi ortogonali x_1, x_2, deformandosi come illustrato in Fig. 9.1.

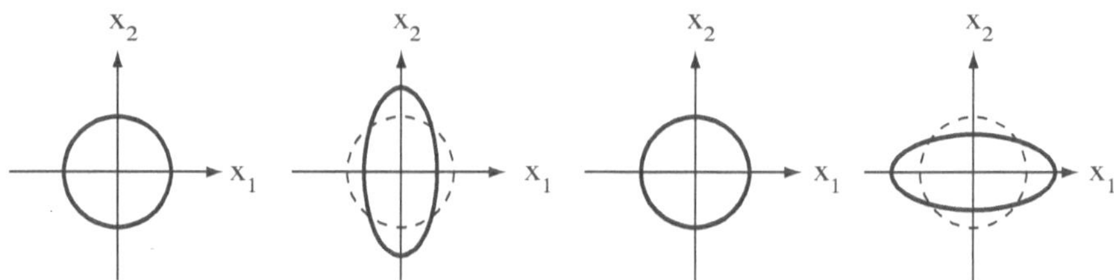

Figura 9.1 Risposta al modo di polarizzazione h_+ per una distribuzione di particelle massive libere, disposte in cerchio nel piano trasversale alla propagazione dell'onda

Supponiamo ora che l'onda incidente abbia una polarizzazione di tipo $h_\times$ (con componente $h_+ = 0$), e ampiezza identica a quella del caso precedente, $h_\times = f$. Le equazioni (9.86) per il modo $h_\times$,

$$\ddot{\xi}^1 = -\frac{\omega^2}{2} L^2 f \cos(kz - \omega t + \phi),$$
$$\ddot{\xi}^2 = -\frac{\omega^2}{2} L^1 f \cos(kz - \omega t + \phi), \qquad\qquad (9.89)$$

si riducono esattamente a quelle del modo h_+ effettuando una rotazione di $\pi/4$ nel piano (x_1, x_2). Infatti, definendo

$$\begin{pmatrix} \widetilde{\xi}^1 \\ \widetilde{\xi}^2 \end{pmatrix} = \frac{1}{\sqrt{2}} \begin{pmatrix} 1 & 1 \\ -1 & 1 \end{pmatrix} \begin{pmatrix} \xi^1 \\ \xi^2 \end{pmatrix}, \qquad \begin{pmatrix} \widetilde{L}^1 \\ \widetilde{L}^2 \end{pmatrix} = \frac{1}{\sqrt{2}} \begin{pmatrix} 1 & 1 \\ -1 & 1 \end{pmatrix} \begin{pmatrix} L^1 \\ L^2 \end{pmatrix}, \quad (9.90)$$

otteniamo le equazioni

$$\ddot{\tilde{\xi}}^1 = -\frac{\omega^2}{2}\tilde{L}^1 f \cos\left(kz - \omega t + \phi\right),$$
$$\ddot{\tilde{\xi}}^2 = \frac{\omega^2}{2}\tilde{L}^2 f \cos\left(kz - \omega t + \phi\right),$$

(9.91)

che riproducono il sistema (9.86) per $h_\times = 0$ e $h_+ = f$. L'effetto del modo $h_\times$ sul cerchio di particelle massive è dunque lo stesso del modo h_+, ma è riferito a due assi ortogonali ruotati di 45 gradi rispetto alla configurazione precedente (si veda la Fig. 9.2).

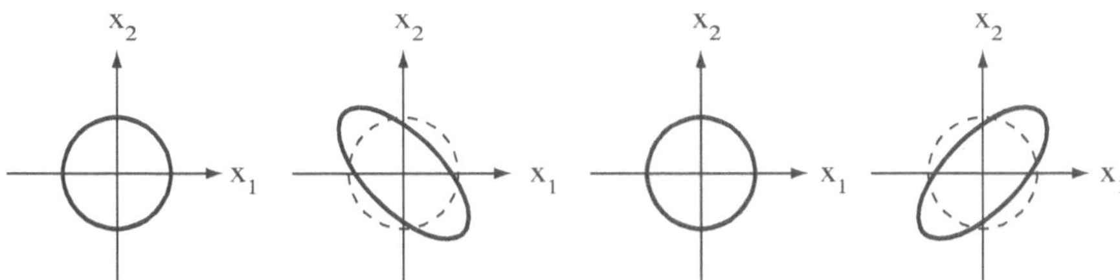

Figura 9.2 Risposta al modo di polarizzazione $h_\times$ per una distribuzione di particelle massive libere, disposte in cerchio nel piano trasversale alla propagazione dell'onda

Questi due tipi di distorsione (o di *"stress"*) prodotti su una distribuzione di masse di prova sono tipiche dei due stati di polarizzazione delle onde di tipo tensoriale. I rivelatori di onde gravitazionali cercano di amplificare e rivelare queste distorsioni prodotte dall'onda sul sistema di masse che agisce da "antenna", sotttraendo tutti gli effetti di "rumore", ossia tutte le possibili vibrazioni non dovute all'onda (ossia, le vibrazioni di tipo termico, microsismico, etc . . .).

9.4 L'oscillatore smorzato come esempio di rivelatore

Un semplice esempio di rivelatore di onde gravitazionali è fornito da un normale oscillatore meccanico smorzato, che possiamo interpretare come modello (ideale) di un sistema macroscopico di masse vibranti.

Supponiamo di avere due masse M collegate da una molla di lunghezza L a riposo, orientata secondo gli angoli polari θ,φ rispetto a un sistema di coordinate cartesiane (si veda la Fig. 9.3). Studiamo la risposta di questo oscillatore a un'onda piana che si propaga lungo la direzione positiva dell'asse

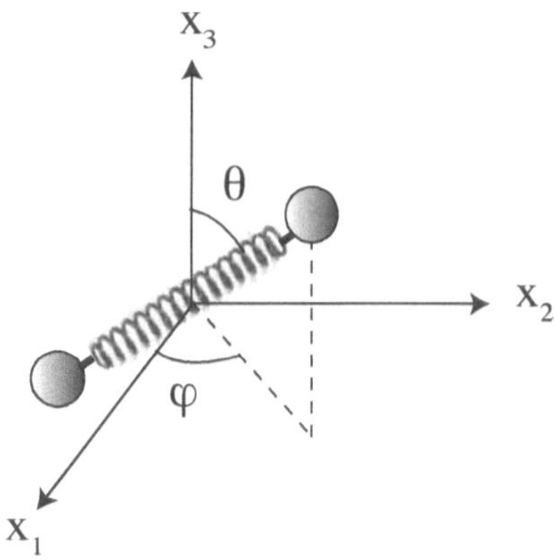

Figura 9.3 Orientazione dell'oscillatore rispetto agli assi cartesiani. L'onda gravitazionale incidente si propaga lungo l'asse x_3

x_3, con polarizzazione di tipo h_+, che parametrizziamo come segue:

$$h_{ij} = \begin{pmatrix} h & 0 \\ 0 & -h \end{pmatrix} e^{i(kz-\omega t)} \tag{9.92}$$

Osserviamo innanzitutto che nel piano (x_1, x_2) la separazione delle masse è data da

$$L_1 = L \sin\theta \cos\varphi, \qquad L_2 = L \sin\theta \sin\varphi. \tag{9.93}$$

Supponiamo che la lunghezza d'onda della radiazione incidente sia molto maggiore delle dimensioni dell'oscillatore ($kL \ll 1$), per cui l'Eq (9.83) per le piccole oscillazioni nel piano (x_1, x_2) diventa:

$$\begin{aligned} \ddot{\xi}^1 &= -\frac{\omega^2}{2} hL \sin\theta \cos\varphi e^{-i\omega t}, \\ \ddot{\xi}^2 &= \frac{\omega^2}{2} hL \sin\theta \sin\varphi e^{-i\omega t}. \end{aligned} \tag{9.94}$$

Proiettando questa accelerazione lungo l'asse dell'oscillatore otteniamo l'accelerazione relativa tra le due masse, prodotta dall'onda:

$$\begin{aligned} \ddot{\xi} &\equiv \ddot{\xi}^1 \cos\varphi \sin\theta + \ddot{\xi}^2 \sin\varphi \sin\theta \\ &= -\frac{\omega^2}{2} hL e^{-i\omega t} \sin^2\theta \cos 2\varphi. \end{aligned} \tag{9.95}$$

Aggiungiamo infine a questa accelerazione quella elastica di richiamo prodotta dalla molla, $-\omega_0^2 \xi$, e un eventuale termine di smorzamento proporzionale a $\dot{\xi}$, e caratterizzato dal tempo tipico τ_0. Arriviamo così all'equazione

$$\ddot{\xi} + \frac{\dot{\xi}}{\tau_0} + \omega_0^2 \xi = -\frac{\omega^2}{2} hL e^{-i\omega t} \sin^2\theta \cos 2\varphi, \qquad (9.96)$$

che descrive la risposta dell'oscillatore a radiazione di frequenza $\omega \ll c/L$, proveniente dalla direzione individuata dagli angoli θ e φ rispetto al suo asse. Il tempo di smorzamento τ_0 e la frequenza propria ω_0 sono tipici dell'oscillatore considerato, e rappresentano parametri intrinseci del rivelatore determinati dalla sua struttura geometrica e composizione interna.

L'Eq. (9.96) è fondamentale per descrivere il funzionamento delle cosiddette "antenne risonanti". Consideriamo ad esempio il caso ideale in cui l'oscillatore è perpendicolare alla direzione dell'onda incidente, ossia poniamo $\theta = \pi/2$ e $\varphi = 0$ (oppure $\varphi = \pi/2$). Risolvendo l'Eq. (9.96) troviamo, nel regime stazionario, la seguente soluzione particolare:

$$\xi(t) = \frac{\omega^2}{2} \frac{hL e^{-i\omega t}}{\omega^2 - \omega_0^2 + \frac{i\omega}{\tau_0}}. \qquad (9.97)$$

La risposta raggiunge il massimo quando la frequenza dell'onda incidente coincide con la frequenza propria delle masse oscillanti, $\omega \simeq \omega_0$. In questo regime, detto di risonanza, la soluzione diventa

$$\xi(t) = -\frac{i}{2}\omega_0\tau_0 hL e^{-i\omega t}. \qquad (9.98)$$

Per definire l'efficienza di un rivelatore in questo regime è opportuno calcolare la cosiddetta "sezione d'urto" σ, definita come la potenza dissipata al suo interno rispetto al flusso di radiazione incidente. Per il nostro oscillatore la potenza dissipata è data da $P_d = E_v/\tau_0$, dove $E_v = M|\dot{\xi}|^2$ è l'energia cinetica associata alla vibrazione delle due masse, eccitate dall'onda. Il flusso d'energia dell'onda polarizzata (9.92), incidente lungo x_3, si ottiene dal tensore energia-impulso (9.50), che fornisce:

$$c\tau_0{}^3 = \frac{c^3}{16\pi G}\left|\dot{h}_{11}\right|^2 = \frac{\omega^2 c^3}{16\pi G}|h|^2. \qquad (9.99)$$

La sezione d'urto è dunque data da:

$$\sigma = \frac{P_d}{c\tau_0{}^3} = \frac{16\pi G M \left|\dot{\xi}\right|^2}{\tau_0 \omega^2 c^3 |h|^2}. \qquad (9.100)$$

Alla risonanza, in particolare, possiamo usare per ξ l'Eq. (9.98), e otteniamo:

$$\sigma = \frac{4\pi G M}{c^3}\omega_0^2 L^2 \tau_0 = \frac{4\pi G M}{c^3}\frac{Q^2 L^2}{\tau_0}, \qquad (9.101)$$

dove $Q = \omega_0 \tau_0$ è il cosiddetto "fattore di merito" del rivelatore. Si noti che, alla risonanza, $|\xi| = QLh/2$. L'efficienza del rivelatore – che è tanto più grande quanto più è grande la sua sezione d'urto σ – aumenta dunque all'aumentare del fattore di merito e all'aumentare delle dimensioni del sistema oscillante.

Le antenne risonanti attualmente in funzione sono tipicamente caratterizzate da dimensioni dell'ordine del metro, $L \sim 10^2$ cm, fattori di merito $Q \sim 10^5$, e – mediante sofisticati sistemi di amplificazione elettronica – possono registrare oscillazioni di ampiezza $|\xi| \sim 10^{-15}$ cm. Sono quindi sensibili a onde gravitazionali di ampiezza $|h| \sim 10^{-22}$ cm (alla frequenza di risonanza). Ciononostante, l'intensità della radiazione gravitazionale è così debole, e le sorgenti astrofisiche così lontane, da non aver ancora generato segnali osservabili nelle antenne attualmente in funzione.

9.4.1 I rivelatori attualmente operanti

È opportuno concludere il capitolo con un sintetico elenco delle antenne gravitazionali che sono attualmente in fase operativa (o di progettazione).

Ci sono due tipi di rivelatori che l'attuale tecnologia ci permette di costruire e impiegare efficacemente: le barre risonanti e gli interferometri. Le barre risonanti sono grossi cilindri di metallo (ad esempio alluminio) che vengono posti in vibrazione dal passaggio di un'onda gravitazionale, comportandosi (in linea di principio) come l'oscillatore elementare discusso in precedenza. La loro frequenza di risonanza tipica è $\omega_0 \sim 1$ kHz. Per eliminare il rumore termico queste barre vengono raffreddate fino a temperature inferiori a 1 grado Kelvin.

Tra le barre più potenti e sensibili ricordiamo NAUTILUS (al Laboratorio INFN di Frascati), AURIGA (al Laboratorio INFN di Legnaro), EXPLORER (al CERN, Ginevra), ALLEGRO (in Luisiana, USA), NIOBE (in Australia).

Va detto che le barre attuali, di tipo cilindrico, potrebbero evolversi in futuro verso nuovi tipi di rivelatori risonanti di forma poliedrica, o addirittura sferica, che internamente possono essere pieni oppure cavi. Tra questi nuovi tipi di (possibili) rivelatori possiamo menzionare il progetto TIGA (in Luisiana, USA), il progetto GRAIL (a Leiden, Germania), e tra i rivelatori cavi ricordiamo il progetto DUAL (INFN, Italia). Questo nuovi rivelatori dovrebbero migliorare, in vari modi, le prestazioni delle attuali barre perché – al contrario della barre – possono individuare la direzione dell'onda incidente, sono sensibili anche a radiazione di tipo scalare, e permettono buona sensibilità anche a frequenze più alte del kiloHertz.

La seconda categoria di rivelatori gravitazionali è costituita da grossi interferometri a fasci laser, con bracci che arrivano a lunghezze di qualche kilometro. Gli specchi posti alle estremità dei bracci entrano in vibrazione al passaggio dell'onda, e producono uno spostamento delle frange di interferenza, con una sensibilità massima intorno alla frequenza di 100 Hz. Il percorso del fasci laser avviene all'interno di tubi a vuoto, ma non è necessario il raffreddamendo, che invece è richiesto dalle barre.

Tra gli interferometri più sensibili ricordiamo LIGO, che ha bracci lunghi 4 km e che è stato costruito in due versioni gemelle (nello stato di Washington e in Luisiana, USA); VIRGO, con i bracci lunghi 3 km (a Cascina, presso Pisa); GEO, con i bracci di 600 m (ad Hannover, Germania); TAMA, con i bracci di 300 m (in Giappone).

Tutte le antenne gravitazionali elencate finora sono progettate per funzionare all'interno di un laboratorio terrestre, e quindi sono inevitabilmente soggette a rumori ambientali di tipo geofisico (sismico e microsismico). Questo limita necessariamente la sensibilità delle antenne nella banda di bassa frequenza: di fatto, esclude dalla banda sensibile le frequenze $\omega \lesssim 1$ Hz, per le quali le vibrazioni microsismiche superano di gran lunga quelle eventualmente prodotte dalla radiazione gravitazionale.

Per superare questa limitazione di banda è in fase di studio e di progetto una serie di interferometri "spaziali": navicelle (senza equipaggio umano) che, poste in orbita attorno al sole, lanciano e ricevono a turno tra di loro fasci di raggi laser, funzionando così come un interferometro dai bracci enormi. Essendo nello spazio non sono sono soggetti al rumore sismico, e possono dunque rivelare vibrazioni gravitazionali a frequenze più basse di quelle consentite ai rivelatori terresti.

Ricordiamo, in particolare, il progetto LISA (in collaborazione tra le agenzie spaziali ESA e NASA), che prevede tre navicelle distanti tra loro 5 milioni di km, e che raggiunge la sensibilità massima intorno a $\omega = 10^{-3}$ Hz; il progetto BBO (della NASA), formato da 4 navicelle, con sensibilità massima intorno a $\omega = 10^{-1}$ Hz; e il progetto DECIGO, simile a BBO, ma proposto da una collaborazione Giapponese.

C'è infine un recente progetto, denominato EINSTEIN TELESCOPE, che per attutire gli effetti del rumore sismico suggerisce di posizionare un'antenna di tipo interferometrico non nello spazio, bensì sotto la superficie terrestre, alla massima profondità raggiungibile (per esempio, all'interno di una miniera sottorranea). Inoltre, questo progetto prevede di usare tecniche criogeniche (come nei rivelatori a barra) per raffreddare al di sotto di 20 gradi Kelvin i pesanti specchi (del diametro di circa mezzo metro) posti all'estremità dei bracci dell'interferometro. Questo ridurrebbe il rumore termico e aumenterebbe ulteriormente la sensibilità dello strumento.

Le sensibilità raggiungibili da tutti questi rivelatori, siano essi risonanti o interferometrici, terrestri o spaziali, in superficie o nel sottosuolo, dovrebbero permetterci in un futuro non molto lontano di rivelare le onde gravitazionali emesse dalle più potenti sorgenti astrofisiche posizionate all'interno (e all'esterno) della nostra galassia. E non solo: questi rivelatori potrebbero anche riuscire a distinguere – se esiste – un fondo cosmico di radiazione gravitazionale fossile, prodotto in modo isotropo durante le fasi primordiali del nostro Universo, e distribuito su una larghissima banda di frequenze (che si estende, in principio, da 10^{-18} Hz fino a oltre il GHz). Per una discussione dettagliata di questo punto il lettore interessato può far riferimento ai testi [13,22,29] della Bibliografia finale. Per una possibile rivelazione *indiretta* del fondo cosmico di onde gravitazionali si veda invece la sezione seguente.

9.5 Effetto polarizzante della radiazione gravitazionale fossile

Nel Capitolo 4 abbiamo sottolineato che un campo gravitazionale, comportandosi come un dielettrico trasparente, può influire sullo stato di polarizzazione della radiazione elettromagnetica che lo attraversa. In questa sezione accenneremo brevemente alla possibilità che un effetto del genere si verifichi anche su scala cosmica, durante le passate ere cosmologiche (per una illustrazione completa di questo fenomeno si vedano ad esempio i testi [20,21] della Bibliografia finale).

Ci concentreremo, in particolare, sulla possibilità che la presenza di onde gravitazionali (di origine primordiale) possa lasciar tracce sulla polarizzazione della radiazione elettromagnetica che costituisce il cosiddetto "fondo cosmico di microonde" (comunemente indicato con la sigla CMB). L'effetto polarizzante della gravità, in questo caso, è di tipo indiretto, in quanto il campo delle onde gravitazionali non influisce direttamente sulla polarizzazione della radiazione CMB, ma piuttosto sulla disomogeneità e sull'anisotropia della sua distribuzione spaziale.

La polarizzazione della radiazione CMB si produce infatti in seguito agli urti (e alla conseguente diffusione) dei fotoni che compongono la radiazione con gli elettroni e i positroni che formano il plasma primordiale, presente nell'Universo iniziale alla cosiddetta "epoca del disaccoppiamento". Ad epoche successive (ovvero, quando la temperatura cosmica scende al di sotto di circa 3000 gradi Kelvin) la radiazione si disaccoppia dalla materia, l'interazione tra fotoni ed elettroni diventa trascurabile, e la polarizzazione si cristallizza ai livelli raggiunti al momento del disaccoppiamento. L'attuale "mappa" di polarizzazione della radiazione CMB ci può dare dunque informazioni dirette sullo stato dell'Universo primordiale, non contaminate dalla dinamica delle successive fasi evolutive.

È importante innanzitutto osservare che la radiazione, se è inizialmente *non polarizzata* (come previsto dal modello cosmologico standard), può acquistare polarizzazione in seguito a gli urti con gli elettroni purché la sua distribuzione sia spazialmente anisotropa, e tale anisotropia sia di tipo quadrupolare (si veda ad esempio il testo [19] della Bibliografia finale).

Ricordiamo, a questo proposito, che la radiazione CMB si trova in uno stato di equilibrio termico caratterizzato da piccole fluttuazioni (di densità, $\delta\rho/\rho$, e di temperatura, $\delta T/T$) che possono essere scomposte in serie di Fourier per modi di frequenza k. Utilizzando lo sviluppo delle onde piane $e^{i\boldsymbol{k}\cdot\boldsymbol{x}}$ in armoniche sferiche $Y_{\ell m}(\theta,\phi)$, tali fluttuazioni possono essere espresse come una serie (infinita) di multipoli ($\ell = 1, 2, \ldots, \infty$), che descrivono l'anisotropia della radiazione alle diverse scale angolari $\theta \simeq \pi/\ell$. Il momento di quadrupolo, in particolare, contribuisce all'anisotropia con il termine $\ell = 2$ di questo sviluppo.

Ma anche i campi elettrici e magnetici della radiazione si possono sviluppare in onde piane e, di conseguenza, anche la polarizzazione si può esprimere come uno sviluppo in serie di multipoli. Poiché la polarizzazione è una diretta conseguenza dell'anisotropia si trova allora che la distribuzione angolare della polarizzazione (prodotta in seguito agli urti, e descritta da una serie di coefficienti multipolari C_ℓ^P) è strettamente correlata alla distribuzione angolare dell'anisotropia termica della radiazione (presente prima degli urti, e descritta da diversi coefficienti multipolari C_ℓ^T).

Fino a questo punto non abbiamo fatto alcun riferimento esplicito all'eventuale ruolo svolto dalle onde gravitazionali in questo processo. La connessione con le onde gravitazionali emerge dal fatto che le fluttuazioni termiche della radiazione, e quindi le sue anisotropie, sono direttamente prodotte dalle fluttuazioni della geometria cosmica, e quindi dalle perturbazioni $\delta g_{\mu\nu}$ della metrica che descrive il campo di gravità cosmologico.

Tali perturbazioni contengono in generale 6 gradi di libertà fisici (si ricordi la discussione della Sez. 7.2), che si possono scomporre – rispetto alle rotazioni dello spazio Euclideo tridimensionale – nel modo seguente: 2 gradi di libertà di tipo scalare, 2 di tipo vettoriale e 2 di tipo tensoriale. Questi ultimi sono descritti da un tensore $h_{\mu\nu}$ che risulta trasverso, $\partial^\nu h_{\mu\nu} = 0$, a traccia nulla, $h = 0$, e che descrive dunque (come discusso nella Sez. 9.1) la propagazione di onde gravitazionali nel vuoto e nell'approssimazione lineare.

È proprio la presenza (eventuale) di queste onde gravitazionali – ossia, di queste perturbazioni tensoriali – che può influenzare in maniera tipica l'anisotropia della radiazione CMB e produrre (in seguito agli urti) uno stato di polarizzazione caratteristico, chiaramente distinguibile dalla polarizzazione dovuta alle componenti scalari di $\delta g_{\mu\nu}$.

Per illustrare questo punto dobbiamo innanzitutto ricordare che un generico stato di polarizzazione della radiazione elettromagnetica è descritto da una matrice densità 2×2 (chiamiamola $\mathcal{P}$), che è Hermitiana e che in generale può essere parametrizzata mediante quattro funzioni reali $\{I, Q, U, V\}$, con $I = \text{Tr}\, \mathcal{P}$, detti "parametri di Stokes". Se la polarizzazione è di tipo lineare abbiamo in particolare $V = 0$, e la matrice $\mathcal{P}$ diventa reale e simmetrica.

Consideriamo dunque lo sviluppo in modi di Fourier delle perturbazioni della metrica $\delta g_{\mu\nu}$, e supponiamo che le componenti di tipo vettoriale siano trascurabili (come previsto dal modello cosmologico standard). Prendiamo per cominciare le perturbazioni scalari, e osserviamo che ciascun modo di Fourier scalare individua una sola direzione privilegiata: quella del suo vettore d'onda $\boldsymbol{k}$. L'anisotropia indotta da tale perturbazione sulla distribuzione della radiazione CMB è caratterizzata dunque da una simmetria di tipo azimutale (ossia, da un'invarianza per rotazioni) attorno alla direzione del versore $\widehat{k} = \boldsymbol{k}/|\boldsymbol{k}|$.

La polarizzazione finale della radiazione, ottenuta (mediante *scattering* sugli elettroni) proprio grazie alla presenza dell'anisotropia iniziale, deve ovviamente rispecchiare le proprietà di simmetria dello stato iniziale. Se consideriamo lo sviluppo multipolare dei parametri di Stokes della radiazione finale (più precisamente, lo sviluppo della loro combinazione lineare $Q \pm iU$, che risulta particolarmente conveniente), troviamo allora che i coefficienti dello sviluppo diversi da zero (chiamiamoli $a^E_{\ell m}$) si trasformano, rispetto alle riflessioni spaziali, acquistando un fattore moltiplicativo $(-1)^\ell$, ossia: $a^E_{\ell m} \to (-1)^\ell a^E_{\ell m}$. Uno stato di polarizzazione di questo tipo viene chiamato "modo E", ovvero modo "elettrico" (o anche stato polarizzato di tipo "gradiente").

L'anisotropia prodotta dal modo di Fourier di una perturbazione di tipo tensoriale, invece, *non è* invariante per rotazioni attorno alla direzione del suo vettore d'onda $\boldsymbol{k}$. La polarizzazione risultante, nel caso tensoriale, ha uno sviluppo multipolare più complicato di quello scalare, e i coefficienti dello sviluppo si possono scomporre in due componenti: una (parametrizzata da $a^E_{\ell m}$) con parità $(-1)^\ell$, e un'altra (parametrizzata da $a^B_{\ell m}$) con parità $(-1)^{\ell+1}$. La polarizzazione acquistata dalla radiazione, nel caso in cui la sua anisotropia abbia origine dalle perturbazioni tensoriali, si può dunque descrivere come una combinazione di due stati linearmente indipendenti: il modo E (già visto in precedenza) e il cosiddetto "modo B", ovvero modo "magnetico" (detto anche stato polarizzato di tipo "rotore").

Risultato: la presenza di fluttuazioni metriche di tipo tensoriale – ossia di onde gravitazionali – all'epoca in cui la radiazione CMB interagiva con gli elettroni della materia cosmica, e veniva polarizzata, potrebbe aver lasciato delle tracce sotto forma di stati di polarizzazione[2] di tipo B. Tali tracce potrebbero essere tutt'ora osservabili, a patto che il fondo cosmico di onde gravitazionali sia caratterizzato da un'intensità sufficientemente elevata.

Come tipico esempio di fondo gravitazionale cosmico capace (in principio) di produrre questo effetto possiamo prendere la radiazione gravitazionale fossile prodotta durante le epoche inflazionarie (ossia, quelle epoche primordiali caratterizzate da un'evoluzione di tipo accelerato). L'espansione accelerata della geometria cosmica, infatti, è in grado di amplificare le (inevitabili) fluttuazioni quantistiche della metrica, generando, di conseguenza, onde gravitazionali (classiche) direttamente dal vuoto (si veda ad esempio il testo [22] per una discussione di questo effetto).

Le onde gravitazionali prodotte in questo modo sono distribuite su di una larghissima banda di frequenza, che in generale varia col tempo. Al giorno d'oggi lo spettro si estende da un *cutoff* infrarosso ω_0 pari a circa $\omega_0 \sim 10^{-18}$ Hz (che rappresenta l'inverso della scala temporale associata all'attuale orizzonte cosmologico, o orizzonte di Hubble), fino a un *cutoff* ultravioletto ω_1 pari a circa $\omega_1 \sim (H_1/M_{\rm P})^{1/2}10^{11}$ Hz (dove H_1 è la scala di curvatura dell'Universo al termine dell'epoca infazionaria, e $M_{\rm P}$ è la massa di Planck).

---

[2] La possibilità di tale effetto è stata messa in evidenza e studiata, in particolare nei seguenti lavori: M. Kamionkowski, A. Kosowsky and A. Stebbins, *Phys. Rev. Lett.* **78**, 2058 (1997); U. Seljak and M. Zaldarriaga, *Phys. Rev. Lett.* **78**, 2054 (1997).

La frequenza ω_1 corrisponde al modo di Fourier con la frequenza più elevata tra tutti quelli che vengono amplificati dal meccanismo inflazionario.

Per caratterizzare l'intensità di queste onde gravitazionali fossili è conveniente usare come parametro la cosiddetta "densità spettrale di energia" $\rho_h(\omega, t)$, ossia la densità di energia per intervallo logaritmico di frequenza, $\rho_h(\omega, t) = d\rho(t)/(d \ln \omega)$. Tale quantità viene usualmente misurata in unità di densità critica, $\rho_c(t)$, che oggi ($t = t_0$) vale circa $\rho_c(t_0) \sim 10^{-5} \mathrm{GeV\, cm^{-3}}$. Le principali proprietà del fondo cosmico di onde gravitazionali possono essere dunque convenientemente parametrizzate dalla variabile

$$\Omega_h(\omega, t) = \frac{1}{\rho_c} \frac{d\rho}{d \ln \omega} = \frac{\omega}{\rho_c} \frac{d\rho}{d\omega}. \tag{9.102}$$

Per ogni modello inflazionario dato, il valore di Ω_h può essere calcolato in funzione della scala di curvatura H_1, del *cutoff* ultravioletto ω_1, e del parametro $\Omega_r(t)$ che rappresenta la densità d'energia (in unità critiche) di tutta la radiazione di tipo "non gravitazionale" presente su scala cosmica.

I modelli inflazionari più semplici forniscono per Ω_h un andamento spettrale a potenza, che – valutato al tempo attuale t_0 – si può esprimere nel modo seguente:

$$\begin{aligned}
\Omega_h(\omega, t_0) &= \Omega_r(t_0) \left(\frac{H_1}{M_\mathrm{P}}\right)^2 \left(\frac{\omega}{\omega_1}\right)^{n_T}, & \omega_{\mathrm{eq}} \leq \omega \leq \omega_1, \\
&= \Omega_r(t_0) \left(\frac{H_1}{M_\mathrm{P}}\right)^2 \left(\frac{\omega}{\omega_1}\right)^{n_T} \left(\frac{\omega}{\omega_{\mathrm{eq}}}\right)^{-2}, & \omega_0 \leq \omega \leq \omega_{\mathrm{eq}}.
\end{aligned} \tag{9.103}$$

In questa espressione n_T è il cosiddetto "indice spettrale tensoriale", che dipende dal modello: lo spettro viene detto "piatto" se $n_T = 0$, decrescente (o "rosso") se $n_T < 0$, crescente (o "blu") se $n_T > 0$. Questo spettro ha un unico "scalino" in corrispondenza della frequenza ω_{eq}, che rappresenta l'inverso della scala temporale tipica dell'epoca di transizione tra la fase dominata dalla radiazione e quella dominata dalla materia (tale frequenza, attualmente, è pari a circa $\omega_{\mathrm{eq}} \sim 10^{-16}$ Hz). Infine, la frazione critica di densità d'energia di tipo non gravitazionale attualmente presente (fotoni e neutrini di varie specie) vale circa $\Omega_r(t_0) \sim 10^{-4}$.

Ricordiamo ora che coefficienti multipolari C_ℓ^P, che parametrizzano la distribuzione angolare della polarizzazione della radiazione CMB, risultano direttamente proporzionali allo spettro (integrato su tutte le frequenze) delle perturbazioni metriche che hanno innescato tale polarizzazione.

La polarizzazione di tipo B, in particolare, è caratterizzata da multipoli C_ℓ^B che sono proporzionali all'intensità delle onde gravitazionali che l'ha prodotta. Misurando lo spettro del modo B, o, quanto meno, misurando l'intensità del modo B per un dato valore del coefficiente multipolare ℓ, si può dunque avere informazione sull'intensità della radiazione gravitazionale presente (a livello cosmico) alla corrispondente scala angolare $\theta \sim \pi/\ell$ (o alla corrispondente scala di frequenza).

I recenti risultati[3] dell'esperimento BICP2 sembrano aver rivelato che la polarizzazione di tipo B esiste, e che i valori misurati sembrano potersi accordare – per lo meno approssimativamente, e per lo meno nella banda di frequenze esplorata da BICEP2 – con un fondo di radiazione gravitazionale cosmica di tipo (9.103). Se lo spettro è piatto[4], in particolare, i risultati sembrano indicare una scala di curvatura inflazionaria $H_1 \sim 10^{-6} M_P$, corrispondente ad una scala di energia $E \sim (M_P^2 H_1^2)^{1/4} \sim 10^{-3} M_P \sim 10^{16}$ GeV.

Questi risultati, però, necessitano attualmente di studi e di conferme sperimentali alternative ed indipendenti (che dovrebbero essere fornite dagli esperimenti in corso, e da quelli programmati per l'immediato futuro).

Esercizi Capitolo 9

9.1. Stati di polarizzazione gravitazionale in D dimensioni
Trovare il numero di stati di polarizzazione indipendenti per una fluttuazione della metrica h_{AB} in uno spazio-tempo D-dimensionale.

9.2. Elicità delle onde gravitazionali
Ricavare l'Eq. (9.23) per un'onda gravitazionale piana che si propaga lungo l'asse x_1.

9.3. Energia-impulso delle onde gravitazionali
Si consideri un'onda gravitazionale che si propaga lungo l'asse x_1 nel gauge TT e nello spazio-tempo di Minkowski. Si verifichi che il tensore energia-impulso (9.50) associato a quest'onda soddisfa alle proprietà di conservazione e traccia nulla:

$$\tau_\nu{}^\nu = 0, \qquad \partial^\nu \tau_{\mu\nu} = 0. \tag{9.104}$$

9.4. Potenza irradiata lungo una direzione arbitraria
Ricavare l'Eq. (9.57), che fornisce l'intensità della radiazione gravitazionale emessa lungo la direzione individuata da un generico versore n_i, partendo dall'Eq. (9.55) che fornisce l'intensità della radiazione lungo la direzione dell'asse x_1.

---

[3] Annunciati il 17 Marzo 2014: P.A. R. Ade et al. [BICEP2 Collaboration], *"Detection of B-mode polarization at degree angular scales"*, arXiv 1403.3985.

[4] Se lo spettro è leggermente crescente, invece, la scala di curvatura compatibile coi risultati di BICEP2 può essere innalzata fino alla cosiddetta "scala di stringa", $H_1 \sim M_s \sim 10^{-1} M_P$ (si veda ad esempio M. Gasperini, *"Relic gravitons from the pre-big bang: what we know and what we do not know"*, in "String theory in curved space times", ed. N. Sanchez (World Scientific, Singapore, 1998), p. 333.

9.5. Medie angolari del flusso di radiazione

Calcolare gli integrali angolari (9.59), (9.60) per il versore n_i definito in coordinate polari dall'Eq. (9.56).

9.6. Radiazione di quadrupolo emessa da un oscillatore armonico

Si applichi l'Eq. (9.63) per determinare la potenza della radiazione gravitazionale, mediata su di un periodo, emessa da una particella puntiforme di massa m che oscilla in modo armonico lungo l'asse x_3, con frequenza ω ed ampiezza costante L.

Soluzioni

9.1. Soluzione

Applichiamo gli stessi argomenti della Sez. 9.1.1, con la differenza che gli indici tensoriali A, B variano da 0 a $D-1$. In questo caso, il numero totale di componenti indipendenti per un tensore simmetrico di rango due come h_{AB} è dato da:

$$\frac{D^2 - D}{2} + D = \frac{1}{2}D(D+1) \tag{9.105}$$

(abbiamo preso gli elementi fuori dalla diagonale, diviso per due, ed aggiunto gli elementi diagonali). Su queste componenti possiamo imporre D condizioni di *gauge* (usando, ad esempio, il *gauge* armonico), ed altre D condizioni mediante una trasformazione di coordinate che preserva il *gauge* scelto. Sottraendo tutte le condizioni imposte ci resta, in totale, un numero

$$N = \frac{1}{2}D(D+1) - 2D = \frac{1}{2}D(D-3) \tag{9.106}$$

di gradi di libertà (e quindi stati di polarizzazione) indipendenti.

In $D = 4$ si ha $N = 2$, come trovato in Sez. 9.1.1. In uno spazio-tempo a 5 dimensioni, invece, un'onda gravitazionale ha $N = 5$ stati di polarizzazione indipendenti (si veda l'Appendice B per una discussione delle teorie gravitazionali formulate in una varietà con un numero di dimensioni spaziali superiori a tre).

9.2. Soluzione

Usando la notazione a blocchi per le matrici 2×2, e le definizioni esplicite (9.18), (9.22), possiamo porre

$$\epsilon^{(\pm)}_{\mu\nu} = \begin{pmatrix} 0 & 0 \\ 0 & \epsilon^{\pm} \end{pmatrix}, \qquad U_\mu{}^\nu = \begin{pmatrix} 1 & 0 \\ 0 & R \end{pmatrix}, \tag{9.107}$$

dove

$$\epsilon^{\pm} = \frac{1}{2}\begin{pmatrix} 1 & \pm i \\ \pm i & -1 \end{pmatrix} = \frac{1}{2}(\sigma_3 \pm i\sigma_1), \qquad R = \begin{pmatrix} \cos\theta & \sin\theta \\ -\sin\theta & \cos\theta \end{pmatrix}, \tag{9.108}$$

e dove σ_1, σ_3 sono le matrici di Pauli nella rappresentazione in cui σ_3 è diagonale. Si trova dunque

$$\epsilon'^{(\pm)}_{\mu\nu} = \begin{pmatrix} 0 & 0 \\ 0 & \epsilon'^{\pm} \end{pmatrix} \qquad (9.109)$$

dove

$$\epsilon'^{\pm} = R\epsilon^{\pm}R^T, \qquad (9.110)$$

e un semplice calcolo matriciale fornisce

$$\epsilon'^{\pm} = e^{\pm 2i\theta}\epsilon^{\pm}. \qquad (9.111)$$

9.3. Soluzione

Usando la definizione (9.50) possiamo scrivere esplicitamente le due condizioni (9.104) come segue:

$$\tau_\nu{}^\nu = \partial^\nu h^{\alpha\beta}\partial_\nu h_{\alpha\beta} = 0, \qquad (9.112)$$

$$\partial^\nu \tau_{\mu\nu} = \partial^\nu \left(\partial_\mu h^{\alpha\beta}\partial_\nu h_{\alpha\beta}\right) = 0. \qquad (9.113)$$

Poiché $\Box h_{\alpha\beta} = 0$, esse sono entrambe soddisfatte se vale la condizione di traccia nulla (9.112).

Per un'onda che si propaga lungo l'asse x_1 si ha $h_{\alpha\beta} = h_{\alpha\beta}(x^1 - ct)$, e la traccia del tensore energia-impulso si riduce a

$$\begin{aligned}
\tau_\nu{}^\nu = \partial^\nu h^{\alpha\beta}\partial_\nu h_{\alpha\beta} &= \partial^0 h^{\alpha\beta}\partial_0 h_{\alpha\beta} + \partial^1 h^{\alpha\beta}\partial_1 h_{\alpha\beta} \\
&= 2\partial^0 h_{22}\partial_0 h_{22} + 2\partial^0 h_{23}\partial_0 h_{23} \qquad (9.114) \\
&\quad + 2\partial^1 h_{22}\partial_1 h_{22} + 2\partial^1 h_{23}\partial_1 h_{23}
\end{aligned}$$

(abbiamo usato l'Eq. (9.13) che collega tra loro le componenti non nulle di h_{ij}). Per ognuna delle componenti h_{ij}, d'altra parte, vale la relazione (9.5), che implica:

$$\partial^0 h_{ij} = \partial_0 h_{ij} = -\partial_1 h_{ij} = \partial^1 h_{ij}. \qquad (9.115)$$

Tutti i termini dell'Eq. (9.114) si cancellano dunque a vicenda, e la traccia $\tau_\nu{}^\nu$ risulta identicamente nulla.

9.4. Soluzione

L'intensità d'energia irradiata lungo una direzione arbitraria, individuata dal versore $\boldsymbol{n}$, deve essere un'espressione scalare nello spazio euclideo 3-dimensionale che dipende da $\dot{h}_{ij}$ e n_i, che è quadratica in $\dot{h}_{ij}$, e che si riduce all'Eq. (9.55) per un'onda che si propaga lungo x_1.

Consideriamo dunque la più generica forma scalare quadratica in $\dot{h}$,

$$A(\boldsymbol{n}) = \alpha_1 \left(\dot{h}_{ij} n^i n^j \right)^2 + \alpha_2 \, \dot{h}_{ij} \dot{h}^{ij} + \alpha_3 \, \dot{h}_{ik} \dot{h}^k{}_j n^i n^j, \tag{9.116}$$

e determiniamo i coefficienti arbitrari α_1, α_2, α_3 imponendo che per $\boldsymbol{n} = \boldsymbol{n}_1 = (1,0,0)$ essa si riduca a:

$$A(\boldsymbol{n}_1) = \dot{h}_{22}^2 + \dot{h}_{23}^2 \equiv \frac{1}{4} \left(\dot{h}_{22} - \dot{h}_{33} \right)^2 + \dot{h}_{23}^2. \tag{9.117}$$

Nel secondo passaggio abbiamo usato la condizione $h_{22} = -h_{33}$, valida per un'onda che si propaga lungo x_1, per esprimere $A(\boldsymbol{n}_1)$ in funzione di tutte le componenti di h non nulle.

Sostituendo $\boldsymbol{n}$ con $\boldsymbol{n}_1$ nell'Eq. (9.116) troviamo, in generale, la seguente forma quadratica:

$$A(\boldsymbol{n}_1) = \alpha_1 \dot{h}_{11}^2 + \alpha_2 \left(\dot{h}_{11}^2 + \dot{h}_{22}^2 + \dot{h}_{33}^2 + 2\dot{h}_{12}^2 + 2\dot{h}_{13}^2 + 2\dot{h}_{23}^2 \right)$$
$$+ \alpha_3 \left(\dot{h}_{11}^2 + \dot{h}_{12}^2 + \dot{h}_{13}^2 \right). \tag{9.118}$$

Eliminando $\dot{h}_{11}$ con la condizione di traccia nulla,

$$\dot{h}_{11} = - \left(\dot{h}_{22} + \dot{h}_{33} \right), \tag{9.119}$$

ed imponendo che il risultato coincida con quello dell'Eq. (9.117), arriviamo al sistema di equazioni:

$$\alpha_1 + 2\alpha_2 + \alpha_3 = \frac{1}{4}, \qquad 2\alpha_1 + 2\alpha_2 + 2\alpha_3 = -\frac{1}{2},$$
$$2\alpha_2 = 1, \qquad 2\alpha_2 + \alpha_3 = 0. \tag{9.120}$$

La prima condizione si ottiene dall'uguaglianza dei coefficienti di $\dot{h}_{22}^2$ e $\dot{h}_{33}^2$, la seconda dall'uguaglianza dei coefficienti di $\dot{h}_{22}\dot{h}_{33}$, la terza dall'uguaglianza dei coefficienti di $\dot{h}_{23}^2$, la quarta dall'uguaglianza dei coefficienti di $\dot{h}_{12}^2$ e $\dot{h}_{13}^2$. La soluzione è:

$$\alpha_1 = \frac{1}{4}, \qquad \alpha_2 = \frac{1}{2}, \qquad \alpha_3 = -1. \tag{9.121}$$

Sostituendo questi valori nell'Eq. (9.116) arriviamo dunque alla forma quadratica (9.57) cercata.

9.5. Soluzione

Notiamo innanzitutto che

$$\int_\Omega d\Omega = \int_0^{2\pi} d\varphi \int_0^\pi \sin\theta \, d\theta = 4\pi. \tag{9.122}$$

Dalla definizione del versore (9.56) abbiamo:

$$\int_\Omega d\Omega\, n_1^2 = \int_0^{2\pi} d\varphi\, \cos^2\varphi \int_0^\pi \sin\theta d\theta\, \sin^2\theta$$

$$= \int_0^{2\pi} d\varphi\, \frac{1}{2}\left(1+\cos 2\varphi\right) \int_{-1}^{1} d(\cos\theta)\left(1-\cos^2\theta\right) \quad (9.123)$$

$$= \frac{4\pi}{3}.$$

Analogamente,

$$\int_\Omega d\Omega\, n_2^2 = \int_\Omega d\Omega\, n_3^2 = \frac{4\pi}{3}, \quad (9.124)$$

mentre il risultato è nullo se integriamo $n_1 n_2$, $n_1 n_3$, e $n_2 n_3$. Perciò:

$$\int_\Omega d\Omega\, n_i n_j = \frac{4\pi}{3}\delta_{ij}, \quad (9.125)$$

in accordo all'Eq. (9.59).

Per quanto riguarda gli integrali del tipo

$$\int_\Omega d\Omega\, n_i n_j n_k n_l, \quad (9.126)$$

usando per n_i la definizione (9.56) si trova un risultato nullo se 3 o più indici sono differenti. In caso contrario abbiamo

$$\int_\Omega d\Omega\, n_1^2 n_2^2 = \int_\Omega d\Omega\, n_1^2 n_3^2 = \int_\Omega d\Omega\, n_2^2 n_3^2 = \frac{4\pi}{15}, \quad (9.127)$$

e

$$\int_\Omega d\Omega\, n_1^4 = \int_\Omega d\Omega\, n_2^4 = \int_\Omega d\Omega\, n_3^4 = \frac{4\pi}{5}. \quad (9.128)$$

Possiamo dunque esprimere il risultato in forma compatta come segue,

$$\int_\Omega d\Omega\, n_i n_j n_k n_l = \frac{4\pi}{15}\left(\delta_{ij}\delta_{kl} + \delta_{ik}\delta_{jl} + \delta_{il}\delta_{jk}\right), \quad (9.129)$$

in accordo all'Eq. (9.60).

9.6. Soluzione

La traiettoria dell'oscillatore considerato è descritta dalle equazioni

$$x_1 = 0, \qquad x_2 = 0, \qquad x_3(t) = L\cos\omega t, \quad (9.130)$$

e il momento di quadrupolo (9.39) è dato da

$$Q_{ij} = \int d^3x\, \rho\left(3x_i x_j - r^3\delta_{ij}\right), \quad (9.131)$$

dove (per una massa puntiforme):

$$\rho = m\delta(x_1)\delta(x_2)\delta(x_3 - L\cos\omega t), \qquad r^2 = L^2\cos^2\omega t. \qquad (9.132)$$

Integrando abbiamo quindi:

$$Q_{11} = Q_{22} = -mL^2\cos^2\omega t, \qquad Q_{33} = 2mL^2\cos^2\omega t. \qquad (9.133)$$

Si noti che Q è diagonale, e che soddisfa la condizione di traccia nulla $\delta^{ij}Q_{ij} = 0$.

Calcolando le derivate temporali troviamo

$$\dddot{Q}_{11} = \dddot{Q}_{22} = -8mL^2\omega^3\cos\omega t\sin\omega t, \qquad (9.134)$$

$$\dddot{Q}_{33} = 16mL^2\omega^3\cos\omega t\sin\omega t, \qquad (9.135)$$

e quindi:

$$\dddot{Q}_{ij}\dddot{Q}^{ij} = \dddot{Q}_{11}^2 + \dddot{Q}_{22}^2 + \dddot{Q}_{33}^2 = 384\,m^2L^4\omega^6\cos^2\omega t\sin^2\omega t. \qquad (9.136)$$

La media su un periodo $T = 2\pi/\omega$ fornisce:

$$\frac{1}{T}\int_0^T dt\,\cos^2\omega t\sin^2\omega t = \frac{1}{8}. \qquad (9.137)$$

Applicando l'Eq. (9.63) troviamo infine che la potenza media emessa dall'oscillatore sotto forma di radiazione gravitazionale, nell'approssimazione di quadrupolo, è data da:

$$\left\langle\frac{dE}{dt}\right\rangle = -\frac{G}{45c^5}\langle\dddot{Q}_{ij}\dddot{Q}^{ij}\rangle = -\frac{48G}{45c^5}\,m^2L^4\omega^6. \qquad (9.138)$$

10

La soluzione di Schwarzschild

Finora abbiamo usato solo le equazioni di Einstein linearizzate, e considerato configurazioni geometriche che descrivono l'interazione gravitazionale nell'approssimazione di campo debole. In questo capitolo applicheremo per la prima volta le equazioni di Einstein esatte, senza approssimazioni, e le risolveremo nel caso particolare di un campo gravitazionale sfericamente simmetrico.

La soluzione trovata – la ben nota soluzione di Schwarzschild – verrà usata per illustrare quella che è una delle conseguenze fenomenologiche più famose della teoria della relatività generale: la precessione del perielio delle orbite planetarie. Tale effetto, sperimentalmente noto fin dall'Ottocento per i pianeti del nostro sistema solare, ha permesso di effettuare una delle verifiche osservative più convincenti della teoria di Einstein.

Va subito detto, però, che soluzione di Schwarzschild è importante non solo per le sue applicazioni fenomenologiche ma anche per i suoi aspetti formali. Essa fornisce infatti un semplice e fondamentale esempio di come il campo gravitazionale possa modificare la struttura causale dello spazio-tempo, introducendo un "orizzonte degli eventi" che limita, classicamente, la possibilità di ottenere informazione da certe porzioni di spazio (l'interno del cosiddetto "buco nero"). Estrapolata fino al limite $r \to 0$ rappresenta inoltre un semplice modello di singolarità geometrica, ossia di varietà spazio-temporale "geodeticamente incompleta".

10.1 Equazioni di Einstein a simmetria sferica nel vuoto

Cerchiamo una soluzione delle equazioni di Einstein (7.29) che descriva la geometria associata ad un campo gravitazionale sfericamente simmetrico, prodotto da una sorgente centrale. Siamo interessati, in particolare, al campo nel vuoto (ossia, alla geometria dello spazio-tempo esternamente alla sorgente): in questo caso possiamo porre $T_{\mu\nu} = 0$, e le equazioni si riducono semplicemente a $R_{\mu\nu} = 0$.

© Springer-Verlag Italia 2015
M. Gasperini, *Relatività Generale e Teoria della Gravitazione*,
UNITEXT for Physics, DOI 10.1007/978-88-470-5690-9_10

Dobbiamo dunque calcolare il tensore di Ricci partendo da una metrica $g_{\mu\nu}$ che descriva uno spazio tridimensionale a simmetria sferica. Questo significa, più precisamente, che la parte spaziale g_{ij} della metrica deve essere invariante per rotazioni, ossia deve ammettere il gruppo $SO(3)$ come gruppo di isometrie. Possiamo anche dire, utilizzando la terminologia della Sez. 6.3, che lo spazio-tempo cercato deve ammettere una opportuna "foliazione" (ovvero, una scomposizione) in serie di sezioni spaziali tridimensionali, ognuna delle quali contiene un sottospazio a $n = 2$ dimensioni massimamente simmetrico, dotato cioè di $n(n + 1)/2 = 3$ vettori di Killing (che in questo caso corrispondono ai 3 generatori delle rotazioni spaziali).

Utilizzando coordinate polari, $x^\mu = (ct, r, \theta, \varphi)$, questa condizione si può facilmente soddisfare imponendo che le sezioni dello spazio-tempo a t e r fissati siano superfici sferiche bidimensionali di raggio costante. Il più generale elemento di linea che soddisfa a questo requisito è il seguente,

$$ds^2 = A_1(r,t)c^2 dt^2 - A_2(r,t)dr^2 - A_3(r,t)drdt - A_4(r,t)\left(d\theta^2 + \sin^2\theta d\varphi^2\right), \quad (10.1)$$

dove A_i, $i = 1, \ldots, 4$, sono arbitrarie funzioni reali di r e t. Per r e t fissati abbiamo infatti $dr = dt = 0$, e ritroviamo la metrica di una sfera a due dimensioni di raggio $a = A_4^{1/2} =$ costante (si veda l'Eq. (2.24)).

Prima di calcolare il tensore di Ricci è conveniente notare che questa generica metrica può essere ulteriormente semplificata, imponendo opportune condizioni di *gauge* che non rompono la simmetria sferica. Possiamo introdurre, in particolare, due nuove coordinate $\tilde{t}$ e $\tilde{r}$ mediante la trasformazione

$$t = f_1(\tilde{t}, \tilde{r}), \qquad r = f_2(\tilde{t}, \tilde{r}) \quad (10.2)$$

(che non coinvolge le variabili angolari), e scegliere le funzioni f_1, f_2 in modo tale che, nella nuova carta, risultino soddisfatte le condizioni $\tilde{A}_3 = 0$ e $\tilde{A}_4 = \tilde{r}^2$.

In questa nuova carta, omettendo (per semplicità) la tilde, e adottando la notazione ormai divenuta standard,

$$g_{00} = A_1 = e^{\nu(r,t)}, \qquad g_{11} = -A_2 = -e^{\lambda(r,t)}, \quad (10.3)$$

abbiamo dunque l'elemento di linea seguente:

$$ds^2 = e^\nu c^2 dt^2 - e^\lambda dr^2 - r^2\left(d\theta^2 + \sin^2\theta d\varphi^2\right). \quad (10.4)$$

Le funzioni ν e λ dipendono solo da r e t, e verranno ora determinate imponendo che questa metrica soddisfi le equazioni di Einstein nel vuoto.

A questo scopo osserviamo innanzitutto che la matrice $g_{\mu\nu}$ è diagonale,

$$g_{\mu\nu} = \mathrm{diag}\left(e^\nu, -e^\lambda, -r^2, -r^2\sin^2\theta\right), \quad (10.5)$$

e che le componenti (controvarianti) della metrica inversa si ottengono semplicemente invertendo gli elementi diagonali,

$$g^{\mu\nu} = \mathrm{diag}\left(e^{-\nu}, -e^{-\lambda}, -r^{-2}, -r^{-2}\sin^{-2}\theta\right). \qquad (10.6)$$

Ricordiamo che $x^0 = ct$, $x^1 = r$, $x^2 = \theta$, $x^3 = \varphi$, e applichiamo la definizione (3.90) per la connessione di Christoffel. Indicando con il punto la derivata rispetto a t e con il primo quella rispetto a r, troviamo che le componenti non nulle sono le seguenti:

$$\begin{aligned}
&\Gamma_{00}{}^0 = \frac{\dot\nu}{2c}, & &\Gamma_{00}{}^1 = \frac{\nu'}{2}e^{\nu-\lambda}, & &\Gamma_{01}{}^0 = \frac{\nu'}{2}, \\[2mm]
&\Gamma_{01}{}^1 = \frac{\dot\lambda}{2c}, & &\Gamma_{11}{}^0 = \frac{\dot\lambda}{2c}e^{\lambda-\nu}, & &\Gamma_{11}{}^1 = \frac{\lambda'}{2}, \\[2mm]
&\Gamma_{12}{}^2 = \frac{1}{r}, & &\Gamma_{13}{}^3 = \frac{1}{r}, & &\Gamma_{22}{}^1 = -re^{-\lambda}, \\[2mm]
&\Gamma_{23}{}^3 = \frac{\cos\theta}{\sin\theta}, & &\Gamma_{33}{}^1 = -r\sin^2\theta e^{-\lambda}, & &\Gamma_{33}{}^2 = -\sin\theta\cos\theta.
\end{aligned} \qquad (10.7)$$

Siamo ora in grado di calcolare le componenti del tensore di Ricci, e imporre le equazioni di Einstein $R_{\mu\nu} = 0$. È conveniente calcolare le componenti miste, $R_\nu{}^\mu = g^{\mu\alpha}R_{\nu\alpha}$. Usando la definizione (6.21), e eguagliando a zero tutte le componenti non nulle, abbiamo:

$$R_1{}^1 = e^{-\lambda}\left(\frac{\nu''}{2} + \frac{\nu'^2}{4} - \frac{\lambda'\nu'}{4} - \frac{\lambda'}{r}\right) - \frac{e^{-\nu}}{c^2}\left(\frac{\ddot\lambda}{2} + \frac{\dot\lambda^2}{4} - \frac{\dot\lambda\dot\nu}{4}\right) = 0, \quad (10.8)$$

$$R_2{}^2 = R_3{}^3 = \frac{1}{r^2}\left[e^{-\lambda}\left(1 + \frac{r\nu'}{2} - \frac{r\lambda'}{2}\right) - 1\right] = 0, \qquad (10.9)$$

$$R_0{}^0 = e^{-\lambda}\left(\frac{\nu''}{2} + \frac{\nu'^2}{4} - \frac{\lambda'\nu'}{4} + \frac{\nu'}{r}\right) - \frac{e^{-\nu}}{c^2}\left(\frac{\ddot\lambda}{2} + \frac{\dot\lambda^2}{4} - \frac{\dot\lambda\dot\nu}{4}\right) = 0, \quad (10.10)$$

$$R_1{}^0 = \frac{e^{-\nu}}{cr}\dot\lambda = 0, \qquad\qquad R_0{}^1 = -\frac{e^{-\lambda}}{cr}\dot\lambda = 0. \qquad (10.11)$$

Nella prossima sezione vedremo che questo sistema di equazioni ammette una semplice soluzione esatta per ν e λ.

10.2 Teorema di Birkhoff e soluzione di Schwarzschild

Cominciamo dalle due equazioni (10.11), che implicano $\dot\lambda = 0$, ossia $\lambda = \lambda(r)$. Con questa condizione tutti i termini contenenti derivate temporali si annullano anche nelle equazioni precedenti. Rimangono tre equazioni per le due incognite λ e ν, ma solo due di queste equazioni, come vedremo, sono indipendenti.

Sottraendo l'Eq. (10.8) dall'Eq. (10.10), ed eguagliando a zero, otteniamo la condizione:

$$\nu' + \lambda' = 0, \tag{10.12}$$

che integrata fornisce

$$\nu + \lambda = f(t), \tag{10.13}$$

dove f è un'arbitraria funzione che dipende solo dalla coordinata temporale. Poiché $\lambda = \lambda(r)$, ne consegue che la dipendenza da r e t nella parte temporale dell'elemento di linea (10.4) si può fattorizzare come segue:

$$g_{00}c^2 dt^2 = e^\nu c^2 dt^2 = e^{-\lambda(r)} e^{f(t)} c^2 dt^2. \tag{10.14}$$

Effettuando la trasformazione di coordinate (che preserva la simmetria sferica) $t \to \tilde{t}$, definita dalla condizione differenziale

$$e^{f(t)/2} dt = d\tilde{t}, \tag{10.15}$$

è dunque sempre possibile eliminare qualunque dipendenza dal tempo di g_{00} (ossia di ν), assorbendola nel nuovo parametro temporale $\tilde{t}$. Perciò la soluzione cercata dipende solo dalla coordinata radiale, e soddisfa la condizione:

$$\nu(r) = -\lambda(r). \tag{10.16}$$

È opportuno, a questo punto, introdurre la definizione di metrica *statica*: una metrica è detta statica se esiste un sistema di riferimento nel quale $g_{i0} = 0$, e tutte le componenti non nulle della metrica sono indipendenti dal tempo, $\partial_0 g_{\mu\nu} = 0$. Siamo allora in grado di riassumere il risultato precedente dicendo che una metrica a simmetria sferica, che soddisfa le equazioni di Einstein nel vuoto, deve essere necessariamente statica. Questa affermazione costituisce l'enunciato del noto *teorema di Birkhoff*.

Va sottolineato, per chiarezza, che una metrica statica ammette ovviamente un vettore di Killing di tipo tempo, $\xi_\mu \xi^\mu > 0$ (che, come discusso in Sez. 3.3, garantisce l'esistenza di una carta in cui $\partial_0 g_{\mu\nu} = 0$). Questa condizione caratterizza le metriche di tipo *stazionario*, ma non garantisce la validità della seconda condizione $g_{i0} = 0$. Questa seconda condizione è soddisfatta, e la metrica è statica (oltre che stazionaria), se e solo se il vettore di Killing soddisfa la condizione $\xi_{[\mu} \nabla_\nu \xi_{\alpha]} = 0$ (si veda l'Esercizio 10.1).

Usando il risultato (10.16), possiamo ora facilmente integrare l'Eq. (10.9) che si riduce a

$$e^\nu \left(1 + r\nu'\right) \equiv (e^\nu r)' = 1. \tag{10.17}$$

Integrando e dividendo per r otteniamo

$$e^\nu = 1 - \frac{2m}{r} = e^{-\lambda}, \tag{10.18}$$

dove abbiamo chiamato $-2m$ la costante di integrazione, che ha ovviamente dimensioni di una lunghezza (vedremo tra poco perché abbiamo scelto il segno meno). Arriviamo così alla soluzione di Schwarzschild, rappresentata dall'elemento di linea

$$ds^2 = \left(1 - \frac{2m}{r}\right) c^2 dt^2 - \frac{dr^2}{1 - \frac{2m}{r}} - r^2 \left(d\theta^2 + \sin^2\theta d\varphi^2\right), \qquad (10.19)$$

che descrive la geometria dello spazio-tempo vuoto, incurvato dal campo gravitazionale a simmetria sferica presente all'esterno di una sorgente centrale.

Notiamo subito che questa metrica ha una singolarità per $r = 2m$, dove $g_{00} \to 0$ e $g_{11} \to \infty$. Per $r < 2m$ le componenti g_{00} e g_{11} cambiano di segno, e le coordinate usate non sono più adatte a descrivere la soluzione trovata. Questo punto sarà discusso in dettaglio nella Sez. 10.4.

Notiamo infine che la soluzione (10.19) soddisfa non solo l'Eq. (10.9) e una combinazione lineare di (10.8) e (10.10), ma soddisfa anche separatamente le equazioni (10.8) e (10.10) (che sono equivalenti per questa soluzione). Infatti

$$e^\nu \nu' = \frac{2m}{r^2}, \qquad e^\nu \left(\nu'' + \nu'^2\right) = -\frac{4m}{r^3}, \qquad (10.20)$$

e quindi

$$e^\nu \left(\frac{\nu''}{2} + \frac{\nu'^2}{2} + \frac{\nu'}{r}\right) = -\frac{2m}{r^3} + \frac{2m}{r^3} = 0, \qquad (10.21)$$

da cui $R_1{}^1 = R_0{}^0 = 0$.

10.2.1 Limite di campo debole

Per interpretare fisicamente la costante di integrazione $-2m$, e capire l'origine del segno negativo scelto, riscriviamo la soluzione di Schwarzschild nella carta cosiddetta "isotropa", caratterizzata da una coordinata radiale $\tilde{r}$ tale che:

$$r = \tilde{r} \left(1 + \frac{m}{2\tilde{r}}\right)^2. \qquad (10.22)$$

In questa carta

$$dr = d\tilde{r} \left(1 - \frac{m^2}{4\tilde{r}^2}\right), \qquad (10.23)$$

e l'elemento di linea (10.19) diventa

$$ds^2 = \left(\frac{1 - \frac{m}{2\tilde{r}}}{1 + \frac{m}{2\tilde{r}}}\right)^2 c^2 dt^2 - \left(1 + \frac{m}{2\tilde{r}}\right)^4 \left[d\tilde{r}^2 + \tilde{r}^2 \left(d\theta^2 + \sin^2\theta d\varphi^2\right)\right]. \qquad (10.24)$$

Passando dalle coordinate polari a quelle cartesiane mediante la trasformazione

$$x_1 = \tilde{r}\sin\theta\cos\varphi, \qquad x_1 = \tilde{r}\sin\theta\sin\varphi, \qquad x_3 = \tilde{r}\cos\theta,$$
$$\tilde{r} = \left(x_1^2 + x_2^2 + x_3^2\right)^{1/2} = |\boldsymbol{x}|, \tag{10.25}$$

abbiamo infine:

$$ds^2 = \left(\frac{1 - \frac{m}{2|\boldsymbol{x}|}}{1 + \frac{m}{2|\boldsymbol{x}|}}\right)^2 c^2 dt^2 - \left(1 + \frac{m}{2|\boldsymbol{x}|}\right)^4 |d\boldsymbol{x}|^2. \tag{10.26}$$

Queste nuove coordinate sono dette isotrope perché la parte spaziale della metrica non dipende dalla particolare direzione considerata, come appare chiaramente da quest'ultima equazione.

Consideriamo ora il limite di grandi distanze dalla sorgente, $|\boldsymbol{x}| \to \infty$. In questo limite possiamo sviluppare l'elemento di linea per $m/|\boldsymbol{x}| \ll 1$, e otteniamo:

$$ds^2 = \left(1 - \frac{2m}{|\boldsymbol{x}|}\right) c^2 dt^2 - \left(1 + \frac{2m}{|\boldsymbol{x}|}\right) |d\boldsymbol{x}|^2. \tag{10.27}$$

Ma a distanze arbitrariamente grandi dalla sorgente il campo gravitazionale diventa arbitrariamente debole, e la nostra soluzione esatta deve riprodurre la metrica ottenuta risolvendo le equazioni di Einstein linearizzate nell'approssimazione di campo debole (si veda l'Eq. (8.22)).

Confrontando il nostro limite (10.27) con la soluzione (8.22), e identificando $-2m/|\boldsymbol{x}|$ con $2\phi/c^2$, troviamo che la soluzione di Schwarzschild descrive un campo gravitazionale realistico purché la costante di integrazione delle equazioni di Einstein sia collegata alla massa totale M del corpo centrale dalla relazione

$$2m = \frac{2GM}{c^2}. \tag{10.28}$$

La quantità $2m$ è dimensionalmente una lunghezza, e viene chiamata raggio di Schwarzschild. Il segno negativo è necessario per ottenere un campo di forze centrali di tipo attrattivo e una massa della sorgente di segno positivo.

10.3 Precessione del perielio

La soluzione di Schwarzschild fornisce una buona descrizione del campo gravitazionale prodotto dal sole nello spazio interplanetario. I pianeti si muovono, in prima approssimazione, come corpi di prova puntiformi lungo le geodetiche di questa metrica. Poiché le coordinate radiali dei pianeti sono molto maggiori del raggio di Schwarzschild del Sole (che è dell'ordine del kilometro), il moto avviene nel regime di campo debole $r \gg 2m$, e quindi possiamo usare la metrica (10.19) senza incontrare problemi di interpretazione dovuti a un eventuale scambio di ruoli tra coordinata radiale e temporale.

Per determinare le orbite previste dalla relatività generale partiamo dunque dall'equazione geodetica, che conviene scrivere in forma non esplicitamente covariante come nell'Eq. (5.6),

$$\frac{d}{d\tau}\left(g_{\mu\nu}\dot{x}^\nu\right) = \frac{1}{2}\dot{x}^\alpha\dot{x}^\beta\partial_\mu g_{\alpha\beta} \tag{10.29}$$

(il punto indica la derivata rispetto al tempo proprio τ). Usiamo per $g_{\mu\nu}$ la rappresentazione (10.5) (con $\lambda = -\nu$), e integriamo separatamente le diverse componenti di questa equazione.

La componente $\mu = 0$,

$$\frac{d}{d\tau}\left(e^\nu\dot{x}^0\right) = 0, \tag{10.30}$$

si integra immediatamente e fornisce

$$\dot{x}^0 = e^{-\nu}k, \tag{10.31}$$

dove k è una costante del moto associata all'invarianza per traslazioni temporali (ossia alla conservazione dell'energia totale del sistema).

La componente $\mu = 2$ fornisce:

$$\frac{d}{d\tau}\left(r^2\dot{\theta}\right) = \frac{1}{2}\dot{\varphi}^2\frac{\partial}{\partial\theta}\left(r^2\sin^2\theta\right), \tag{10.32}$$

ossia

$$r^2\ddot{\theta} + 2r\dot{r}\dot{\theta} - r^2\dot{\varphi}^2\sin\theta\cos\theta = 0. \tag{10.33}$$

Se prendiamo come condizioni iniziali $\theta(0) = \pi/2$ e $\dot{\theta}(0) = 0$ questa equazione implica $\ddot{\theta} = 0$, e risulta identicamente soddisfatta da $\theta = \pi/2 = $ costante. Questo significa che il moto avviene in un piano (come nel caso non-relativistico), e che è sempre possibile scegliere il sistema di riferimento in modo che tale piano coincida con quello equatoriale $\theta = \pi/2$. Nei calcoli successivi useremo questa scelta, che permette di semplificare le equazioni in modo significativo.

La componente $\mu = 3$ (con $\theta = \pi/2$),

$$\frac{d}{d\tau}\left(r^2\dot{\varphi}\right) = 0, \tag{10.34}$$

si integra immediatamente e fornisce

$$\dot{\varphi} = \frac{h}{r^2}, \tag{10.35}$$

dove h è una costante del moto associata all'invarianza per rotazioni (e quindi alla conservazione del momento angolare) nel piano equatoriale $\theta = \pi/2$.

Resta infine da considerare l'equazione per il moto radiale. A questo proposito, anziché scrivere la componente $\mu = 1$ della geodetica, è conveniente utilizzare la condizione di normalizzazione della quadrivelocità, $\dot{x}^\mu \dot{x}_\mu = c^2$. Esprimendo $\dot{x}^0$ e $\dot{\varphi}$ tramite le costanti del moto (10.31) e (10.35), e ponendo $\dot{\theta} = 0$, $\theta = \pi/2$, abbiamo la condizione

$$g_{\mu\nu}\dot{x}^\mu \dot{x}^\nu \equiv e^{-\nu}k^2 - e^{-\nu}\dot{r}^2 - \frac{h^2}{r^2} = c^2, \tag{10.36}$$

che risolta per $\dot{r}$ ci dà l'equazione $\dot{r}(r)$ che descrive il moto radiale.

Per descrivere un moto di tipo orbitale, confinato in una porzione limitata del piano equatoriale, è opportuno usare come equazione parametrica $r = r(\varphi)$ anziché $r = r(t)$. A questo scopo indichiamo con un primo la derivata rispetto a φ, e esprimiamo $\dot{r}$ come $\dot{r} = r'\dot{\varphi}$. Inoltre, è prassi comune (nel contesto della meccanica celeste) esprimere le equazioni mediante la variabile $u = r^{-1}$, tale che $r' = -u'u^{-2}$. Utilizzando l'Eq. (10.35) abbiamo allora

$$\dot{r} = -u'u^{-2}\dot{\varphi} = -hu', \tag{10.37}$$

e la condizione (10.36) diventa:

$$e^{-\nu}k^2 - e^{-\nu}h^2 u'^2 - h^2 u^2 = c^2. \tag{10.38}$$

Moltiplicando per $e^\nu h^{-2}$, e differenziando rispetto a φ, otteniamo infine l'equazione del moto geodetico nel piano equatoriale $\theta = \pi/2$:

$$2u'u'' + 2uu' - 6mu^2 u' - \frac{2mc^2}{h^2}u' = 0. \tag{10.39}$$

Questa equazione può essere soddisfatta in due modi.

La prima possibilità è $u' = 0$, ossia $r = $ costante. In questo caso il moto corrisponde a un'orbita circolare di raggio r costante, ma non è il caso a cui siamo interessati in questo contesto perché questo tipo di moto non presenta, ovviamente, alcun effetto di precessione. Per $u' \neq 0$ possiamo dividere per u', e l'equazione si riduce a

$$u'' + u = \frac{mc^2}{h^2} + 3mu^2, \tag{10.40}$$

che è l'equazione *esatta* per l'orbita (non circolare) di un pianeta nel campo gravitazionale di Schwarzschild. Le differenza dalla corrispondente equazione Newtononiana sono tutte contenute nell'ultimo termine $3mu^2$, che rappresenta le correzioni relativistiche dovute alla curvatura dello spazio-tempo.

Poiché queste correzioni sono piccole rispetto agli altri termini ($mu = m/r \ll 1$, e quindi $mu^2 \ll u$), possiamo risolvere l'equazione con uno sviluppo perturbativo, ponendo

$$u = u_{(0)} + u_{(1)} + \cdots. \tag{10.41}$$

Il primo termine (di ordine zero) dello sviluppo soddisfa l'equazione Newtoniana imperturbata,

$$u''_{(0)} + u_{(0)} = \frac{mc^2}{h^2}.$$ (10.42)

La soluzione generale esatta è

$$u_{(0)} = \frac{mc^2}{h^2}\left[1 + e\cos(\varphi - \varphi_0)\right],$$ (10.43)

dove φ_0 ed e sono costanti di integrazione (si veda l'Eq. (2.10) nel limite non-relativistico $k \to 1$). Per $0 \le e \le 1$ questa soluzione descrive (in coordinate polari) un'ellissi con eccentricità e e semiasse maggiore:

$$a = \frac{h^2}{mc^2(1 - e^2)}.$$ (10.44)

Per calcolare le correzioni "post-Newtoniane" sostituiamo lo sviluppo (10.41) nell'equazione esatta (10.40). Al primo ordine otteniamo per $u_{(1)}$ la seguente equazione,

$$\begin{aligned}u''_{(1)} + u_{(1)} &= 3mu^2_{(0)} \\ &= \frac{3m^3c^4}{h^4}\left[1 + 2e\cos(\varphi - \varphi_0) + e^2\cos^2(\varphi - \varphi_0)\right],\end{aligned}$$ (10.45)

dove il termine relativistico, valutato sulla soluzione non-perturbata, fa da sorgente alla correzione del primo ordine (lavorando nell'approssimazione di campo debole abbiamo trascurato il termine $6mu_{(0)}u_{(1)} \ll u_{(1)}$).

Notiamo ora che, per orbite di piccola eccentricità ($e \ll 1$), possiamo trascurare anche il termine $e^2\cos^2\varphi$ rispetto a $e\cos\varphi$. Inoltre, il termine costante al membro destro della precedente equazione può essere assorbito nella parte Newtoniana della soluzione, semplicemente riscalando la costante h che determina i parametri dell'orbita. Per $u_{(1)}$ ci rimane quindi la seguente equazione,

$$u''_{(1)} + u_{(1)} = \frac{6m^3c^4}{h^4}e\cos(\varphi - \varphi_0),$$ (10.46)

che ammette la soluzione particolare

$$u_{(1)} = \frac{3m^3c^4}{h^4}e\varphi\sin(\varphi - \varphi_0).$$ (10.47)

Includendo al primo ordine le correzioni indotte dalla geometria di Schwarzschild arriviamo quindi alla seguente soluzione approssimata:

$$u \simeq u_{(0)} + u_{(1)} = \frac{mc^2}{h^2}\left[1 + e\cos(\varphi - \varphi_0) + \frac{3m^2c^2}{h^2}e\varphi\sin(\varphi - \varphi_0)\right].$$ (10.48)

Poniamo ora

$$\Delta\varphi = \frac{3m^2c^2}{h^2}\,\varphi, \tag{10.49}$$

e osserviamo che $|\Delta\varphi| \sim 3mu_{(0)} \sim 3m/r \ll 1$. Applicando la formula di sottrazione del coseno per piccoli angoli $|\beta| \ll 1$,

$$\cos(\alpha - \beta) = \cos\alpha\cos\beta + \sin\alpha\sin\beta \simeq \cos\alpha + \beta\sin\alpha, \tag{10.50}$$

possiamo infine riscrivere la soluzione (10.48) come segue:

$$u = \frac{mc^2}{h^2}\left[1 + e\cos\left(\varphi - \varphi_0 - \Delta\varphi\right)\right]. \tag{10.51}$$

Questa è l'equazione (approssimata) per l'orbita nel campo di Schwarzschild, da confrontare con quella Newtoniana dell'Eq. (10.43).

A questo proposito notiamo che l'Eq. (10.51) descrive ancora una traiettoria compresa tra una posizione di minima e massima distanza dall'origine,

$$\frac{h^2}{mc^2(1+e)} \le r \le \frac{h^2}{mc^2(1-e)}; \tag{10.52}$$

tale traiettoria, però – al contrario dell'ellissi Newtoniana (10.43) – non è chiusa: è una curva "a rosetta" (si veda anche l'introduzione al Capitolo 2). Consideriamo, in particolare, il punto di minima distanza dalla sorgente centrale (il cosiddetto perielio). Dopo che il moto ha sotteso un angolo $\varphi - \varphi_0 = 2\pi$ il perielio non si trova più nella posizione di partenza, ma risulta spostato rispetto a quella posizione di un angolo $\Delta\varphi$. Ad ogni giro, in particolare, c'è uno spostamento del perielio

$$\Delta\varphi(2\pi) = \frac{6\pi m^2 c^2}{h^2} = \frac{6\pi G^2 M^2}{h^2 c^2} \tag{10.53}$$

(abbiamo usato la relazione (10.28) per il raggio di Schwarzschild). Si noti che quest'effetto, principalmente dovuto alla curvatura dello spazio-tempo, è circa 6 volte più grande di quello che si ottiene includendo le correzioni cinematiche della relatività ristretta (si veda l'Eq. (2.11)).

Utilizzando la definizione di semiasse maggiore (10.44), l'Eq. (10.53) si può anche riscrivere come:

$$\Delta\varphi(2\pi) = \frac{6\pi G M}{a(1 - e^2)c^2}. \tag{10.54}$$

In questa forma risulta evidente che l'effetto di spostamento, a parità di eccentricità, è tanto più grande quanto più piccolo è a, ossia quanto più il pianeta è vicino al Sole. Ed infatti, è proprio il pianeta Mercurio che presenta la più accentuata anomalia di spostamento tra tutte quelle osservate: con una lunga serie di accurate misure astronomiche, iniziate nella seconda metà del settecento, si è trovato che per Mercurio, dopo avere sottratto tutti gli effetti di precessione prodotti dalla presenza degli altri pianeti, rimane ancora da spiegare uno spostamento residuo del perielio di circa 43.11 secondi d'arco al secolo.

Il risultato (10.54), applicato a Mercurio, predice uno spostamento $\Delta\varphi = 0.1038$ secondi d'arco ad ogni rivoluzione. Poiché in un secolo Mercurio effettua 415 rivoluzioni attorno al Sole, si ottiene una predizione che riproduce il risultato sperimentale con una precisione dell'uno per cento. L'accordo è molto buono, tenendo conto che ci sono molte possibili sorgenti di errori sistematici (quali, ad esempio, la forma non esattamente sferica del Sole): questi effetti possono produrre indipendentemente piccoli spostamenti del perielio, che sono da considerare ed eventualmente da aggiungere allo spostamento gravitazionale (10.54) prodotto dalla geometria di Schwarzschild.

10.4 Orizzonte degli eventi e coordinate di Kruskal

Supponiamo ora che la sorgente della metrica (10.19) sia molto compatta, concentrata all'interno di una regione centrale di raggio $r < 2m$. In questo caso ha senso considerare la soluzione di Schwarzschild anche nel regime di campo forte, cioè a distanze $r \sim 2m$. Ricordiamo infatti che tale soluzione è valida solo nel vuoto, e quindi, al massimo, solo fino alla superficie esterna del corpo centrale che fa da sorgente. All'interno del corpo bisogna risolvere le equazioni di Einstein con $T_{\mu\nu} \neq 0$.

Non è del tutto chiaro, al momento, se corpi così compatti (detti *black holes*, o "buchi neri") esistano realmente in natura. A livello astrofisico ci sono indicazioni indirette che sembrano confermare la loro esistenza; si può dire, però, che una definitiva conferma sperimentale è ancora mancante. Ciononostante, lo studio della soluzione di Schwarzschild nel regime $r < 2m$ è di grande interesse teorico come esempio di varietà spazio-temporale che ha una struttura causale qualitativamente diversa da quella di Minkowski. Tale varietà presenta, in particolare, un orizzonte a $r = 2m$ e una singolarità a $r = 0$.

Per illustrare la prima possibilità consideriamo un corpo centrale con estensione $r > 2m$, che collassa su se stesso lungo la direzione radiale mantenendosi sfericamente simmetrico. La superficie del corpo, per un osservatore esterno situato a distanza $r_1 > r$, rimane sempre *al di fuori* del raggio di Schwarzschild come se questo raggio rappresentasse un limite invalicabile.

Più precisamente, l'intervallo di tempo proprio $\Delta\tau$ necessario per raggiungere la coordinata radiale $2m$ – intervallo che è *finito* per un osservatore a riposo sulla superficie che collassa, come si vede facilmente integrando l'equazione della geodetica radiale – diventa un intervallo di tempo *infinito* per l'osservatore fermo in r_1 (qualunque sia $r_1 > 2m$), a causa dell'effetto di dilatazione temporale prodotto dal campo gravitazionale. Applicando i risultati della Sez. 5.3 alla metrica di Schwarzschild abbiamo infatti:

$$\Delta\tau(r_1) = \left[\frac{g_{00}(r_1)}{g_{00}(r)}\right]^{1/2}\Delta\tau = \left(1 - \frac{2m}{r_1}\right)^{1/2}\frac{\Delta\tau}{\left(1 - \frac{2m}{r}\right)^{1/2}} \quad\underset{r\to 2m}{\longrightarrow}\quad \infty \quad (10.55)$$

(si veda l'Eq. (5.32)).

Questo significa anche che la superficie $r = 2m$ corrisponde a ciò che viene chiamato "orizzonte degli eventi", ovvero superficie di *redshift* infinito. Supponiamo infatti che dalla superficie del corpo collassante vengano emessi segnali (ad esempio, radiazione elettromagnetica) con frequenza propria ω_0 verso l'esterno. La frequenza ricevuta dall'osservatore fermo in r_1 è "arrossata" dal campo gravitazionale (si veda l'Eq. (5.34)), ed è data da:

$$\omega(r_1) = \left[\frac{g_{00}(r)}{g_{00}(r_1)}\right]^{1/2}\omega_0 = \left(1 - \frac{2m}{r}\right)^{1/2}\frac{\omega_0}{\left(1 - \frac{2m}{r_1}\right)^{1/2}} \quad\underset{r\to 2m}{\longrightarrow}\quad 0. \quad (10.56)$$

Man mano che la superficie si avvicina al raggio di Schwarzschild il segnale emesso viene ricevuto sempre più debolmente, fino a scomparire del tutto quando viene emesso dal punto $r = 2m$. Nessun segnale può raggiungere un osservatore esterno provenendo dalla superficie sferica di raggio $2m$, che appare quindi nera, buia, come se non potesse emettere (classicamente) alcuna radiazione[1]. È proprio a causa di questo effetto che la porzione di spazio racchiusa dentro tale superficie ha preso il nome di "buco nero"[2].

Va sottolineato, a questo punto, che la presenza di un orizzonte per $r = 2m$ – caratterizzato dalla singolarità della metrica (10.19), dalla divergenza del tempo di collasso (10.55) e dal *redshift* infinito (10.56) – non implica necessariamente che la superficie $r = 2m$ sia da interpretare come una regione "fisicamente" singolare dello spazio-tempo (ossia come un luogo inaccessibile, escluso dallo spazio-tempo fisico). Che le cose non stiano così ce lo suggerisce innanzitutto lo studio del tensore di curvatura, poiché gli scalari formati con questo tensore tendono a divergere nei punti singolari dello spazio-tempo.

Si può dimostrare, più precisamente, che la regolarità degli scalari di curvatura è condizione *necessaria* (ma non suffciente) per l'assenza di singolarità (si veda ad esempio il testo [8] della Bibliografia finale). Per le soluzioni di Einstein nel vuoto, in particolare, ci sono quattro scalari non nulli che si possono formare con la metrica e le sue derivate prime e seconde, senza introdurre

---

[1] In realtà l'emissione di radiazione è possibile mediante effetti quantistici, come mostrato per la prima volta da S. W. Hawking, *Commun. Math. Phys.* **43**, 199 (1975).

[2] Cè una coincidenza curiosa che riguarda il nome dello scopritore di questa metrica. Schwarzschild, in tedesco, significa "scudo nero".

derivate covarianti della curvatura[3]:

$$R_{\mu\nu\alpha\beta}R^{\mu\nu\alpha\beta}, \qquad\qquad R_{\mu\nu\rho\sigma}R_{\alpha\beta}{}^{\rho\sigma}\eta^{\mu\nu\alpha\beta},$$
$$R_{\mu\nu\rho\sigma}R_{\alpha\beta}{}^{\rho\sigma}R^{\mu\nu\alpha\beta}, \qquad R_{\mu\nu\rho\sigma}R_{\alpha\beta\lambda\delta}R^{\mu\nu\alpha\beta}\eta^{\rho\sigma\lambda\delta}. \tag{10.57}$$

Nel caso della soluzione di Schwarschild questi scalari sono tutti regolari a $r = 2m$. Se prendiamo, ad esempio, il quadrato del tensore di Riemann abbiamo

$$R_{\mu\nu\alpha\beta}R^{\mu\nu\alpha\beta} = \frac{48m^2}{r^6} \tag{10.58}$$

(si veda l'Esercizio 10.2). Tutti questi scalari, invece, segnalano in modo inequivocabile, con la loro divergenza, l'esistenza di una singolarità a $r = 0$.

Il fatto che la curvatura sia regolare a $r = 2m$, e che la metrica invece non lo sia, è una situazione – che si incontra spesso nel contesto della geometria differenziale – tipicamente dovuta a una "cattiva" scelta del sistema di coordinate. La carta usata per esprimere la soluzione di Schwarzschild nella forma (10.19), in particolare, è perfettamente adatta a descrivere la regione spazio-temporale caratterizzata dalla condizione $r > 2m$, ma potrebbe non essere adatta (per la presenza di un orizzonte singolare) a ricoprire tutta la varietà spazio-temporale associata al campo gravitazionale di una sorgente centrale nel vuoto. Se questo è il caso deve esistere allora una carta (chiamiamola $\{\overline{x}^\mu\}$) che la completa, ossia una carta che si estende anche al di sotto del raggio di Schwarzshild senza presentare singolarità metriche, fino alla reale (e inevitabile) singolarità geometrica localizzata a $r = 0$.

La carta $\{\overline{x}^\mu\}$ cercata rappresenta ciò che viene chiamato, nel linguaggio della geometria differenziale, la *massima estensione analitica* del sistema di coordinate, ed è caratterizzata in generale dalle seguenti proprietà. Se la varietà è regolare (ovvero, come si usa dire, *geodeticamente completa*), allora tutte le geodetiche di questa carta $\{\overline{x}^\mu\}$ possono essere estese per valori arbitrari del proprio parametro temporale senza incontrare singolarità, qualunque sia il punto di partenza sulla varietà data. Se la varietà invece non è regolare (ossia, se è geodeticamente incompleta), allora alcune geodetiche della carta $\{\overline{x}^\mu\}$ possono finire bruscamente nei punti di reale singolarità spazio-temporale (come, ad esempio, il punto $r = 0$ della soluzione di Schwarzschild); tutte quelle geodetiche che non incontrano singolarità (se esistono) devono però essere arbitrariamente estese, come nel caso precedente.

Per una semplice illustrazione di questi concetti possiamo prendere, ad esempio, una sezione bidimensionale (pseudo-Euclidea) M_2 dello spazio-tempo di Minkowski M_4. Questa varietà è ovviamente regolare: la carta Cartesiana $\{\overline{x}^\mu = (x, ct)\}$ fornisce un esempio di massima estensione analitica per le coordinate di M_2 in quanto le sue geodetiche – le rette del piano

---

[3] Se la metrica non è Ricci-piatta, ossia se $R_{\mu\nu} \neq 0$ e $R \neq 0$, il numero di tali scalari, in 4 dimensioni, sale fino a 14.

pseudo-Euclideo – possono essere arbitrariamente estese senza ostruzioni da $-\infty$ a $+\infty$, qualunque sia il punto di partenza scelto.

Se prendiamo invece la carta di Rindler (ξ,η), definita da

$$x = \xi \cosh \eta, \qquad ct = \xi \sinh \eta \tag{10.59}$$

(supponiamo η adimensionale) abbiamo delle coordinate che – come mostrato nell'Esercizio 6.1 – ricoprono solo una porzione di M_2 definita dalle condizioni $x > |ct|$ e $x < -|ct|$ (il cosiddetto spazio di Rindler, ossia la parte di M_2 "esterna" al cono luce $x = \pm ct$). Le geodetiche della carta di Rindler non finiscono in punti singolari dello spazio-tempo (perché su M_2 non ce ne sono); però non possono essere arbitrariamente estese (al contrario delle rette cartesiane) perché esistono geodetiche che arrivano al bordo dello spazio di Rindler in un intervallo di tempo proprio finito (si veda l'Esercizio 10.3), e lì devono necessariamente terminare. Quindi le coordinate (ξ,η) non rappresentano la massima estensione analitica per la varietà M_2, bensì una carta di M_2 che può essere ulteriormente estesa (cosa che avviene appunto mediante la trasformazione (10.59)).

Nel caso della geometria di Schwarzshild la situazione è molto simile a quella appena descritta, con l'importante differenza che la varietà di Schwarzshild non è regolare perché presenta una singolarità a $r = 0$. Qualunque sia la carta usata ci saranno dunque geodetiche che finiranno in quel punto, e ciò avverrà in un intervallo finito del proprio parametro temporale. La carta usata nell'Eq. (10.19), però, è valida solo fino all'orizzonte $r = 2m$, dove la metrica (ma non lo spazio-tempo) diventa singolare. Poiché le geodetiche di quella carta arrivano all'orizzonte in un tempo proprio finito possiamo aspettarci che anche quella carta possa essere estesa, proprio come la carta di Rindler su M_2.

La massima estesione analitica per la soluzione di Schwarzshild è fornita dalla cosiddetta carta di Kruskal, le cui coordinate (u, v) sono collegate alle coordinate (r, ct) da una trasformazione che non coinvolge le coordinate angolari. Le coordinate (adimensionali) di Kruskal, fuori dall'orizzonte $(r > 2m)$, sono definite da:

$$\begin{aligned}
u &= \pm \left(\frac{r}{2m} - 1\right)^{1/2} e^{r/4m} \cosh\left(\frac{ct}{4m}\right), \\
v &= \pm \left(\frac{r}{2m} - 1\right)^{1/2} e^{r/4m} \sinh\left(\frac{ct}{4m}\right).
\end{aligned} \tag{10.60}$$

Dentro all'orizzonte $(r < 2m)$ sono definite da:

$$\begin{aligned}
u &= \pm \left(1 - \frac{r}{2m}\right)^{1/2} e^{r/4m} \sinh\left(\frac{ct}{4m}\right), \\
v &= \pm \left(1 - \frac{r}{2m}\right)^{1/2} e^{r/4m} \cosh\left(\frac{ct}{4m}\right).
\end{aligned} \tag{10.61}$$

In entrambe le equazioni precedenti è sottinteso che per u e v va preso lo stesso segno (si veda ad esempio il testo [12] per una derivazione dettagliata di tali trasformazioni).

È facile verificare che queste coordinate soddisfano sempre alla condizione

$$u^2 - v^2 = \left(\frac{r}{2m} - 1\right) e^{r/2m}, \tag{10.62}$$

sia fuori che dentro l'orizzonte. Il loro rapporto fornisce invece

$$\frac{v}{u} = \tanh\left(\frac{ct}{4m}\right), \qquad r > 2m, \tag{10.63}$$

fuori dall'orizzonte, e

$$\frac{u}{v} = \tanh\left(\frac{ct}{4m}\right), \qquad r < 2m, \tag{10.64}$$

dentro all'orizzonte. Queste ultime tre equazioni (10.62), (10.63) e (10.64) sono utili per discutere la struttura geometrica e causale dello spazio-tempo associato alla soluzione di Schwarzschild, come vedremo nella sezione successiva.

È istruttivo riscrivere infine l'elemento di linea di Schwarzschild in funzione delle coordinate di Kruskal. Consideriamo innanzitutto la regione $r > 2m$. Differenziando l'Eq. (10.62) abbiamo:

$$dr = \frac{8m^2}{r} e^{-r/2m} \left(udu - vdv\right). \tag{10.65}$$

Differenziando l'Eq. (10.63), e usando la (10.60) per u^2, otteniamo:

$$cdt = \frac{8m^2}{r - 2m} e^{-r/2m} \left(udv - vdu\right). \tag{10.66}$$

Sostituendo nell'Eq. (10.19) e semplificando arriviamo infine a:

$$ds^2 = \frac{32m^3}{r} e^{-r/2m} \left(dv^2 - du^2\right) - r^2 \left(d\theta^2 + \sin^2 d\varphi^2\right). \tag{10.67}$$

Ripetendo la stessa procedura nel caso $r < 2m$ si ottiene esattamente lo stesso risultato. Questo mostra esplicitamente che la forma quadratica dell'Eq. (10.19), riscritta nella carta di Kruskal, è perfettamente regolare a $r = 2m$ e rimane singolare (come previsto) solo nel punto limite $r = 0$.

10.4.1 Struttura causale della geometria di "buco nero"

L'elemento di linea (10.67) rappresenta, in coordinate di Kruskal, la soluzione esatta di Schwarzschild (10.19). Descrive quindi la geometria associata ad un campo gravitazionale sfericamente simmetrico, prodotto da una sorgente localizzata nell'origine. A differenza dell"elemento di linea (10.19), però, la parametrizzazione di Kruskal si può applicare anche per $r < 2m$, e si può estendere in principio fino a $r = 0$ se la sorgente è puntiforme.

L'Eq. (10.67) può quindi fornire un modello geometrico ideale per il sistema comunemente chiamato buco nero "eterno" (*eternal black hole*), ossia per un sistema gravitazionale che ha già terminato la fase di collasso raggiungendo una configurazione finale stabile, di tipo statico e infinitamente concentrato. Tale configurazione è probabilmente poco realistica dal punto di vista fenomenologico, ma il suo studio è particolarmente istruttivo per illustrare le proprietà geometriche dello spazio-tempo nel regime di campi gravitazionali molto intensi.

Per discutere le proprietà geometriche dello spazio-tempo descritto dalla metrica (10.67) è conveniente concentrarsi sulle sue sezioni bidimensionali parametrizzate dalle coordinate u e v (tali sezioni sono anche chiamate "piano di Kruskal"). Usando l'Eq. (10.62) possiamo osservare, innanzitutto, che l'orizzonte di Schwarzschild $r = 2m$ corrisponde alle bisettrici del piano di Kruskal, $u = \pm v$. Usando le equazioni (10.63), (10.64) vediamo inoltre che la retta $u = v$ corrisponde a $t = +\infty$, la retta $u = -v$ a $t = -\infty$ (si veda la Fig. 10.1, pannello (a)). Questa coincidenza tra orizzonte e valore limite del parametro temporale t è in accordo al fatto, già notato in precedenza, che per un osservatore esterno al raggio di Schwarzschild l'orizzonte $r = 2m$ viene raggiunto in un tempo infinito.

Sempre dalle equazioni (10.63), (10.64) otteniamo che le sezioni spazio-temporali $t = $ costante sono rappresentate dall'equazione $u/v = $ costante, ossia da rette del piano di Kruskal che passano per l'origine. Dall'Eq. (10.62) abbiamo invece che le sezioni $r = $ costante sono rappresentate da iperboli, di due possibili tipi:

$$
\begin{aligned}
u^2 - v^2 &= \mathrm{cost} > 0, \qquad & r > 2m, \\
u^2 - v^2 &= \mathrm{cost} < 0, \qquad & r < 2m.
\end{aligned}
\tag{10.68}
$$

A seconda del segno di $u^2 - v^2$ abbiamo iperboli esterne all'orizzonte, localizzate nei quadranti I e III del piano di Kruskal, e iperboli interne, localizzate nei quadranti II e IV (si veda la Fig. 10.1, pannello (b)).

È facile notare l'analogia, già accennata in precedenza, tra il piano di Kruskal (u, v) e il piano di Minkowski (x, ct), e in particolare tra le curve $r = $ costante posizionate fuori dall'orizzonte e le traiettorie iperboliche di un osservatore uniformemente accelerato nello spazio di Minkowski. Analogia non solo formale, in questo caso, in quanto un corpo di prova fermo in una posizione a r fissato, nella metrica di Schwarzschild, è soggetto appunto a un'accelerazione costante determinata dall'attrazione del campo gravitazionale centrale.

Inoltre, gli osservatori uniformemente accelerati dello spazio-tempo di Minkowski hanno come orizzonte (ossia come asintoto della loro traiettoria iperbolica) il cono luce $x = \pm ct$; nel piano di Kruskal gli asintoti dell'iperbole

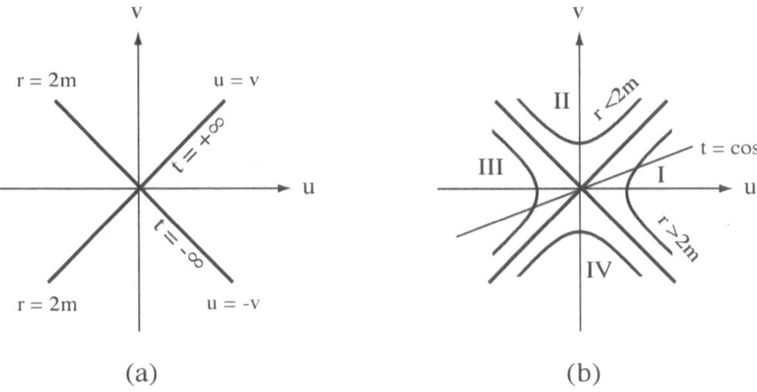

Figura 10.1 Pannello (a): l'orizzonte di Schwarzschild nel piano di Kruskal. Pannello (b): le sezioni $t = $ cost sono rette per l'origine; le sezioni $r = $ cost sono iperboli, fuori dall'orizzonte (nei quadranti I e III) e dentro all'orizzonte (nei quadranti II e IV)

corrispondono all'orizzonte di Schwarzschild. In questo contesto, il sistema di coordinate (r, ct) è esattamente l'analogo del sistema di Rindler (si veda l'Eq. (10.59)): così come la carta di Rindler (ξ, η) ricopre solo la parte di piano di Minkowski esterna al cono luce, allo stesso modo la carta (r, ct) ricopre solo la parte di piano di Kruskal esterna all'orizzonte di Schwarzschild ($r > 2m$, ossia $u^2 > v^2$, ossia i quadranti I e III).

Se ci concentriamo sui quadranti II e IV, interni all'orizzonte, notiamo però un'importante differenza tra il piano di Kruskal e quello di Minkowski. Mentre nel piano di Minkwoski la porzione di spazio-tempo fisicamente accessibile si estende all'infinito, nel piano di Kruskal la regione permessa è limitata dall'iperbole $u^2 - v^2 = -1$, che corrisponde alla singolarità $r = 0$ (si veda l'Eq. (10.62)).

In altri termini, la carta di Kruskal rappresenta la massima estensione analitica per una varietà spazio-temporale (quella di Schwarzschild) che *non* è geodeticamente completa (a causa della singolarità di curvatura presente in $r = 0$). Possiamo rappresentare, nel piano di Kruskal, una geodetica radiale di tipo tempo come una traiettoria del I quadrante che procede lungo la direzione positiva dell'asse temporale v. Questa traiettoria attraversa senza problemi l'orizzonte di Schwarzschild penetrando nella regione II, e arriva in un tempo proprio finito a incrociare l'iperbole corrispondente alla singolarità $r = 0$, sulla quale deve però bruscamente terminare (si veda la Fig. 10.2, pannello (a)).

È importante osservare che l'orizzonte $r = 2m$ può essere attraversato da traiettorie fisiche (di tipo tempo o tipo luce) solo dall'esterno ($r > 2m$) verso

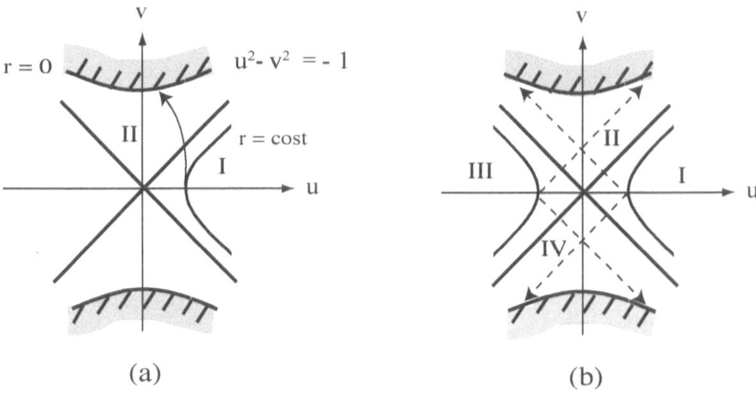

Figura 10.2 Pannello (a): il bordo della regione accessibile del piano di Kruskal è limitato dall'iperbole $r = 0$, che viene raggiunta in un tempo proprio finito da un osservatore in caduta libera; Pannello (b): le linee tratteggiate indicano possibili traiettorie di di tipo luce (avanzate e ritardate) nel piano di Kruskal. Le regioni II, III e IV non possono trasmettere segnali alla regione I. Le regioni I e III sono causalmente disconnesse

l'interno $(r < 2m)$, ma non viceversa: per "uscire" dalla regione II, infatti, la traiettoria dovrebbe inclinarsi di un angolo maggiore di 45 gradi rispetto all'asse temporale, e diventare quindi di tipo spazio (corrispondente a velocità superiori a quelle della luce). Una volta penetrato nella regione II diventa impossibile per un osservatore uscirne, o trasmettere segnali all'esterno. L'orizzonte di Schwarzschild si comporta quindi (classicamente) come una membrana semi-permeabile, attraversabile in una sola direzione.

Notiamo infine che le regioni I e II del piano di Kruskal possiedono, rispettivamente, una copia simmetrica (spazialmente riflessa e temporalmente invertita) nelle regioni III e IV, che sono le regioni in cui si applicano le trasformazioni (10.60), (10.61) con il segno meno per entrambe le coordinate. Tali copie scompaiono se si impone che i punti (u, v) e $(-u, -v)$ del piano di Kruskal siano topologicamente identificabili, come forse è naturale supporre (ricordiamo, a questo proposito, che le equazioni di Einstein fissano la geometria della varietà spazio-temporale, ma lasciano la sua topologia completamente arbitraria).

In assenza di identificazione topologica, e nell'ipotesi che le regione III e IV siano reali e fisicamente distinte dalle loro "copie", va notato comunque che nessuna di esse può inviare segnali fisici verso la regione I (dove, presumibilmente, sono localizzati gli osservatori con i quali possiamo correttamente identificarci).

La regione IV è anche detta "white hole", buco bianco, perché è un buco nero con la coordinata temporale che scorre in senso inverso, essendo isometrica all'interno della soluzione di Schwarzschild con il segno di v opposto a quello della regione II. Questo implica che la porzione di orizzonte che la delimita, specificato dalle equazioni $r = 2m$, $v < 0$, può essere attraversato (in principio) solo da traiettorie di tipo tempo e luce che per un osservatore della zona I sono dirette verso il passato. Quindi, ancora, dall'esterno verso l'interno ma non viceversa (si veda ad esempio il testo [8] della Bibliografia finale).

Infine, se consideriamo ipotetici segnali che partono dalla zona III e raggiungono la I, o viceversa, vediamo che dovrebbero avere traiettorie nel piano di Kruskal con pendenze superiori ai 45 gradi rispetto alla direzione del loro asse temporale, e quindi dovrebbero essere segnali di tipo superluminale (si veda la Fig. 10.2, pannello (b)). Ne consegue che i quadranti I e III risultano causalmente disconnessi.

La proprietà dell'orizzonte di Schwarzschild di essere una superficie attraversabile in un solo senso, e la sua capacità di schermare in modo classicamente impenetrabile certe porzioni di spazio-tempo rispetto ad altre, ha suggerito la possibilità di applicare ai buchi neri un formalismo di tipo "termodinamico", e di associare all'orizzonte una ben definita entropia propozionale alla sua area[4]. La discussione di questi aspetti va però al di fuori degli scopi di questo libro, e il lettore interessato è invitato a consultare, ad esempio, il testo [10] della Bibliografia finale.

10.5 Tempo proprio per osservatori in moto in un campo statico

Abbiamo già visto che la distorsione della geometria spazio-temporale prodotta da un campo gravitazionale può influenzare localmente il "flusso" del tempo proprio di un osservatore statico (si veda la Sez. 5.3). Abbiamo visto che ciò può dare luogo allo spostamento spettrale dei segnali ricevuti rispetto a quelli emessi (Sez. 5.3.1), e può anche influire sulla velocità effettiva di propagazione dei segnali, che risulta diversa se viene misurata da osservatori situati in posizioni diverse (Sez. 8.5).

Oltre alla geometria, però, sappiamo che anche la valocità relativa può influenzare gli intervalli temporali dei vari osservatori (come previsto dalla teoria della relatività ristretta). È significativo ricordare, a questo proposito, il cosiddetto "paradosso dei gemelli", che confronta tra loro lo scorrere del tempo proprio per due osservatori identici che prima si separano o poi si ricongiungono nello stesso punto dello spazio, dopo che uno di loro ha effettuato un viaggio di andata e ritorno mentre l'altro è rimasto fermo. È ben noto che l'effetto di dilatazione temporale dovuto al moto, nello spazio-tempo di Minkowski, ha l'effetto di "far invecchiare" di meno il gemello che viag-

---

[4] J. D. Beckenstein, *Phys. Rev.* **D7**, 2333 (1973).

gia rispetto a quello fermo. Ma cosa succede se il viaggio viene effettuato in presenza di un campo gravitazionale?

In questa ultima sezione del capitolo discuteremo questo problema supponendo che i due gemelli siano immersi nella geometria di Schwarzschild e considerando, oltre alla distorsione temporale (di tipo cinematico) dovuta al moto relativo anche la distorsione (di tipo dinamico) dovuta al campo gravitazionale statico della sorgente centrale. Vedremo che in certe situazioni i due tipi di dilatazione temporale si possono compensare a vicenda, e si può anche verificare la situazione opposta a quella prevista dalla relatività ristretta: ossia, il gemello che ha viaggiato può risultare *più vecchio* di quello fermo!

Per illustrare questa possibilità cominciamo dal caso (più semplice) in cui il gemello in moto si sposta con velocità costante non-relativistica $v \ll c$, e il campo gravitazionale esterno risulta – oltre che statico – anche sufficientemente debole da poter essere descritto, al primo ordine nel potenziale ϕ, dalla seguente geometria:

$$ds^2 = \left(1 + \frac{2\phi}{c^2}\right) c^2 dt^2 - \left(1 - \frac{2\phi}{c^2}\right) |d\boldsymbol{x}|^2 \tag{10.69}$$

(si veda anche l'Eq. (10.27)). Abbiamo posto $\phi = -GM/r$, e supponiamo che $|\phi| \ll c^2$. Il gemello statico (che chiameremo A) è a riposo a distanza radiale r_1 dal corpo centrale di massa M, mentre l'altro gemello (che chiameremo B) si allontana radialmente dal punto r_1 al punto $r_2 > r_1$ e poi ritorna al punto di partenza r_1, spostandosi con velocità v costante e non-relativistica. Assumeremo – come è usuale nella discussione del paradosso dei gemelli – che la durata della fase decelerata/accelerata associata all'inversione della velocità nel punto r_2 sia trascurabile, ossia che il cambio di segno della velocità radiale nel punto r_2 si possa considerare praticamente istantaneo. Il modulo della velocità v rappresenta perciò un parametro del moto costante per l'intera durata del viaggio.

In assenza di gravità ($\phi \to 0$), il rapporto tra la durata del viaggio di andata e ritorno riferita, rispettivamente, al tempo proprio di ciascuno dei due gemelli A e B, è controllato dal fattore di Lorentz γ, ed è dato da

$$\frac{\Delta t_A}{\Delta t_B} = \gamma = \frac{1}{\sqrt{1 - \frac{v^2}{c^2}}} \simeq 1 + \frac{v^2}{2c^2} > 1. \tag{10.70}$$

Si ottiene, come ben noto, $\Delta t_A > \Delta t_B$, ossia un intervallo temporale più lungo per il gemello statico.

In presenza di gravità dobbiamo aggiungere al calcolo dei tempi propri la distorsione prodotta da una geometria diversa da quella di Minkowski. Tale distorsione influisce non solo sugli intervalli temporali ma anche su quelli spaziali (infatti, anche la lunghezza propria $\Delta \ell$ del tragitto percorso risulta modificata dal campo gravitazionale, come discusso nella Sez. 8.5). Le distorsioni spaziali del tragitto, però, sono le stesse per entrambi i gemelli, mentre le distorsioni temporali no, perché dipendono dalla posizione. Il risultato netto è un'influenza gravitazionale sulla durata propria del viaggio che risulta diversa per i due gemelli.

Per valutare questo effetto mettiamoci nel riferimento del gemello statico A, a riposo nel punto di coordinata radiale r_1. La durata del viaggio effettuato dal fratello, riferito al tempo proprio di A (e calcolato nel contesto del modello geometrico (10.69), sviluppato al primo ordine in $|\phi|/c^2$), si può esprimere come segue:

$$\begin{aligned}
\Delta\tau_A &= 2\sqrt{g_{00}(r_1)}\,\Delta t_{12} \\
&\simeq 2\left(1+\frac{\phi_1}{c^2}\right)\frac{\Delta\ell_{12}}{v} \simeq \frac{2}{v}\left(1+\frac{\phi_1}{c^2}\right)\int_{r_1}^{r_2} dr\left(1-\frac{\phi(r)}{c^2}\right) \\
&\simeq \frac{2}{v}(r_2-r_1)\left(1-\frac{GM}{c^2 r_1}+\frac{GM}{c^2(r_2-r_1)}\ln\frac{r_2}{r_1}\right), \qquad r_2 > r_1
\end{aligned} \tag{10.71}$$

(si veda anche l'Eq. 98.43)). Calcoliamo ora, nello stesso sistema di riferimento, la durata del viaggio riferita al tempo proprio del gemello viaggiatore B. Per il gemello B la dilatazione temporale prodotta dalla gravità non si può fattorizzare come nel caso precedente, perché la componente geometrica $g_{00}(r)$ varia lungo la traiettoria del moto. La durata del viaggio rispetto al tempo proprio di B (includendo gli effetti cinematici dovuti al moto e sviluppati al primo ordine in v^2/c^2) è allora data da

$$\begin{aligned}
\Delta\tau_B &\simeq \frac{2}{v\gamma}\int_{r_1}^{r_2} dr\sqrt{g_{00}(r)}\left(1-\frac{\phi(r)}{c^2}\right) \simeq \frac{2}{v\gamma}(r_2-r_1) \\
&\simeq \frac{2}{v}(r_2-r_1)\left(1-\frac{v^2}{2c^2}\right).
\end{aligned} \tag{10.72}$$

Per cui:

$$\frac{\Delta\tau_A}{\Delta\tau_B} = 1+\frac{v^2}{2c^2}-\frac{GM}{c^2 r_1}+\frac{GM}{c^2(r_2-r_1)}\ln\frac{r_2}{r_1}, \qquad r_2 > r_1, \tag{10.73}$$

al primo ordine in $GM/c^2 r_1 \ll 1$ e in $v^2/c^2 \ll 1$, e per qualunque valore del punto di inversione r_2, purché $r_2 > r_1$.

È facile verificare, a questo punto, che le correzioni gravitazionali che si aggiungono al risultato della relatività ristretta (dato dall'Eq. (10.70)), soddisfano alla condizione

$$-\frac{1}{r_1}+\frac{1}{r_2-r_1}\ln\frac{r_2}{r_1} < 0, \qquad r_2 > r_1. \tag{10.74}$$

Esse forniscono dunque un contributo alla differenza dei tempi propri che è di segno *contrario* rispetto al contributo cinematico $+v^2/2c^2 > 0$. Ne consegue che anche il risultato $\Delta\tau_A < \Delta\tau_B$ (ossia, un gemello statico *più giovane* di quello viaggiatore) diventa possibile, in questo contesto, purché i parametri

$\{v, r_1, r_2\}$ del viaggio soddisfino alla condizione

$$GM \left(\frac{1}{r_1} - \frac{1}{r_2 - r_1} \ln \frac{r_2}{r_1} \right) > \frac{v^2}{2}. \qquad (10.75)$$

Un risultato del genere rimane impossibile, invece, se il tragitto scelto dal gemello viaggiatore lo porta ad attraversare regioni di spazio dove il campo gravitazionale è *più intenso* di quello presente nel punto in cui risiede il fratello statico.

Supponiamo, ad esempio, che il gemello A sia a riposo nel punto di coordinata r_2, e che il gemello B si avvicini alla sorgente centrale muovendosi radialmente dal punto r_2 al punto $r_1 < r_2$, per poi ritornare al punto di partenza r_2, sempre a velocità $v = $ costante come nel caso precedente. Ripetendo gli stessi passaggi di prima otteniamo che il rapporto tra i tempi propri è ora espresso dal risultato

$$\frac{\Delta \tau_A}{\Delta \tau_B} = 1 + \frac{v^2}{2c^2} - \frac{GM}{c^2 r_2} + \frac{GM}{c^2 (r_2 - r_1)} \ln \frac{r_2}{r_1}, \qquad r_2 > r_1, \qquad (10.76)$$

che sostituisce la precedente equazione (10.73). Il contributo gravitazionale, in questo caso, soddisfa la condizione

$$-\frac{1}{r_2} + \frac{1}{r_2 - r_1} \ln \frac{r_2}{r_1} > 0, \qquad r_2 > r_1. \qquad (10.77)$$

Questo contributo ha sempre lo stesso segno (positivo) del contributo cinematico, e dunque si somma a quello cinematico fornendo sempre $\Delta \tau_A > \Delta \tau_B$ (come in assenza di gravità).

Torniamo ora all'Eq. (10.75), che fissa la condizione necessaria affinché il gemello statico resti più giovane di quello che viaggia. Tale condizione è stata ottenuta nell'approssimazione di campo debole e nel limite non-relativistico, ed è dunque necessario chiedersi se può essere soddisfatta compatibilmente con queste assunzioni.

La regione permessa dalla condizione (10.75) nel piano $\{x, y\}$ parametrizzato dalle coordinate (adimensionali) $x = r_2/r_1$ e $y = GM/c^2 r_1$, è illustrata in Fig. 10.3 per diversi valori del parametro v/c (che varia tra 10^{-5} e 10^{-2}). Per ogni valore fissato di v/c la regione permessa giace *al di sopra* della curva corrispondente, ed è rappresentata dall'area ombreggiata. Come evidente dalla figura, per compensare gli efetti di velocità sempre più elevate sono necessari potenziali $|\phi_1| = GM/r_1$ sempre più intensi. Però, per ogni dato valore (anche non-relativistico) di v/c, possiamo sempre trovare un campo gravitazionale sufficientemente debole da essere descritto nell'approssimazione lineare (ossia, $|\phi_1| \ll c^2$), e sufficientemente intenso da mantenere il gemello statico *più giovane* del suo fratello viaggiatore (ossia, $\tau_A < \Delta \tau_B$), purché il viaggio si estenda a distanze sufficientemente lontane dal punto di partenza e dalla sorgente del campo (ossia, $r_2 \gg r_1$).

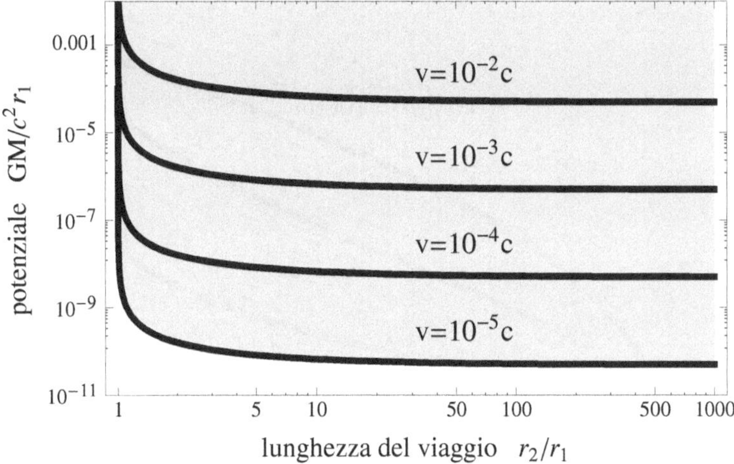

Figura 10.3 Rappresentazione grafica della condizione (10.75) per diversi valori del parametro di velocità v. Per ogni curva a $v/c =$ costante la regione permessa (rappresentata dall'area ombreggiata) giace *al di sopra* della curva stessa. La figura illustra la compatibilità dell'Eq. (10.75) con l'approssimazione di campo debole($|\phi_1| \ll c^2$) e il limite non-relativistico ($v \ll c$).

I risultati precedenti possono essere facilmente estesi al caso di campi intensi e velocità relativistiche assumendo, ad esempio, che i due gemelli siano immersi nella geometria di Schwarzschild descritta dalla metrica (10.19). Confrontando, esattamente come prima, il tempo proprio del gemello A (a riposo nel punto r_1) con quello del gemello B (che viaggia da r_1 a $r_2 > r_1$ e poi torna al punto di partenza), otteniamo in questo caso il seguente risultato esatto:

$$\frac{\Delta\tau_A}{\Delta\tau_B} = \left(1 - \frac{2m}{r_1}\right)^{1/2} \frac{\gamma}{r_2 - r_1} \int_{r_1}^{r_2} dr \left(1 - \frac{2m}{r}\right)^{-1/2}, \qquad r_2 > r_1. \quad (10.78)$$

Il calcolo dell'integrale radiale ci permette allora di concludere che il gemello statico A può *invecchiare meno* del gemello viaggiatore B (ossia $\Delta\tau_A < \Delta\tau_B$), purché $r_2 > r_1$, e purché valga la condizione

$$\frac{\sqrt{1 - \frac{2m}{r_1}}}{r_2 - r_1} \left[r_2\sqrt{1 - \frac{2m}{r_2}} - r_1\sqrt{1 - \frac{2m}{r_1}} + m\ln\left(\frac{r_2\sqrt{1 - \frac{2m}{r_2}} + r_2 - m}{r_1\sqrt{1 - \frac{2m}{r_1}} + r_1 - m}\right)\right]$$
$$< \sqrt{1 - \frac{v^2}{c^2}}. \quad (10.79)$$

Nel limite di velocità non-relativistiche e campi sufficientemente deboli possiamo verificare che questa condizione si riduce esattamente a quella precedente, riportata nell'Eq. (10.75).

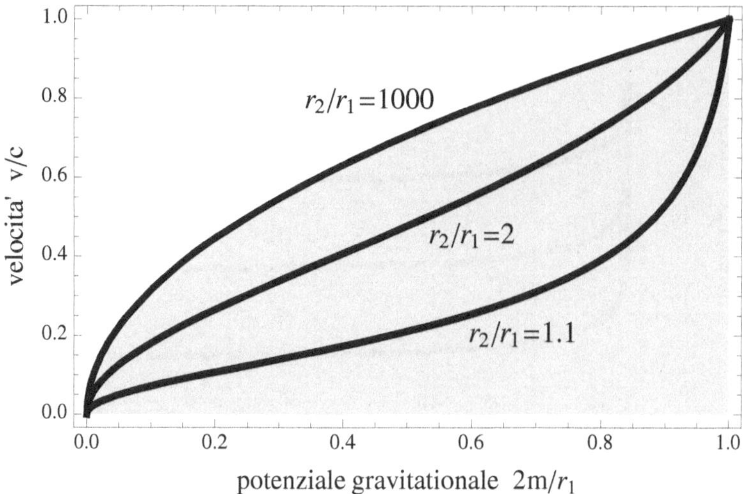

Figura 10.4 Rappresentazione grafica della condizione (10.79) per diversi valori del parametro di distanza r_2/r_1. Per ogni curva a $r_2/r_1 = $ costante la regione permessa (rappresentata dall'area ombreggiata) giace *al di sotto* della curva stessa. Nel limite $v \to c$ la condizione (10.79) può essere soddisfatta solo se $r_1 \to 2m$.

I viaggi di andata e ritorno che soddisfano la condizione (10.79) definiscono, per ogni dato valore di r_2/r_1, una regione permessa nel piano bidimensionale parametrizzato dalle coordinate $x = 2m/r_1$ e $y = v/c$ (che variano entrambe tra 0 e 1). Tale regione permessa è illustrata nella Fig. 10.4 e corrisponde, per ogni curva a r_2/r_1 fissato, alla porzione di piano che giace *al di sotto* della curva data. Come mostra chiaramente la figura, se consideriamo il limite in cui la velocità del gemello in moto B tende a c, per ogni curva, dobbiamo allora considerare il limite in cui la posizione r_1 del gemello statico tende all'orizzonte di Schwarzschild, $r_1 = 2m$, se vogliamo che tale gemello rimanga più giovane del fratello viaggiatore (ossia, se vogliamo che la condizione (10.79) sia soddisfatta).

Possiamo notare , infine, che per $r_2 \gg r_1$, la regione permessa approssima rapidamente la porzione di piano $\{x, y\}$ limitata superiormente dalla curva $y < \sqrt{x}$ (ossia $v/c < \sqrt{2m/r_1}$), che si ottiene dall'Eq. (10.79) nel limite $r_2/r_1 \to \infty$. Tale curva limite è praticamente indistinguibile dalla curva con $r_2/r_1 = 10^3$ riportata in Fig. 10.4. Per qualunque viaggio, ossia per qualunque dato valore dei parametri v/c e r_2/r_1, è sempre possibile però trovare una posizione r_1 del gemello statico tale che risulti $\Delta\tau_A < \Delta\tau_B$. Questo estende al regime di campi forti i risultati precedenti ottenuti nell'approssimazione di campo debole, a conferma dell'eccezionale effetto di dilatazione temporale (o, se vogliamo, di "anti-invecchiamento"!) esercitato dal campo gravitazionale sul gemello statico.

Esercizi Capitolo 10

10.1. Vettore di Killing per un campo gravitazionale statico

Una varietà spazio-temporale ammette un vettore di Killing ξ^μ di tipo tempo. Dimostrare che la geometria è statica (ossia, che esiste un carta in cui la metrica soddisfa a $\partial_0 g_{\mu\nu} = 0$ e $g_{i0} = 0$) se e solo se

$$\xi_{[\alpha} \nabla_\mu \xi_{\nu]} = 0. \tag{10.80}$$

10.2. Invariante di Riemann per la metrica di Schwarschild

Calcolare l'invariante di curvatura $R_{\mu\nu\alpha\beta} R^{\mu\nu\alpha\beta}$ per la metrica di Schwarzschild (10.19).

10.3. Moto geodetico nello spazio di Rindler

Si consideri lo spazio-tempo bidimensionale di Rindler descritto dalla metrica

$$ds^2 = \xi^2 d\eta^2 - d\xi^2, \tag{10.81}$$

e si mostri che una particella in moto geodetico dal punto ξ_0 verso l'origine arriva al punto $\xi = 0$ (posto sul bordo della varietà di Rindler) in un intervallo di tempo proprio finito. La traiettoria geodetica non può essere estesa oltre quel punto, e questo mostra che la carta di Rindler (associata all'elemento di linea (10.81)) non rappresenta la massima estensione analitica per le coordinate dello spazio-tempo di Minkowski.

Soluzioni

10.1. Soluzione

Scegliamo una carta in cui l'asse temporale è allineato lungo la direzione del vettore ξ^μ, ossia in cui $\xi^\mu = \delta_0^\mu$. In questa carta $\xi_\mu = g_{\mu 0}$ e $\xi^\mu \xi_\mu = g_{00} > 0$. La condizione di Killing $\delta_\xi g_{\mu\nu} = 0$, scritta esplicitamente in accordo all'Eq. (3.53), si riduce a

$$\partial_0 g_{\mu\nu} = 0, \tag{10.82}$$

ed implica che la metrica è indipendente dalla coordinata temporale. In questa carta, inoltre, abbiamo:

$$\nabla_\mu \xi_\nu = \nabla_\mu g_{\nu\alpha} \xi^\alpha = g_{\nu\alpha} \nabla_\mu \xi^\alpha = g_{\nu\alpha} \Gamma_{\mu 0}{}^\alpha = \frac{1}{2}\left(\partial_\mu g_{0\nu} - \partial_\nu g_{\mu 0}\right) = \partial_{[\mu} g_{\nu]0}. \tag{10.83}$$

Se la metrica è statica deve soddisfare la condizione $g_{i0} = 0$, e dunque

$$\xi_{[\alpha} \nabla_\mu \xi_{\nu]} = g_{0[\alpha} \partial_\mu g_{\nu]0} \equiv 0 \tag{10.84}$$

(perché, nell'equazione precedente, la metrica è diversa da zero solo se $\alpha = 0$ e $\nu = 0$).

Viceversa, supponiamo che valga l'Eq. (10.80), e mostriamo che in questo caso è sempre possibile imporre la condizione $g_{i0} = 0$. Restiamo per il momento nella carta in cui $\xi^\mu = \delta_0^\mu$ e la metrica è costante, scriviamo esplicitamente l'Eq. (10.80), e contraiamo con ξ^α. Si ottiene

$$\xi^\alpha \left(\xi_\alpha \nabla_\mu \xi_\nu + \xi_\mu \nabla_\nu \xi_\alpha + \xi_\nu \nabla_\alpha \xi_\mu - \xi_\alpha \nabla_\nu \xi_\mu - \xi_\mu \nabla_\alpha \xi_\nu - \xi_\nu \nabla_\mu \xi_\alpha \right) =$$
$$= \xi^2 \nabla_\mu \xi_\nu + \frac{1}{2} \xi_\mu \nabla_\nu \xi^2 + \xi_\nu \xi^\alpha \nabla_\alpha \xi_\mu - \{\mu \leftrightarrow \nu\} = 0, \tag{10.85}$$

dove $\xi^2 = \xi^\mu \xi_\mu$. Dall'Eq. (10.83) abbiamo:

$$\xi^\alpha \nabla_\alpha \xi_\mu = \nabla_0 \xi_\mu = \partial_{[0} g_{\mu]0} = -\frac{1}{2} \partial_\mu g_{00} = -\frac{1}{2} \nabla_\mu \xi^2. \tag{10.86}$$

Sostituendo nell'Eq. (10.85), e dividendo per ξ^4, otteniamo la condizione

$$\xi^{-2} \left(\nabla_\mu \xi_\nu - \nabla_\nu \xi_\mu \right) - \xi_\mu \nabla_\nu \xi^{-2} + \xi_\nu \nabla_\mu \xi^{-2}$$
$$\equiv \nabla_\mu \left(\xi^{-2} \xi_\nu \right) - \nabla_\nu \left(\xi^{-2} \xi_\mu \right) = 0, \tag{10.87}$$

che è risolta da

$$\xi_\nu = \xi^2 \partial_\nu \phi, \tag{10.88}$$

dove ϕ è un'arbitraria funzione scalare. Nella carta in cui stiamo lavorando, d'altra parte, $\xi_0 = g_{00} = \xi^2$, per cui deve essere $\partial_0 \phi = 1$, ossia

$$\phi = x^0 + f(x^i), \tag{10.89}$$

dove f è una funzione arbitraria delle coordinate spaziali.

Consideriamo ora la trasformazione di coordinate

$$x^0 \to x'^0 = \phi = x^0 + f(x^i), \qquad x^i \to x'^i = x^i. \tag{10.90}$$

Le componenti del vettore di Killing non cambiano,

$$\xi'^\mu = \frac{\partial x'^\mu}{\partial x^\nu} \xi^\nu = \frac{\partial x'^\mu}{\partial x^0} = \delta_0^\mu, \tag{10.91}$$

e neanche la componente g_{00} della metrica:

$$g'_{00} = \frac{\partial x^\alpha}{\partial x'^0} \frac{\partial x^\beta}{\partial x'^0} g_{\alpha\beta} = \delta_0^\alpha \delta_0^\beta g_{\alpha\beta} = g_{00}. \tag{10.92}$$

Per le componenti miste troviamo invece:

$$g'_{i0} = \frac{\partial x^\alpha}{\partial x'^i} \frac{\partial x^\beta}{\partial x'^0} g_{\alpha\beta} = g_{\alpha\beta} \delta_0^\beta \left(\delta_j^\alpha \delta_i^j - \delta_0^\alpha \partial_i f \right)$$
$$= g_{i0} - g_{00} \partial_i f \equiv 0. \tag{10.93}$$

Il risultato è nullo perché, nella vecchia carta,

$$g_{i0} = \xi_i = \xi^2 \partial_i \phi = g_{00} \partial_i f. \tag{10.94}$$

Questo dimostra che se il vettore di Killing soddisfa la condizione (10.80) è sempre possibile trovare una carta in cui le componente miste g_{i0} della metrica sono tutte nulle, come si conviene a una geometria di tipo statico.

10.2. Soluzione

La metrica di Schwarzschild (10.19) ha la stessa struttura della metrica (6.92) studiata nell'Esercizio 6.6, con

$$f(r) = g_{00} = -\frac{1}{g_{11}} = 1 - \frac{2m}{r}. \tag{10.95}$$

Utilizzando il risultato (6.94) otteniamo immediatamente le componenti non nulle del tensore di Riemann:

$$R_{01}{}^{01} = -\frac{1}{2} f'' = \frac{2m}{r^3}, \qquad R_{23}{}^{23} = -\frac{1}{r^2}(f - 1) = \frac{2m}{r^3},$$

$$R_{02}{}^{02} = R_{03}{}^{03} = R_{12}{}^{12} = R_{13}{}^{13} = -\frac{1}{2r} f' = -\frac{m}{r^3}. \tag{10.96}$$

Perciò:

$$R_{\mu\nu\alpha\beta} R^{\mu\nu\alpha\beta} = R_{\mu\nu}{}^{\alpha\beta} R_{\alpha\beta}{}^{\mu\nu}$$

$$= 4R_{01}^2{}^{01} + 4R_{02}^2{}^{02} + 4R_{03}^2{}^{03} + 4R_{12}^2{}^{12} + 4R_{13}^2{}^{13} + 4R_{23}^2{}^{23} \tag{10.97}$$

$$= \frac{48m^2}{r^6}.$$

10.3. Soluzione

La connessione per la metrica (10.81) è già stata calcolata nell'Esercizio 6.1. L'equazione geodetica per la coordinata temporale η si scrive

$$\ddot{\eta} + \frac{2}{\xi} \dot{\eta} \dot{\xi} = 0, \tag{10.98}$$

dove il punto indica la derivata rispetto al tempo proprio τ. Il suo integrale fornisce

$$\dot{\eta} = k \xi^{-2}, \tag{10.99}$$

dove k è una costante di integrazione. Imponendo la normalizzazione del quadrivettore velocità, inoltre, abbiamo:

$$\dot{x}^\mu \dot{x}_\mu = \xi^2 \dot{\eta}^2 - \dot{\xi}^2 = \frac{k^2}{\xi^2} - \dot{\xi}^2 = c^2. \tag{10.100}$$

Separando le variabili, e integrando, troviamo il tempo proprio $\Delta\tau$ necessario a raggiungere l'origine $\xi = 0$ partendo dal punto $\xi = \xi_0$:

$$\Delta\tau = -\int_{\xi_0}^{0} \frac{\xi d\xi}{\sqrt{k^2 - c^2\xi^2}} = \frac{1}{c^2}\left(k - \sqrt{k^2 - c^2\xi_0^2}\right). \qquad (10.101)$$

L'integrale non diverge, e il tempo proprio impiegato è finito. Si noti che a $\xi = 0$ la parametrizzazione dello spazio-tempo di Minkowski mediante le coordinate di Rindler non è più valida.

La costante di integrazione k può essere fissata in funzione della velocità $\dot{\xi}_0$ all'istante iniziale $\tau = 0$. Dalla (10.100) abbiamo infatti

$$k^2 = \xi_0^2\left(c^2 + \dot{\xi}_0^2\right), \qquad (10.102)$$

e quindi possiamo anche riscrivere il risultato (10.101) come:

$$\Delta\tau = \frac{\xi_0}{c^2}\left(\sqrt{c^2 + \dot{\xi}_0^2} - \dot{\xi}_0\right) > 0. \qquad (10.103)$$

11

La soluzione di Kasner

La soluzione studiata nel capitolo precedente descrive uno spazio-tempo in cui la geometria delle sezioni spaziali è invariante per rotazioni, e quindi isotropa, senza direzioni privilegiate. In questo capitolo presenteremo una soluzione esatta delle equazioni di Einstein in cui la geometria delle sezioni spaziali è *omogenea*, ossia indipendente dalla posizione, ma *anisotropa*, e quindi con un andamento diverso lungo direzioni spaziali diverse.

Modelli di spazio-tempo anisotropo sono d'uso frequente in un ambito cosmologico dove vengono impiegati, ad esempio, per lo studio fenomenologico delle proprietà di simmetria del nostro Universo, e per lo studio teorico di epoche primordiali prossime a un regime di singolarità.

Inoltre, uno spazio-tempo anisotropo gioca un ruolo importante nel contesto dei modelli che forniscono una descrizione unificata delle interazioni fondamentali basandosi su una geometria multidimensionale (come avviene, ad esempio, per la teoria delle stringhe). Se lo spazio-tempo del nostro universo ha più di quattro dimensioni, infatti, la sua geometria spaziale deve essere certamente anisotropa per privilegiare l'espansione su grande scala di tre sole dimensioni, e simultaneamente far contrarre – o forse mantenere congelate – le restanti dimensioni su scale distanze così piccole da risultare (finora) inaccessibili all'osservazione diretta.

La metrica che consideriamo in questo capitolo è invariante per traslazioni lungo tutte le direzioni spaziali, e quindi la geometria ammette le traslazioni spaziali come suo tipico gruppo di isometrie. In tre dimensioni il gruppo delle traslazioni è un gruppo Abeliano a tre parametri, ed è un caso particolare dei *nove* diversi tipi di gruppi a tre parametri, in generale non-Abeliani, che rappresentano tutte le possibili isometrie di uno spazio omogeneo tridimensionale.

Le geometrie corrispondenti ai diversi gruppi di isometrie vengono usualmente classificate con un numero romano da I a IX, e costituiscono la classe dei cosiddetti "modelli di Bianchi" (si vedano ad esempio i testi [17,18] della Bibliografia finale). Il modello qui considerato corrisponde al caso più sem-

© Springer-Verlag Italia 2015
M. Gasperini, *Relatività Generale e Teoria della Gravitazione*,
UNITEXT for Physics, DOI 10.1007/978-88-470-5690-9_11

plice di spazio omogeneo (l'unico dei nove tipi con un gruppo di isometrie Abeliano), ed è noto in letteratura come modello di tipo Bianchi I.

11.1 Equazioni di Einstein per una metrica omogenea anisotropa

La più semplice generalizzazione della metrica di Minkowski che preserva la sua omogeneità, rendendola però arbitrariamente anisotropa, si ottiene assumendo che le componenti spaziali della metrica possano dipendere dal tempo tramite delle funzioni adimensionali, $a_i(t)$, $i = 1, 2, 3, \ldots$, che assumono in generale forme diverse lungo le differenti direzioni spaziali.

Consideriamo dunque uno spazio-tempo anisotropo il cui elemento di linea, nella carta in cui la metrica è diagonale, si può scrivere nella forma seguente:

$$ds^2 = c^2 dt^2 - \sum_{i=1}^{d} a_i^2(t) dx_i^2. \tag{11.1}$$

Abbiamo suppposto, per generalità, che la varietà abbia d dimensioni spaziali, con $d \geq 3$. I generatori delle traslazioni lungo gli assi $\hat{x}_i$ sono vettori di Killing per questa geometria, che ammette le traslazioni spaziali come gruppo Abeliano di isometrie a d parametri. La metrica corrispondente all'elemento di linea (11.1) è una metrica di tipo Bianchi I, scritta nel cosiddetto *gauge* "sincrono" in cui $g_{00} = 1$ e $g_{0i} = 0$. In questa sezione scriveremo le equazioni di Einstein per questa metrica, usando come sorgente gravitazionale un fluido perfetto che gode dello stesso tipo di simmetrie (ossia omogeneità e invarianza per traslazioni spaziali).

Partiamo dunque dalla metrica

$$g_{00} = 1, \qquad g_{ij} = -a_i^2 \delta_{ij}, \tag{11.2}$$

le cui componenti controvarianti sono date da

$$g^{00} = 1, \qquad g^{ij} = -\frac{\delta^{ij}}{a_i^2}, \tag{11.3}$$

dove $a_i = a_i(t)$. <u>Si noti bene</u>: nelle due precedenti equazioni (e in quelle successive) *non va fatta* la somma sugli indici ripetuti. In tutto questo capitolo la somma, ove necessaria, sarà sempre indicata esplicitamente mediante il simbolo di sommatoria (come nell'Eq. (11.1)).

Applicando la definizione (3.90) troviamo facilmente le componenti non nulle della connessione. Indicando con il punto la derivata rispetto a $x^0 = ct$, e definendo $H = \dot{a}/a$, abbiamo:

$$\Gamma_{0i}{}^{j} = \frac{\dot{a}_i}{a_i} \delta_i^j \equiv H_i \delta_i^j, \qquad \Gamma_{ij}{}^{0} = a_i \dot{a}_i \delta_{ij}. \tag{11.4}$$

Il tensore di Ricci corrispondente a questa connessione risulta diagonale, con componenti

$$R_0{}^0 = -\sum_i \frac{\ddot{a}_i}{a_i} = -\sum_i \left(\dot{H}_i + H_i^2\right),$$
$$R_i{}^j = -\delta_i^j \left(\dot{H}_i + H_i \sum_k H_k\right) \tag{11.5}$$

(la somma sugli indici latini va effettuata da 1 a d). La corrispondente curvatura scalare, infine, è data da

$$R = R_0{}^0 + \sum_i R_i{}^i = -\sum_i \left(2\dot{H}_i + H_i^2\right) - \left(\sum_i H_i\right)^2. \tag{11.6}$$

Supponiamo che la sorgente del campo gravitazionale associato a questa geometria si possa descrivere, almeno in prima approssimazione, come un fluido perfetto distribuito spazialmente in modo omogeneo ma anisotropo. Vale a dire come un fluido che non presenta termini di attrito e di viscosità, che è caratterizzato da una densità d'energia ρ e da una pressione che non dipendono dalla posizione ma solo dal tempo, e che può avere pressioni p_i diverse lungo le diverse direzioni spaziali. Assumiamo, per semplicità, che il fluido sia "comovente" con la geometria, cioè che sia a riposo nel sistema di riferimento in cui la metrica assume la forma (11.1). Ricordando la definizione (1.96), possiamo dunque scrivere il tensore energia-impulso del fluido in forma diagonale come segue:

$$T_0{}^0 = \rho(t), \qquad T_i{}^j = -p_i(t)\delta_i^j. \tag{11.7}$$

Abbiamo ora tutti gli elementi per scrivere esplicitamente le equazioni di Einstein (7.28). La componente $(0,0)$ del tensore di Einstein fornisce

$$\frac{1}{2}\left(\sum_i H_i\right)^2 - \frac{1}{2}\sum_i H_i^2 = \chi\rho, \tag{11.8}$$

mentre le componenti spaziali forniscono

$$\delta_i^j \left(\dot{H}_i + H_i \sum_k H_k\right) - \frac{1}{2}\delta_i^j \sum_k \left(2\dot{H}_k + H_k^2\right) - \frac{1}{2}\delta_i^j \left(\sum_k H_k\right)^2 = \chi p_i \delta_i^j. \tag{11.9}$$

Arriviamo così a un sistema di $d+1$ equazioni differenziali del secondo ordine per le $2d+1$ incognite $\{a_i, \rho, p_i\}$. Il numero delle variabili è superiore al numero delle equazioni: per risolvere il sistema è dunque necessario inserire ulteriori informazioni.

Nel nostro caso le informazioni aggiuntive sono fornite dalle d equazioni di stato, $p_i = p_i(\rho)$, che collegano le componenti della pressione alla densità d'energia del fluido. Possiamo supporre, ad esempio, che il fluido sia di tipo "barotropico", ossia che soddisfi alla condizione

$$\frac{p_i}{\rho} = w_i = \text{cost},\tag{11.10}$$

e che i coefficienti costanti w_i (determinati dalle proprietà intrinseche del fluido considerato) siano noti. Eliminando dappertutto p_i in funzione di ρ rimangono allora $d+1$ equazioni e $d+1$ incognite.

Nel caso del fluido barotropico è facile ottenere una relazione che collega la densità d'energia $\rho(t)$ alle variabili geometriche $a_i(t)$. Consideriamo infatti la conservazione covariante del tensore energia-impulso (11.7), che segue dalle equazioni di Einstein e dall'identità di Bianchi contratta (Eq. (7.36)):

$$\partial_\nu T_\mu{}^\nu + \Gamma_{\nu\alpha}{}^\nu T_\mu{}^\alpha - \Gamma_{\nu\mu}{}^\alpha T_\alpha{}^\nu = 0.\tag{11.11}$$

Usando le equazioni (11.4), (11.7) si trova che per $\mu = i$ la condizione di conservazione è identicamente soddisfatta, mentre per $\mu = 0$ fornisce:

$$\dot{\rho} + \sum_i H_i \left(\rho + p_i\right) = 0.\tag{11.12}$$

La stessa equazione può anche essere ottenuta direttamente dalle equazioni di Einstein, differenziando la (11.8) e usando la (11.9).

Supponiamo ora che il fluido sia barotropico, e obbedisca all'equazione di stato (11.10). L'equazione di conservazione diventa:

$$\frac{\dot{\rho}}{\rho} = -\sum_i \left(1 + w_i\right) \frac{\dot{a}_i}{a_i}.\tag{11.13}$$

Separando le variabili, integrando ed esponenziando otteniamo:

$$\rho = \rho_0 \prod_{i=1}^{d} a_i^{-(1+w_i)},\tag{11.14}$$

dove ρ_0 è una costante di integrazione. Sostituendo questo risultato nelle equazioni di Einstein possiamo eliminare ρ, e risolvere infine le equazioni per le incognite geometriche $a_i(t)$ (chiamate anche "fattori di scala").

11.2 Soluzioni multidimensionali nel vuoto

Una geometria anisotropa, come quella introdotta nella sezione precedente, ammette soluzioni non-triviali delle equazioni di Einstein anche in assenza di sorgenti.

Consideriamo infatti il caso $\rho = 0$, $p_i = 0$, e cerchiamo soluzioni delle equazioni (11.8), (11.9) parametrizzando il fattore di scala con un andamento a potenza,

$$a_i = \left(\frac{t}{t_0}\right)^{\beta_i}, \qquad H_i = \frac{\dot{a}_i}{a_i} = \frac{\beta_i}{ct}, \qquad \dot{H}_i = -\frac{\beta_i}{c^2 t^2}, \qquad (11.15)$$

dove t_0 e β_i sono parametri costanti. In questo caso le equazioni possono essere risolte esattamente, e nel regime $t \to 0$ la soluzione ottenuta rimane valida anche in presenza di sorgenti, perché – come vedremo – in questo regime la parte geometrica delle equazioni di Einstein tende a dominare rispetto al contributo delle sorgenti materiali.

Sostituendo la forma (11.15) di H e $\dot{H}$ nelle equazioni (11.8), (11.9) (con $\rho = p_i = 0$) la dipendenza dal tempo scompare, e restano due equazioni algebriche per le potenze β_i. L'Eq. (11.8) fornisce la condizione:

$$\left(\sum_i \beta_i\right)^2 = \sum_i \beta_i^2. \qquad (11.16)$$

L'Eq. (11.9), sommando tutti gli elementi diagonali, fornisce la condizione:

$$-\sum_i \beta_i + \left(\sum_i \beta_i\right)^2 + d\sum_i \beta_i - \frac{d}{2}\sum_i \beta_i^2 - \frac{d}{2}\left(\sum_i \beta_i\right)^2 = 0. \qquad (11.17)$$

Eliminando $\sum_i \beta_i^2$ mediante l'Eq. (1.16) possiamo infine riscrivere l'equazione precedente come segue:

$$(d-1)\sum_i \beta_i + (1-d)\left(\sum_i \beta_i\right)^2 = 0. \qquad (11.18)$$

Il sistema di equazioni algebriche (11.16), (11.18) che abbiamo ottenuto può essere soddisfatto in due modi.

Una prima possibilità è fornita dalla condizione

$$\sum_i \beta_i = 0 = \sum_i \beta_i^2, \qquad (11.19)$$

che però permette solo la soluzione triviale $\beta_i = 0$, $a_i = \text{cost}$, che corrisponde allo spazio-tempo di Minkowski.

Se invece $\sum_i \beta_i \neq 0$ possiamo dividere l'Eq. (11.18) per $\sum_i \beta_i$, e combinandola con l'Eq. (11.16) otteniamo le condizioni

$$\sum_i \beta_i = 1 = \sum_i \beta_i^2, \qquad (11.20)$$

che caratterizzano la cosiddetta soluzione di Kasner. Qualunque metrica del tipo (11.1), con $a_i \sim t_i^{\beta}$, e con i coefficienti β_i che soddisfano l'Eq. (11.20), risolve esattamente le equazioni di Einstein nel vuoto. Si noti che tale soluzione è *necessariamente anisotropa*, in quanto non esistono soluzioni reali alle condizioni di Kasner (11.20) con i β_i tutti uguali, qualunque sia il numero $d \geq 2$ di dimensioni spaziali.

È opportuno, a questo punto, sottolineare alcune proprietà di questa importante soluzione. Va osservato, innanzitutto, che la soluzione di Kasner è singolare per $t \to 0$. Se calcoliamo l'invariante quadratico associato al tensore di Riemann otteniamo infatti:

$$R^{\mu\nu\alpha\beta}R_{\mu\nu\alpha\beta} \sim \frac{1}{t^4}. \tag{11.21}$$

Vicino alla singolarità, inoltre, la soluzione è valida anche in presenza di sorgenti gravitazionali (di tipo ordinario, ossia, come vedremo, caratterizzate da un'equazione di stato che non sia troppo "esotica").

Supponiamo infatti che le sorgenti si possano descrivere come un fluido barotropico, e sostituiamo la soluzione di Kasner nella densità d'energia (11.14). Confrontando l'andamento temporale delle sorgenti con quello dei termini geometrici nelle equazioni di Einstein otteniamo il rapporto:

$$\frac{\rho}{H_i^2} \sim \frac{\rho}{\dot{H}_i} \sim t^{1-\sum_i \beta_i w_i} \tag{11.22}$$

(abbiamo usato la condizione $\sum_i \beta_i = 1$). Per equazioni di stato "convenzionali" caratterizzate da $|w_i| < 1$ (più precisamente, equazioni di stato tali che $\sum_i \beta_i w_i < 1$), l'esponente di t rimane positivo. In questo caso il contributo delle sorgenti diventa trascurabile rispetto a quello degli altri termini nel limite $t \to 0$, e la soluzione di Kasner resta dunque valida anche in presenza di materia, purché si consideri un regime temporale sufficientemente vicino alla singolarità iniziale.

È infine interessante notare che i coefficienti β_i, per poter soddisfare la condizione di Kasner (11.20), non possono avere tutti lo stesso segno. Questo significa, se ricordiamo la definizione (11.15) dei fattori di scala a_i, e consideriamo per la variabile temporale t un *range* di valori positivi e crescenti, che la geometria si *espande* lungo alcune direzioni (quelle con $\beta_i > 0$), e si *contrae* lungo altre (quelle con $\beta_i < 0$): ovvero, *devono* esistere dimensioni che si contraggono accanto ad altre che si espandono affiché la soluzione di Kasner sia possibile.

Come anticipato nell'introduzione a questo capitolo, la geometria di Kasner si presta dunque in modo naturale a descrivere una fase di riduzione dimensionale "spontanea", mediante la quale la dinamica gravitazionale riesce automaticamente a disaccoppiare tra loro le varie dimensioni spaziali, rendendone alcune piccole e compatte e facendo espandere le altre. Prendiamo, ad esempio, uno spazio-tempo con 5 dimensioni, e consideriamo la soluzione di Kasner con coefficienti $\beta_i = (1/2, 1/2, 1/2, -1/2)$. La condizione (11.20) è soddisfatta, e il corrispondente elemento di linea è dato da:

$$ds^2 = c^2 dt^2 - \left(\frac{t}{t_0}\right)^{1/2} (dx_1^2 + dx_2^2 + dx_3^2) - \left(\frac{t}{t_0}\right)^{-1/2} dy^2 \qquad (11.23)$$

(abbiamo chiamato y la coordinata lungo la quinta dimensione). Man mano che lo spazio tridimensionale si espande, per t positivo e crescente, la quinta dimensione si contrae come $1/\sqrt{t}$ su scale di distanza propria sempre più piccole.

L'unica eccezione alla regola di avere potenze β_i di segno opposto è costituita dalla soluzione di Kasner "quasi-triviale", caratterizzata da un solo coefficiente non nullo,

$$\beta_i = (1, 0, 0, 0, \dots), \qquad (11.24)$$

e corrispondente all'elemento di linea

$$ds^2 = c^2 dt^2 - \left(\frac{t}{t_0}\right)^2 dx_1^2 - dx_2^2 - dx_3^2 - \cdots . \qquad (11.25)$$

Questa soluzione descrive il cosiddetto "spazio-tempo di Milne", che è una varietà globalmente piatta. Si può verificare, infatti, che per questa metrica il tensore di Riemann è identicamente nullo, e che l'elemento di linea (11.25) si può sempre ridurre globalmente a quello di Minkowski mediante un'opportuna trasformazione di coordinate (si veda l'Esercizio 11.1).

Esercizi Capitolo 11

11.1. Spazio-tempo di Milne
Verificare che l'elemento di linea di Milne (11.25) si può ottenere da quello di Minkowski mediante la trasformazione

$$ct = ct' \cosh\left(\frac{x'}{\lambda}\right), \qquad x = ct' \sinh\left(\frac{x'}{\lambda}\right), \qquad (11.26)$$

dove λ è un parametro costante, e dove (ct, x) sono le coordinate del piano di Minkowski. Calcolare il tensore di Riemann per la metrica di Milne, e verificare che tutte le sue componenti sono nulle. Dimostrare inoltre che le coordinate di Milne (ct', x') non parametrizzano tutto il piano di Minkowski, ma solo la porzione di piano *interna* al cono luce.

11.2. Equazioni di Einstein anisotrope da un principio variazionale
Ricavare le equazioni (11.8), (11.9), nel vuoto, partendo dall'azione di Einstein-Hilbert (7.2) scritta per una metrica di tipo Bianchi I, ed applicando il principio variazionale.

Soluzioni

11.1. Soluzione

Differenziando l'Eq. (11.26) abbiamo:

$$cdt = cdt' \cosh\left(\frac{x'}{\lambda}\right) + dx'\frac{ct'}{\lambda}\sinh\left(\frac{x'}{\lambda}\right),$$
$$dx = cdt' \sinh\left(\frac{x'}{\lambda}\right) + dx'\frac{ct'}{\lambda}\cosh\left(\frac{x'}{\lambda}\right). \tag{11.27}$$

Sostituendo nell'elemento di linea di Minkowski otteniamo l'elemento di linea di Milne,

$$ds^2 = c^2dt^2 - dx^2 = c^2dt'^2 - \left(\frac{ct'}{\lambda}\right)^2 dx'^2, \tag{11.28}$$

con una metrica di Milne identica a quella dell'Eq. (11.25), ossia

$$g_{00} = 1, \qquad g_{11} = -\left(\frac{t'}{t_0}\right)^2, \tag{11.29}$$

dove $t_0 = \lambda/c$.

Il tensore di Riemann per questa metrica è identicamente nullo. Usando per la connessione i risultati (11.4) abbiamo infatti

$$\Gamma_{01}{}^1 = \frac{1}{ct'}, \qquad \Gamma_{11}{}^0 = \frac{t'}{ct_0^2}, \tag{11.30}$$

per cui:

$$R_{101}{}^0 = -\frac{1}{c^2t_0^2} + \frac{1}{c^2t_0^2} \equiv 0,$$
$$R_{100}{}^1 = \frac{1}{c^2t'^2} - \frac{1}{c^2t'^2} \equiv 0. \tag{11.31}$$

Osserviamo infine che dalla trasformazione (11.26) si ottiene:

$$\frac{x}{ct} = \tanh\left(\frac{x'}{\lambda}\right), \qquad c^2t^2 - x^2 = c^2t'^2. \tag{11.32}$$

La prima equazione, per x' fissato, rappresenta una retta che passa per l'origine nel piano di Minkowski, e che forma con l'asse ct un angolo compreso tra $-\pi/4$ e $\pi/4$. La seconda equazione, per t' fissato, rappresenta un'iperbole centrata sull'origine, con asintoti sulle rette $x = \pm ct$, che interseca l'asse ct nei punti $t = \pm t'$. Al variare di x' e t' le due curve spazzano la porzione di piano di Minkowski *interna* al cono luce, definita dalla condizione

$$ct > |x|, \qquad ct < -|x|, \tag{11.33}$$

detto "spazio di Milne", Si noti che questa regione del piano di Minkowski è complementare al cosiddetto spazio di Rindler, che corrisponde alla regione *esterna* al cono luce (si veda l'Esercizio 6.1).

11.2. Soluzione

Per ottenere tutte le equazioni richieste, e in particolare la componente $(0,0)$ delle equazioni di Einstein, è necessario che l'azione sia costruita usando anche la componente temporale della metrica. Partiamo quindi dalla metrica (11.2) senza fissare il *gauge* sincrono $g_{00} = 1$, e poniamo

$$g_{00} = N^2(t), \qquad g_{ij} = -a_i^2(t)\delta_{ij}. \qquad (11.34)$$

Le componenti della connessione che risultano diverse da zero, in questo caso, sono date da

$$\Gamma_{0i}{}^j = H_i\delta_i^j, \qquad \Gamma_{ij}{}^0 = \frac{a_i\dot{a}_i}{N^2}\delta_{ij}, \qquad \Gamma_{00}{}^0 = F, \qquad (11.35)$$

dove $F = \dot{N}/N$, e la curvatura scalare diventa:

$$R = \frac{1}{N^2}\left[2F\sum_i H_i - \sum_i\left(2\dot{H}_i + H_i^2\right) - \left(\sum_i H_i\right)^2\right]. \qquad (11.36)$$

Si noti la generalizzazione rispetto all'Eq. (11.6), dovuta ai contributi di $g_{00} = N^2$. Abbiamo inoltre

$$\sqrt{-g} = N\prod_i a_i, \qquad (11.37)$$

e l'azione di Einstein assume la forma

$$S = -\frac{1}{2\chi}\int d^{d+1}x\sqrt{-g}\,R$$
$$= -\frac{1}{2\chi}\int d^d x\frac{dt}{N}\prod_i a_i\left[2F\sum_i H_i - \sum_i\left(2\dot{H}_i + H_i^2\right) - \left(\sum_i H_i\right)^2\right]. \qquad (11.38)$$

Notiamo ora che

$$\frac{d}{dt}\left[\frac{2}{N}\prod_i a_i\sum_i H_i\right]$$
$$= \frac{1}{N}\prod_i a_i\left[2\sum_i \dot{H}_i - 2F\sum_i H_i + 2\left(\sum_i H_i\right)^2\right]. \qquad (11.39)$$

Eliminando mediante questa relazione i termini lineari in F e $\dot{H}$ dell'Eq. (11.38) possiamo riscrivere l'azione effettiva (modulo una derivata totale rispetto al tempo) nella seguente forma quadratica standard:

$$S = -\frac{1}{2\chi} \int \frac{dt}{N} \prod_i a_i \left[\left(\sum_i H_i \right)^2 - \sum_i H_i^2 \right]. \qquad (11.40)$$

Si noti che N non possiede termine cinetico, e compare quindi nell'azione come campo ausiliario (ovvero, come moltiplicatore di Lagrange): tale campo non è dinamico, e – dopo aver effettuato la variazione – può essere sempre posto uguale a una costante arbitraria mediante un'opportuna scelta di *gauge* (in pratica, mediante un'opportuna scelta della coordinata temporale).

Possiamo ora ricavare le equazioni di campo variando l'azione rispetto alle variabili N, a_i, e imponendo che l'azione sia stazionaria, $\delta S = 0$. La variazione rispetto a N fornisce il vincolo

$$\left(\sum_i H_i \right)^2 - \sum_i H_i^2 = 0, \qquad (11.41)$$

che coincide con l'Eq. (11.8) per $\rho = 0$.

Per variare rispetto ad a_i è conveniente porre $a_i = \exp \alpha_i$, per cui $H_i = \dot{\alpha}_i$, e l'azione effettiva diventa

$$S = -\frac{1}{2\chi} \int dt \, L(\alpha_i, \dot{\alpha}_i), \qquad (11.42)$$

dove:

$$L = \frac{\exp \left(\sum_i \alpha_i \right)}{N} \left[\left(\sum_i \dot{\alpha}_i \right)^2 - \sum_i \dot{\alpha}_i^2 \right]. \qquad (11.43)$$

La variazione rispetto a α_i fornisce le equazioni del moto di Lagrange per questa nuova variabile. Effettuando le derivate, e imponendo il *gauge* sincrono $N = 1$, otteniamo:

$$\frac{\partial L}{\partial \alpha_i} = \exp \left(\sum_k \alpha_k \right) \left[\left(\sum_k \dot{\alpha}_k \right)^2 - \sum_k \dot{\alpha}_k^2 \right],$$

$$\frac{\partial L}{\partial \dot{\alpha}_i} = \exp \left(\sum_k \alpha_k \right) \left[2 \sum_k \dot{\alpha}_k - 2\dot{\alpha}_i \right],$$

$$\frac{d}{dt} \frac{\partial L}{\partial \dot{\alpha}_i} = \exp \left(\sum_k \alpha_k \right) \sum_k \dot{\alpha}_k \left[2 \sum_k \dot{\alpha}_k - 2\dot{\alpha}_i \right] +$$

$$+ \exp \left(\sum_k \alpha_k \right) \left[2 \sum_k \ddot{\alpha}_k - 2\ddot{\alpha}_i \right]. \qquad (11.44)$$

L'equazione di Lagrange per α_i fornisce dunque:

$$\left(\sum_k \dot\alpha_k\right)^2 - 2\dot\alpha_i \sum_k \dot\alpha_k + 2\sum_k \ddot\alpha_k - 2\ddot\alpha_i + \sum_k \dot\alpha_k^2 = 0. \qquad (11.45)$$

Moltiplicando per $-1/2$, e sostituendo $\dot\alpha_i$ con H_i, possiamo riscrivere l'equazione nella forma seguente,

$$\dot H_i + H_i \sum_k H_k - \sum_k \dot H_k - \frac{1}{2}\sum_k H_k^2 - \frac{1}{2}\left(\sum_k H_k\right)^2 = 0, \qquad (11.46)$$

che coincide esattamente con la componente $i = j$ dell'Eq. (11.9), scritta in assenza di sorgenti ($p_i = 0$).

Tetradi e connessione di Lorentz

La rappresentazione geometrica dell'interazione gravitazionale sviluppata finora ha fatto principalmente uso del linguaggio della geometria differenziale classica, basato sulla nozione di metrica Riemanniana g e connessione di Christoffel Γ. La curvatura della varietà spazio-temporale, la sua evoluzione dinamica, e l'interazione con le sorgenti materiali è stata descritta mediante equazioni differenziali formulate con le variabili g e Γ.

In questo capitolo introdurremo un modo alternativo, ma completamente equivalente, di descrivere la geometria di una varietà Riemanniana basato sulla nozione di tetrade V e connessione di Lorentz ω. Questo diverso linguaggio è particolarmente appropriato per descrivere la dinamica dei campi spinoriali in uno spazio-tempo curvo – e quindi per rappresentare le interazioni gravitazionali dei fermioni – come vedremo nel capitolo successivo.

Inoltre, e soprattutto, questo nuovo formalismo permette di formulare la teoria della relatività generale come teoria di *gauge* per un gruppo di simmetria locale, mettendo così la gravitazione sullo stesso piano delle altre interazioni fondamentali (elettromagnetiche, deboli e forti). Vedremo, in particolare, che la simmetria di *gauge* (non-Abeliana) per la gravitazione è l'invarianza locale di Lorentz, e che la curvatura può essere interpretata, in questo contesto, come il campo di Yang-Mills per la connessione di Lorentz, con quest'ultima che gioca il ruolo di potenziale di *gauge*.

Questi importanti aspetti della teoria gravitazionale, così come la possibilità di estendere la simmetria locale dal gruppo di Lorentz a quello di Poincarè, verranno ulteriormente illustrati nell'Appendice A.

12.1 Proiezione sullo spazio piatto tangente

Abbiamo già sottolineato, nella Sez. 2.2, come sia sempre possibile approssimare *localmente* la geometria di uno spazio-tempo Riemanniano con quella di

© Springer-Verlag Italia 2015
M. Gasperini, *Relatività Generale e Teoria della Gravitazione*,
UNITEXT for Physics, DOI 10.1007/978-88-470-5690-9_12

Minkowski, ossia come si possa sempre introdurre, in ogni punto della varietà data, una varietà piatta "tangente" dotata della metrica di Minkowski.

Per caratterizzare localmente la geometria di una varietà Riemanniana $\mathcal{R}_4$ introduciamo dunque in ogni punto x una quaterna di vettori covarianti V_μ,

$$V_\mu^a(x), \qquad\qquad a = 0, 1, 2, 3, \qquad\qquad (12.1)$$

che formano una base ortonormale nello spazio-tempo di Minkowski $\mathcal{M}_4$ tangente alla varietà $\mathcal{R}_4$ in quel punto. Essi sono ortonormali rispetto alla metrica di Minkowski η^{ab} dello spazio tangente, ossia soddisfano alla condizione:

$$g^{\mu\nu} V_\mu^a V_\nu^b = \eta^{ab}. \qquad\qquad (12.2)$$

Tali vettori sono detti "tetradi" , oppure, usando il nome tedesco, *vierbein*, che significa "quattro gambe" (e che diventa *vielbein*, "molte gambe", se la varietà è multidimensionale).

È necessario fare una precisazione, a questo punto, riguardo alle notazioni usate. In tutto questo capitolo, e contrariamente ai capitoli precedenti, gli indici Latini minuscoli $a, b, \ldots$ variano da 0 a 3, e verranno usati per caratterizzare oggetti tensoriali definiti nello spazio piatto tangente (sono quindi indici che si riferiscono alle rappresentazioni del locale gruppo di Lorentz, e che vengono alzati e abbassati dalla metrica di Minkowski η). Gli indici Greci $\mu, \nu, \ldots$ variano anch'essi da 0 a 3, ma si riferiscono ad oggetti tensoriali definiti sulla varietà di Riemann (si trasformano quindi in modo covariante rispetto al gruppo dei diffeomorfismi, e vengono alzati e abbassati dalla metrica di Riemann g).

Nel linguaggio tecnico della geometria differenziale gli indici Greci, general-covarianti, vengono anche detti indici *olonomi*, mentre quelli Latini, definiti rispetto alle trasformazioni nello spazio tangente, vengono detti *anolonomi*. Nel contesto di questo libro useremo una terminologia più semplice e diretta, definendoli come

$$a, b, c, \ldots \quad \Longrightarrow \quad \text{indici } piatti \text{ (o di Lorentz)},$$
$$\mu, \nu, \alpha \ldots \quad \Longrightarrow \quad \text{indici } curvi \text{ (o di Riemann)}.$$

Queste convenzioni per gli indici verranno usate anche nei due capitoli successivi, a meno che non sia esplicitamente indicato il contrario.

Notiamo ora che la relazione (12.2), scritta in forma tensoriale mista,

$$V_\mu^a V_b^\mu = \delta_b^a, \qquad\qquad (12.3)$$

definisce la base inversa, o *duale*, di vettori controvarianti V_a^μ, anch'essi ortonormali rispetto alla metrica di Minkowski:

$$g_{\mu\nu} V_a^\mu V_b^\nu = \eta_{ab}. \qquad\qquad (12.4)$$

Invertendo le relazioni (12.2), (12.4) otteniamo:

$$g_{\mu\nu} = V_\mu^a V_\nu^b \eta_{ab}, \qquad g^{\mu\nu} = V_a^\mu V_b^\nu \eta^{ab}. \tag{12.5}$$

Queste equazioni ci permettono di calcolare le componenti del tensore metrico in funzione delle quattro tetradi V_μ^a e dei loro inversi V_a^μ.

Per eliminare un'ambiguità di segno, e anche in vista di applicazioni future, è conveniente infine normalizzare i vettori V_μ^a in modo tale che

$$\sqrt{-g} = \sqrt{|\det g_{\mu\nu}|} = |\det V_\mu^a| \equiv V. \tag{12.6}$$

In questo modo la conoscenza del campo vettoriale $V_\mu^a(x)$ determina localmente e univocamente la metrica $g_{\mu\nu}(x)$ in ogni punto della varietà data, modulo una residua arbitrarietà nella scelta delle tetradi dovuta alle rotazioni di Lorentz effettuate sui vettori di base del locale spazio tangente. È facile verificare, infatti, che il vettore V_μ^a e il vettore ruotato $V_\mu^{\prime a} = \Lambda^a{}_b V_\mu^b$, dove Λ rappresenta una trasformazione del gruppo di Lorentz, determinano la stessa metrica:

$$\begin{aligned} g'_{\mu\nu} &= V_\mu^{\prime a} V_\nu^{\prime b} \eta_{ab} = \Lambda^a{}_i \Lambda^b{}_j V_\mu^i V_\nu^j \eta_{ab} \\ &= \eta_{ij} V_\mu^i V_\nu^j \equiv g_{\mu\nu} \end{aligned} \tag{12.7}$$

(abbiamo usato la condizione di Lorentz $\Lambda^T \eta \Lambda = \eta$).

Mediante le tetradi e i loro inversi qualunque oggetto geometrico definito sulla varietà Riemanniana può essere localmente proiettato nello spazio piatto tangente, semplicemente contraendo i suoi indici curvi con quelli di V_μ^a o di V_a^μ. Se abbiamo un tensore B di rango due, ad esempio, possiamo effettuare le proiezioni

$$\begin{aligned} B^{\mu\nu} &\longrightarrow B^{ab} = V_\mu^a V_\nu^b B^{\mu\nu}, \\ B_{\mu\nu} &\longrightarrow B_{ab} = V_a^\mu V_b^\nu B_{\mu\nu}. \end{aligned} \tag{12.8}$$

E viceversa, si può passare dallo spazio tangente alla varietà di Riemann mediante la proiezione inversa. La metrica di Minkowski, per fare un altro esempio, è la proiezione della metrica di Riemann sullo spazio tangente (si veda l'Eq. (1.24)).

È importante sottolineare, in questo contesto, che se partiamo da un oggetto (ad esempio, $B_{\mu\nu}$) che è un tensore per trasformazioni generali di coordinate, dopo la proiezione otteniamo un nuovo oggetto (B_{ab}) che è un tensore per trasformazioni di Lorentz nel locale spazio tangente, ma che è uno *scalare* per trasformazioni generali di coordinate (in quanto non ha indici curvi, ma solo indici piatti). In questo senso le tetradi sono oggetti di tipo "misto", che si trasformano come vettori general-covarianti rispetto all'indice curvo, e come vettori per trasformazioni di Lorentz nello spazio tangente rispetto all'indice piatto:

$$V_\mu^a \to \widetilde{V}_\mu^a = \frac{\partial x^\nu}{\partial x'^\mu} \Lambda^a{}_b V_\nu^b. \tag{12.9}$$

E qui arriviamo al punto cruciale della nostra discussione.

Per effetto della proiezione che trasforma indici curvi in indici piatti si passa dunque dai diffeomorfismi della varietà Riemanniana $\mathcal{R}_4$ alle trasformazioni di Lorentz dello spazio di Minkowski tangente $\mathcal{M}_4$. Lo spazio tangente, però, varia in generale da punto a punto, e quindi la corrispondente trasformazione di Lorentz è una trasformazione di tipo *locale*, rappresentata da matrici $\Lambda = \Lambda(x)$. Il requisito di general covarianza per un modello geometrico formulato in uno spazio-tempo curvo si traduce dunque, mediante le tetradi, in un requisito di invarianza per trasformazioni *locali* di Lorentz (ovviamente, se lo spazio-tempo è piatto allora esso coincide dappertutto con la varietà tangente di Minkowski, l'invarianza di Lorentz diventa globale, e ricadiamo nel caso della relatività ristretta).

La presenza di una simmetria locale nell'ambito di un modello dell'interazione gravitazionale, d'altra parte, permette un interessante confronto con le teorie di *gauge* delle altre interazioni fondamentali. Per rendere tale confronto maggiormente esplicito dedicheremo la prossima sessione ad uno schematico sommario della struttura formale di tali teorie.

12.1.1 Simmetrie locali e campi di "gauge"

Supponiamo di avere un campo ψ la cui azione è invariante per una simmetria globale del tipo $\psi \to \psi' = U\psi$, dove U rappresenta la trasformazione di un gruppo di Lie a n parametri, e si può quindi parametrizzare come segue:

$$U = e^{-i\epsilon^A X_A}, \tag{12.10}$$

con $A = 1, \ldots, n$. I parametri ϵ^A sono coefficienti reali e costanti, e gli operatori X_A – che sono Hermitiani se la rappresentazione è unitaria – sono i generatori della trasformazione, che soddisfano alle relazioni di commutazione fissate dalla cosiddetta algebra di Lie del gruppo:

$$[X_A, X_B] = if_{AB}{}^C X_C. \tag{12.11}$$

Le costanti di struttura $f_{AB}{}^C = -f_{BA}{}^C$ sono tutte nulle solo se il gruppo è Abeliano.

Se la trasformazione è globale (cioè se tutti i parametri ϵ^A sono costanti), allora i gradienti del campo si trasformano come il campo stesso,

$$\partial_\mu \psi' = \partial_\mu (U\psi) = U\partial_\mu\psi, \tag{12.12}$$

e l'azione, costruita con una densità di Lagrangiana che è quadratica nel campo e nelle sue derivate, $\mathcal{L} \sim \psi^\dagger\psi + (\partial\psi)^\dagger\partial\psi$, risulta automaticamente invariante. Se invece la trasformazione è locale, $\epsilon^A = \epsilon^A(x)$, allora i gradienti del campo si trasformano diversamente da ψ,

$$\partial_\mu \psi \to \partial_\mu \psi' = \partial_\mu \left(U\psi \right) = U\partial_\mu\psi + \left(\partial_\mu U \right) \psi \tag{12.13}$$

(perché $\partial_\mu U \neq 0$), e il termine cinetico della precedente azione non è più invariante.

L'invarianza per trasformazioni locali (anche detta *invarianza di gauge*) può essere ripristinata sostituendo l'ordinario gradiente con un operatore differenziale generalizzato, chiamato *derivata covariante di gauge*, che indicheremo con il simbolo D_μ (per distinguerlo dalla derivata ∇_μ definita per la geometria di Riemann). L'operatore D_μ è costruito in modo tale che la derivata covariante del campo si trasformi come il campo stesso, ossia

$$D_\mu \psi \to \left(D_\mu \psi \right)' = U D_\mu \psi, \tag{12.14}$$

anche nel caso di trasformazioni locali. La sostituzione $\partial_\mu \to D_\mu$ nella Lagrangiana porta a un termine cinetico del tipo $\mathcal{L} \sim \left(D\psi \right)^\dagger D\psi$, e rende l'azione invariante per trasformazioni locali, in accordo alla procedura standard del cosiddetto principio di minimo accoppiamento (già discusso per la geometria di Riemann nella Sez. 4.1).

Per definire la derivata covariante di *gauge* bisogna innanzitutto introdurre un insieme di n campi vettoriali (anche detti "potenziali di *gauge*") A_μ, uno per ogni generatore del gruppo di simmetria,

$$X_A \quad \longrightarrow \quad A_\mu^A. \tag{12.15}$$

Si costruisce quindi l'operatore differenziale

$$D_\mu = \partial_\mu - ig A_\mu^A X_A, \tag{12.16}$$

dove g è una costante d'accoppiamento che dipende dal modello di interazione che stiamo considerando. Le proprietà di trasformazione dei vettori A_μ^A vengono allora fissate richiedendo che sia soddisfatta la condizione (12.14).

A questo proposito è conveniente adottare un formalismo compatto, definendo la variabile (anche detta *connessione di gauge*) $A_\mu \equiv A_\mu^A X_A$, costruita saturando gli indici di gruppo con i relativi generatori. La derivata covariante diventa $D_\mu = \partial_\mu - ig A_\mu$, e la condizione (12.14) implica

$$\begin{aligned}
D_\mu' \psi' &= \left(\partial_\mu - ig A_\mu' \right) U\psi = U\partial_\mu\psi - ig A_\mu' U\psi + \left(\partial_\mu U \right) \psi \\
&= U D_\mu \psi = U \left(\partial_\mu - ig A_\mu \right) \psi = U\partial_\mu\psi - ig U A_\mu \psi.
\end{aligned} \tag{12.17}$$

Uguagliando l'ultimo termine della prima riga all'ultimo termine della seconda riga, e moltiplicando da destra per U^{-1}, otteniamo infine che la condizione (12.14) è soddisfatta purché il potenziale di *gauge* si trasformi come segue:

$$A_\mu' = U A_\mu U^{-1} - \frac{i}{g} \left(\partial_\mu U \right) U^{-1}. \tag{12.18}$$

In conclusione, se abbiamo un modello che risulta globalmente simmetrico rispetto a un gruppo di Lie di trasformazioni rappresentate dall'operatore U, e se il modello viene accoppiato minimamente, tramite la derivata covariante (12.16), a un potenziale di *gauge* che soddisfa la legge di trasformazione (12.18), allora il modello diventa invariante anche rispetto al corrispondente gruppo di trasformazioni locali rappresentate da $U = U(x)$.

12.2 Invarianza locale di Lorentz e derivata covariante

Nella Sez. 12.1 abbiamo visto che un modello geometrico *general-covariante*, formulato in una varietà spazio-temporale curva, deve essere *localmente Lorentz-invariante* se riferito allo spazio piatto tangente mediante il formalismo delle tetradi.

Abbiamo anche visto, d'altra parte, che per rendere un modello fisico invariante rispetto a una simmetria locale bisogna formularlo mediante opportuni operatori differenziali "covarianti" costruiti con i campi di *gauge* associati a quella simmetria. Il formalismo adatto a questo scopo è quello delle teorie di *gauge*, e la procedura da seguire per un generico gruppo di Lie è stata richiamata nella Sez. 12.1.1. In questa sezione applicheremo tale procedura direttamente alla simmetria locale di Lorentz presente nello spazio-tempo di Minkowski tangente alla varietà di Riemann.

A questo proposito osserviamo che il gruppo di Lorentz ristretto (formato dalle trasformazioni proprie e ortocrone) è un gruppo di Lie a 6 parametri, e una sua generica trasformazione può essere rappresentata in forma esponenziale come segue:

$$U = e^{-\frac{i}{2}\omega_{ab}J^{ab}}. \tag{12.19}$$

La matrice $\omega_{ab} = -\omega_{ba}$ è antisimmetrica e contiene sei parametri reali e indipendenti, mentre i sei corrispondenti generatori $J_{ab} = -J_{ab}$ soddisfano l'algebra di Lie di $SO(3,1)$:

$$\left[J^{ab}, J^{cd}\right] = i\left(\eta^{ad}J^{bc} - \eta^{ac}J^{bd} - \eta^{bd}J^{ac} + \eta^{bc}J^{ad}\right). \tag{12.20}$$

Se la trasformazioni sono locali, $\omega_{ab} = \omega_{ab}(x)$, per mantenere la simmetria associamo a ogni generatore sei campi vettoriali di *gauge*,

$$J^{ab} \quad \longrightarrow \quad \omega_{\mu}{}^{ab} = -\omega_{\mu}{}^{ba} \tag{12.21}$$

(che rappresentano le componenti della cosiddetta " connessione di Lorentz", o "connessione di spin"), e definiamo la derivata covariante di Lorentz come segue:

$$D_{\mu} = \partial_{\mu} - \frac{i}{2}\omega_{\mu}{}^{ab}J_{ab}. \tag{12.22}$$

Il fattore $1/2$ è stato adottato per convenienza futura, e per adeguarsi alle convenzioni standard. Ripetendo gli argomenti della Sez. 12.1.1 troviamo allora che la derivata covariante di un campo si trasforma come il campo stesso, anche rispetto alle trasformazioni locali, purché la connessione di Lorentz obbedisca alla seguente legge di trasformazione,

$$\omega'_\mu = U\omega_\mu U^{-1} - 2i\left(\partial_\mu U\right)U^{-1}, \tag{12.23}$$

che riproduce esattamente l'Eq. (12.18) per $g = 1/2$.

Facciamo subito un esempio esplicito prendendo la derivata covariante di un campo A^a a valori vettoriali nello spazio tangente. Tale campo si comporta come uno scalare per trasformazioni generali di coordinate (perché non possiede indici curvi), e si trasforma localmente come

$$A'^a = \Lambda^a{}_b(x)A^b, \tag{12.24}$$

dove $\Lambda^a{}_b(x)$ rappresenta una trasformazione locale di Lorentz per un vettore controvariante. Notiamo subito che il gradiente ordinario di A non si trasforma correttamente in maniera tensoriale, ossia che

$$\left(\partial_\mu A^a\right)' = \Lambda^a{}_b(x)\partial_\mu A^b + \left(\partial_\mu \Lambda^a{}_b\right)A^b \neq \Lambda^a{}_b(x)\partial_\mu A^b, \tag{12.25}$$

perché la matrice Λ dipende dalla posizione.

Per restaurare la simmetria locale, ed applicare la definizione (12.22) di derivata covariante, ci serve la forma esplicita dei generatori J per la rappresentazione vettoriale del gruppo di Lorentz. A questo proposito partiamo dalla trasformazione (12.24), scritta in forma infinitesima (si veda ad esempio l'Eq. (1.44)). Sviluppando $\Lambda^a{}_b = \delta^a_b + \omega^a{}_b + \cdots$ otteniamo, al primo ordine in ω,

$$\delta A^a = \omega^a{}_b A^b. \tag{12.26}$$

D'altra parte, usando per Λ la rappresentazione esponenziale (12.19), e sviluppandola al primo ordine,

$$\Lambda^a{}_b = \delta^a_b - \frac{i}{2}\omega^{ij}\left(J_{ij}\right)^a{}_b + \cdots, \tag{12.27}$$

abbiamo anche

$$\delta A^a = -\frac{i}{2}\omega^{ij}\left(J_{ij}\right)^a{}_b A^b. \tag{12.28}$$

Uguagliando le due espressioni infinitesime (12.26), (12.28), e risolvendo per J, troviamo infine che i 6 generatori vettoriali J_{ij} (ossia, J_{12}, J_{13}, J_{23}, J_{10}, J_{20}, J_{30}), sono rappresentati da sei matrici 4×4 definite come segue:

$$\left(J_{ij}\right)^a{}_b = i\left(\eta_{jb}\delta^a_i - \eta_{ib}\delta^a_j\right). \tag{12.29}$$

Si noti che per queste matrici l'algebra di Lie (12.20) risulta automaticamente soddisfatta.

Usando questi generatori possiamo ora scrivere in forma esplicita la derivata covariante di Lorentz per un campo vettoriale controvariante nello spazio localmente tangente:

$$D_\mu A^a = \partial_\mu A^a - \frac{i}{2}\omega_\mu{}^{ij}(J_{ij})^a{}_b A^b$$
$$\equiv \partial_\mu A^a + \omega_\mu{}^a{}_b A^b. \tag{12.30}$$

È immediato verificare che la derivata covariante si trasforma correttamente come

$$(D_\mu A^a)' = \Lambda^a{}_b D_\mu A^b, \tag{12.31}$$

purché la connessione ω_μ obbedisca alla legge di trasformazione (12.23) (si veda l'Esercizio 12.1).

Nel Capitolo 13 presenteremo in dettaglio la derivata di Lorentz per un campo spinoriale. In questo capitolo ci concentriamo sulle rappresentazioni tensoriali e osserviamo che – come per la derivata covariante ∇_μ della geometria di Riemann – l'operazione di derivata di Lorentz si può facilmente estendere ad oggetti tensoriali con un numero arbitrario di indici covarianti e controvarianti. È sufficiente usare la regola di Leibnitz per la derivata di un prodotto e notare che, per un oggetto scalare nello spazio tangente, l'operatore D_μ si riduce a ∂_μ.

Per ottenere la derivata di un vettore covariante B_a, ad esempio, consideriamo il prodotto scalare $A^a B_a$, e imponiamo:

$$\partial_\mu(A^a B_a) = D_\mu(A^a B_a) = A^a D_\mu B_a + B_a\left(\partial_\mu A^a + \omega_\mu{}^a{}_b A^b\right). \tag{12.32}$$

Risolvendo per $D_\mu B_a$ otteniamo:

$$D_\mu B_a = \partial_\mu B_a - \omega_\mu{}^b{}_a B_b. \tag{12.33}$$

E così via per oggetti tensoriali di rango arbitrario.

Le convenzioni adottate, che ci portano alle regole di derivazione (12.30), (12.33), mostrano che la connessione di Lorentz ω deve operare su ogni indice di Lorentz, usando il segno positivo se l'indice è di tipo controvariante (come in Eq. (12.30)), e quello negativo se l'indice è covariante (come in Eq. (12.33)). Per un tensore misto di rango due, ad esempio, abbiamo:

$$D_\mu A^a{}_b = \partial_\mu A^a{}_b + \omega_\mu{}^a{}_c A^c{}_b - \omega_\mu{}^c{}_b A^a{}_c. \tag{12.34}$$

Si noti che la posizione degli indici è importante, perché $\omega_\mu{}^{ab} \neq \omega_\mu{}^{ba}$.

12.2.1 La condizione di metricità per le tetradi

Riassumendo gli argomenti svolti finora in questo capitolo ricordiamo che, usando il formalismo delle tetradi, possiamo proiettare gli oggetti geometrici della varietà Riemanniana sullo spazio-tempo piatto localmente tangente; inoltre, mediante la connessione di Lorentz, possiamo definire una derivata covariante per gli oggetti proiettati che preserva l'invarianza locale di Lorentz nello spazio tangente di Minkowski, e che è compatibile con la general-covarianza della geometria Riemanniana.

È giunto ora il momento di chiederci se ci sia una relazione tra la derivata covariante di Lorentz e quella di Riemann e, in particolare, se la connessione di Christoffel Γ e quella di Lorentz ω possano essere collegate. In caso di risposta affermativa, visto che Γ si esprime mediante la metrica g, e che g si può esprimere in termini delle tetradi V, dovremmo aspettarci l'esistenza di una precisa relazione $\omega = \omega(V)$ che permette di calcolare la connessione di Lorentz in funzione delle tetradi. In questo caso i due insiemi di variabili geometriche, $\{g,\Gamma\}$ e $\{V,\omega\}$, sarebbero perfettamente equivalenti, sotto tutti i punti di vista, per la formulazione consistente di un modello geometrico dell'interazione gravitazionale.

La risposta alla domanda precedente si ottiene considerando la derivata covariante delle tetradi. Come già sottolineato, questi oggetti sono di tipo "misto", in quanto possiedono sia un indice vettoriale curvo nella varietà Riemanniana, sia un indice vettoriale di Lorentz nello spazio piatto tangente. La loro derivata covariante "totale" si ottiene dunque usando sia la connessione Γ per render covariante l'operatore differenziale rispetto ai diffeomorfismi che agiscono sull'indice curvo, sia la connessione ω per renderlo covariante rispetto alla simmetria locale di Lorentz che agisce sull'indice piatto. Più precisamente, abbiamo:

$$\nabla_\mu V_\nu^a = \partial_\mu V_\nu^a + \omega_\mu{}^a{}_b V_\nu^b - \Gamma_{\mu\nu}{}^\alpha V_\alpha^a$$
$$\equiv D_\mu V_\nu^a - \Gamma_{\mu\nu}{}^\alpha V_\alpha^a \tag{12.35}$$

(nel secondo passaggio abbiamo esplicitamente usato la definizione (12.30) di derivata covariante di Lorentz per un indice vettoriale).

A questo punto possiamo utilizzare le nostre ipotesi sulla struttura geometrica del modello di spazio-tempo che vogliamo usare. Ricordiamo, in particolare, l'assunzione che la geometria sia di tipo "metrico-compatibile", ossia che soddisfi alla condizione di avere una metrica con derivata covariante nulla (si veda la discussione della Sez. 3.5). Usando l'Eq. (12.5), tale condizione si può esprimere come segue:

$$\nabla_\alpha g_{\mu\nu} = \nabla_\alpha \left(V_\mu^a V_\nu^b \eta_{ab} \right) = 2\eta_{ab} V_\mu^a \nabla_\alpha V_\nu^b + V_\mu^a V_\nu^b \nabla_\alpha \eta_{ab} = 0. \tag{12.36}$$

La derivata covariante della metrica di Minkowski, però, è identicamente nulla. Infatti, utilizzando la prescrizione (12.33) per la derivata degli indici di Lorentz covarianti, abbiamo

$$\nabla_\alpha \eta_{ab} = -\omega_\alpha{}^c{}_a \eta_{cb} - \omega_\alpha{}^c{}_b \eta_{ac} = -\left(\omega_{\alpha ba} + \omega_{\alpha ab} \right) \equiv 0, \tag{12.37}$$

a causa della proprietà di antisimmetria della connessione di Lorentz (si veda l'Eq. (12.21)). La condizione di metricità (12.36) implica quindi che la derivata covariante delle tetradi sia nulla,

$$\nabla_\mu V_\nu^{\ a} = 0 \tag{12.38}$$

(tale condizione è conosciuta in letteratura anche sotto il nome di "postulato delle tetradi").

Usando l'Eq. (12.35) per la derivata covariante possiamo allora riscrivere la condizione di metricità nella forma seguente:

$$\partial_\mu V_\nu^{\ a} + \omega_\mu^{\ a}{}_b V_\nu^{\ b} = \Gamma_{\mu\nu}^{\ \ \alpha} V_\alpha^{\ a}. \tag{12.39}$$

Questa equazione risponde alla domanda posta all'inizio della sezione: le due connessioni ω e Γ non sono indipendenti. Esprimendo Γ in funzione di g, e g in funzione di V, possiamo risolvere l'equazione precedente per ω e determinare dappertutto la connessione di Lorentz in funzione delle tetradi e delle sue derivate prime.

Per ottenere questo risultato, però, c'è una metodo più veloce e più diretto che verrà introdotto nella sezione seguente.

12.3 La connessione di Levi-Civita e i coefficienti di Ricci

Per calcolare in forma compatta la connessione di Lorentz in funzione delle tetradi partiamo dalla condizione di metricità (12.39). Sfruttando le proiezioni operate dalle tetradi (da indici piatti a indici curvi e viceversa) possiamo innanzitutto riscrivere tale condizione come segue:

$$\partial_\mu V_\nu^c + \omega_\mu^{\ c}{}_\nu - \Gamma_{\mu\nu}^{\ \ c} = 0. \tag{12.40}$$

Prendendone la parte antisimmetrica, e usando la definizione di torsione $Q_{\mu\nu}^{\ \ c} = \Gamma_{[\mu\nu]}^{\ \ c}$ (si veda l'Eq. (3.67)), abbiamo:

$$\partial_{[\mu} V_{\nu]}^c + \omega_{[\mu}^{\ c}{}_{\nu]} - Q_{\mu\nu}^{\ \ c} = 0. \tag{12.41}$$

Ricordiamo ora che la presenza di una parte antisimmetrica nella connessione Γ non è in contrasto con l'ipotesi di metricità (si veda la Sez. 3.5); possiamo quindi calcolare ω con la torsione diversa da zero, in modo da ottenere per la connessione di Lorentz il risultato più generale possibile.

Proiettando l'espressione precedente sullo spazio tangente (ossia contraendo con $V_a^\mu V_b^\nu$) abbiamo allora la relazione

$$C_{ab}^{\ \ c} + \frac{1}{2}\left(\omega_a^{\ c}{}_b - \omega_b^{\ c}{}_a\right) - Q_{ab}^{\ \ c} = 0, \tag{12.42}$$

dove

$$C_{ab}{}^c = V_a^\mu V_b^\nu \partial_{[\mu} V_{\nu]}^c = C_{[ab]}{}^c \qquad (12.43)$$

sono i cosiddetti *coefficienti di rotazione di Ricci*. Scriviamo tre volte questa relazione permutando circolarmente gli indici, e cambiando di segno la seconda e la terza equazione rispetto alla prima:

$$C_{abc} + \frac{1}{2}\left(\omega_{acb} - \omega_{bca}\right) - Q_{abc} = 0,$$

$$- C_{bca} - \frac{1}{2}\left(\omega_{cba} - \omega_{cab}\right) + Q_{bca} = 0, \qquad (12.44)$$

$$- C_{cab} - \frac{1}{2}\left(\omega_{bac} - \omega_{abc}\right) + Q_{cab} = 0.$$

Sommando le tre equazioni, ed usando la proprietà di simmetria $\omega_{abc} = \omega_{a[bc]}$, troviamo che i termini in ω della prima e terza equazione si cancellano a vicenda, mentre quelli della seconda si sommano. Perciò:

$$\omega_{cab} = C_{cab} - C_{abc} + C_{bca} - \left(Q_{cab} - Q_{abc} + Q_{bca}\right). \qquad (12.45)$$

Per esprimere il risultato in forma canonica alziamo gli indici a e b, e proiettiamo l'indice c sulla varietà curva. Arriviamo così all'espressione

$$\omega_\mu{}^{ab} = \gamma_\mu{}^{ab} + K_\mu{}^{ab}, \qquad (12.46)$$

dove

$$\gamma_\mu{}^{ab} = V_\mu^c \left(C_c{}^{ab} - C^{ab}{}_c + C^b{}_c{}^a\right) \qquad (12.47)$$

è la cosiddetta *connessione di Levi-Civita*, e

$$K_\mu{}^{ab} = -V_\mu^c \left(Q_c{}^{ab} - Q^{ab}{}_c + Q^b{}_c{}^a\right) \qquad (12.48)$$

è la contorsione (che coincide ovviamente con quella già definita in Eq. (3.88), a parte la proiezione sullo spazio tangente).

Se ci restringiamo a geometrie con torsione nulla (come nel caso della relatività generale) il tensore di contorsione scompare e la connessione di Lorentz coincide con quella di Levi-Civita, risultando così completamente determinata dai coefficienti di rotazione di Ricci (ossia dalle tetradi e dalle loro derivate prime), in accordo all'Eq. (12.47). Nel seguito di questo capitolo, e nel resto del libro, assumeremo che $Q = 0$ e che $\omega_\mu{}^{ab} = \gamma_\mu{}^{ab}$, a meno che non sia esplicitamente indicato il contrario.

È utile, in vista di future applicazioni, sottolineare infine le proprietà di simmetria degli indici per i vari oggetti che appaiono nella definizione della connessione. Dalle equazioni (12.43), (12.45), (12.47) e (12.48) abbiamo:

$$\begin{aligned} C_{abc} = C_{[ab]c}, \qquad Q_{abc} = Q_{[ab]c}, \qquad \omega_{abc} = \omega_{a[bc]}, \\ \gamma_\mu{}^{ab} = \gamma_\mu{}^{[ab]}, \qquad K_\mu{}^{ab} = K_\mu{}^{[ab]}. \end{aligned} \qquad (12.49)$$

12.3.1 Tensore di curvatura e azione gravitazionale

Per completare il formalismo geometrico basato sulle tetradi e sulla connessione di Lorentz resta da esprimere la curvatura – più precisamente, il tensore di Riemann – in funzione di queste nuove variabili. Fatto questo saremo in grado di presentare un nuovo (ma equivalente) approccio alle equazioni gravitazionali di Einstein, che ha il vantaggio di rendere manifeste le simmetrie locali nascoste e di permettere l'accoppiamento diretto dei campi fermionici alla geometria (come vedremo nei prossimi capitoli).

Per esprimere la curvatura in funzione di V e di ω consideriamo la derivata covariante seconda del campo A^a, con indice vettoriale nello spazio tangente. La derivata covariante prima coincide ovviamente con la derivata di Lorentz $D_\nu A^a$ (perché A^a non ha indici curvi), ed è data dall'Eq. (12.30). La derivata seconda agisce invece sia sull'indice piatto a sia sull'indice curvo ν, per cui:

$$
\begin{aligned}
\nabla_\mu \nabla_\nu A^a = {}& \partial_\mu \left(\partial_\nu A^a + \omega_\nu{}^a{}_b A^b \right) \\
& + \omega_\mu{}^a{}_c \left(\partial_\nu A^c + \omega_\nu{}^c{}_b A^b \right) - \Gamma_{\mu\nu}{}^\alpha D_\alpha A^a.
\end{aligned}
\tag{12.50}
$$

Se prendiamo il commutatore delle due derivate covarianti i termini simmetrici in μ e ν si elidono, e rimane:

$$
\left[\nabla_\mu \nabla_\nu - \nabla_\nu \nabla_\mu \right] A^a = \left[\partial_\mu \omega_\nu{}^a{}_b + \omega_\mu{}^a{}_c \omega_\nu{}^c{}_b \right] A^b - \{ \mu \leftrightarrow \nu \}
\tag{12.51}
$$

(come già sottolineato, stiamo considerando una geometria spazio-temporale con torsione nulla, $\Gamma_{[\mu\nu]}{}^\alpha = 0$).

Abbiamo già visto, nella Sez. 6.2, che il commutare di due derivate covarianti che agiscono sul vettore A^α è controllato dal tensore di Riemann, ed è dato dall'Eq. (6.19). Esprimendo A^α mediante la sua proiezione nello spazio tangente, e sfruttando le proprietà di metricità delle tetradi ($\nabla V = 0$), l'Eq. (6.19) si può riscrivere come segue,

$$
\left[\nabla_\mu \nabla_\nu - \nabla_\nu \nabla_\mu \right] V_a^\alpha A^a = R_{\mu\nu\beta}{}^\alpha(\Gamma) V_b^\beta A^b,
\tag{12.52}
$$

dove $R_{\mu\nu\beta}{}^\alpha(\Gamma)$ è il tensore di Riemann (6.10), calcolato in modo standard in funzione della connessione di Christoffel. Confrontando questo commutatore con l'Eq. (12.51), e invertendo le proiezioni, si arriva allora immediatamente all'espressione cercata che collega il tensore di Riemann alla connessione di Lorentz e alle sue derivate prime. In forma compatta:

$$
R_{\mu\nu\beta}{}^\alpha(\Gamma) = V_a^\alpha V_\beta^b R_{\mu\nu}{}^a{}_b(\omega),
\tag{12.53}
$$

dove abbiamo posto

$$
R_{\mu\nu}{}^{ab}(\omega) = \partial_\mu \omega_\nu{}^{ab} - \partial_\nu \omega_\mu{}^{ab} + \omega_\mu{}^a{}_c \omega_\nu{}^{cb} - \omega_\nu{}^a{}_c \omega_\mu{}^{cb}.
\tag{12.54}
$$

È interessante notare che il membro destro della relazione (12.53) rappresenta la proiezione (sugli indici curvi α e β) del "campo di Yang-Mills" $R_{\mu\nu}{}^{ab}$

associato alla connessione di Lorentz. Questa connessione, d'altra parte, è il potenziale di *gauge* corrispondente all'invarianza locale di Lorentz nello spazio tangente. I termini quadratici nella connessione, che appaiono nel tensore di curvatura, sono dunque dovuti al carattere non-Abeliano del gruppo di simmetria. Un modello geometrico di interazione gravitazionale basato sulla dinamica della curvatura – quale, ad esempio, la relatività generale – trova quindi, in questo contesto, una naturale interpretazione come teoria di *gauge* per il gruppo locale di Lorentz.

Nel caso della relatività generale c'è però una differenza importante dalle teorie di *gauge* convenzionali, dovuta al fatto che l'azione è lineare (anziché quadratica) nel campo di Yang-Mills, ossia nella curvatura. Questo è possibile perché la connessione, nel caso gravitazionale, è un campo "composto", ossia è funzione a sua volta di un'altra variabile (la metrica o la tetrade) che risulta la variabile dinamica primaria. Questo non esclude, ovviamente, la possibilità di costruire azioni gravitazionali con potenze quadratiche (o superiori) della curvatura.

Restiamo nell'ambito convenzionale della relatività generale, e concludiamo il capitolo mostrando che l'azione e le equazioni di Einstein, espresse mediante le variabili "di *gauge*" $\{V, \omega\}$, risultano perfettamente equivalenti a quelle formulate con le variabili "geometriche" $\{g, \Gamma\}$. Ci concentreremo, per brevità, sulla parte gravitazionale dell'azione assumendo che le sorgenti materiali siano assenti.

Usiamo l'Eq. (12.6) per il determinante della metrica, e l'Eq. (12.53) per la curvatura. La curvatura scalare (6.24) è dunque

$$R = R_{\mu\nu}{}^{\nu\mu} = V_a^\mu V_b^\nu R_{\mu\nu}{}^{ab}(\omega), \tag{12.55}$$

e l'azione di Einstein diventa:

$$S = -\frac{1}{2\chi} \int d^4x \sqrt{-g}\, R(\Gamma) = -\frac{1}{2\chi} \int d^4x\, V V_a^\mu V_b^\nu R_{\mu\nu}{}^{ab}(\omega), \tag{12.56}$$

dove la "curvatura di Lorentz", $R_{\mu\nu}{}^{ab}$, è data dall'Eq. (12.54). Per ottenere le equazioni di campo, a questo punto, possiamo procedere in due modi.

Una prima possibilità è quella di eliminare dappertutto la connessione in funzione delle tetradi mediante l'Eq. (12.46), ottenendo così un'azione che contiene solo le tetradi e le loro derivate prime e seconde. La variazione rispetto alle tetradi procede poi come nel caso della metrica.

Una seconda possibilità consiste nel trattare tetradi e connessione come variabili indipendenti, e variare separatamente rispetto a V e ω. Questo metodo, detto formalismo variazionale del I ordine, o anche "formalismo di Palatini", è particolarmente conveniente quando l'azione è scritta nel linguaggio delle forme differenziali (si veda l'Appendice A). L'adotteremo anche in questa sezione, come istruttivo esercizio per illustrare alcuni aspetti tipici del calcolo con le tetradi e con la connessione di Lorentz.

Prima di procedere alla variazione notiamo che, sfruttando le regole di prodotto dei tensori completamente antisimmetrici (si veda la Sez. 3.2), l'azione di Einstein (12.56) si può riscrivere nella forma seguente, più conveniente per la procedura variazionale:

$$S = \frac{1}{8\chi} \int d^4x \, \epsilon^{\mu\nu\alpha\beta} \epsilon_{abcd} V_\alpha^c V_\beta^d R_{\mu\nu}{}^{ab}(\omega) \tag{12.57}$$

(si veda l'Esercizio 12.2). Variamo quindi rispetto alla connessione di Lorentz ω (che è contenuta solo nel tensore di curvatura), tenendo V fissato. Dalla definizione (12.54) abbiamo

$$\delta_\omega R_{\mu\nu}{}^{ab} = D_\mu \delta\omega_\nu{}^{ab} - D_\nu \delta\omega_\mu{}^{ab}, \tag{12.58}$$

dove

$$D_\mu \delta\omega_\nu{}^{ab} = \partial_\mu \delta\omega_\nu{}^{ab} + \omega_\mu{}^a{}_c \delta\omega_\nu{}^{cb} + \omega_\mu{}^b{}_c \delta\omega_\nu{}^{ac}. \tag{12.59}$$

Sostituendo nell'azione (12.57), ed integrando per parti, otteniamo (modulo una derivata totale):

$$\delta_\omega S = -\frac{1}{2\chi} \int d^4x \, \epsilon^{\mu\nu\alpha\beta} \epsilon_{abcd} V_\alpha^c \left(D_\mu V_\beta^d \right) \delta\omega_\nu{}^{ab}. \tag{12.60}$$

Si noti che la derivata covariante di Lorentz di $\epsilon^{\mu\nu\alpha\beta}$ è nulla perché non ci sono indici piatti, e quella di ϵ^{abcd} è nulla perché la connessione di Lorentz è antisimmetrica (si veda l'Esercizio 12.3).

Imponendo che l'azione sia stazionaria otteniamo dunque la condizione

$$D_{[\mu} V_{\beta]}^d = 0, \tag{12.61}$$

che riproduce esattamente l'Eq. (12.41) (ottenuta dal postulato di metricità) nel caso considerato di torsione nulla. Risolvendo per ω ritroviamo la connessione di Levi-Civita, non più come assunzione del modello geometrico, ma come *conseguenza* delle "equazioni di campo" per la connessione di *gauge*.

Variamo infine l'azione (12.57) rispetto alle tetradi V, tenendo ω fissato. Nel contesto del formalismo variazionale di Palatini non ci sono contributi da parte della curvatura, che dipende solo dalla variabile indipendente ω (si veda l'Eq. (12.54)). Si ottiene dunque

$$\delta_V S = \frac{1}{4\chi} \int d^4x \, \epsilon^{\mu\nu\alpha\beta} \epsilon_{abcd} V_\beta^d R_{\mu\nu}{}^{ab} \delta V_\alpha^c, \tag{12.62}$$

e l'azione è stazionaria per

$$\epsilon^{\mu\nu\alpha d} \epsilon_{abcd} R_{\mu\nu}{}^{ab} = 0. \tag{12.63}$$

Usando le regole di prodotto per i tensori completamente antisimmetrici, e la relazione (12.53) tra curvatura di Riemann e curvatura di Lorentz – che possiamo applicare in virtù della condizione (12.61) fornita dalla precedente variazione – si trova che questa equazione si può riscrivere come

$$R^{\alpha}{}_{c} - \frac{1}{2} V_{c}^{\alpha} R \equiv V_{c}^{\beta} \left(R^{\alpha}{}_{\beta} - \frac{1}{2} \delta_{\beta}^{\alpha} R \right) = 0 \qquad (12.64)$$

(si veda l'Esercizio 12.4). L'equazione ottenuta coincide dunque esattamente con le equazioni di Einstein nel vuoto.

Esercizi Capitolo 12

12.1. Trasformazione locale della derivata covariante di Lorentz
Si verifichi che l'Eq. (12.31) è valida, purché la connessione di Lorentz soddisfi la legge di trasformazione (12.23).

12.2. Azione di Einstein nel formalismo delle tetradi
Dimostrare che l'azione di Einstein (12.56) si può riscrivere nella forma equivalente data dall'Eq. (12.57).

12.3. Derivata di Lorentz del tensore antisimmetrico
Dimostrare che $D_{\mu} \epsilon^{abcd} = 0$.

12.4. Equazioni di Einstein nel formalismo delle tetradi
Verificare che l'Eq. (12.63) è equivalente alle equazioni di Einstein nel vuoto, ossia alla condizione $G_{\mu}{}^{\nu} = 0$, dove $G_{\mu}{}^{\nu}$ è il tensore di Einstein.

Soluzioni

12.1. Soluzione
Scriviamo esplicitamente il membro sinistro dell'Eq. (12.31):

$$(D_{\mu} A^{a})' = \Lambda^{a}{}_{b} \partial_{\mu} A^{b} + (\partial_{\mu} \Lambda^{a}{}_{b}) A^{b} + \omega'_{\mu}{}^{a}{}_{b} \Lambda^{b}{}_{c} A^{c}. \qquad (12.65)$$

Notiamo inoltre che, per un campo vettoriale,

$$\omega_{\mu} \equiv \omega_{\mu}{}^{ij} (J_{ij})^{a}{}_{b} = 2i\, \omega_{\mu}{}^{a}{}_{b} \qquad (12.66)$$

(si veda l'Eq. (12.29)). Perciò l'equazione di trasformazione (12.23), per la rappresentazione vettoriale, si può riscrivere come segue:

$$\omega'_{\mu}{}^{a}{}_{b} = \left[\Lambda \omega_{\mu} \Lambda^{-1} \right]^{a}{}_{b} - \left[(\partial_{\mu} \Lambda) \Lambda^{-1} \right]^{a}{}_{b}. \qquad (12.67)$$

Sostituendo nell'Eq. (12.65) e semplificando otteniamo

$$\begin{aligned}
(D_\mu A^a)' &= \Lambda^a{}_b \partial_\mu A^b + \Lambda^a{}_b \omega_\mu{}^b{}_c A^c \\
&\equiv \Lambda^a{}_b D_\mu A^b,
\end{aligned} \tag{12.68}$$

che coincide appunto con la trasformazione (12.31) cercata.

12.2. Soluzione

Consideriamo il prodotto tensoriale dell'Eq. (3.38), ed esprimiamo uno dei due tensori antisimmetrici in funzione della sua proiezione nello spazio tangente. L'Eq. (3.38) si può allora riscrivere:

$$\eta^{\mu\nu\alpha\beta} V_\rho^a V_\sigma^b V_\alpha^c V_\beta^d \epsilon_{abcd} = -2\left(\delta_\rho^\mu \delta_\sigma^\nu - \delta_\rho^\nu \delta_\sigma^\mu\right). \tag{12.69}$$

Invertendo le proiezioni per gli indici ρ e σ abbiamo:

$$\eta^{\mu\nu\alpha\beta} \epsilon_{abcd} V_\alpha^c V_\beta^d = -2\left(V_a^\mu V_b^\nu - V_a^\nu V_b^\mu\right). \tag{12.70}$$

Usando le definizioni (3.31) e (12.6) possiamo infine riscrivere l'equazione precedente come segue:

$$\epsilon^{\mu\nu\alpha\beta} \epsilon_{abcd} V_\alpha^c V_\beta^d = -4 V V_a^{[\mu} V_b^{\nu]}. \tag{12.71}$$

Osserviamo ora che $R_{\mu\nu}{}^{ab}$ è antisimmetrico nei primi due indici, e quindi

$$\begin{aligned}
-V V_a^\mu V_b^\nu R_{\mu\nu}{}^{ab} &= -V V_a^{[\mu} V_b^{\nu]} R_{\mu\nu}{}^{ab} \\
&= \frac{1}{4} \epsilon^{\mu\nu\alpha\beta} \epsilon_{abcd} V_\alpha^c V_\beta^d R_{\mu\nu}{}^{ab}.
\end{aligned} \tag{12.72}$$

Dividendo per 2χ e integrando in d^4x arriviamo così alla forma (12.57) dell'azione di Einstein.

12.3. Soluzione

Applicando la definizione di derivata di Lorentz per un tensore controvariante definito sullo spazio tangente abbiamo:

$$\begin{aligned}
D_\mu \epsilon^{abcd} &= \omega_\mu{}^a{}_i \epsilon^{ibcd} + \omega_\mu{}^b{}_i \epsilon^{aicd} \\
&\quad + \omega_\mu{}^c{}_i \epsilon^{abid} + \omega_\mu{}^d{}_i \epsilon^{abci}.
\end{aligned} \tag{12.73}$$

Poiché ϵ è un oggetto completamente antisimmetrico, i quattro indici liberi a, b, c, d della precedente equazione devono essere tutti diversi tra loro. Ne consegue che, in uno spazio-tempo con 4 dimensioni, i quattro termini presenti a membro destro possono essere diversi da zero solo se, in ciascuno di essi, i due indici piatti della connessione sono uguali (ossia $a = i$, $b = i$, etc). Ma la connessione di Lorentz è antisimmetrica, per cui $\omega_\mu{}^i{}_i = 0$, e la derivata covariante (12.73) si annulla identicamente.

12.4. Soluzione

Esprimiamo il prodotto dei tensori antisimmetrici che appare nell'Eq. (12.63) usando la regola di prodotto (3.39) con tre indici curvi proiettati nello spazio tangente, ossia:

$$\epsilon^{\mu\nu\alpha d}\epsilon_{abcd} = -V^{\mu\nu\alpha}_{abc} \equiv -\det\begin{pmatrix} V^\mu_a & V^\nu_a & V^\alpha_a \\ V^\mu_b & V^\nu_b & V^\alpha_b \\ V^\mu_c & V^\nu_c & V^\alpha_c \end{pmatrix}. \tag{12.74}$$

Sositutendo nell'Eq. (12.63), e ricordando la definizione dello scalare R fornita dall'Eq. (12.55), arriviamo all'equazione

$$\begin{aligned} \epsilon^{\mu\nu\alpha d}\epsilon_{abcd}R_{\mu\nu}{}^{ab} &= -\left(R_{\mu\nu}{}^{\mu\nu}V^\alpha_c + R_{\mu\nu}{}^{\nu\alpha}V^\mu_c + R_{\mu\nu}{}^{\alpha\mu}V^\nu_c \right. \\ &\quad \left. -R_{\mu\nu}{}^{\mu\alpha}V^\nu_c - R_{\mu\nu}{}^{\nu\mu}V^\alpha_c - R_{\mu\nu}{}^{\alpha\nu}V^\mu_c\right) \\ &= -2RV^\alpha_c + 4R_c{}^\alpha = 4V^\beta_c\left(R_\beta{}^\alpha - \frac{1}{2}\delta^\alpha_\beta R\right) \\ &= 0, \end{aligned} \tag{12.75}$$

che è esattamente equivalente alle equazioni di Einstein nel vuoto.

13

Equazione di Dirac in un campo gravitazionale

Questo capitolo è dedicato ad un argomento che viene spesso trascurato nei libri di relatività generale di tipo tradizionale (con le dovute eccezioni: si veda ad esempio il testo [7] della Bibliografia finale): l'interazione gravitazionale dei campi spinoriali.

Tale omissione è giustificabile, da un punto di vista fenomenologico, se si pensa alla debolezza della gravità rispetto alle interazioni a corto raggio agenti sugli spinori a livello microscopico. Non c'è dubbio, infatti che le interazioni elettromagnetiche, deboli e forti siano sicuramente dominanti rispetto alla gravità nel regime di densità, temperatura ed energia tipici della materia ordinaria.

Questa conclusione non è più valida, però, in regimi fisici più "esotici", come (ad esempio) quelli che caratterizzano lo stato cosmologico del nostro Universo primordiale. Infatti, come dimostrato dagli studi del cosiddetto "gruppo di rinormalizzazione", le costanti d'accoppiamento delle diverse interazioni possono variare con le scale d'energia in gioco, tendendo a convergere verso lo stesso valore ad altissime energie.

Inoltre, e soprattutto, l'interazione gravitazionale degli spinori non può essere trascurata nei modelli teorici che forniscono una descrizione unificata di tutti i campi materiali e delle loro interazioni (come, ad esempio, i modelli basati sulla teoria delle superstringhe, si vedano i testi [26]- [30] della Bibliografia finale). I campi spinoriali sono necessari per rappresentare i fermioni che costituiscono i componenti fondamentali della materia (i cosiddetti *quarks* e i leptoni), e il gravitone non può essere escluso – pena l'inconsistenza della teoria – dal multipletto di campi bosonici con cui i fermioni interagiscono.

Vale infine la pena di ricordare che in alcuni recenti scenari unificati, basati sull'ipotesi che il nostro Universo sia una specie di "membrana multidimensionale ", è anche prevista la possibilità che l'interazione gravitazionale diventi molto più intensa – e addirittura confrontabile con quella delle altre interazioni – lungo le direzioni spaziali "esterne" allo spazio-tempo quadridimensionale. In questo caso, se la scala di energia alla quale le dimensioni esterne si manifestano è dell'ordine del TeV (come suggerito da varie consi-

© Springer-Verlag Italia 2015

M. Gasperini, *Relatività Generale e Teoria della Gravitazione*,
UNITEXT for Physics, DOI 10.1007/978-88-470-5690-9_13

derazioni teoriche), le interazioni gravitazionali dei campi spinoriali potrebbero diventare direttamente "visibili" a scale di energia accessibili anche alle attuali macchine acceleratrici (o a quelle di generazione immediatamente futura).

In questo capitolo ci concentreremo in particolare sul caso degli spinori di Dirac, per far riferimento a un modello che si suppone ben noto agli studenti. Introdurremo l'accoppiamento gravitazionale proiettando l'azione di Dirac sullo spazio piatto tangente alla varietà di Riemann, e rendendola invariante per trasformazioni locali di Lorentz mediante il principio di minimo accoppiamento. La procedura applicata è altrettanto valida per spinori di Weyl o di Majorana, ed è basata sul formalismo delle tetradi e della connessione di Lorentz introdotto nel capitolo precedente. I risultati che presenteremo forniscono il punto di partenza classico per l'eventuale successiva quantizzazione, da effettuarsi con le procedure usuali della teoria quantistica dei campi.

13.1 Richiami di formalismo spinoriale

È opportuno iniziare richiamando le equazioni di base del modello spinoriale di Dirac nello spazio-tempo di Minkowski, sia per fissare le notazioni e le convenzioni, sia per introdurre gli oggetti che poi appariranno nel modello proiettato sullo spazio tangente della varietà di Riemann.

Va sottolineato, innanzitutto, che gli indici tensoriali riferiti allo spazio-tempo di Minkowski saranno indicati con le lettere Latine minuscole, in accordo alle convenzioni del capitolo precedente; gli indici spinoriali saranno invece sottintesi, seguendo la convenzione usuale. Inoltre, in tutto il capitolo useremo il sistema di unità naturali nel quale $\hbar = c = 1$.

In assenza di interazione gravitazionale (ossia, in uno spazio-tempo globalmente piatto) l'equazione di Dirac per un campo spinoriale ψ di massa m,

$$i\gamma^a \partial_a \psi - m\psi = 0, \qquad (13.1)$$

può essere derivata dall'azione seguente:

$$S = \int d^4x \left(i\overline{\psi}\gamma^a \partial_a \psi - m\overline{\psi}\psi \right). \qquad (13.2)$$

In queste equazioni la variabile ψ è un campo complesso a quattro componenti, che fornisce una rappresentazione spinoriale del gruppo di Lorentz ristretto e delle trasformazioni di parità (ovvero, delle riflessioni spaziali). Abbiamo inoltre introdotto la notazione standard $\overline{\psi} = \psi^\dagger \gamma^0$, dove $\psi^\dagger$ indica il vettore di campo trasposto e complesso coniugato; abbiamo infine indicato con γ^a, $a = 0, 1, 2, 3$ le quattro matrici di Dirac, ossia le matrici 4×4 che soddisfano alla cosiddetta algebra di Clifford,

$$2\gamma^{(a}\gamma^{b)} \equiv \gamma^a\gamma^b + \gamma^b\gamma^a = 2\eta^{ab}. \tag{13.3}$$

Con le nostre convenzioni per la segnatura del tensore metrico, le matrici γ di Dirac godono delle seguenti proprietà:

$$\begin{aligned}
\left(\gamma^0\right)^2 &= 1, & \left(\gamma^0\right)^\dagger &= \gamma^0, \\
\left(\gamma^i\right)^2 &= -1, & \left(\gamma^i\right)^\dagger &= -\gamma^i, & i &= 1,2,3.
\end{aligned} \tag{13.4}$$

È conveniente introdurre infine la matrice γ^5, tale che

$$\gamma^5 = i\gamma^0\gamma^1\gamma^2\gamma^3, \qquad \left(\gamma^5\right)^2 = 1, \qquad \left(\gamma^5\right)^\dagger = \gamma^5,$$
$$\{\gamma^5,\gamma^a\} \equiv \gamma^5\gamma^a + \gamma^a\gamma^5 = 0 \tag{13.5}$$

(in questo capitolo e nei successivi la parentesi graffa indicherà l'operazione di anticommutazione).

La forma esplicita delle matrici di Dirac dipende ovviamente dalla rappresentazione scelta. Per gli scopi di questo capitolo sarà sufficiente riferirsi alla cosiddetta rappresentazione "chirale", o di Weyl, dove il campo di Dirac assume la forma

$$\psi = \begin{pmatrix} \psi_L \\ \psi_R \end{pmatrix}, \tag{13.6}$$

e dove ψ_L, ψ_R sono spinori di Weyl a due componenti che forniscono rappresentazioni del gruppo di Lorentz con elicità $-1/2$ (per ψ_L) e $+1/2$ (per ψ_R). In questa rappresentazione, adottando la conveniente notazione "a blocchi" 2×2 per le matrici 4×4, abbiamo:

$$\gamma^0 = \begin{pmatrix} 0 & 1 \\ 1 & 0 \end{pmatrix}, \qquad \gamma^i = \begin{pmatrix} 0 & \sigma^i \\ -\sigma^i & 0 \end{pmatrix}, \qquad \gamma^5 = \begin{pmatrix} -1 & 0 \\ 0 & 1 \end{pmatrix}, \tag{13.7}$$

dove σ^i sono le ordinarie matrici di Pauli, che soddisfano alla regola di prodotto

$$\sigma^i\sigma^j = \delta^{ij} + i\epsilon^{ijk}\sigma^k, \qquad i,j = 1,2,3. \tag{13.8}$$

Indipendentemente dalla rappresentazione scelta, l'azione di Dirac (13.2) è invariante per trasformazioni *globali* di Lorentz, del tipo

$$\psi \to \psi' = U\psi, \qquad U = e^{-\frac{i}{4}\omega^{ab}\sigma_{ab}}. \tag{13.9}$$

Abbiamo usato le componenti indipendenti del tensore antisimmetrico $\omega_{ab} = -\omega_{ba}$ per rappresentare i sei parametri reali e costanti della trasformazione, e abbiamo indicato con

$$\sigma_{ab} = \frac{i}{2}\left(\gamma_a\gamma_b - \gamma_b\gamma_a\right) = i\gamma_{[a}\gamma_{b]} \tag{13.10}$$

i sei corrispondenti generatori. Il fattore $1/4$ presente all'esponente di U si ottiene dalla definizione generale (12.19), ed è dovuto al fatto che il momento angolare intrinseco di un campo di Dirac è associato all'operatore

$$J_{ab} = \frac{\sigma_{ab}}{2}. \tag{13.11}$$

È questo operatore, infatti, che soddisfa all'algebra di Lie di $SO(3,1)$,

$$\left[\frac{1}{2}\sigma_{ab}, \frac{1}{2}\sigma_{cd}\right] = \frac{i}{2}\left(\eta_{ad}\sigma_{bc} - \eta_{ac}\sigma_{bd} - \eta_{bd}\sigma_{ac} + \eta_{bc}\sigma_{ad}\right), \tag{13.12}$$

come si può verificare esplicitamente usando le proprietà delle matrici di Dirac.

Si noti che σ_{ab} non è Hermitiano, $\sigma^\dagger_{ab} \neq \sigma_{ab}$, e quindi la rappresentazione (13.9) non è unitaria. Un calcolo esplicito mostra infatti che

$$U^{-1} = \gamma^0 U^\dagger \gamma^0. \tag{13.13}$$

È proprio questa relazione che assicura l'invarianza di Lorentz del termine bilineare $\overline{\psi}\psi$,

$$\overline{\psi}'\psi' = \psi^{\dagger\prime}\gamma^0\psi' = \psi^\dagger U^\dagger \gamma^0 U \psi = \psi^\dagger \gamma^0 \left(\gamma^0 U^\dagger \gamma^0\right) U\psi = \overline{\psi}\psi, \tag{13.14}$$

e porta, come conseguenza, all'invarianza globale di Lorentz dell'azione di Dirac (13.2).

Concludiamo la sezione mostrando (anche in vista di applicazioni future) che la forma esplicita dei generatori spinoriali (13.10) si può direttamente ottenere dalla condizione di invarianza di Lorentz, procedendo nel modo seguente.

Usiamo per U la parametrizzazione (13.9), con σ_{ab} incogniti. Imponiamo che l'equazione di Dirac (13.1) sia invariante per trasformazioni globali di Lorentz, ossia che

$$i\gamma^a \partial'_a \psi' - m\psi' = i\gamma^a \left(\Lambda^{-1}\right)^b{}_a U \partial_b \psi - mU\psi = 0. \tag{13.15}$$

Moltiplicando da sinistra per U^{-1}, ed imponendo che l'equazione si riduca alla (13.1), abbiamo la condizione

$$U^{-1}\gamma^a U \left(\Lambda^{-1}\right)^b{}_a = \gamma^b. \tag{13.16}$$

Moltiplicando per $\Lambda^c{}_b$ otteniamo la trasformazione di Lorentz delle matrici di Dirac,

$$U^{-1}\gamma^c U = \Lambda^c{}_b \gamma^b, \tag{13.17}$$

che sarà utile per le applicazioni delle sezioni seguenti. Espandiamo infine la trasformazione al I ordine, ponendo

$$\Lambda^a{}_b = \delta^a_b + \omega^a{}_b + \cdots, \qquad U = 1 - \frac{i}{4}\omega^{ab}\sigma_{ab} + \cdots. \tag{13.18}$$

Sostituendo nell'Eq. (13.17) e risolvendo per σ_{ab} arriviamo infine all'espressione (13.10) per i generatori spinoriali.

13.2 Equazione di Dirac covariante e localmente Lorentz-invariante

Per introdurre l'interazione dello spinore di Dirac con un campo gravitazionale esterno seguiamo la procedura già usata per tutti i sistemi fisici precedenti, immergendo l'azione del sistema in uno spazio-tempo curvo (Riemanniano), come prescritto dal principio di minimo accoppiamento.

Questa procedura di accoppiamento prevede, sostanzialmente, tre tipi di operazione (si veda la Sez. 4.1). Come prima cosa la misura di integrazione d^4x va resa scalare per diffeomorfismi mediante la sostituzione

$$d^4x \to d^4x\sqrt{-g} \equiv d^4x\, V \tag{13.19}$$

(ricordiamo che $V \equiv |\det V^a_\mu|$ è il determinante delle tetradi, si veda l'Eq. (12.6)). Secondo, i prodotti scalari dello spazio-tempo di Minkowski, definiti rispetto alla metrica η, vanno riscritti nello spazio curvo mediante la metrica g di Riemann. Nel caso specifico dell'azione di Dirac (13.2) questo implica, seguendo la convenzione sugli indici del Capitolo 12,

$$\gamma^a\partial_a \to \gamma^\mu\partial_\mu, \tag{13.20}$$

dove γ^μ sono le matrici di Dirac dello spazio piatto tangente proiettate localmente sulla varietà curva di Riemann mediante le tetradi, ossia (si veda la Sez. 12.1):

$$\gamma^\mu = V^\mu_a\gamma^a. \tag{13.21}$$

Queste matrici soddisfano una relazione algebrica che generalizza quella dell'Eq. (13.3) sostituendo la metrica η con la metrica g:

$$\gamma^\mu\gamma^\nu + \gamma^\nu\gamma^\mu = V^\mu_a V^\nu_b \left(\gamma^a\gamma^b + \gamma^b\gamma^a\right) = 2V^\mu_a V^\nu_b \eta^{ab} = 2g^{\mu\nu} \tag{13.22}$$

(abbiamo usato la proprietà delle tetradi (12.5)).

Terzo, dobbiamo sostituire le derivate parziali con le derivate covarianti. Nel nostro caso è conveniente riferirsi al campo ψ come spinore di Lorentz definito sullo spazio piatto tangente[1]. In questo caso il campo non ha indici curvi, e la derivata covariante totale coincide con la derivata covariante di Lorentz (si veda la Sez. 12.2). Utilizzando la definizione generale (12.22) e i generatori spinoriali (13.11) abbiamo dunque, per uno spinore di Dirac,

$$\partial_\mu \psi \to \nabla_\mu \psi \equiv D_\mu \psi = \left(\partial_\mu - \frac{i}{2} \omega_\mu{}^{ab} \frac{\sigma_{ab}}{2} \right) \psi$$
$$= \left(\partial_\mu + \frac{1}{4} \omega_\mu{}^{ab} \gamma_{[a} \gamma_{b]} \right) \psi, \tag{13.23}$$

dove $\omega_\mu{}^{ab}$ è la connessione (o campo di gauge) del Capitolo 12 introdotta per ripristinare la simmetria locale di Lorentz.

Applicando tali prescrizioni l'azione di Dirac (13.2), scritta in un generico spazio-tempo curvo di Riemann, assume la forma seguente:

$$S = \int d^4 x \sqrt{-g} \left(i \overline{\psi} \gamma^\mu \nabla_\mu \psi - m \overline{\psi} \psi \right) . \tag{13.24}$$

Questa espressione è chiaramente uno scalare rispetto alle trasformazioni generali di coordinate, ma è anche invariante per trasformazioni locali di Lorentz, $\psi' = U(x)\psi$, definite nello spazio piatto tangente. È istruttivo verificarlo esplicitamente.

A questo proposito poniamo

$$\omega_\mu \equiv \frac{1}{2} \omega_\mu{}^{ab} \sigma_{ab}, \tag{13.25}$$

ed utilizziamo la legge di trasfromazione della connessione di Lorentz, Eq. (12.23). Troviamo allora che

$$(D_\mu \psi)' = \left(\partial_\mu - \frac{i}{2} \omega'_\mu \right) U \psi$$
$$= (\partial_\mu U) \psi + U \partial_\mu \psi - \frac{i}{2} U \omega_\mu \psi - (\partial_\mu U) \psi \tag{13.26}$$
$$= U D_\mu \psi,$$

e quindi la derivata covariante del campo di Dirac si trasforma come il campo stesso. Ne consegue che anche il termine cinetico dell'azione (13.24) – oltre al termine di massa – è localmente Lorentz-invariante. Proiettiamolo infatti sullo spazio tangente, ed effettuiamo la trasformazione locale usando la relazione $\overline{\psi}' = \overline{\psi} U^{-1}$ che segue dall'Eq. (13.13), ed applicando inoltre la legge di

---

[1] Un metodo alternativo, ma poco usato, di immergere gli spinori in uno spazio-tempo curvo è quello di rappresentarli come campi tensoriali antisimmetrici. Questa rappresentazione è nota in letteratura sotto il nome di formalismo spinoriale di Dirac-Kähler (E. Kähler, *Rend. Mat. Ser.* V **21**, 425 (1962)), ma in realtà risale a lavori di Ivanenko e Landau del 1928 (D. Ivanenko and L. Landau, *Z. Phys.* **48**, 341 (1928)).

trasformazione (13.17) per le matrici di Dirac. Arriviamo così al risultato

$$
\begin{aligned}
\left(\overline{\psi}\gamma^\mu\nabla_\mu\psi\right)' &= \left(\overline{\psi}\gamma^a D_a\psi\right)' = \overline{\psi}U^{-1}\gamma^a\left(\Lambda^{-1}\right)^b{}_a\left(D_b\psi\right)' \\
&= \overline{\psi}U^{-1}\gamma^a U\left(\Lambda^{-1}\right)^b{}_a D_b\psi = \overline{\psi}\gamma^b D_b\psi \\
&= \overline{\psi}\gamma^\mu\nabla_\mu\psi.
\end{aligned}
\tag{13.27}
$$

Per avere l'equazione di Dirac minimamente accoppiata alle geometria di uno spazio-tempo Riemanniano possiamo ora partire dall'azione (13.24), trattando ψ e $\overline{\psi}$ come variabili Lagrangiane indipendenti. Variando rispetto a $\overline{\psi}$, in particolare, abbiamo:

$$
i\gamma^\mu D_\mu\psi - m\psi = 0.
\tag{13.28}
$$

Più esplicitamente, usando le definizioni (13.21) e (13.23), possiamo riscrivere l'equazione precedente nella forma

$$
i\gamma^a V_a^\mu \partial_\mu\psi - m\psi + \frac{i}{4}\omega_{\mu ab}V_c^\mu\gamma^c\gamma^{[a}\gamma^{b]}\psi = 0,
\tag{13.29}
$$

dove (dall'Eq. (12.45))

$$
V_c^\mu\omega_{\mu ab} = \omega_{cab} = C_{cab} - C_{abc} + C_{bca},
\tag{13.30}
$$

è la connessione di Levi-Civita, e dove C_{abc} sono i coefficienti di rotazioni di Ricci, definiti dall'Eq. (12.43).

13.3 Accoppiamento geometrico alla corrente assiale e vettoriale

È interessante discutere in modo più dettagliato l'interazione gravitazionale del campo di Dirac descritta dal terzo termine dell'Eq. (13.29), che chiameremo per semplicità $M(\omega)$,

$$
M(\omega)\psi = \frac{i}{4}\omega_{cab}\gamma^c\gamma^{[a}\gamma^{b]}\psi,
\tag{13.31}
$$

e che ha origine dall'accoppiamento minimo alla geometria dello spazio-tempo in cui lo spinore è immerso. Tale accoppiamento, come vedremo, coinvolge la corrente spinoriale nella sua parte sia assiale che vettoriale.

Per separare esplicitamente i due contributi prendiamo la parte completamente antisimmetrica del prodotto di tre matrici di Dirac,

$$
\begin{aligned}
6\gamma^{[a}\gamma^b\gamma^{c]} = \Big(&\gamma^a\gamma^b\gamma^c + \gamma^b\gamma^c\gamma^a + \gamma^c\gamma^a\gamma^b \\
&-\gamma^a\gamma^c\gamma^b - \gamma^b\gamma^a\gamma^c - \gamma^c\gamma^b\gamma^a\Big),
\end{aligned}
\tag{13.32}
$$

e – usando la proprietà di anticommutazione (13.3) – la riscriviamo nel modo seguente:

$$\gamma^{[a}\gamma^b\gamma^{c]} = \gamma^a\gamma^b\gamma^c - \gamma^a\eta^{bc} + \gamma^b\eta^{ca} - \gamma^c\eta^{ab}. \tag{13.33}$$

Ci serve, in particolare, la parte antisimmetrica in b e c della precedente equazione, che è data da

$$\gamma^a\gamma^{[b}\gamma^{c]} = \gamma^{[a}\gamma^b\gamma^{c]} + 2\eta^{a[b}\gamma^{c]}. \tag{13.34}$$

È utile ora osservare che la matrice γ^5 definita nell'Eq. (13.5) si può anche esprimere, con le nostre convenzioni, in modo covariante come segue:

$$\gamma^5 \equiv i\gamma^0\gamma^1\gamma^2\gamma^3 = -\frac{i}{4!}\epsilon_{abcd}\gamma^a\gamma^b\gamma^c\gamma^d \tag{13.35}$$

(il segno meno è dovuto al fatto che $\epsilon_{0123} = -\epsilon^{0123} = -1$). Invertendo questa relazione, e sfruttando le regole di prodotto dei tensori completamente antisimmetrici (riportate nella Sez. 3.2), otteniamo:

$$\gamma^{[a}\gamma^b\gamma^{c]} = -i\epsilon^{abcd}\gamma^5\gamma_d. \tag{13.36}$$

Sostituendo nell'Eq. (13.34) e poi nella definizione (13.31) di $M(\omega)$ arriviamo infine alla seguente espressione:

$$M(\omega) = \frac{1}{4}\omega_{abc}\epsilon^{abcd}\gamma^5\gamma_d + \frac{i}{2}\omega_a{}^a{}_c\gamma^c. \tag{13.37}$$

Essa ci dice che la traccia della connessione, $\omega_a{}^a{}_c$, interagisce con la corrente vettoriale del campo di Dirac, mentre la parte completamente antisimmetrica, $\omega_{[abc]}$, interagisce con la corrente assiale.

Ricordando la definizione esplicita (13.30) della connessione, d'altra parte, abbiamo

$$\omega_{[abc]} = C_{[abc]}, \qquad \omega_a{}^a{}_c = 2C_{ca}{}^a. \tag{13.38}$$

Sostituendo nell'equazione di Dirac (13.29) troviamo allora che tale equazione si può riscrivere nella seguente forma (equivalente, ma più conveniente),

$$i\gamma^a V_a^\mu\partial_\mu\psi - m\psi + \frac{1}{4}C_{[abc]}\epsilon^{abcd}\gamma^5\gamma_d\psi + iC_{ca}{}^a\gamma^c\psi = 0, \tag{13.39}$$

dove la geometria dello spazio-tempo risulta direttamente espressa in funzione delle tetradi e dei coefficienti di rotazioni di Ricci

$$C_{ab}{}^c = V_a^\mu V_b^\nu\partial_{[\mu}V_{\nu]}^c \tag{13.40}$$

(definiti nella Sez. 12.3). L'Eq. (13.39) mostra esplicitamente come l'interazione dello spinore con il campo gravitazionale sia interamente determinata dal sistema di tetradi V_μ^a (associato alla metrica data) e dalle sue derivate prime (si veda anche l'Esercizio 13.1).

13.4 Forma simmetrizzata dell'azione covariante di Dirac

È infine istruttivo mostrare che l'Eq. (13.39) si può derivare partendo anche dall'azione di Dirac scritta in una forma che è simmetrizzata rispetto alle variabili ψ e $\overline{\psi}$ (e che risulta più appropriata per le eventuali applicazioni quantistiche della teoria). Tale forma simmetrizzata si ottiene dall'azione covariante (13.24) aggiungendo, per ogni termine, il termine corrispondente ottenuto con l'operazione di coniugazione Hermitiana (h. c.), ossia:

$$S = \int d^4x \sqrt{-g}\, \frac{1}{2}\left(i\overline{\psi}\gamma^a D_a\psi - m\overline{\psi}\psi + \text{h.c.}\right). \tag{13.41}$$

La densità di Lagrangiana effettiva associata a questa azione può essere dunque scritta esplicitamente come segue:

$$\begin{aligned}
\mathcal{L} &= \frac{i}{2}\sqrt{-g}\left[\overline{\psi}\gamma^a\partial_a\psi - \left(\overline{\psi}\gamma^a\partial_a\psi\right)^\dagger\right] \\
&\quad + \frac{i}{8}\sqrt{-g}\,\omega_{abc}\left[\overline{\psi}\gamma^a\gamma^{[b}\gamma^{c]}\psi - \left(\overline{\psi}\gamma^a\gamma^{[b}\gamma^{c]}\psi\right)^\dagger\right] - \sqrt{-g}\,m\overline{\psi}\psi.
\end{aligned} \tag{13.42}$$

Consideriamone separatamente i vari termini.

Usando la relazione

$$\gamma^0\left(\gamma^a\right)^\dagger\gamma^0 = \gamma^a, \tag{13.43}$$

troviamo innazitutto che il coniugato Hermitiano del termine cinetico (ossia, il secondo termine nella prima parentesi quadra dell'Eq. (13.42) diventa

$$-\frac{i}{2}\sqrt{-g}\,\partial_a\psi^\dagger\left(\gamma^a\right)^\dagger\gamma^0\psi = -\frac{i}{2}\sqrt{-g}\,\partial_a\overline{\psi}\gamma^a\psi. \tag{13.44}$$

Consideriamo quindi l'Hermintiano coniugato del termine di interazione (ossia il secondo termine nella seconda parentesi quadra), che è dato da

$$-\frac{i}{8}\sqrt{-g}\,\omega_{abc}\psi^\dagger\frac{1}{2}\left[\left(\gamma^b\gamma^c\right)^\dagger - \left(\gamma^c\gamma^b\right)^\dagger\right]\left(\gamma^a\right)^\dagger\gamma^0\psi. \tag{13.45}$$

Ricordando le proprietà (13.3) e (13.4) delle matrici di Dirac abbiamo

$$\begin{aligned}
\left(\gamma^a\right)^\dagger\gamma^0 &= \gamma^0\gamma^a, \\
\left(\gamma^b\gamma^c\right)^\dagger\gamma^0 &= -\gamma^0\left(\gamma^b\gamma^c\right), \qquad b \neq c,
\end{aligned} \tag{13.46}$$

e quindi l'espressione (13.45) diventa:

$$\frac{i}{8}\sqrt{-g}\,\omega_{abc}\,\overline{\psi}\gamma^{[b}\gamma^{c]}\gamma^a\psi. \tag{13.47}$$

La somma di tutti i termini e dei loro coniugati Hermitiani ci porta dunque alla Lagrangiana effettiva seguente:

$$\mathcal{L} = \sqrt{-g}\left[\frac{i}{2}\left(\overline{\psi}\gamma^\mu\partial_\mu\psi - \partial_\mu\overline{\psi}\gamma^\mu\psi\right) - m\overline{\psi}\psi\right.$$
$$\left. + \frac{i}{8}\sqrt{-g}\,\omega_{abc}\,\overline{\psi}\left(\gamma^a\gamma^{[b}\gamma^{c]} + \gamma^{[b}\gamma^{c]}\gamma^a\right)\psi\right]. \tag{13.48}$$

Conviene ricordare, a questo punto, l'Eq. (13.33). Se ne prendiamo la parte antisimmetrica in b e c otteniamo l'Eq. (13.34). Se prima permutiamo circolarmente gli indici, $\{abc\} \rightarrow \{bca\}$, e poi prendiamo di nuovo la parte antisimmetrica in b e c, otteniamo invece

$$\gamma^{[b}\gamma^{c]}\gamma^a = \gamma^{[a}\gamma^b\gamma^{c]} - 2\eta^{a[b}\gamma^{c]}. \tag{13.49}$$

Sommando le equazioni (13.34), (13.49), e sostituendo nel'Eq. (13.48), arriviamo infine alla densità di Lagrangiana:

$$\mathcal{L} = \frac{i}{2}\sqrt{-g}\left(\overline{\psi}\gamma^\mu\partial_\mu\psi - \partial_\mu\overline{\psi}\gamma^\mu\psi\right) - \sqrt{-g}\,m\overline{\psi}\psi + \frac{i}{4}\sqrt{-g}\,\omega_{[abc]}\,\overline{\psi}\gamma^{[a}\gamma^b\gamma^{c]}\psi. \tag{13.50}$$

È immediato – e forse sorprendente – notare che in questa Lagrangiana la connessione di Lorentz si accoppia direttamente solo alla corrente assiale del campo di Dirac. Rispetto alla Lagrangiana non simmetrizzata sembra dunque essere scomparso l'accoppiamento alla corrente vettoriale, che invece contribuiva all'equazione di Dirac ottenuta nella sezione precedente.

In realtà tale accoppiamento è sempre presente, perché la Lagrangiana simmetrizzata (13.50) contiene un nuovo termine – il secondo, quello con la derivata del campo $\overline{\psi}$ – che accoppia ψ a $\sqrt{-g}$ e γ^μ:

$$-\frac{i}{2}\sqrt{-g}\,\partial_\mu\overline{\psi}\gamma^\mu\psi. \tag{13.51}$$

Questo termine dà un contributo addizionale all'equazione del moto che, come vedremo, riproduce esattamente la traccia della connessione e il suo accoppiamento vettoriale.

Consideriamo infatti le equazioni di Eulero-Lagrange che si ottengono variando la densità di azione (13.50) rispetto a $\overline{\psi}$. La derivata rispetto al campo è:

$$\frac{\partial\mathcal{L}}{\partial\overline{\psi}} = \sqrt{-g}\left(\frac{i}{2}\gamma^\mu\partial_\mu\psi - m\psi + \frac{i}{4}\omega_{[abc]}\gamma^{[a}\gamma^b\gamma^{c]}\psi\right). \tag{13.52}$$

Il momento coniugato è

$$\frac{\partial\mathcal{L}}{\partial\left(\partial_\mu\overline{\psi}\right)} = -\frac{i}{2}\sqrt{-g}\,\gamma^\mu\psi, \tag{13.53}$$

e la sua derivata fornisce:

$$
\begin{aligned}
\partial_\mu \frac{\partial \mathcal{L}}{\partial \left(\partial_\mu \overline{\psi}\right)} &= -\frac{i}{2}\sqrt{-g}\left[\gamma^\mu \partial_\mu \psi + \left(\partial_\mu \gamma^\mu\right)\psi + \frac{1}{\sqrt{-g}}\left(\partial_\mu \sqrt{-g}\right)\gamma^\mu \psi\right] \\
&= -\frac{i}{2}\sqrt{-g}\left[\gamma^\mu \partial_\mu \psi + \frac{1}{\sqrt{-g}}\left(\partial_\mu \sqrt{-g}\,\gamma^\mu\right)\psi\right] \\
&= -\frac{i}{2}\sqrt{-g}\left[\gamma^\mu \partial_\mu \psi + \frac{1}{\sqrt{-g}}\left(\partial_\mu \sqrt{-g}\,V_a^\mu\right)\gamma^a \psi\right].
\end{aligned} \tag{13.54}
$$

L'ultimo termine dell'equazione precedente si può esprimere in funzione della traccia della connessione di Lorentz,

$$
\omega_a{}^a{}_b = \frac{1}{\sqrt{-g}}\left(\partial_\mu \sqrt{-g}\,V_b^\mu\right) \tag{13.55}
$$

(si veda l'Esercizio 13.2). Perciò:

$$
\partial_\mu \frac{\partial \mathcal{L}}{\partial \left(\partial_\mu \overline{\psi}\right)} = -\frac{i}{2}\sqrt{-g}\left(\gamma^\mu \partial_\mu \psi + \omega_a{}^a{}_b \gamma^b \psi\right). \tag{13.56}
$$

Eguagliando le equazioni (13.52) e (13.56) si arriva infine all'equazione di Dirac

$$
i\gamma^a V_a^\mu \partial_\mu \psi - m\psi + \frac{i}{4}\omega_{[abc]}\gamma^{[a}\gamma^b \gamma^{c]}\psi + \frac{i}{2}\omega_a{}^a{}_b \gamma^b \psi = 0. \tag{13.57}
$$

Se introduciamo la matrice γ^5 mediante l'Eq. (13.36), e usiamo per la connessione l'espressione esplicita (13.38), ritroviamo allora esattamente l'equazione di Dirac (13.39) già introdotta nella sezione precedente.

Esercizi Capitolo 13

13.1. Equazione di Dirac in una varietà conformemente piatta
Scrivere l'equazione di Dirac per una particella massiva immersa una geometria conformemente piatta, descritta dalla metrica

$$
g_{\mu\nu}(x) = f^2(x)\eta_{\mu\nu}. \tag{13.58}
$$

13.2. Traccia della connessione di Lorentz
Ricavare l'Eq. (13.55) per la traccia della connessione di Lorentz.

13.3. Tensore energia-impulso per un campo di Dirac
Calcolare il tensore dinamico energia-impulso (7.27) per un campo spinoriale libero e massivo che soddisfa l'equazione di Dirac in uno spazio-tempo curvo.

Soluzioni

13.1. Soluzione

Le tetradi associate alla metrica (13.58), definite in modo da soddisfare le equazioni (12.5), sono date da

$$V_\mu^a = f\delta_\mu^a, \qquad V_a^\mu = f^{-1}\delta_a^\mu. \tag{13.59}$$

Il calcolo dei coefficienti di rotazione di Ricci, Eq. (12.43), fornisce

$$C_{ab}{}^c = \frac{1}{2f^2}\left(\delta_b^c\delta_a^\mu - \delta_a^c\delta_b^\mu\right)\partial_\mu f. \tag{13.60}$$

La traccia della connessione di Lorentz, in accordo all'Eq. (13.38), è dunque:

$$\omega_b{}^b{}_a = 2C_{ab}{}^b = \frac{3}{f^2}\delta_a^\mu\partial_\mu f. \tag{13.61}$$

Ci serve ora la parte antisimmetrica della connessione. Dall'Eq. (13.60) abbiamo:

$$C_{abc} = \frac{1}{2f^2}\left(\eta_{cb}\delta_a^\mu - \eta_{ca}\delta_b^\mu\right)\partial_\mu f. \tag{13.62}$$

Applicando l'Eq. (13.38), e prendendo la parte completamente antisimmetrica dei coefficienti di Ricci, troviamo un risultato identicamente nullo,

$$\omega_{[abc]} = C_{[abc]} = 0. \tag{13.63}$$

L'equazione di Dirac (13.39) (o (13.57)) si riduce quindi a:

$$\left(if^{-1}\gamma^a\delta_a^\mu\partial_\mu - m + \frac{3i}{2f^2}\gamma^a\delta_a^\mu\partial_\mu f\right)\psi = 0. \tag{13.64}$$

Moltiplicando per f abbiamo infine

$$\left(i\gamma^a\delta_a^\mu\partial_\mu - mf + i\frac{3}{2}\gamma^a\delta_a^\mu\partial_\mu \ln f\right)\psi = 0. \tag{13.65}$$

L'accoppiamento alla geometria simula quindi una massa effettiva $\widetilde{m} = mf$ che dipende dalla posizione, e un "potenziale effettivo" rappresentato dall'ultimo termine dell'equazione precedente.

13.2. Soluzione

Partiamo dalla condizione di metricità per le tetradi, Eq. (12.39), che riscriviamo come:

$$\omega_\mu{}^a{}_\nu = \Gamma_{\mu\nu}{}^a - \partial_\mu V_\nu^a. \tag{13.66}$$

Prendiamone la traccia moltiplicando per V_a^μ,

$$\omega_a{}^a{}_\nu = \Gamma_{\mu\nu}{}^\mu - V_a^\mu \partial_\mu V_\nu^a$$
$$= \frac{1}{\sqrt{-g}} \partial_\nu \sqrt{-g} + V_\nu^a \partial_\mu V_a^\mu. \tag{13.67}$$

Nel secondo passaggio abbiamo sfruttato il risultato (3.97) per la traccia della connessione di Christoffel, e il fatto che

$$\partial_\mu \left(V_\nu^a V_a^\mu \right) = \partial_\mu \left(\delta_\nu^\mu \right) = 0. \tag{13.68}$$

Moltiplicando l'Eq. (13.67) per V_b^ν arriviamo infine a

$$\omega_a{}^a{}_b = \frac{1}{\sqrt{-g}} \partial_b \sqrt{-g} + \partial_\mu V_b^\mu = \frac{1}{\sqrt{-g}} \partial_\mu \left(\sqrt{-g} V_b^\mu \right), \tag{13.69}$$

che coincide con l'Eq. (13.55) cercata.

13.3. Soluzione

Consideriamo l'azione covariante (13.41), simmetrizzata in ψ e $\overline{\psi}$. Sfruttando il calcolo della Lagrangiana (13.48) possiamo scrivere l'azione, in forma esplicita ma compatta, come segue:

$$S = \int d^4x \sqrt{-g} \left[\frac{i}{2} g^{\mu\nu} \left(\overline{\psi} \gamma_\mu D_\nu \psi - D_\nu \overline{\psi} \gamma_\mu \psi \right) - m \overline{\psi} \psi \right], \tag{13.70}$$

dove abbiamo definito

$$D_\nu \psi = \partial_\nu \psi + \frac{1}{4} \omega_{\nu ab} \gamma^{[a} \gamma^{b]} \psi,$$
$$D_\nu \overline{\psi} = \partial_\nu \overline{\psi} - \frac{1}{4} \omega_{\nu ab} \overline{\psi} \gamma^{[a} \gamma^{b]}. \tag{13.71}$$

Variamo l'azione rispetto alla metrica, imponendo che le equazioni del moto del campo di Dirac siano soddisfatte (si veda la Sez. 7.2). Applicando la definizione (7.27) abbiamo allora

$$\delta S = \frac{1}{2} \int d^4x \sqrt{-g}\, T_{\mu\nu} \delta g^{\mu\nu}, \tag{13.72}$$

dove

$$T_{\mu\nu} = i \overline{\psi} \gamma_{(\mu} D_{\nu)} \psi - i D_{(\nu} \overline{\psi} \gamma_{\mu)} \psi \tag{13.73}$$

è il tensore energia-impulso cercato. Si noti che la variazione di $\sqrt{-g}$ non contribuisce a $T_{\mu\nu}$ per effetto delle equazioni del moto, che per un campo di Dirac libero forniscono le condizioni:

$$i \gamma^\mu D_\mu \psi = m \psi, \qquad i D_\mu \overline{\psi} \gamma^\mu = -m \overline{\psi}. \tag{13.74}$$

Supersimmetria e supergravità

In questo capitolo studieremo alcuni semplici sistemi fisici contenenti gradi di libertà sia bosonici, $B(x)$, che fermionici, $F(x)$, prendendo in considerazione la possibilità che queste diverse componenti siano collegate tra loro da trasformazioni infinitesime.

Nel caso in cui tali trasformazioni lascino invariate le equazioni del moto del sistema diremo che esse rappresentano una operazione di *supersimmetria* (SUSY) per il sistema dato. Se le trasformazioni dipendono da parametri costanti la supersimmetria sarà di tipo globale, mentre sarà di tipo locale se i parametri sono funzioni delle coordinate.

La supersimmetria locale, come vedremo in seguito, può essere realizzata solo se il modello considerato è anche general-covariante, ossia se il modello viene formulato in uno spazio-tempo curvo, e dunque include anche l'interazione gravitazionale. Modelli gravitazionali che contengono sorgenti bosoniche e fermioniche e che sono localmente supersimmetrici vengono chiamati modelli di *supergravità* (SUGRA).

In questo capitolo discuteremo brevemente alcuni esempi di supersimmetria globale nello spazio-tempo di Minkowski, per presentare poi il modello di supergravità più semplice possibile, contenente due soli campi fondamentali (il gravitone e il gravitino). Cominciamo subito illustrando qui di seguito le proprietà di base che devono essere soddisfatte dai parametri di una generica trasformazione di supersimmetria (per una introduzione completa e dettagliata alla supersimmetria e alla supergravità si può far riferimento, ad esempio, al testo [23] della Bibliografia finale).

Supponiamo che la trasformazione (globale, infinitesima) che collega il campo bosonico $B(x)$ a quello fermionico $F(x)$ sia del tipo

$$B \rightarrow B' = B + \delta B, \qquad \delta B = \epsilon F, \tag{14.1}$$

dove ϵ rappresenta simbolicamente un generico insieme di parametri costanti e infinitesimi. Poiché la variabile B è associata a un campo di spin intero, ed F a un campo di spin semintero, possiamo subito osservare che il parametro

© Springer-Verlag Italia 2015
M. Gasperini, *Relatività Generale e Teoria della Gravitazione*,
UNITEXT for Physics, DOI 10.1007/978-88-470-5690-9_14

ϵ deve corrispondere a un oggetto di tipo spinoriale per ripristinare le corrette proprietà statistiche della precedente equazione di trasformazione. Nella versione quantistica del modello, le componenti di ϵ (e quelle di $\bar{\epsilon} = \epsilon^\dagger \gamma^0$) devono quindi commutare con B e anticommutare con F (ed inoltre devono anticommutare tra loro).

Inoltre, se il campo $B = B^*$ è reale, è spesso conveniente formulare il modello supersimmetrico prendendo per F un campo fermionico di Majorana (perché in quel caso è sempre possibile scegliere una rappresentazione nella quale le componenti di F sono tutte reali). In tal caso anche il parametro ϵ deve essere uno spinore di Majorana, ossia uno spinore le cui componenti ϵ^A soddisfano la condizione

$$\epsilon = \epsilon^c, \qquad \epsilon^c = C\bar{\epsilon}^T, \tag{14.2}$$

dove C è l'operatore coniugazione di carica, definito da:

$$C^T = -C, \qquad C^{-1}\gamma^\mu C = -(\gamma^\mu)^T \tag{14.3}$$

(l'indice superiore T denota il simbolo di trasposizione). Per gli spinori di Majorana possiamo assumere che le proprietà di anticommutazione valgano anche a livello classico, e quindi che le componenti ϵ^A del parametro supersimmetrico soddisfino un'algebra (detta di Grassmann) del tipo

$$\{\epsilon^A, \epsilon^B\} = 0 = \{\epsilon^A, \bar{\epsilon}^B\}. \tag{14.4}$$

Infine, consideriamo le dimensioni fisiche del parametro ϵ. In uno spazio-tempo a quattro dimensioni, e in unità naturali in cui $\hbar = c = 1$, i campi bosonici e fermionici hanno, rispettivamente, dimensioni $[B] = M$, $[F] = M^{3/2}$. Otteniamo allora dall'Eq. (14.1) che ϵ deve avere dimensioni $[\epsilon] = M^{-1/2}$. Ne consegue che la trasformazione supersimmetrica del campo fermionico, complementare alla (14.1), deve essere del tipo

$$F \to F' = F + \delta F, \delta F \qquad = \epsilon \partial B. \tag{14.5}$$

Questo significa che dobbiamo aspettarci, per ragioni dimensionali, la presenza di un operatore gradiente nella legge di trasformazione del campo fermionico. È proprio tale presenza, come vedremo, che innesca il collegamento tra trasformazioni di supersimmetria e traslazioni spazio-temporali, e quindi tra supersimmetria locale e supergravità.

Notazioni

In questo capitolo gli indici spinoriali espliciti verranno indicati con le lettere Latine maiuscole. Nei modelli di supersimmetria globale useremo inoltre le lettere Greche per gli indici vettoriali di Lorentz, essendo sempre riferiti allo spazio-tempo di Minkowski in assenza di gravità, senza possibilità di confusione con lo spazio piatto tangente. Infine, in tutto il capitolo adotteremo le unità naturali con $\hbar = c = 1$.

14.1 Supersimmetria globale nello spazio-tempo piatto

Per ottenere un semplice esempio di supersimmetria globale possiamo considerare un sistema di due particelle, una di spin 0 e l'altra di spin 1/2, rappresentate, rispettivamente, da un campo scalare ϕ e da uno spinore di Majorana ψ nello spazio-tempo di Minkowski.

Consideriamo la trasformazione

$$\phi \to \phi + \delta\phi, \psi \to \psi + \delta\psi, \tag{14.6}$$

dove

$$\delta\phi = \bar{\epsilon}\psi, \qquad \delta\psi = -\frac{i}{2}\gamma^\mu \epsilon \partial_\mu \phi, \tag{14.7}$$

e dove

$$\epsilon = \epsilon^c = C\,\bar{\epsilon}^T = \text{cost}, \qquad \psi = \psi^c = C\,\overline{\psi}^T. \tag{14.8}$$

Verifichiamo che tale trasformazione lascia invariata la Lagrangiana del sistema scalare-spinoriale

$$\mathcal{L} = \frac{1}{2}\partial_\mu \phi \partial^\mu \phi + i\overline{\psi}\gamma^\mu \partial_\mu \psi, \tag{14.9}$$

modulo una divergenza totale che non contribuisce alle equazioni del moto.

Calcoliamo innanzitutto la trasformazione del coniugato di Dirac $\overline{\psi}$. Dall'Eq. (14.7) per $\delta\psi$ otteniamo:

$$\delta\overline{\psi} = \frac{i}{2}\left(\gamma^\mu \epsilon \partial_\mu \phi\right)^\dagger \gamma^0 = \frac{i}{2}\epsilon^\dagger \gamma^{\mu\dagger}\gamma^0 \partial_\mu \phi = \frac{i}{2}\bar{\epsilon}\gamma^\mu \partial_\mu \phi \tag{14.10}$$

(abbiamo usato l'Eq. (13.46)). La variazione totale della Lagrangiana (14.9) rispetto alle trasformazioni (14.7) è dunque data da:

$$\delta\mathcal{L} = \partial^\mu \phi \bar{\epsilon}\partial_\mu \psi + \frac{1}{2}\overline{\psi}\gamma^\mu \gamma^\nu \epsilon \partial_\mu \partial_\nu \phi - \frac{1}{2}\bar{\epsilon}\gamma^\mu \gamma^\nu \partial_\nu \psi \partial_\mu \phi. \tag{14.11}$$

Usiamo ora le proprietà delle matrici di Dirac nello spazio-tempo di Minkowski (Eq. (13.3)) per ottenere la relazione

$$\gamma^\mu \gamma^\nu \partial_\mu \partial_\nu = \gamma^{(\mu}\gamma^{\nu)}\partial_\mu \partial_\nu = \eta^{\mu\nu}\partial_\mu \partial_\nu \equiv \Box, \tag{14.12}$$

e mettiamo in evidenza una divergenza totale nel primo e nel terzo termine di $\delta\mathcal{L}$. L'Eq. (14.11) si può allora riscrivere come

$$\delta\mathcal{L} = \partial_\mu\left(\bar{\epsilon}\psi \partial^\mu \phi\right) - \bar{\epsilon}\psi\Box\phi + \frac{1}{2}\overline{\psi}\epsilon\Box\phi - \frac{1}{2}\partial_\nu\left(\bar{\epsilon}\gamma^\mu \gamma^\nu \psi \partial_\mu \phi\right) + \frac{1}{2}\bar{\epsilon}\psi\Box\phi. \tag{14.13}$$

Tutti i termini contenenti $\Box\phi$ si cancellano a vicenda, perché $\bar{\epsilon}\psi = \overline{\psi}\epsilon$ (si veda l'Esercizio 14.1). La variazione della Lagrangiana si riduce dunque a un termine di divergenza totale,

$$\delta\mathcal{L} = \partial_\mu K^\mu, \tag{14.14}$$

dove

$$\begin{aligned}
K^\mu &= \bar{\epsilon}\psi\partial^\mu\phi - \frac{1}{2}\bar{\epsilon}\gamma^\nu\gamma^\mu\psi\partial_\nu\phi \\
&= \bar{\epsilon}\psi\partial^\mu\phi - \frac{1}{2}\bar{\epsilon}\big(-\gamma^\mu\gamma^\nu + 2\eta^{\mu\nu}\big)\psi\partial_\nu\phi \\
&= \frac{1}{2}\bar{\epsilon}\gamma^\mu\gamma^\nu\psi\partial_\nu\phi.
\end{aligned} \tag{14.15}$$

Poiché $\delta\mathcal{L} = \partial_\mu K^\mu$, e poiché le equazioni del moto non cambiano sotto la trasformazione $\mathcal{L} \to \mathcal{L} + \partial_\mu K^\mu$ (si veda la Sez. 1.1), si trova dunque che la trasformazione (14.7) rappresenta una operazione di (super)simmetria per il sistema considerato. Va sottolineato (in vista della discussione seguente) che tale risultato è stato ottenuto senza usare le equazioni del moto dei campi ϕ e ψ.

Calcoliamo ora il commutatore di due trasformazioni infinitesime, con parametri ϵ_1 e ϵ_2, applicate al campo scalare. Abbiamo:

$$\begin{aligned}
\delta_1\phi &= \bar{\epsilon}_1\psi, \\
\delta_2\delta_1\phi &= \bar{\epsilon}_1\delta_2\psi = -\frac{i}{2}\bar{\epsilon}_1\gamma^\mu\epsilon_2\partial_\mu\phi,
\end{aligned} \tag{14.16}$$

e quindi

$$\begin{aligned}
\left(\delta_2\delta_1 - \delta_1\delta_2\right)\phi &= -\frac{i}{2}\left(\bar{\epsilon}_1\gamma^\mu\epsilon_2 - \bar{\epsilon}_2\gamma^\mu\epsilon_1\right)\partial_\mu\phi \\
&= -i\left(\bar{\epsilon}_1\gamma^\mu\epsilon_2\right)\partial_\mu\phi.
\end{aligned} \tag{14.17}$$

Nel secondo passaggio abbiamo usato la relazione $\bar{\epsilon}_2 = -\epsilon_2^T C^{-1}$ (si veda l'Esercizio 14.1), abbiamo anche applicato la definizione (14.3) dell'operatore C, e abbiamo infine sfruttato le proprietà di anticommutazione degli spinori di Majorana, che implicano

$$\bar{\epsilon}_2\gamma^\mu\epsilon_1 = -\epsilon_2^T C^{-1}\gamma^\mu C\bar{\epsilon}_1^T = \epsilon_2^T\gamma^{\mu T}\bar{\epsilon}_1^T = -\left(\bar{\epsilon}_1\gamma^\mu\epsilon_2\right)^T = -\bar{\epsilon}_1\gamma^\mu\epsilon_2. \tag{14.18}$$

Il risultato (14.17) mostra chiaramente che il commutatore di due trasformazioni di supersimmetria è proporzionale a una traslazione infinitesima generata dall'operatore gradiente, con parametro di traslazione ξ proporzionale a $\bar{\epsilon}_1\gamma^\mu\epsilon_2$. Se $\epsilon = \epsilon(x)$, in particolare, si ottiene una traslazione locale con parametro $\xi = \xi(x)$, che è equivalente ad una generica trasformazione di coordinate infinitesima, $x^\mu \to x^\mu + \xi^\mu(x)$. Ne consegue che l'invarianza per trasformazioni di supersimmetria locale può essere mantenuta solo se il modello è anche general-covariante, e quindi se viene formulato nel contesto di uno spazio-tempo curvo (cosa che include automaticamente l'interazione gravitazionale). Si arriva in questo modo a modelli gravitazionali che sono *localmente supersimmetrici*, e che vengono chiamati *modelli di supergravità*.

Il confronto tra le trasformazioni di supersimmetria e le traslazioni suggerisce inoltre di associare ad ogni parametro spinoriale ϵ^A, tipico della trasformazione infinitesima (14.7), un generatore Q_A, anch'esso di tipo spinoriale e di Majorana, tale che

$$\delta\phi = \bar{\epsilon}\psi \equiv \left(\bar{\epsilon}^A Q_A\right)\phi \tag{14.19}$$

(ricordiamo che gli indici Latini maiuscoli si riferiscono alle componenti spinoriali). In questo caso il commutatore di due trasformazioni diventa

$$\begin{aligned}
[\delta_2, \delta_1]\,\phi &= \left(\bar{\epsilon}_2^A Q_A \bar{\epsilon}_1^B Q_B - \bar{\epsilon}_1^B Q_B \bar{\epsilon}_2^A Q_A\right)\phi \\
&= \left(\bar{\epsilon}_2^A Q_A \overline{Q}_B \epsilon_1^B + \overline{Q}_B \bar{\epsilon}_2^A \epsilon_1^B Q_A\right)\phi \tag{14.20} \\
&= \bar{\epsilon}_2^A \{Q_A, \overline{Q}_B\} \epsilon_1^B \phi.
\end{aligned}$$

Nel secondo passaggio abbiamo usato le relazioni $\bar{\epsilon}_1 Q = \overline{Q}\epsilon_1$ e $\epsilon_1^B \bar{\epsilon}_2^A = -\bar{\epsilon}_2^A \epsilon_1^B$, e nel terzo passaggio le relazioni $\overline{Q}_B \bar{\epsilon}_2^A = -\bar{\epsilon}_2^A \overline{Q}_B$ e $\epsilon_1^B Q_A = -Q_A \epsilon_1^B$, che seguono dalle proprietà di anticommutazione degli spinori di Majorana. Il confronto con l'Eq. (14.17), e l'uso dell'Eq. (14.18), fornisce immediatamente la relazione di anticommutazione per i generatori Q della supersimmetria infinitesima (14.19):

$$\{Q_A, \overline{Q}_B\} = i\gamma^\mu_{AB}\partial_\mu = (\gamma^\mu P_\mu)_{AB}. \tag{14.21}$$

Abbiamo scritto esplicitamente gli indici spinoriali A, B delle matrici di Dirac, e abbiamo indicato con $P_\mu = i\partial_\mu$ il generatore delle traslazioni (l'operatore impulso nella sua rappresentazione differenziale).

Poiché le traslazioni sono elementi del gruppo di Poincarè (insieme alle trasformazioni di Lorentz, generate da $J_{\mu\nu}$), la relazione precedente suggerisce una possibile estensione supersimmetrica di tale gruppo, ottenuta aggiungendo ai generatori P_μ, $J_{\mu\nu}$ i generatori spinoriali Q_A e dotata su di un'algebra di Lie generalizzata, che si chiude sui generatori includendo sia relazioni di commutazione che di anticommutazione.

Tale generalizzazione effettivamente esiste, è consistente, e corrisponde al cosiddetto gruppo di "super-Poincarè", basato sull'insieme di generatori $\{P_\mu, J_{\mu\nu}, Q_A\}$ che soddisfano un'algebra di Lie detta "gradata" (o superalgebra). Lo studio dei supergruppi e delle supervarietà ad essi associate (parametrizzate da un egual numero di coordinate bosoniche e fermioniche) costituisce un potente metodo di indagine nell'ambito dei modelli di supersimmetria e supergravità (si veda ad esempio il testo [24] della Bibliografia finale).

14.1.1 Esempio: il modello di Wess-Zumino

L'esempio illustrato in precedenza non costituisce un modello supersimmetrico algebricamente consistente, perché l'algebra dei generatori non si chiude. Si trova in particolare che la relazione fornita dall'Eq. (14.17), che collega il commutatore di due trasformazioni SUSY alle traslazioni infinitesime, non viene riprodotta se il commutatore viene applicato al campo fermionico ψ (anziché a ϕ, come nel caso nella sezione precedente).

Ciò è dovuto al fatto che le componenti bosoniche e fermioniche del modello (14.9) hanno un numero di gradi di libertà differente. Infatti, un campo scalare reale ha una sola componente, mentre uno spinore di Majorana ha quattro componenti reali. Lavorando *"on-shell"*, ossia imponendo che siano soddisfatte le equazioni del moto, $\Box\phi = 0 = i\gamma^\mu\partial_\mu\psi$, le componenti indipendenti dello spinore si riducono a due, ma anche in questo caso il numero di gradi di libertà non coincide.

Questa difficoltà può essere facilmente risolta aumentando il numero delle componenti bosoniche, come avviene nel cosiddetto modello di Wess-Zumino[1] che contiene tre campi reali: uno scalare A, uno pseudo-scalare B, e uno spinore di Majorana $\psi = \psi^c$, descritti dalla Lagrangiana:

$$\mathcal{L} = \frac{1}{2}\partial_\mu A\partial^\mu A + \frac{1}{2}\partial_\mu B\partial^\mu B + i\overline{\psi}\gamma^\mu\partial_\mu\psi \tag{14.22}$$

(abbiamo omesso, per semplicità, termini di interazioni tra i campi). Imponendo le equazioni del moto

$$\Box A = 0, \qquad \Box B = 0, \qquad i\ ^\mu\partial_\mu\psi = 0, \tag{14.23}$$

rimangono due gradi di libertà bosonici e due fermionici, perché l'equazione di Dirac impone due condizioni (di Weyl) sulle 4 componenti dello spinore, dimezzando così il numero delle componenti indipendenti. La versione *"on-shell"* del modello è quindi appropriata a sostenere una eventuale struttura supersimmetrica che risulti algebricamente consistente.

Infatti, il modello di Wess-Zumino è globalmente supersimmetrico rispetto alle seguenti trasformazioni,

$$\begin{aligned}
\delta A &= \overline{\epsilon}\psi, \\
\delta B &= i\overline{\epsilon}\gamma^5\psi, \\
\delta\psi &= -\frac{i}{2}\gamma^\mu\partial_\mu\left(A + i\gamma^5 B\right)\epsilon,
\end{aligned} \tag{14.24}$$

dove $\epsilon = \epsilon^c$ è un parametro spinoriale costante (di Majorana). Questa trasformazione induce una variazione della Lagrangiana che si può mettere nella

---

[1] J. Wess and B. Zumino, *Nucl. Phys.* **B 70**, 39 (1974).

forma di quadri-divergenza, $\delta\mathcal{L} = \partial_\mu K^\mu$, anche senza usare le equazioni del moto, esattamente come nel caso dell'esempio precedente.

A differenza del caso precedente, però, il commutatore di due trasformazioni di supersimmetria produce lo stesso risultato qualunque sia il campo (A, B, ψ) a cui viene applicato, *purché* vengano usate le equazioni del moto del campo spinoriale. Si può verificare, in particolare, che vale la relazione

$$[\delta_2, \delta_1] \begin{pmatrix} A \\ B \\ \psi \end{pmatrix} = -i\bar{\epsilon}_1 \gamma^\mu \epsilon_2 \partial_\mu \begin{pmatrix} A \\ B \\ \psi \end{pmatrix}, \tag{14.25}$$

in accordo a quella espressa dall'Eq. (14.17) (si veda l'Esercizio 14.2). Se non si usano le equazioni del moto l'algebra invece non si chiude, perché il modello contiene solo due gradi di libertà bosonici, a confronto dei quattro gradi di libertà fermionici.

È però possibile rendere il modello algebricamente consistente anche *"off-shell"* – ossia, senza imporre le equazioni del moto – aggiungendo alla Lagrangiana (14.22) due ulteriori campi bosonici, di tipo "ausiliario" (ossia senza termine cinetico): uno scalare F e uno pseudo-scalare G. La nuova Lagrangiana,

$$\mathcal{L} = \frac{1}{2}\left(\partial_\mu A \partial^\mu A + \partial_\mu B \partial^\mu B - \lambda^{-2}F^2 - \lambda^{-2}G^2\right) + i\bar{\psi}\gamma^\mu \partial_\mu \psi, \tag{14.26}$$

(dove λ è una costante con dimnsioni di lunghezza) è invariante, modulo una divergenza totale, rispetto alle seguenti trasformazioni di supersimmetria globale (in unità $\lambda = 1$):

$$\begin{aligned} \delta A &= \bar{\epsilon}\psi, \\ \delta B &= i\bar{\epsilon}\gamma^5 \psi, \\ \delta\psi &= -\frac{i}{2}\gamma^\mu \partial_\mu \left(A + i\gamma^5 B\right)\epsilon + \frac{1}{2}\left(F - i\gamma^5 G\right)\epsilon, \\ \delta F &= -i\bar{\epsilon}\gamma^\mu \partial_\mu \psi, \\ \delta G &= \bar{\epsilon}\gamma^\mu \gamma^5 \partial_\mu \psi. \end{aligned} \tag{14.27}$$

Questo modello ha lo stesso numero di gradi di libertà bosonici e fermionici anche *off-shell*. In questo caso si trova che il commutatore di due trasformazioni fornisce un risultato consistente, proporzionale a una traslazione effettiva, qualunque sia il campo a cui viene applicato e senza usare le equazioni del moto.

14.2 Il campo di Rarita-Schwinger

Un altro semplice (ma importante) esempio di supersimmetria globale si può ottenere considerando un sistema di particelle di spin 2 e spin 3/2 nello spazio-tempo piatto di Minkowski. Questo esempio è particolarmente rilevante per una successiva estensione al caso di trasformazioni di supersimmetria locale, e per la costruzione di un semplice modello di supergravità.

Per illustrare questa possibilità dobbiamo innanzitutto ricordare che una particella di spin 3/2 (detta anche "gravitino") è rappresentata dal campo vettoriale-spinoriale di Rarita-Schwinger, ψ_μ^A. Questo campo fornisce contemporaneamente una rappresentazione vettoriale del gruppo di Lorentz nell'indice μ e una spinoriale nell'indice A: possiede quindi, in generale, $4 \times 4 = 16$ componenti complesse, che diventano 16 parametri reali se lo spinore è di Majorana.

L'azione per il campo di Rarita-Schwinger nello spazio-tempo di Minkowski si può scrivere nella forma

$$S = \int d^4x\, \frac{i}{2} \epsilon^{\mu\nu\alpha\beta} \overline{\psi}_\mu \gamma_5 \gamma_\nu \partial_\alpha \psi_\beta, \qquad (14.28)$$

dove la somma sugli indici spinoriali è sottintesa. Tale azione è invariante per la trasformazione "di *gauge*"

$$\psi_\mu \to \psi_\mu + \partial_\mu \lambda, \qquad (14.29)$$

dove λ è un campo spinoriale. La variazione rispetto a $\overline{\psi}_\mu$ fornisce l'equazione del moto

$$R^\mu \equiv i\epsilon^{\mu\nu\alpha\beta} \gamma_5 \gamma_\nu \partial_\alpha \psi_\beta = 0. \qquad (14.30)$$

Usando le proprietà delle matrici di Dirac e l'invarianza rispetto alla trasformazione di *gauge* (14.29) tale equazione si può ridurre a un insieme di condizioni più semplici, che risultano anche più convenienti per l'interpretazione fisica e per le successive applicazioni supersimmetriche.

A questo scopo moltiplichiamo scalarmente R^μ per γ_μ, e sfruttiamo i risultati delle equazioni (13.36), (13.34). Otteniamo:

$$\begin{aligned}
\frac{1}{2}\gamma_\mu R^\mu &= -\frac{1}{2}\gamma_\mu \gamma^{[\mu}\gamma^\alpha\gamma^{\beta]}\partial_\alpha\psi_\beta \\
&= -\frac{1}{2}\gamma_\mu \left(\gamma^\mu\gamma^\alpha\gamma^\beta - 2\eta^{\mu\alpha}\gamma^\beta\right)\partial_{[\alpha}\psi_{\beta]} \\
&= -\gamma^{[\alpha}\gamma^{\beta]}\partial_\alpha\psi_\beta \\
&= -\frac{1}{2}\gamma^\alpha\gamma^\beta\partial_\alpha\psi_\beta + \frac{1}{2}\left(2\eta^{\beta\alpha} - \gamma^\alpha\gamma^\beta\right)\partial_\alpha\psi_\beta \\
&= -\gamma^\alpha\partial_\alpha\left(\gamma^\beta\psi_\beta\right) + \partial^\alpha\psi_\alpha.
\end{aligned} \qquad (14.31)$$

Consideriamo inoltre l'espressione

$$A^\nu = \frac{1}{2}\gamma^\nu\left(\gamma_\mu R^\mu\right) - R^\nu, \qquad (14.32)$$

e osserviamo che (usando ancora le proprietà delle metrici di Dirac):

$$R^\nu = -\gamma^\nu \gamma^{[\alpha}\gamma^{\beta]} \partial_\alpha \psi_\beta + 2\eta^{\nu\alpha}\gamma^\beta \partial_{[\alpha}\psi_{\beta]}$$
$$= -\gamma^\nu \gamma^a \partial_\alpha \left(\gamma^\beta \psi_\beta\right) + \gamma^\nu \partial^\alpha \psi_\alpha + \partial^\nu \left(\gamma^\beta \psi_\beta\right) - \gamma^\beta \partial_\beta \psi^\nu. \tag{14.33}$$

Sostituendo questa forma di R^ν nell'ultimo termine dell'Eq. (14.32) troviamo che i primi due termini della precedente equazione si cancellano esattamente con il risultato (14.31), per cui rimane:

$$A^\nu = \gamma^\beta \left(\partial_\beta \psi^\nu - \partial^\nu \psi_\beta\right). \tag{14.34}$$

L'equazione di Rarita-Schwinger $R_\mu = 0$ implica l'annullamento delle due espressioni (14.31) e (14.34), e fornisce quindi le due condizioni differenziali

$$\partial^\alpha \psi_\alpha - \gamma^a \partial_\alpha \left(\gamma^\beta \psi_\beta\right) = 0,$$
$$\gamma^\mu \left(\partial_\mu \psi_\nu - \partial_\nu \psi_\mu\right) = 0. \tag{14.35}$$

Sfruttando l'invarianza per la trasformazione (14.29) possiamo infine imporre la condizione di *gauge*

$$\gamma^\mu \psi_\mu = 0. \tag{14.36}$$

Sostituendo questa condizione nelle due equazioni (14.35) troviamo che l'equazione del gravitino si riduce, in questo *gauge*, all'equazione di Dirac per ciascuna delle componenti vettoriali del campo,

$$i\gamma^\mu \partial_\mu \psi_\nu = 0, \tag{14.37}$$

più la condizione di trasversalità nell'indice (di Lorentz) vettoriale,

$$\partial^\mu \psi_\mu = 0. \tag{14.38}$$

Un conteggio dei gradi di libertà residui ci dice ora che le componenti vettoriali (bosoniche) del gravitino si sono ridotte a 2, come è appropriato per un campo di *gauge* vettoriale, trasverso e a massa nulla (si consideri, ad esempio, il fotone). Inoltre, supponendo che si tratti di uno spinore di Majorana, le componenti spinoriali indipendenti si sono ridotte a 2 parametri reali per effetto dell'equazione di Dirac (14.37), e risultano ulteriormente dimezzate per la condizione di *gauge* (14.36).

L'insieme delle equazioni (14.36)–(14.38) descrive un campo fermionico di Majorana che ha in totale $2 \times 1 = 2$ gradi di libertà dinamici, e che su presta quindi a formare un sistema supersimmetrico consistente (*on-shell*) in combinazione con un campo bosonico che possieda anch'esso 2 gradi di libertà fisici nello spazio-tempo di Minkowski. Un possibile *partner* bosonico di questo tipo è rappresentato dal gravitone, come vedremo nella sezione seguente.

14.2.1 Supersimmetria globale nel sistema gravitone-gravitino

Nel Capitolo 9 abbiamo visto che le fluttuazioni della metrica di Minkowski possono essere descritte, nell'approssimazione lineare e nel cosiddetto *gauge* TT, da un campo tensoriale simmetrico $h_{\mu\nu}$ che soddisfa alle condizioni di trasversalità e traccia nulla,

$$\partial^\nu h_{\mu\nu} = 0, \qquad \eta^{\mu\nu} h_{\mu\nu} = 0. \tag{14.39}$$

La sua azione libera è data dall'Eq. (9.48),

$$S = \frac{1}{4} \int d^4x \, \partial_\alpha h^{\mu\nu} \partial^\alpha h_{\mu\nu}, \tag{14.40}$$

che abbiamo qui riscritto ponendo (per semplicità) $2\chi = 16\pi G/c^4 = 1$. Useremo le conveniente unità $2\chi = 1$ in tutta questa sezione (e anche in seguito, quando specificato).

Come abbiamo già visto nella Sez. 9.1.1, il campo tensoriale $h_{\mu\nu}$ descrive la dinamica di una particella di spin 2 e massa nulla (il gravitone) mediante due sole componenti indipendenti, che nel vuoto rappresentano i due stati fisici di polarizzazione. Il sistema gravitone-gravitino, rappresentato dai campi $h_{\mu\nu}$ e $\psi_\mu = \psi_\mu^c$ disaccoppiati e immersi nello spazio-tempo di Minkowski, possiede dunque (*on-shell*) lo stesso numero di gradi di libertà bosonici e fermionici, e si candida, almeno in principio, a fornire un altro possibile esempio di sistema globalmente supersimmetrico.

Che il sistema sia effettivamente supersimmetrico si può verificare considerando la trasformazione infinitesima che mescola i due campi nel modo seguente (in unità $2\chi = 1$):

$$\begin{aligned}
\delta h_{\mu\nu} &= \bar{\epsilon} \left(\gamma_\mu \psi_\nu + \gamma_\nu \psi_\mu \right), \\
\delta \psi_\mu &= \gamma^{[\alpha} \gamma^{\beta]} \epsilon \, \partial_\alpha h_{\mu\beta},
\end{aligned} \tag{14.41}$$

dove $\epsilon = \epsilon^c$ è un parametro spinoriale costante, di Majorana. La densità di Lagrangiana per il sistema gravitone-gravitino si ottiene dalle azioni (14.28), (14.40),

$$\mathcal{L} = \mathcal{L}_2 + \mathcal{L}_{3/2} = \frac{1}{4} \partial_\alpha h^{\mu\nu} \partial^\alpha h_{\mu\nu} + \frac{i}{2} \epsilon^{\mu\nu\alpha\beta} \overline{\psi}_\mu \gamma_5 \gamma_\nu \partial_\alpha \psi_\beta, \tag{14.42}$$

e la sua variazione infinitesima $\delta\mathcal{L}$ indotta dalla trasformazione (14.41) si può mettere nella forma di una quadri-divergenza, $\delta\mathcal{L} = \partial_\mu K^\mu$, senza usare le equazioni del moto (il calcolo esplicito, che procede lungo le stesse linee dell'esempio della Sez. 1.4.1, è riportato nell'Esercizio 14.3). Le equazioni del moto per $h_{\mu\nu}$ e ψ_μ sono dunque invarianti, e il sistema risulta globalmente supersimmetrico.

14.3 Supergravità $N = 1$ in $D = 4$ dimensioni

La supersimmetria globale presente in un sistema fisico può essere estesa al caso locale purché, come già sottolineato nella Sez. 1.4.1, il modello venga espresso in un contesto general-covariante, tenendo anche conto dell'interazione gravitazionale. Ciò suggerisce che il precedente sistema (14.42), che già include l'interazione gravitazionale a livello linearizzato, potrebbe rappresentare un punto di partenza ideale per la formulazione di un modello localmente supersimmetrico e per lo studio delle sue proprietà geometriche.

Riprendiamo dunque il sistema di campi tensoriale-spinoriale di Einstein-Rarita-Schwinger (spin 2 e spin 3/2), e generalizziamolo sia accoppiando il campo ψ_μ alla geometria di una varietà spazio-temporale curva, sia usando per la Lagrangiana del campo tensoriale la forma esatta (non-lineare) di Einstein basata sulla curvatura scalare. Consideriamo perciò l'azione

$$S = \int d^4x \left(-\frac{1}{2\chi} \sqrt{-g}R + \frac{i}{2} \epsilon^{\mu\nu\alpha\beta} \overline{\psi}_\mu \gamma_5 \gamma_\nu \nabla_\alpha \psi_\beta \right), \tag{14.43}$$

e chiediamoci se può essere adatta a rappresentare un semplice modello di supersimmetria locale (ovvero di supergravità). La risposta non è necessariamente affermativa, a priori, poiché in caso contrario qualunque modello contenente lo stesso numero di componenti bosoniche e fermioniche in un contesto general-covariante sarebbe automaticamente supersimmetrico (cosa che invece non avviene).

Cominciamo con l'osservare che l'azione del gravitino è stata ottenuta dall'azione (14.28) mediante il principio di minimo accoppiamento, usando le tetradi per proiettare sullo spazio-tempo curvo le matrici di Dirac dello spazio tangente di Minkowski, come si conviene ad un campo spinoriale (si veda la Sez. 13.2). Le prescrizioni usate, in particolare, sono le seguenti:

$$d^4x \to d^4x\sqrt{-g}, \gamma \qquad {}_a \to \gamma_\mu = V_\mu^a \gamma_a, \qquad \partial_\mu \to \nabla_\mu. \tag{14.44}$$

Si noti l'assenza di $\sqrt{-g}$ nell'azione del gravitino è dovuta alla sostituzione – necessaria in uno spazio-tempo curvo – della densità antisimmetrica ϵ con il tensore antisimmetrico η (si veda la Sez. 3.2),

$$\epsilon^{\mu\nu\alpha\beta} \to \eta^{\mu\nu\alpha\beta} = \frac{\epsilon^{\mu\nu\alpha\beta}}{\sqrt{-g}}, \tag{14.45}$$

che porta alla notazione abbreviata

$$d^4x\sqrt{-g}\, \eta^{\mu\nu\alpha\beta} \equiv d^4x\, \epsilon^{\mu\nu\alpha\beta}. \tag{14.46}$$

L'azione (14.43) non risulta completamente definita, però, finché non viene anche specificata la derivata covariante $\nabla_\alpha \psi_\beta$, che in principio dipende dal modello geometrico scelto per la geometria della varietà spazio-temporale.

Il gravitino ψ_μ^A, infatti, ha un indice μ che si trasforma in modo vettoriale rispetto alle trasformazioni generali di coordinate nello spazio-tempo curvo, e un indice A che si trasforma in modo spinoriale rispetto alle trasformazioni locali di Lorentz nello spazio piatto tangente (si veda il Capitolo 12). La sua derivata covariante totale deve essere dunque un operatore che risulta sia general-covariante nell'indice vettoriale, sia localmente Lorentz invariante nell'indice spinoriale. Ricordando i risultati dei Capitoli 12 e 13 (in particolare, l'Eq. (13.23)) possiamo perciò scrivere la derivata covariante del gravitino come segue:

$$
\begin{aligned}
\nabla_\mu \psi_\nu &= \partial_\mu \psi_\nu + \frac{1}{4}\omega_\mu{}^{ab}\gamma_{[a}\gamma_{b]}\psi_\nu - \Gamma_{\mu\nu}{}^\alpha \psi_\alpha \\
&\equiv D_\mu \psi_\nu - \Gamma_{\mu\nu}{}^\alpha \psi_\alpha.
\end{aligned}
\tag{14.47}
$$

Nel secondo passaggio abbiamo esplicitamente separato la derivata covariante di Lorentz $D_\mu \psi_\nu$, che agisce sugli indici spinoriali, dal termine di connessione Γ che agisce sull'indice curvo vettoriale.

Si noti che siamo ritornati alle convenzioni usuali dei due capitoli precedenti: gli indici spinoriali sono sottintesi, le lettere Latine $a, b, c, \ldots$ sono indici di Lorentz nel locale spazio piatto tangente $\mathcal{M}_4$, e le lettere Greche $\mu, \nu, \alpha, \ldots$ sono indici tensoriali nello spazio-tempo curvo $\mathcal{R}_4$. Infine, ω è la connessione di Lorentz (si veda la Sez. 12.3) e Γ è la connessione sullo spazio-tempo $\mathcal{R}_4$ (si veda la Sez. 3.5). Lasciamo per il momento indefinita la forma particolare delle connessioni, perché ci sono diverse possibilità da prendere in considerazione.

(I) Una prima possibilità, che sembrerebbe la più naturale nel contesto della teoria gravitazionale discussa fino a questo punto, è quella di adottare per la varietà spazio-temporale la geometria di Riemann. In questo caso la torsione è nulla, $Q_{\mu\nu}{}^\alpha = \Gamma_{[\mu\nu]}{}^\alpha = 0$: la connessione $\omega = \omega(V)$ è dunque determinata completamete dalle tetradi e coincide con quella di Levi-Civita (Eq. (12.47)), mentre la connessione Γ coincide con quella di Christoffel Γ_g (Eq. (3.90)) e scompare dall'azione del gravitino perché, in assenza di torsione, $\nabla_{[\alpha}\psi_{\beta]} = D_{[\alpha}\psi_{\beta]}$.

Arriviamo così al modello descritto dalla densità di Lagrangiana

$$
\mathcal{L} = -\frac{1}{2\chi}\sqrt{-g}R(g,\Gamma_g) + \frac{i}{2}\epsilon^{\mu\nu\alpha\beta}\overline{\psi}_\mu \gamma_5 \gamma_\nu D_\alpha(V)\psi_\beta,
\tag{14.48}
$$

dove $D_\alpha(V) \equiv D_\alpha(\omega(V))$. Tale modello, però, *non è* localmente supersimmetrico. Per renderlo tale bisogna aggiungere all'azione dei termini di interazione quadratici nella corrente spinoriale del gravitino, $J_{\mu\nu}{}^\alpha = \overline{\psi}_\mu \gamma^\alpha \psi_\nu$. Poiché questa corrente è antisimmetrica in μ e ν essa può far da sorgente (come vedremo nella prossima sezione) alla parte antisimmetrica della connessione $Q_{\mu\nu}{}^\alpha$, e questo ci porta a considerare un'altra possibilità.

(II) Una seconda possibilità è quella di adottare per la varietà spazio-temporale la cosiddetta geometria di Riemann-Cartan, caratterizzata dalla presenza di torsione, $Q_{\mu\nu}{}^\alpha \neq 0$. In questo caso entrambe le connessioni contengono i contributi torsionici,

$$\omega = \omega(V, Q) = \omega(V) + K(Q),$$
$$\Gamma = \Gamma(g, Q) = \Gamma_g - K(Q),$$
\hfill (14.49)

come prescritto, rispettivamente, dalle equazioni (12.45) e (3.86), e otteniamo il modello descritto dalla Lagrangiana

$$\mathcal{L} = -\frac{1}{2\chi}\sqrt{-g}R(g, \Gamma_g, Q) + \frac{i}{2}\epsilon^{\mu\nu\alpha\beta}\overline{\psi}_\mu\gamma_5\gamma_\nu\left[D_\alpha(V, Q)\psi_\beta - Q_{\alpha\beta}{}^\rho\psi_\rho\right], \quad (14.50)$$

dove $D_\alpha(V, Q) \equiv D_\alpha(\omega(V, Q))$.

In questo modello la metrica (o le tetradi) e la connessione diventano variabili indipendenti, e c'è quindi una equazione di campo "in più" rispetto alla relatività generale: è l'equazione per la connessione (fornita ad esempio dalla procedura variazionale di Palatini) che, risolta, determina la torsione in funzione della corrente spinoriale del gravitino:

$$Q_{\mu\nu}{}^\alpha \sim J_{\mu\nu}{}^\alpha = \overline{\psi}_\mu\gamma^\alpha\psi_\nu \qquad (14.51)$$

(si veda la Sez. 14.3.1).

Sostituendo nell'azione, ed eliminando dappertutto la torsione in funzione di $J_{\mu\nu}{}^\alpha$, si ottengono termini di interazione quadratici in J, del tipo di quelli che si volevano introdurre. Anche in questo caso, però, si trova che il modello ottenuto *non è* localmente supersimmetrico (sono ancora richieste altre correzioni con termini di tipo J^2).

(III) Il corretto modello di supergravità[2], che risulta general-covariante e localmente supersimmetrico, e che include tutti (e soli) i termini di tipo $(\overline{\psi}\gamma\psi)^2$ richiesti dalla supersimmetria, si può formulare utilizzando la struttura geometrica di Einstein-Cartan come nel precedente caso (II). Bisogna omettere, però, l'ultimo termine che contribuisce alla Lagrangiana del gravitino nell'Eq. (14.50).

Detto in modo più esplicito, per accoppiare il gravitone e il gravitino in modo covariante e localmente supersimmetrico bisogna seguire la procedura seguente.

- Usare per lo spazio-tempo il modello geometrico di Einstein-Cartan, con una connessione non-simmetrica di tipo (14.49), e con la torsione Q determinata dal gravitino secondo le equazioni di campo del modello (ottenute con il metodo variazionale di Palatini).
- Includere la torsione nell'azione gravitazionale, esprimendo la curvatura scalare in funzione della connessione (14.49).

---

[2] D. Z. Freedman, P. van Neuwenhuizen and S. Ferrara, *Phys. Rev.* **D13**, 3214 (1976); S. Deser and B. Zumino, *Phys. Lett.* **B62**, 335 (1976).

- Accoppiare il gravitino *solo* alla connessione di Lorentz, mediante la prescrizione covariante

$$\partial_{[\mu}\psi_{\nu]} \to D_{[\mu}\psi_{\nu]}, \qquad (14.52)$$

Questo elimina, in particolare, l'ultimo termine della Lagrangiana (14.50).

Ci sono alcuni commenti che vanno fatti su quest'ultimo, importante punto. Poiché $D_{[\mu}\psi_{\nu]}$ è diverso da $\nabla_{[\mu}\psi_{\nu]}$ in presenza di torsione (si veda l'Eq. (14.47)), la prescrizione (14.52) sembrerebbe indicare un accoppiamento "non-minimo". A questo proposito bisogna notare però che il gravitino, pur essendo un campo fermionico, è anche, a tutti gli effetti, un campo di *gauge* nell'indice vettoriale μ: in realtà, è il campo "compensativo" necessario a restaurare l'invarianza nell'azione di Einstein quando si passa dalle trasformazioni di supersimmetria globale a quelle locali.

Questa precisazione è cruciale perché, da un punto di vista geometrico, i campi vettoriali di *gauge* A_μ sono rappresentati da oggetti chiamati "1-forme" differenziali (si veda l'Appendice A), e possono essere scritti come $A \equiv A_\mu dx^\mu$. Oggetti di questo tipo non possiedono indici espliciti nella varietà spazio-temporale, e la loro derivata covariante esterna coincide sempre con la derivata covariante di *gauge*, $\nabla A = DA$, ossia con una derivata che opera esclusivamente sugli indici del corrispondente gruppo di simmetria locale (nel nostro caso, sugli indici spinoriali del gravitino nello spazio piatto tangente)

È vero che le componenti della derivata covariante esterna rappresentano solo la parte antisimmetrica della derivata covariante, $\nabla A \equiv \nabla_{[\mu}A_{\nu]}dx^\mu \wedge dx^\nu$ (si veda l'Appendice A), ma è anche vero che nell'azione di un campo di *gauge* entra sempre la parte antisimmetrica della derivata. Facendo riferimento a questa proprietà si può quindi dire che l'indice vettoriale di *gauge* si comporta, rispetto alla derivata covariante, come se fosse *gravitazionalmente neutro*[3].

Questo principio fondamentale è valido per tutti i campi di *gauge*, ed è già stato sottolineato per il campo elettromagnetico nella Sez. 4.2 (anche se, nel contesto di una geometria priva di torsione, il risultato diventa triviale). Applicato al gravitino implica $\nabla\psi = D\psi$ e giustifica la prescrizione di accoppiamento (14.52) classificandola come "minima", contrariamente alle apparenze.

Scomparsa la necessità di introdurre la connessione Γ nell'azione del gravitino, diventa conveniente formulare tutta l'azione utilizzando solo le tetradi V_μ^a e la connessione di Lorentz $\omega_\mu{}^{ab}$ (oltre che, ovviamente, il campo ψ_μ). Applicando le precedenti prescrizioni (e il linguaggio delle tetradi del Capitolo 12) arriviamo dunque a un modello di supergravità descritto dalla Lagrangiana

$$\mathcal{L} = -\frac{1}{2\chi}VR(V,\omega) + \frac{i}{2}\epsilon^{\mu\nu\alpha\beta}\overline{\psi}_\mu\gamma_5\gamma_\nu D_\alpha(\omega)\psi_\beta, \qquad (14.53)$$

---

[3] Un campo di *gauge* non è, ovviamente, immune all'interazione gravitazionale, perché interagisce con la gravità attraverso le altre forme di accoppiamento minimo necessarie a rendere l'azione invariante per diffeomorfismi (si veda ad esempio la discussione del Capitolo 4 per il caso del potenziale elettromagnetico).

dove $R(V,\omega)$ è la curvatura scalare (12.55), dove

$$D_\alpha(\omega) = \partial_\alpha + \frac{1}{4}\omega_\alpha{}^{ab}\gamma_{[a}\gamma_{b]}, \tag{14.54}$$

e dove la connessione $\omega = \omega(V,\psi)$ va determinata, in funzione delle tetradi e del gravitino, mediante le equazioni che seguono imponendo all'azione di essere stazionaria rispetto alla variazione di ω.

Questa Lagrangiana descrive il cosiddetto modello di supergravità $N = 1$ (o "supergravità semplice") in uno spazio-tempo con $D = 4$ dimensioni. L'appellativo $N = 1$ indica la presenza di un solo gravitino, che è necessario per rendere supersimmetrica l'azione di Einstein. Notiamo, per inciso, che per includere nuovi campi senza rompere la supersimmetria bisogna allargare il modello introducendo altri gravitini, che fungono da campi di *gauge* per le nuove supersimmetrie locali. Si ottengono così i modelli di "supergravità estesa" con $N = 2,3,\ldots,8$; per $N > 8$ sarebbe necessario introdurre campi di spin 5/2 e superiori, che sembrano non potersi accoppiare alla gravità in maniera consistente nel contesto della teoria di campo standard (uno schema consistente più generale, per il caso di spin più elevati, viene fornito dalla teoria delle stringhe). Il più semplice modello esteso, il caso $N = 2$, include un nuovo campo di *gauge* di spin 1, e descrive l'accoppiamento supersimmetrico tra il doppietto di spin $\{2,3/2\}$ discusso in questa sezione e il doppietto di spin $\{3/2,1\}$.

Tornando al caso "semplice" $N = 1$ notiamo che la Lagrangiana (14.53) è lasciata invariante, modulo una divergenza totale, dalla seguente trasformazione di supersimmetria locale (che scriviamo, per semplicità, in unità $\chi = 8\pi G/c^4 = 1$),

$$\delta V_\mu^a = \bar{\epsilon}(x)\gamma^a\psi_\mu,$$

$$\delta\psi_\mu = -2D_\mu\epsilon(x) \equiv -2\left(\partial_\mu + \frac{1}{4}\omega_\mu{}^{ab}\gamma_{[a}\gamma_{b]}\right)\epsilon(x), \tag{14.55}$$

dove $\epsilon = \epsilon^c$ è un parametro spinoriale di Majorana (che varia da punto a punto). La corrispondente trasformazione infinitesima della connessione ω si può dedurre dalle due precedenti dopo aver espresso ω in funzione di V e di ψ (si veda la sezione seguente). Si ha infatti

$$\delta\omega = \frac{\delta\omega(V,\psi)}{\delta V}\delta V + \frac{\delta\omega(V,\psi)}{\delta\psi}\delta\psi. \tag{14.56}$$

Non è però necessario considerare esplicitamente questa trasformazione perché, nel calcolo di $\delta\mathcal{L}$, la variazione $\delta\omega$ è moltiplicata dal termine $\delta\mathcal{L}/\delta\omega$, che è identicamente nullo se si tiene conto della relazione esplicita $\omega = \omega(V,\psi)$. Per verificare la supersimmetria locale della Lagrangiana (14.53) sono dunque sufficienti le leggi di trasformazione di V e di ψ (il calcolo esplicito è svolto nell'Esercizio 14.4).

Il calcolo esplicito mostra che la variazione $\delta\mathcal{L} = \partial_\mu K^\mu$ è nulla se applichiamo le equazioni del moto del gravitino. Le equazioni del moto (che saranno derivate nella sezione seguente) sono necessarie anche per chiudere l'algebra dei generatori di supersimmetria perché, in questo modello, il numero di gradi di libertà bosonici e fermionici coincide solo *on-shell*.

Infatti, i campi fondamentali del modello sono le tetradi, V_μ^a, e il gravitino, ψ_μ^A, che è un fermione di Majorana. Tutti gli indici variano da 1 a 4, perciò ciascuno dei due campi è specificato, in generale, da $4 \times 4 = 16$ parametri reali. Le simmetrie presenti nel modello sono l'invarianza per diffeomorfismi, l'invarianza di Lorentz locale e la supersimmetria locale. Sulle tetradi possiamo imporre 6 condizioni mediante le trasformazioni locali di Lorentz, e 4 condizioni mediante una trasformazione generale di coordinate. Rimangono 6 componenti bosoniche indipendenti (che sono appunto i gradi di libertà di un generico campo gravitazionale in 4 dimensioni, come già sottolineato nella Sez. 7.2).

Mediante una trasformazione di supersimmetria locale possiamo imporre sul gravitino 4 condizioni, che lasciano 12 componenti fermioniche indipendenti. Tali componenti si dimezzano (e quindi il loro numero diventa uguale a quello bosonico) se imponiamo le equazioni del moto. Possiamo naturalmente rendere l'algebra consistente anche *off-shell*, ma è necessario aggiungere 6 gradi di libertà bosonici. La scelta convenzionale è quella di aggiungere 3 campi ausiliari: uno scalare S, uno pseudo-scalare P, e un vettore assiale A_μ (ma esistono anche possibilità più complesse, che introducono $6 + n$ componenti bosoniche e n componenti fermioniche).

14.3.1 Equazioni di campo per la metrica e il gravitino

Per ottenere le equazioni di campo del modello di supergravità considerato adottiamo il cosiddetto formalismo di Palatini (si veda la Sez. 12.3.1), e variamo la Lagrangiana (14.53) trattando V, ω e ψ come tre variabili indipendenti. Cominciamo con la variazione rispetto a ω, che permette di determinare in modo esplicito la torsione presente nel modello, e di esprimere la connessione di Lorentz in funzione delle tetradi e del gravitino.

Variazione rispetto alla connessione

Separiamo la Lagrangiana (14.53) ponendo $\mathcal{L} = \mathcal{L}_2 + \mathcal{L}_{3/2}$. La variazione della parte gravitazionale $\mathcal{L}_2$ è già stata effettuata nella Sez. 12.3.1, ed il risultato è dato dall'Eq. (12.60). La variazione della parte relativa al gravitino, $\mathcal{L}_{3/2}$, fornisce

$$\delta_\omega \mathcal{L}_{3/2} = \frac{i}{8}\epsilon^{\mu\nu\alpha\beta}\overline{\psi}_\mu \gamma_5 \gamma_\nu \gamma_{[a}\gamma_{b]}\psi_\beta \delta\omega_\alpha{}^{ab}. \tag{14.57}$$

Usando le poprietà (13.34), (13.36) delle matrici di Dirac abbiamo

$$\gamma_5\gamma_\nu\gamma_{[a}\gamma_{b]} = \gamma_5 V_\nu^c \gamma_c \gamma_{[a}\gamma_{b]} = \gamma_5 V_\nu^c \left(\gamma_{[a}\gamma_b\gamma_{c]} + 2\eta_{c[a}\gamma_{b]}\right)$$
$$= -i\epsilon_{abcd} V_\nu^c \gamma^d + \gamma_5 V_{\nu a}\gamma_b - \gamma_5 V_{\nu b}\gamma_a. \tag{14.58}$$

Perciò, sostituendo in $\delta_\omega \mathcal{L}_{3/2}$,

$$\delta_\omega \mathcal{L}_{3/2} = \frac{1}{8}\epsilon^{\mu\nu\alpha\beta}\epsilon_{abcd} V_\nu^c \overline{\psi}_\mu \gamma^d \psi_\beta \, \delta\omega_\alpha{}^{ab}$$
$$+ \frac{i}{4}\epsilon^{\mu\nu\alpha\beta} V_{\nu a} \overline{\psi}_\mu \gamma_5 \gamma_b \psi_\beta \, \delta\omega_\alpha{}^{ab}. \tag{14.59}$$

Il secondo termine di questa variazione è nullo perché la corrente $\overline{\psi}_\mu \gamma_5 \gamma_b \psi_\beta = \overline{\psi}_\beta \gamma_5 \gamma_b \psi_\mu$ è simmetrica in μ e β (si veda l'Eq. (14.90) dell'Esercizio 14.2). Sommando il contributo del primo termine al contributo che viene dalla variazione dell'azione gravitazionale, Eq. (12.60), otteniamo dunque

$$D_{[\mu}V_{\nu]}^a = -\frac{\chi}{4}\overline{\psi}_\mu \gamma^a \psi_\nu, \tag{14.60}$$

che rappresenta l'equazione di campo per la connessione.

Richiamando la proprietà di metricità delle tetradi possiamo ora osservare che il membro sinistro di questa equazione definisce esattamente il tensore di torsione $Q_{\mu\nu}{}^\alpha$ (si veda ad esempio l'Eq. (12.40) e l'Eq. (12.41)). Tale tensore risulta dunque determinato dalla corrente vettoriale (di Dirac) del gravitino, in accordo all'equazione

$$Q_{\mu\nu}{}^a = -\frac{\chi}{4}\overline{\psi}_\mu \gamma^a \psi_\nu. \tag{14.61}$$

Sfruttando il risultato generale (12.45) possiamo anche immediatamente esprimere la connessione di Lorentz come segue:

$$\omega_{\mu ab} = V_\mu^c \omega_{cab} = V_\mu^c \left(C_{cab} - C_{abc} + C_{bca}\right)$$
$$+ \frac{\chi}{4} V_\mu^c \left(\overline{\psi}_c \gamma_b \psi_a - \overline{\psi}_a \gamma_c \psi_b + \overline{\psi}_b \gamma_a \psi_c\right). \tag{14.62}$$

Ricordiamo che il simbolo C_{abc} indica i coefficienti di rotazione di Ricci, definiti nell'Eq. (12.43).

Variazione rispetto alle tetradi

Variamo ora rispetto alle tetradi. La variazione della parte gravitazionale $\mathcal{L}_2$ è già stata effettuata nella Sez. 12.3.1, ed il risultato è espresso dall'Eq. (12.62). Nella parte del gravitino le tetradi appaiono esplicitamente solo nella proiezione della matrice $\gamma_\nu = V_\nu^c \gamma_c$ (ricordiamo che V, ω e ψ sono variabili indipendenti). La variazione fornisce dunque:

$$\delta_V \mathcal{L}_{3/2} = -\frac{i}{2} \epsilon^{\mu\nu\alpha\beta} \overline{\psi}_\mu \gamma_5 \gamma_c D_\nu \psi_\beta \delta V_\alpha^c \qquad (14.63)$$

(abbiamo messo in evidenza la variazione con gli indici δV_α^c, per confrontarla direttamente con il contributo (12.62) della parte gravitazionale). Sommando i due contributi otteniamo

$$G^\alpha{}_c = \chi\, \theta^\alpha{}_c, \qquad (14.64)$$

dove G è il tensore di Einstein dell'Eq. (12.64), e

$$\theta^\alpha{}_c = \frac{i}{2} \epsilon^{\mu\nu\alpha\beta} \overline{\psi}_\mu \gamma_5 \gamma_c D_\nu \psi_\beta \qquad (14.65)$$

è il tensore canonico energia-impulso del gravitino.

Si noti che tale tensore non è simmetrico, così come non lo è il tensore di Einstein che appare al membro sinistro, perché è costruito a partire da una connessione che include la torsione. È sempre possibile però riscrivere l'Eq. (14.64) in forma simmetrica "Einsteiniana", esprimendo esplicitamente i contributi torsionici nell'azione (14.53) mediante la relazione (14.61), e separandoli dalla parte Riemanniana della curvatura e della derivata covariante del gravitino. Ripetendo la variazione rispetto alle tetradi (o alla metrica) si ottiene allora dalla parte gravitazionale l'ordinario tensore di Einstein (simmetrico), e dagli altri termini la versione metrica (simmetrizzata) del tensore energia-impulso del gravitino.

Variazione rispetto al gravitino

Variando infine rispetto a $\overline{\psi}_\mu$ si ottiene l'equazione del moto del gravitino,

$$R^\mu \equiv \epsilon^{\mu\nu\alpha\beta} \gamma_5 \gamma_\nu D_\alpha \psi_\beta = 0. \qquad (14.66)$$

Tale equazione deve soddisfare la condizione di consistenza $D_\mu R^\mu = 0$ (in caso contrario ci sarebbero ulteriori vincoli da applicare al modello, e l'accoppiamento al gravitone potrebbe non essere consistente). È istruttivo verificare esplicitamente che tale relazione è soddisfatta, purché siano soddisfatte anche le equazioni del moto (14.64) e (14.60) per le tetradi e la connessione.

Notiamo innanzitutto che, applicando la derivata covariante di Lorentz a R^μ, si ottengono due contributi generati, rispettivamente, da ψ_β e dalla tetrade usata per proiettare la matrice di Dirac $\gamma_\nu = V_\nu^a \gamma_a$:

$$D_\mu R^\mu = \epsilon^{\mu\nu\alpha\beta} \gamma_5 \left[\gamma_\nu D_{[\mu} D_{\alpha]} \psi_\beta + \gamma_a D_\alpha \psi_\beta D_{[\mu} V_{\nu]}^a \right] \qquad (14.67)$$

(le parentesi di antisimmetrizzazione sono dovute alla contrazione con $\epsilon^{\mu\nu\alpha\beta}$). Il secondo contributo (che chiameremo A) è proporzionale alla torsione, ed usando l'equazione di campo (14.60) otteniamo immediatamente (in unità $\chi = 1$):

$$A = -\frac{1}{4} \left(\overline{\psi}_\mu \gamma^a \psi_\nu \right) \gamma_5 \gamma_a D_\alpha \psi_\beta \epsilon^{\mu\nu\alpha\beta}. \tag{14.68}$$

Calcoliamo ora il primo contributo, e mostriamo che si cancella esattamente con questo.

Per questo calcolo ci serve il commutatore di due derivate covarianti di Lorentz applicate a uno spinore. A questo scopo ricordiamo la definizione generale di D_μ in funzione dei generatori J_{ab} (si veda l'Eq. (12.22)), applichiamo il commutatore a un generico campo ψ, e sfruttiamo l'algebra dei generatori (12.20). Otteniamo così il risultato generale

$$
\begin{aligned}
[D_\mu, D_\nu] \psi &= -\frac{i}{2} \left(\partial_\mu \omega_\nu{}^{ab} - \partial_\nu \omega_\mu{}^{ab} \right) J_{ab} \psi \\
&\quad - \frac{1}{4} \omega_\mu{}^{ab} \omega_\nu{}^{cd} [J_{ab}, J_{cd}] \psi \\
&= -\frac{i}{2} R_{\mu\nu}{}^{ab}(\omega) J_{ab} \psi,
\end{aligned}
\tag{14.69}
$$

dove $R_{\mu\nu}{}^{ab}$ è la curvatura di Lorentz (12.54). Per un campo vettoriale, usando i generatori (12.29), ritroviamo il risultato dell'Eq. (12.51). Per un campo spinoriale dobbiamo usare i generatori (13.11), ed abbiamo:

$$D_{[\mu} D_{\nu]} \psi \equiv \frac{1}{2} [D_\mu, D_\nu] \psi = \frac{1}{8} R_{\mu\nu}{}^{ab} \gamma_{[a} \gamma_{b]} \psi. \tag{14.70}$$

Il primo contributo all'Eq. (14.67) (che chiameremo B) diventa quindi

$$B = \frac{1}{8} \gamma_5 \gamma_\nu \gamma_{[a} \gamma_{b]} \psi_\beta R_{\mu\alpha}{}^{ab} \epsilon^{\mu\nu\alpha\beta}. \tag{14.71}$$

La combinazione di matrici di Dirac che appare all'inizio di questa equazione è già stata calcolata nell'Eq. (14.58). Sfruttando tale risultato abbiamo:

$$
\begin{aligned}
B &= -\frac{i}{8} \epsilon^{\mu\nu\alpha\beta} \epsilon_{abcd} R_{\mu\alpha}{}^{ab} V_\nu^c \gamma^d \psi_\beta \\
&\quad + \frac{1}{4} \epsilon^{\mu\nu\alpha\beta} R_{\mu\alpha\nu}{}^b \gamma_5 \gamma_b \psi_\beta.
\end{aligned}
\tag{14.72}
$$

Il primo termine di questa equazione (che chiameremo B_1) è proporzionale al tensore di Einstein. Infatti, sfruttando il risultato dell'Esercizio 12.4 (e, in particolare, l'Eq. (12.75)) otteniamo:

$$B_1 = -\frac{i}{8} R_{\mu\alpha}{}^{ab} V_{abd}^{\mu\alpha\beta} \gamma^d \psi_\beta = \frac{i}{2} G^\beta{}_d \gamma^d \psi_\beta. \tag{14.73}$$

Possiamo quindi usare l'equazione di campo (14.64), che fornisce

$$B_1 = -\frac{1}{4}\epsilon^{\mu\nu\alpha\beta}\left(\overline{\psi}_\mu\gamma_5\gamma_a D_\nu\psi_\beta\right)\gamma^a\psi_\alpha. \tag{14.74}$$

Il secondo termine dell'Eq. (14.72) (che chiameremo B_2) è proporzionale a $R_{[\mu\alpha\nu]}{}^b$, che è determinato dalle identità di Bianchi per il tensore di curvatura. Se usassimo la geometria di Riemann questo termine sarebbe nullo (si veda la Sez. 6.2), e l'equazione del gravitino non sarebbe consistente.

Nel contesto della geometria di Riemann-Cartan, invece, le identità di Bianchi sono modificate per la presenza della torsione. Per calcolare $R_{[\mu\alpha\nu]}{}^b$ in una varietà di Riemann-Cartan consideriamo il commutatore di due derivate covarianti che agiscono sulle tetradi, ed applichiamo l'Eq. (12.51):

$$2D_{[\mu}D_{\alpha]}V_\nu^b = R_{\mu\alpha}{}^b{}_c V_\nu^c = -R_{\mu\alpha\nu}{}^b. \tag{14.75}$$

Prendendo la parte completamente antisimmetrica in $\mu\,\alpha,\,\nu$, e usando ancora l'equazione per la torsione (14.60), arriviamo a

$$R_{[\mu\alpha\nu]}{}^b = -2D_{[\mu}D_\alpha V_{\nu]}^b = \frac{1}{2}D_{[\mu}\left(\overline{\psi}_\alpha\gamma^b\psi_{\nu]}\right) = \overline{\psi}_{[\alpha}\gamma^b D_\mu\psi_{\nu]}, \tag{14.76}$$

e quindi

$$B_2 = \frac{1}{4}\epsilon^{\mu\nu\alpha\beta}\left(\overline{\psi}_\alpha\gamma^b D_\mu\psi_\nu\right)\gamma_5\gamma_b\psi_\beta. \tag{14.77}$$

Per mostrare che la somma dei tre contributi $A + B_1 + B_2$ è nulla usiamo ora la cosiddetta identità di Fierz. Dati tre spinori a 4 componenti, ξ,ψ,χ, tale identità si scrive

$$\left(\overline{\xi}\psi\right)\chi_A = -\frac{1}{4}\sum_i \left(\overline{\xi}\Gamma^i\chi\right)\left(\Gamma_i\psi\right)_A, \tag{14.78}$$

dove il simbolo Γ^i indica i 16 operatori matriciali che fanno da base per le matrici 4×4, ossia:

$$\Gamma^i = \left(1,\gamma^a,\sigma^{ab},\gamma^a\gamma^5,\gamma^5\right), \qquad a < b. \tag{14.79}$$

Applicando l'identità di Fierz possiamo riscrivere B_1 come segue:

$$B_1 = \frac{1}{16}\epsilon^{\mu\nu\alpha\beta}\left(\overline{\psi}_\mu\Gamma^i\psi_\alpha\right)\gamma^a\Gamma_i\gamma_5\gamma_a D_\nu\psi_\beta. \tag{14.80}$$

A questa espressione contribuiscono solo i termini che danno una corrente $\overline{\psi}_\mu\Gamma^i\psi_\alpha$ antisimmetrica in μ e α, e quindi (per le proprietà di anticommutazione degli spinori di Majorana), gli unici possibili contributi possono venire da γ^μ e $\sigma^{\mu\nu}$. Però $\gamma^a \sigma_{\mu\nu} \gamma_a \equiv 0$, per cui rimane

$$
\begin{aligned}
B_1 &= \frac{1}{16} \epsilon^{\mu\nu\alpha\beta} \left(\overline{\psi}_\mu \gamma^b \psi_\alpha \right) \gamma_5 \gamma^a \gamma_b \gamma_a D_\nu \psi_\beta \\
&= \frac{1}{16} \epsilon^{\mu\nu\alpha\beta} \left(\overline{\psi}_\mu \gamma^b \psi_\alpha \right) \gamma_5 \gamma^a \left(-\gamma_a \gamma_b + 2\eta_{ab} \right) D_\nu \psi_\beta \\
&= -\frac{1}{8} \epsilon^{\mu\nu\alpha\beta} \left(\overline{\psi}_\mu \gamma^b \psi_\alpha \right) \gamma_5 \gamma_b D_\nu \psi_\beta \\
&= \frac{1}{8} \epsilon^{\mu\nu\alpha\beta} \left(\overline{\psi}_\mu \gamma^b \psi_\nu \right) \gamma_5 \gamma_b D_\alpha \psi_\beta
\end{aligned}
\tag{14.81}
$$

(nell'ultimo passaggio abbiamo usato l'antisimmetria negli indici di somma α e ν). Ripetendo la stessa procedura per il termine B_2 abbiamo

$$
B_2 = \frac{1}{8} \epsilon^{\mu\nu\alpha\beta} \left(\overline{\psi}_\alpha \gamma^a \psi_\beta \right) \gamma_5 \gamma_a D_\mu \psi_\nu.
\tag{14.82}
$$

Quindi $B_2 = B_1 = -A/2$, e la somma dei contributi (14.68), (14.81), (14.82) si annulla esattamente fornendo $D_\mu R^\mu = 0$, e garantendo la consistenza del modello di supergravità considerato.

Esercizi Capitolo 14

14.1. Proprietà di anticommutazione degli spinori di Majorana
Dimostrare che per due spinori ϵ e ψ, che soddisfano la condizione di Majorana $\epsilon = \epsilon^c$, $\psi = \psi^c$, vale anche la proprietà:

$$
\overline{\epsilon}\psi = \overline{\psi}\epsilon.
\tag{14.83}
$$

14.2. Commutatore per trasformazioni di supersimmetria "on-shell"
Verificare la validità del risultato (14.25) per i campi B e ψ del modello di Wess-Zumino, sfruttando le proprietà degli spinori di Majorana e imponendo che le equazioni del moto siano soddisfatte.

14.3. Supersimmetria globale nel sistema gravitone-gravitino
Calcolare la variazione infinitesima $\delta\mathcal{L}$ della Lagrangiana (14.42) indotta dalle trasformazioni di supersimmetria globale (14.41), e mostrare che il risultato si può scrivere nella forma di una divergenza totale, $\delta\mathcal{L} = \partial_\mu K^\mu$.

14.4. Supersimmetria locale del modello di supergravità $N = 1$
Calcolare la variazione $\delta\mathcal{L}$ della Lagrangiana (14.53) prodotta dalla trasformazione di supersimmetria locale (14.55), e mostrare che tale variazione si riduce a una divergenza totale, $\delta\mathcal{L} = \partial_\mu K^\mu$, che si annulla se le equazioni del moto del gravitino sono soddisfatte.

Soluzioni

14.1. Soluzione

Dalla condizione di Majorana (14.2) abbiamo

$$C^{-1}\epsilon = \bar{\epsilon}^T, \tag{14.84}$$

e quindi, usando le proprietà (14.3) dell'operatore coniugazione di carica,

$$\bar{\epsilon} = \left(C^{-1}\epsilon\right)^T = \epsilon^T\left(C^{-1}\right)^T = -\epsilon^T C^{-1}. \tag{14.85}$$

Perciò:

$$\bar{\epsilon}\psi = -\epsilon^T C^{-1} C\overline{\psi}^T = -\epsilon^T\overline{\psi}^T = \left(\overline{\psi}\epsilon\right)^T = \overline{\psi}\epsilon. \tag{14.86}$$

Il penultimo passaggio è dovuto al fatto che gli spinori ϵ^A e ψ^A anticommutano, per cui

$$-\epsilon^T\overline{\psi}^T = -(\epsilon^A)^T\gamma_0\psi_A^* = \left(\psi_A^{*T}\gamma_0\epsilon^A\right)^T = \left(\overline{\psi}\epsilon\right)^T. \tag{14.87}$$

Infine, il risultato del prodotto spinoriale $\overline{\psi}\epsilon$ è un numero, e coincide con il suo trasposto.

14.2. Soluzione

Applicando le trasformazioni di supersimmetria (14.24) al campo B, e calcolando il commutatore, otteniamo:

$$\delta_2\delta_1 B = \delta_2\left(i\bar{\epsilon}_1\gamma^5\psi\right) = \frac{1}{2}\bar{\epsilon}_1\gamma^5\gamma^\mu\partial_\mu\left(A + i\gamma^5 B\right)\epsilon_2,$$
$$[\delta_2, \delta_1]B = \frac{1}{2}\left(\bar{\epsilon}_1\gamma^5\gamma^\mu\epsilon_2\right)\partial_\mu A + \frac{i}{2}\left(\bar{\epsilon}_1\gamma^5\gamma^\mu\gamma^5\epsilon_2\right)\partial_\mu B - \{1 \leftrightarrow 2\}. \tag{14.88}$$

Il primo termine proporzionale a $\partial_\mu A$ è simmetrico nello scambio degli indici 1 e 2, e quindi non contribuisce al commutatore. Infatti, ricordando le equazioni (14.3) e (14.85), ed usando le proprietà

$$\{\gamma^5, \gamma^\mu\} = 0 = [\gamma^5, C], \tag{14.89}$$

abbiamo:

$$\bar{\epsilon}_1\gamma^5\gamma^\mu\epsilon_2 = -\epsilon_1^T C^{-1}\gamma^5\gamma^\mu C\bar{\epsilon}_2^T = \epsilon_1^T\gamma^5\gamma^{\mu T}\bar{\epsilon}_2^T$$
$$= -\left(\bar{\epsilon}_2\gamma^\mu\gamma^5\epsilon_1\right)^T = \bar{\epsilon}_2\gamma^5\gamma^\mu\epsilon_1. \tag{14.90}$$

Riguardo infine al secondo termine dell'Eq. (14.88), proporzionale a $\partial_\mu B$, notiamo che

$$\gamma^5\gamma^\mu\gamma^5 = -\gamma^\mu, \tag{14.91}$$

e quindi, sfruttando il risultato (14.18), otteniamo

$$[\delta_2, \delta_1]B = -i\left(\bar{\epsilon}_1 \gamma^\mu \epsilon_2\right) \partial_\mu B, \qquad (14.92)$$

in accordo con l'Eq. (14.25).

Consideriamo ora il commutatore di due trasformazioni applicato a ψ, partendo dall'Eq. (14.24) e scrivendo esplicitamente le componenti spinoriali:

$$\delta_1 \psi_A = -\frac{i}{2} \partial_\mu A \left(\gamma^\mu \epsilon_1\right)_A + \frac{1}{2} \partial_\mu B \left(\gamma^\mu \gamma^5 \epsilon_1\right)_A. \qquad (14.93)$$

Perciò:

$$[\delta_2, \delta_1]\psi_A = -\frac{i}{2}\left(\bar{\epsilon}_2 \partial_\mu \psi\right) \gamma^\mu \epsilon_1 + \frac{i}{2}\left(\bar{\epsilon}_2 \gamma^5 \partial_\mu \psi\right) \gamma^\mu \gamma^5 \epsilon_1 - \{1 \leftrightarrow 2\}. \qquad (14.94)$$

È conveniente a questo punto usare l'identità di Fierz (14.78) per riarrangiare il membro destro dell'Eq. (14.94), e trasferire il termine $\partial_\mu \psi$ all'ultimo posto di tutti i prodotti spinoriali. Si ottiene così:

$$[\delta_2, \delta_1]\psi_A = \frac{i}{8} \sum_i \left(\bar{\epsilon}_2 \Gamma^i \epsilon_1\right) \gamma^\mu \Gamma_i \partial_\mu \psi$$
$$-\frac{i}{8} \sum_i \left(\bar{\epsilon}_2 \Gamma^i \epsilon_1\right) \gamma^\mu \gamma^5 \Gamma_i \gamma^5 \partial_\mu \psi - \{1 \leftrightarrow 2\}. \qquad (14.95)$$

Osserviamo ora che a questa espressione contribuiscono solo gli operatori Γ^i tali che il prodotto $\bar{\epsilon}_2 \Gamma^i \epsilon_1$ risulta antisimmetrico nello scambio degli indici 1 e 2 (i contributi simmetrici si elidono automaticamente calcolando il commutatore). Per le proprietà di anticommutazione degli spinori di Majorana ciò è possibile solo per γ^μ e $\sigma^{\mu\nu}$ (definito dall'Eq. (13.10)).

Nel caso di $\sigma^{\mu\nu}$, però, si ha $\gamma^5 \sigma^{\mu\nu} \gamma^5 = \sigma^{\mu\nu}$, e i quattro termini dell'Eq. (14.95) si cancellano identicamente. Rimane quindi solo il contributo di γ^μ, che fornisce

$$[\delta_2, \delta_1]\psi = \frac{i}{2}\left(\bar{\epsilon}_2 \gamma^\nu \epsilon_1\right) \gamma_\mu \gamma_\nu \partial^\mu \psi$$
$$= \frac{i}{2}\left(\bar{\epsilon}_2 \gamma^\nu \epsilon_1\right)\left(-\gamma_\nu \gamma_\mu + 2\eta_{\mu\nu}\right) \partial^\mu \psi. \qquad (14.96)$$

Il primo termine nella seconda riga del membro destro è nullo per l'equazione del moto, che impone $\gamma_\mu \partial^\mu \psi = 0$. Arriviamo quindi al risultato finale che, sfruttando l'Eq. (14.18), si può scrivere come

$$[\delta_2, \delta_1]\psi = -i\left(\bar{\epsilon}_1 \gamma^\mu \epsilon_2\right) \partial_\mu \psi, \qquad (14.97)$$

in accordo con l'Eq. (14.25).

14.3. Soluzione

Calcoliamo innazitutto la trasformazione infinitesima del campo $\overline{\psi}_\mu$. Partendo dalla definizione (14.41) di $\delta\psi_\mu$, e sfruttando il risultato dell'Eq. (13.46), otteniamo:

$$\delta\overline{\psi}_\mu = \left(\gamma^{[\alpha}\gamma^{\beta]}\epsilon\right)^\dagger \gamma^0 \partial_\alpha h_{\mu\beta} = -\overline{\epsilon}\gamma^{[\alpha}\gamma^{\beta]}\partial_\alpha h_{\mu\beta}. \qquad (14.98)$$

Variando la Lagrangiana (14.42), e sfruttando la trasformazione di h, ψ e $\overline{\psi}$, abbiamo quindi

$$\delta\mathcal{L} = \partial^\alpha h^{\mu\nu}\left(\overline{\epsilon}\gamma_\mu\partial_\alpha\psi_\nu\right)$$
$$+\frac{i}{2}\epsilon_{\mu\nu\alpha\beta}\left[-\left(\overline{\epsilon}\gamma^{[\rho}\gamma^{\sigma]}\gamma^5\gamma^\nu\partial^\alpha\psi^\beta\right)\partial_\rho h^\mu{}_\sigma \right. \qquad (14.99)$$
$$\left. +\left(\overline{\psi}^\mu\gamma^5\gamma^\nu\gamma^{[\rho}\gamma^{\sigma]}\epsilon\right)\partial^\alpha\partial_\rho h^\beta{}_\sigma\right]$$

(abbiamo racchiuso in parentesi tonde tutti i termini contenenti prodotti spinoriali).

Consideriamo l'ultimo termine della parentesi quadra. Mettendo in evidenza una divergenza totale,

$$\partial^\alpha V_\alpha \equiv \partial^\alpha\left(\frac{i}{2}\epsilon_{\mu\nu\alpha\beta}\overline{\psi}^\mu\gamma^5\gamma^\nu\gamma^{[\rho}\gamma^{\sigma]}\epsilon\,\partial_\rho h^\beta{}_\sigma\right), \qquad (14.100)$$

sfruttando le proprietà di anticommutazione degli spinori di Majorana $\overline{\psi}^\mu$ ed ϵ, e rinominando gli indici di somma μ e β, quest'ultimo termine si può riscrivere come:

$$\partial^\alpha V_\alpha - \frac{i}{2}\epsilon_{\mu\nu\alpha\beta}\left(\overline{\epsilon}\gamma^5\gamma^\nu\gamma^{[\rho}\gamma^{\sigma]}\partial^\alpha\psi^\beta\right)\partial_\rho h^\mu{}_\sigma. \qquad (14.101)$$

La variazione totale (14.99) della nostra Lagrangiana si riduce quindi a:

$$\delta\mathcal{L} = \partial^\alpha h^{\mu\nu}\left(\overline{\epsilon}\gamma_\mu\partial_\alpha\psi_\nu\right) + \partial^\alpha V_\alpha$$
$$-\frac{i}{2}\epsilon_{\mu\nu\alpha\beta}\,\overline{\epsilon}\gamma^5\left[\gamma^{[\rho}\gamma^{\sigma]}\gamma^\nu + \gamma^\nu\gamma^{[\rho}\gamma^{\sigma]}\right]\partial^\alpha\psi^\beta\partial_\rho h^\mu{}_\sigma. \qquad (14.102)$$

Possiamo ora usare i risultati (13.34), (13.36), (13.49), relativi ai prodotti delle matrici di Dirac, che forniscono:

$$\gamma^{[\rho}\gamma^{\sigma]}\gamma^\nu + \gamma^\nu\gamma^{[\rho}\gamma^{\sigma]} = 2\gamma^{[\nu}\gamma^\rho\gamma^{\sigma]} = -2i\epsilon^{\nu\rho\sigma\lambda}\gamma^5\gamma_\lambda. \qquad (14.103)$$

Sostituendo nell'Eq. (14.102), ed applicando la regola di prodotto (3.39) per i tensori completamente antisimmetrici, arriviamo a:

$$\delta\mathcal{L} = \partial^\alpha h^{\mu\nu}\left(\overline{\epsilon}\gamma_\mu\partial_\alpha\psi_\nu\right) + \partial^\alpha V_\alpha - \delta^{\rho\sigma\lambda}_{\mu\alpha\beta}\left(\overline{\epsilon}\gamma_\lambda\partial^\alpha\psi^\beta\right)\partial_\rho h^\mu{}_\sigma. \qquad (14.104)$$

Consideriamo l'ultimo termine di questa espressione, e notiamo che è diverso da zero solo per $\mu \neq \rho$ e $\mu \neq \sigma$, in virtù delle condizioni di *gauge* (14.39) che stiamo usando. L'unico contributo del simbolo $\delta^{\rho\sigma\lambda}_{\mu\alpha\beta}$ viene dunque dal termine $\mu = \lambda$, per cui il simbolo $\delta^{\rho\sigma\lambda}_{\mu\alpha\beta}$ si riduce a

$$\delta^\lambda_\mu \left(\delta^\rho_\alpha \delta^\sigma_\beta - \delta^\sigma_\alpha \delta^\rho_\beta \right), \tag{14.105}$$

e la sua sostituzione nell'Eq. (14.104) ci porta a:

$$\begin{aligned}
\delta\mathcal{L} = {}& \partial^\alpha h^{\mu\nu} \left(\bar{\epsilon}\gamma_\mu \partial_\alpha \psi_\nu \right) + \partial^\alpha V_\alpha \\
& - \left(\bar{\epsilon}\gamma_\mu \partial_\alpha \psi_\beta \right) \partial^\alpha h^{\mu\beta} + \left(\bar{\epsilon}\gamma_\mu \partial_\alpha \psi_\beta \right) \partial^\beta h^{\mu\alpha}.
\end{aligned} \tag{14.106}$$

Il primo e terzo termine al membro destro di questa equazione si cancellano identicamente tra loro. L'ultimo termine si può mettere nella forma di divergenza totale,

$$\partial_\alpha W^\alpha \equiv \partial_\alpha \left(\bar{\epsilon}\gamma_\mu \psi_\beta \partial^\beta h^{\mu\alpha} \right), \tag{14.107}$$

perché il contributo di $\partial_\alpha h^{\mu\alpha}$ è nullo, grazie ancora alla condizione di *gauge* (14.39). Otteniamo così che la variazione totale della Lagrangiana si può scrivere come una quadri-divergenza,

$$\delta\mathcal{L} = \partial_\alpha \left(V^\alpha + W^\alpha \right) \equiv \partial_\alpha K^\alpha, \tag{14.108}$$

dove, usando le definizioni di (14.100) e (14.107),

$$K^\alpha = \left(\bar{\epsilon}\gamma_\mu \psi_\beta \right) \partial^\beta h^{\mu\alpha} + \frac{i}{2} \epsilon^{\mu\nu\alpha\beta} \left(\bar{\psi}_\mu \gamma_5 \gamma_\nu \gamma_{[\rho} \gamma_{\sigma]} \epsilon \right) \partial^\rho h_\beta{}^\sigma. \tag{14.109}$$

Usando l'Eq. (14.58), e sfruttando le proprietà degli spinori di Majorana, la corrente K^α si può anche riscrivere nella forma seguente:

$$K^\alpha = \frac{1}{2} \left(\bar{\epsilon}\gamma_\mu \psi_\nu \right) \left(\partial^\nu h^{\mu\alpha} + \partial^\alpha h^{\mu\nu} \right) + \frac{i}{2} \epsilon^{\mu\nu\alpha\beta} \left(\bar{\psi}_\mu \gamma_5 \gamma^\rho \epsilon \right) \partial_\nu h_{\beta\rho}. \tag{14.110}$$

14.4. Soluzione

Come discusso nella Sez. 1.4.3, è sufficiente calcolare la variazione della Lagrangiana indotta dalle trasformazioni di supersimmetria delle due variabili indipendenti V e ψ. Dobbiamo perciò calcolare

$$\delta\mathcal{L} = \delta_V \mathcal{L}_2 + \delta_V \mathcal{L}_{3/2} + \delta_\psi \mathcal{L}_{3/2}, \tag{14.111}$$

dove $\mathcal{L}_2$ e $\mathcal{L}_{3/2}$ indicano, rispettivamente, la parte gravitazionale e spinoriale della Lagrangiana (14.53). Per semplicità, e per consistenza con la definizione delle trasformazioni (14.55), nei calcoli seguenti porremo ovunque $\chi = 8\pi G/c^4 = 1$.

Nella parte gravitazionale c'è solo il contributo di δV, e sfruttando i risultati (12.62), (12.75) possiamo scrivere immediatamente

$$\delta_V \mathcal{L}_2 = \delta_V \left(-\frac{V}{2} R \right) = G^\mu{}_a \delta V^a_\mu = \left(\bar{\epsilon} \gamma^a \psi_\mu \right) G^\mu{}_a, \qquad (14.112)$$

dove G è il tensore di Einstein (12.64).

Consideriamo ora la variazione della Lagrangiana di Rarita-Schwinger indotta dal gravitino, usando le trasformazioni $\delta\psi_\mu = -2D_\mu\epsilon$, $\delta\overline{\psi}_\mu = -2D_\mu\bar{\epsilon}$. Otteniamo:

$$\begin{aligned}
\delta_\psi \mathcal{L}_{3/2} &= -i\epsilon^{\mu\nu\alpha\beta} \left(D_\mu \bar{\epsilon} \gamma_5 \gamma_\nu D_\alpha \psi_\beta + \overline{\psi}_\mu \gamma_5 \gamma_\nu D_\alpha D_\beta \epsilon \right) \\
&= -i\epsilon^{\mu\nu\alpha\beta} \Big[\overline{\psi}_\mu \gamma_5 \gamma_\nu D_{[\alpha} D_{\beta]}\epsilon - \bar{\epsilon} \gamma_5 \gamma_\nu D_{[\mu} D_{\alpha]} \psi_\beta \qquad (14.113) \\
&\quad - \left(\bar{\epsilon} \gamma_5 \gamma_a D_\alpha \psi_\beta \right) D_\mu V^a_\nu \Big] + \text{divergenza totale.}
\end{aligned}$$

Consideriamo separatamente i primi due termini (che chiameremo C), contenenti le derivare seconde dei campi spinoriali.

Sfruttiamo innanzitutto il calcolo del commutatore di due derivate covarianti (si veda l'Eq. (14.70)), che fornisce:

$$C = -\frac{i}{8} \epsilon^{\mu\nu\alpha\beta} \left(\overline{\psi}_\mu \gamma_5 \gamma_\nu \gamma_{[a}\gamma_{b]} \epsilon R_{\alpha\beta}{}^{ab} - \bar{\epsilon} \gamma_5 \gamma_\nu \gamma_{[a}\gamma_{b]} \psi_\beta R_{\mu\alpha}{}^{ab} \right). \qquad (14.114)$$

La combinazione delle matrici γ che appare in questa equazione è già stata calcolata nell'Eq. (14.58). Inserendo tale risultato otteniamo:

$$\begin{aligned}
C &= -\frac{1}{8} \epsilon^{\mu\nu\alpha\beta} \epsilon_{abcd} V^c_\nu \left(\overline{\psi}_\mu \gamma^d \epsilon R_{\alpha\beta}{}^{ab} - \bar{\epsilon} \gamma^d \psi_\beta R_{\mu\alpha}{}^{ab} \right) \\
&\quad -\frac{i}{4} \epsilon^{\mu\nu\alpha\beta} V_{\nu a} \left(\overline{\psi}_\mu \gamma_5 \gamma_b \epsilon R_{\alpha\beta}{}^{ab} - \bar{\epsilon} \gamma_5 \gamma_b \psi_\beta R_{\mu\alpha}{}^{ab} \right).
\end{aligned} \qquad (14.115)$$

Ricordando le proprietà di anticommutazione degli spinori di Majorana possiamo inoltre scrivere

$$\overline{\psi}_\mu \gamma^d \epsilon = -\bar{\epsilon} \gamma^d \psi_\mu, \qquad \overline{\psi}_\mu \gamma_5 \gamma_b \epsilon = \bar{\epsilon} \gamma_5 \gamma_b \psi_\mu \qquad (14.116)$$

(si vedano gli Esercizi 14.1 e 14.2). Perciò gli ultimi due termini dell'Eq. (14.115) si cancellano tra loro, mentre i primi due termini forniscono

$$C = \frac{1}{4} \epsilon^{\mu\nu\alpha\beta} \epsilon_{abcd} V^c_\nu R_{\mu\alpha}{}^{ab} \left(\bar{\epsilon} \gamma^d \psi_\beta \right) = -G^\beta{}_d \left(\bar{\epsilon} \gamma^d \psi_\beta \right) \qquad (14.117)$$

(abbiamo usato l'Eq. (12.75)).

Consideriamo ora l'ultimo termine dell'Eq. (14.113), ed eliminiamo $D_{[\mu} V^a_{\nu]}$ mediante l'equazione di campo (14.60) per la torsione. Sommando tutti i contributi, la variazione di $\mathcal{L}_{3/2}$ indotta dalla trasformazione del gravitino si riduce quindi a

$$\delta_\psi \mathcal{L}_{3/2} = -G^\mu{}_a \left(\bar{\epsilon}\gamma^a \psi_\mu\right) - \frac{i}{4} \left(\bar{\epsilon}\gamma_5 \gamma_a D_\alpha \psi_\beta\right) \left(\overline{\psi}_\mu \gamma^a \psi_\nu\right) \epsilon^{\mu\nu\alpha\beta}. \qquad (14.118)$$

Rimane ancora da calcolare la variazione di $\mathcal{L}_{3/2}$ indotta dalla trasformazione di supersimmetria delle tetradi, che fornisce:

$$\begin{aligned}
\delta_V \mathcal{L}_{3/2} &= \frac{i}{2}\epsilon^{\mu\nu\alpha\beta}\overline{\psi}_\mu \gamma_5 \gamma_a D_\alpha \psi_\beta \delta V_\nu^a \\
&= \frac{i}{2}\epsilon^{\mu\nu\alpha\beta} \left(\overline{\psi}_\mu \gamma_5 \gamma_a D_\alpha \psi_\beta\right) \left(\bar{\epsilon}\gamma^a \psi_\nu\right).
\end{aligned} \qquad (14.119)$$

Operiamo sugli spinori ψ_μ, ψ_β, $\bar{\epsilon}$, un riarrangiamento di Fierz del tipo (14.78), ponendo

$$\delta_V \mathcal{L}_{3/2} = -\frac{i}{8}\epsilon^{\mu\nu\alpha\beta} \left(\bar{\epsilon}\gamma^a \Gamma^i \gamma_5 \gamma_a D_\alpha \psi_\beta\right) \left(\overline{\psi}_\mu \Gamma_i \psi_\nu\right). \qquad (14.120)$$

In questa forma, gli unici termini che danno un contributo non nullo alla variazione sono quelli che corrispondono a una corrente spinoriale $\overline{\psi}_\mu \Gamma_i \psi_\nu$ antisimmetrica in μ e ν: tali termini vengono dalla matrice $\Gamma^i = \gamma^a$ (ci sarebbe infatti il contributo del termine $\overline{\psi}_\mu \sigma_{\alpha\beta} \psi_\nu$, anch'esso antisimmetrico, ma questo va escluso perché $\gamma^a \sigma_{\alpha\beta} \gamma_a \equiv 0$). Perciò:

$$\begin{aligned}
\delta_V \mathcal{L}_{3/2} &= -\frac{i}{8}\epsilon^{\mu\nu\alpha\beta} \left(\bar{\epsilon}\gamma_5 \gamma^a \gamma^b \gamma_a D_\alpha \psi_\beta\right) \left(\overline{\psi}_\mu \gamma_b \psi_\nu\right) \\
&= -\frac{i}{8}\epsilon^{\mu\nu\alpha\beta}\bar{\epsilon}\gamma_5 \left(-\gamma^b \gamma^a + 2\eta^{ab}\right) \gamma_a D_\alpha \psi_\beta \left(\overline{\psi}_\mu \gamma_b \psi_\nu\right) \\
&= \frac{i}{4}\epsilon^{\mu\nu\alpha\beta} \left(\bar{\epsilon}\gamma_5 \gamma^b D_\alpha \psi_\beta\right) \left(\overline{\psi}_\mu \gamma_b \psi_\nu\right).
\end{aligned} \qquad (14.121)$$

Sommando tutti i contributi (14.112), (14.118) e (14.121) otteniamo un risultato nullo, a meno della divergenza totale trascurata in Eq. (14.113), che è data da:

$$\partial_\mu K^\mu = -iD_\mu \left(\epsilon^{\mu\nu\alpha\beta}\bar{\epsilon}\gamma_5 \gamma_\nu D_\alpha \psi_\beta\right). \qquad (14.122)$$

È immediato verificare che tale divergenza si annulla se si impongono le equazioni del moto (14.66) per il gravitino, $R^\mu = 0$, e la condizione di consistenza $D_\mu R^\mu = 0$ che risulta sempre soddisfatta *on-shell*, come discusso nella Sezione 14.3.1.

Appendice A

Il linguaggio delle forme differenziali

Questa appendice non contiene novità di carattere fisico rispetto agli altri capitoli del libro (con l'unica eccezione della Sez. A.4.2), ma si prefigge lo scopo di riscrivere e riderivare alcuni risultati ottenuti in precedenza usando un diverso linguaggio: quello delle cosiddette *forme esterne*, o forme differenziali. Tale formalismo permette di scrivere le equazioni in un modo più compatto che "nasconde" gli eventuali indici tensoriali riferiti ai diffeomorfismi dello spazio-tempo curvo, e che risulta di grande utilità in varie applicazioni (ad esempio, nei calcoli di tipo variazionale).

Il materiale presentato in questa appendice non ha pretese nè di completezza nè di rigore formale, ma va inteso come un primo approccio di tipo operazionale e intuitivo a questo metodo di calcolo (chiamato anche calcolo esterno o "calcolo di Cartan"). L'obiettivo è quello di mettere rapidamente il lettore in grado di comprendere e di svolgere, anche autonomamente, i calcoli necessari per le teorie gravitazionali. Ai lettori eventualmente interessati a una trattazione più rigorosa delle forme differenziali segnaliamo, ad esempio, il testo [11] della Bibliografia finale.

Notiamo infine che in questa Appendice useremo sempre la convenzione degli indici introdotta nel Capitolo 12, Sez. 12.1: le lettere Latine $a, b, c, \dots$ indicheranno indici di Lorentz dello spazio piatto tangente, le lettere Greche $\mu, \nu, \alpha, \dots$ indici tensoriali della varietà curva. Per le sorgenti materiali useremo sempre unità $\hbar = c = 1$. Inoltre, e a meno che non sia esplicitamente indicato il contrario, nelle prime tre sezioni A.1, A.2, A.3 assumeremo che la varietà spazio-temporale abbia un arbitrario numero D di dimensioni, con segnatura $(+, -, -, -, \dots)$.

A.1 Operazioni con le forme differenziali

Partiamo dall'osservazione che l'elemento di superficie (orientato) infinitesimo $dx_1 dx_2$ di una varietà differenziabile risulta antisimmetrico rispetto

© Springer-Verlag Italia 2015
M. Gasperini, *Relatività Generale e Teoria della Gravitazione*,
UNITEXT for Physics, DOI 10.1007/978-88-470-5690-9

alla trasformazione che scambia tra loro le coordinate, $x_1 \to x'_1 = x_2$ e $x_2 \to x'_2 = x_1$, perché il determinante Jacobiano della trasformazione vale $|\partial x'/\partial x| = -1$. Per cui

$$\int dx_1 dx_2 = -\int dx_2 dx_1. \tag{A.1}$$

Facendo riferimento al generico elemento di volume $dx_1 dx_2 \cdots dx_D$ introduciamo dunque una composizione di differenziali detta *prodotto esterno*, $dx^\mu \wedge dx^\nu$, che è associativa e antisimmetrica, $dx^\mu \wedge dx^\nu = -dx^\nu \wedge dx^\mu$. In questo contesto definiamo una forma differenziale "esterna" di grado p – o, più concisamente, una p-forma – come un elemento A dello spazio vettoriale lineare Λ_p generato dalla composizione esterna di p differenziali.

Qualunque p-forma A si può dunque rappresentare come un polinomio omogeneo di grado p nel prodotto esterno dei differenziali,

$$A \in \Lambda_p \qquad \Longrightarrow \qquad A = A_{[\mu_1 \cdots \mu_p]} dx^{\mu_1} \wedge \cdots \wedge dx^{\mu_p}, \tag{A.2}$$

dove $dx^{\mu_i} \wedge dx^{\mu_j} = -dx^{\mu_j} \wedge dx^{\mu_i}$ per ogni coppia di indici, e dove $A_{[\mu_1 \cdots \mu_p]}$ (le cosiddette componenti della p-forma) corrispondono alle componenti di un tensore di rango p completamente antisimmetrico. Uno scalare ϕ, ad esempio si può rappresentare come una zero-forma, un vettore covariante A_μ come una 1-forma A, dove $A = A_\mu dx^\mu$, un tensore antisimmetrico $F_{\mu\nu}$ come una 2-forma F, dove $F = F_{\mu\nu} dx^\mu \wedge dx^\nu$, e così via.

In una varietà D-dimensionale la somma diretta degli spazi vettoriali Λ_p, con p che varia da 0 a D, definisce la cosiddetta algebra di Cartan Λ,

$$\Lambda = \bigoplus_{p=0}^{D} \Lambda_p. \tag{A.3}$$

Questo spazio vettoriale lineare è dotato di un'applicazione da $\Lambda \times \Lambda$ a Λ, il cosiddetto prodotto esterno, le cui proprietà possono essere rappresentate nella base dei differenziali delle coordinate $(dx^{\mu_1} \wedge dx^{\mu_2} \wedge \cdots)$ da una legge di composizione che è:

(1) bilineare:

$$\left(\alpha\, dx^{\mu_1} \wedge \cdots dx^{\mu_p} + \beta\, dx^{\mu_1} \wedge \cdots dx^{\mu_p} \right) \wedge dx^{\mu_{p+1}} \wedge \cdots \wedge dx^{\mu_{p+q}}$$
$$= (\alpha + \beta) dx^{\mu_1} \wedge \cdots dx^{\mu_p} \wedge dx^{\mu_{p+1}} \wedge \cdots \wedge dx^{\mu_{p+q}} \tag{A.4}$$

(α e β sono arbitrari coefficienti numerici);

(2) associativa:

$$(dx^{\mu_1} \wedge \cdots dx^{\mu_p}) \wedge (dx^{\mu_{p+1}} \wedge \cdots dx^{\mu_{p+q}}) = dx^{\mu_1} \wedge \cdots \wedge dx^{\mu_{p+q}}; \tag{A.5}$$

(3) antismmetrica:

$$dx^{\mu_1} \wedge \cdots dx^{\mu_p} = dx^{[\mu_1} \wedge \cdots \wedge dx^{\mu_p]}. \qquad (A.6)$$

Quest'ultima proprietà implica che il prodotto esterno di un numero di differenziali μ_p maggiore delle dimensioni D dello spazio-tempo risulti identicamente nullo.

Sulla base di queste definizioni possiamo introdurre alcune importanti operazioni sulle forme esterne.

A.1.1 Prodotto esterno

Il prodotto esterno di una p-forma $A \in \Lambda_p$ e di una q-forma $B \in \Lambda_q$ è un'applicazione (che indicheremo con il simbolo $\wedge$) da $\Lambda_p \times \Lambda_q$ a Λ_{p+q} che è bilineare e associativa, e che definisce la $(p+q)$-forma C tale che:

$$C = A \wedge B = A_{\mu_1 \cdots \mu_p} B_{\mu_{p+1} \cdots \mu_{p+q}} dx^{\mu_1} \wedge \cdots \wedge dx^{\mu_{p+q}}. \qquad (A.7)$$

Si noti che le proprietà di commutatività di questo prodotto dipendono dal grado delle forme coinvolte (ossia dal numero delle componenti differenziali che si scambiano). In generale vale la regola

$$A \wedge B = (-1)^{pq} B \wedge A, \qquad (A.8)$$

dove p è il grado di A e q è il grado di B.

A.1.2 Derivata esterna

La derivata esterna di una p-forma $A \in \Lambda_p$ può essere interpretata, per quel che riguarda le regole di prodotto, come il prodotto esterno della 1-forma gradiente $dx^\mu \partial_\mu$ e della p-forma A. Perciò è rappresentata da un'applicazione (che indicheremo con il simbolo d) da Λ_p a Λ_{p+1}, che definisce la $(p+1)$-forma dA tale che

$$dA = \partial_{[\mu_1} A_{\mu_2 \cdots \mu_{p+1}]} dx^{\mu_1} \wedge \cdots \wedge dx^{\mu_{p+1}}. \qquad (A.9)$$

Se abbiamo uno scalare ϕ, ad esempio, la sua derivata esterna è data dalla 1-forma

$$d\phi = \partial_\mu \phi \, dx^\mu. \qquad (A.10)$$

La derivata esterna della 1-forma A è data dalla 2-forma

$$dA = \partial_{[\mu} A_{\nu]} dx^\mu \wedge dx^\nu, \qquad (A.11)$$

e così via per forme di grado più elevato.

Come immediata conseguenza della definizione (A.9) abbiamo che la derivata esterna seconda è sempre nulla,

$$d^2 A = d \wedge dA \equiv 0, \qquad (A.12)$$

qualunque sia il grado della forma A. È utile ricordare, a questo punto, che una p-forma A è detta *chiusa* se $dA = 0$, ed è detta *esatta* se soddisfa alla proprietà $A = d\phi$, dove ϕ è una forma di grado $p - 1$. Se una forma è esatta allora – ovviamente – è anche chiusa. Ma se è chiusa non è necessariamente esatta (il risultato dipende dalle proprietà topologiche della varietà su cui è definita la forma).

Dalla definizione (A.9) segue anche che, se la varietà ha una connessione simmetrica ($\Gamma_{\mu\nu}{}^\alpha = \Gamma_{\nu\mu}{}^\alpha$), il gradiente ∂_μ che appare nella derivata esterna può essere sostituito dal gradiente covariante ∇_μ. Infatti (ricordando le regole di derivazione della Sez. 3.4)

$$\nabla_{\mu_1} A_{\mu_2\mu_3\ldots} = \partial_{\mu_1} A_{\mu_2\mu_3\ldots} - \Gamma_{\mu_1\mu_2}{}^\alpha A_{\alpha\mu_3\ldots} - \Gamma_{\mu_1\mu_3}{}^\alpha A_{\mu_2\alpha\ldots} - \cdots, \qquad (A.13)$$

per cui, antisimmetrizzando, tutti i termini con la connessione si cancellano. Quindi:

$$dA = \nabla A \equiv \nabla_{[\mu_1} A_{\mu_2\cdots\mu_{p+1}]} dx^{\mu_1} \wedge \cdots \wedge dx^{\mu_{p+1}}. \qquad (A.14)$$

Dalla definizione (A.9), e dalla regola di commutazione (A.8), possiamo infine ottenere le regole di Leibnitz generalizzate per la derivata esterna di un prodotto. Consideriamo, ad esempio, il prodotto esterno di una p-forma A e una q-forma B: ricordando che l'operatore d si comporta come una 1-forma abbiamo:

$$d(A \wedge B) = dA \wedge B + (-1)^p A \wedge dB,$$
$$d(B \wedge A) = dB \wedge A + (-1)^q B \wedge dA. \qquad (A.15)$$

E così via per prodotti multipli.

A.1.3 Dualità e co-differenziale

Un'altra operazione che risulta indispensabile per le applicazioni fisiche di questo formalismo è la cosiddetta *dualità di Hodge*, che associa a ogni p-forma il suo "complemento" $(D - p)$-dimensionale. Il duale di una p-forma $A \in \Lambda_p$ è un'applicazione (che indicheremo con il simbolo $\star$) da Λ_p a Λ_{D-p}, che definisce la $(D - p)$-forma $\star A$ tale che:

$$\star A = \frac{1}{(D-p)!} A^{\mu_1\cdots\mu_p} \eta_{\mu_1\cdots\mu_p\mu_{p+1}\cdots\mu_D} dx^{\mu_{p+1}} \wedge \cdots \wedge dx^{\mu_D}. \qquad (A.16)$$

Ricordiamo che il tensore completamente antisimmetrico η è collegata alla densità di Levi-Civita ϵ dalla relazione

$$\eta_{\mu_1\cdots\mu_D} = \sqrt{|g|}\,\epsilon_{\mu_1\cdots\mu_D} \tag{A.17}$$

(si veda la Sez. 3.2, Eq. (3.34)). Va notato inoltre l'uso di $\sqrt{|g|}$ al posto di $\sqrt{-g}$ perché, con la segnatura $(+,-,-,-,\ldots)$, il segno di $g = \det g_{\mu\nu}$ in una varietà D-dimensionale dipende dal numero (pari o dispari) delle $D-1$ dimensioni spaziali.

È opportuno osservare che il quadrato dell'operatore duale non coincide con l'identità, in generale. Applicando la definizione (A.16), infatti, troviamo che

$$\star({}^{\star}A) = \frac{1}{p!(D-p)!}A_{\mu_1\cdots\mu_p}\eta^{\mu_1\cdots\mu_D}\eta_{\mu_{p+1}\cdots\mu_D\nu_1\cdots\nu_p}dx^{\nu_1}\wedge\cdots\wedge dx^{\nu_p}$$

$$= (-1)^{p(D-p)}(-1)^{D-1}\frac{1}{p!}\,\delta^{\mu_1\cdots\mu_p}_{\nu_1\cdots\nu_p}A_{\mu_1\cdots\mu_p}dx^{\nu_1}\wedge\cdots\wedge dx^{\nu_p} \tag{A.18}$$

$$= (-1)^{p(D-p)+D-1}A.$$

Il fattore $(-1)^{D-1}$ viene dalla regola di prodotto dei tensori completamente antisimmetrici poiché, in $D-1$ dimensioni spaziali, e con le nostre notazioni, abbiamo

$$\epsilon_{012\ldots D-1} = (-1)^{D-1}\epsilon^{012\ldots D-1} = (-1)^{D-1}. \tag{A.19}$$

Le regole di prodotto quindi si scrivono, in generale, come segue,

$$\eta_{\nu_1\cdots\nu_p\mu_{p+1}\cdots\mu_D}\eta^{\mu_1\cdots\mu_D} = (-1)^{D-1}(D-p)!\,\delta^{\mu_1\cdots\mu_p}_{\nu_1\cdots\nu_p}, \tag{A.20}$$

dove $\delta^{\mu_1\cdots\mu_p}_{\nu_1\cdots\nu_p}$ è il determinante definito dalll'Eq. (3.35). Il fattore $(-1)^{p(D-p)}$ dell'Eq. (A.18) viene invece dallo scambio dei p indici della forma A con i $D-p$ indici della forma duale, scambio necessario per posizionare gli indici di η nella sequenza convenzionale, prevista dalla regola di prodotto (A.20).

È utile anche notare (per le applicazioni successive) che il duale dell'identità, calcolato secondo la definizione (A.16), è direttamente collegato alla misura di integrazione scalare che rappresenta l'elemento di ipervolume della varietà data. Infatti:

$$\star 1 = \frac{1}{D!}\,\eta_{\mu_1\cdots\mu_D}dx^{\mu_1}\wedge\cdots\wedge dx^{\mu_D}$$

$$= \sqrt{|g|}\,\epsilon_{012\ldots D-1}dx^0\wedge dx^1\cdots\wedge dx^{D-1} \tag{A.21}$$

$$= (-1)^{D-1}\sqrt{|g|}\,d^D x.$$

Combinando questo risultato con la regola di prodotto

$$\eta_{\mu_1\cdots\mu_D}\eta^{\mu_1\cdots\mu_D} = (-1)^{D-1}D!, \tag{A.22}$$

otteniamo l'utile relazione

$$dx^{\mu_1} \wedge \cdots \wedge dx^{\mu_D} = \sqrt{|g|}\, d^D x\, \eta^{\mu_1 \cdots \mu_D} = d^D x\, \epsilon^{\mu_1 \cdots \mu_D}, \qquad (A.23)$$

che verrà applicata spesso nei calcoli successivi.

L'operazione di dualità di Hodge è indispensabile per definire i prodotti scalari che compaiono, per esempio, nell'integrale d'azione. Consideriamo infatti il prodotto esterno tra una p-forma A e il duale di un'altra p-forma B. Usando la definizione (A.16) e la relazione (A.23) otteniamo:

$$\int A \wedge {}^\star B = \frac{1}{(D-p)!} \int A_{\mu_1 \cdots \mu_p} B^{\nu_1 \cdots \nu_p} \eta_{\nu_1 \cdots \nu_p \mu_{p+1} \cdots \mu_D}\, dx^{\mu_1} \wedge \cdots \wedge dx^{\mu_D}$$

$$= (-1)^{D-1} \int d^D x\, \sqrt{|g|}\, A_{\mu_1 \cdots \mu_p} B^{\nu_1 \cdots \nu_p} \delta^{\mu_1 \cdots \mu_p}_{\nu_1 \cdots \nu_p} \qquad (A.24)$$

$$= (-1)^{D-1} p! \int d^D x\, \sqrt{|g|} A_{\mu_1 \cdots \mu_p} B^{\mu_1 \cdots \mu_p}$$

(nel secondo passaggio abbiamo usato la regola di prodotto (A.20)). Tale risultato è valido per due forme A e B che hanno lo stesso grado p (ma il valore di p è arbitrario), e usando l'Eq. (A.21) si può riscrivere come segue:

$$A \wedge {}^\star B = B \wedge {}^\star A = p!\, {}^\star 1\, A_{\mu_1 \cdots \mu_p} B^{\mu_1 \cdots \mu_p}. \qquad (A.25)$$

Osserviamo infine che l'operatore duale permette di rappresentare la divergenza di una p-forma A prendendo la derivata esterna del suo duale, e poi "dualizzando" una seconda volta il risultato ottenuto. Si ottiene così la $(p-1)$-forma ${}^\star(d^\star A)$ che ha come componenti la divergenza del tensore antisimmetrico $A_{[\mu_1 \cdots \mu_P]}$.

Calcoliamo infatti la derivata esterna della forma duale (A.16):

$$d^\star A = \frac{1}{(D-p)!} \partial_\alpha \left(\sqrt{|g|} A^{\mu_1 \cdots \mu_p} \right) \epsilon_{\mu_1 \cdots \mu_D} dx^\alpha \wedge dx^{\mu_{p+1}} \wedge \cdots \wedge dx^{\mu_D}. \quad (A.26)$$

Prendendone il duale abbiamo

$$
\begin{aligned}
{}^\star(d^\star A) &= \frac{1}{(p-1)!(D-p)!} \partial^\alpha \left(\sqrt{|g|} A_{\mu_1 \cdots \mu_p} \right) \epsilon^{\mu_1 \cdots \mu_p}{}_{\mu_{p+1} \cdots \mu_D} \\
&\quad \times \frac{1}{\sqrt{|g|}} \epsilon_\alpha{}^{\mu_{p+1} \cdots \mu_D}{}_{\nu_1 \cdots \nu_{p-1}} dx^{\nu_1} \wedge \cdots \wedge dx^{\nu_{p-1}} \qquad (A.27) \\
&= p(-1)^{D-1+(p-1)(D-p)} \nabla^\alpha A_{\alpha \nu_1 \cdots \nu_{p-1}} dx^{\nu_1} \wedge \cdots \wedge dx^{\nu_{p-1}},
\end{aligned}
$$

dove

$$\nabla_\alpha A^{[\alpha \nu_1 \cdots \nu_{p-1}]} = \frac{1}{\sqrt{|g|}} \partial_\alpha \left(\sqrt{|g|} A^{[\alpha \nu_1 \cdots \nu_{p-1}]} \right) \qquad (A.28)$$

è la divergenza covariante di un tensore completamente antisimmetrico, calcolata nell'ipotesi di connessione affine simmetrica.

Sfruttando questo risultato è possibile definire un altro tipo di operatore che agisce sulle forme esterne, chiamato "co-differenziale", o anche co-derivata esterna. Il co-differenziale di una p-forma è un'applicazione (che indicheremo con il simbolo δ) da Λ_p a Λ_{p-1}, che definisce la $(p-1)$-forma δA tale che:

$$\delta A = p \, \nabla^\alpha A_{\alpha\mu_1\cdots\mu_{p-1}} dx^{\mu_1} \wedge \cdots \wedge dx^{\mu_{p-1}}. \tag{A.29}$$

Il confronto con l'Eq. (A.27) mostra allora che la derivata esterna d e la co-derivata esterna δ sono collegate dalla relazione

$$\delta = (-1)^{D-1+(p-1)(D-p)} \, \star d \star. \tag{A.30}$$

Nelle sezioni seguenti ci limiteremo all'uso degli operatori di dualità, derivata esterna e prodotto esterno, che saranno sufficienti per gli scopi pedagogici di questa appendice e per la descrizione geometrica dei modelli gravitazionali che introdurremo.

A.2 Forme di base e di connessione: derivata covariante esterna

Il linguaggio delle forme esterne è particolarmente adatto, in un contesto geometrico, a rappresentare le equazioni della teoria gravitazionale proiettate sullo spazio piatto tangente. Usando le tetradi V_μ^a (si veda il Capitolo 12) possiamo infatti introdurre nello spazio-tempo tangente di Minkowski le *1-forme di base*

$$V^a = V_\mu^a dx^\mu, \tag{A.31}$$

e rappresentare ogni p-forma $A \in \Lambda_p$ su questa base come

$$A = A_{[a_1\cdots a_p]} V^{a_1} \wedge \cdots \wedge V^{a_p}, \tag{A.32}$$

dove $A_{a_1\cdots a_p} = A_{\mu_1\cdots\mu_p} V_{a_1}^{\mu_1} \cdots V_{a_p}^{\mu_p}$ sono le componenti della forma proiettata sul locale spazio tangente. In questa rappresentazione il formalismo risulta indipendente dalla particolare carta scelta per parametrizzare la varietà curva, perlomeno finché le equazioni non vengono esplicitamente riscritte in forma tensoriale.

In assenza esplicita di indici curvi (ossia, di riferimenti espliciti alle rappresentazioni del gruppo dei diffeomorfismi) la derivata covariante totale si riduce alla derivata covariante di Lorentz (si veda la Sez. 12.2). Introducendo la *1-forma di connessione*,

$$\omega^{ab} = \omega_\mu{}^{ab} dx^\mu, \tag{A.33}$$

dove $\omega_\mu{}^{ab}$ è la connessione di Lorentz, possiamo allora definire la derivata (di Lorentz) *covariante esterna*. Data una p-forma $\psi \in \Lambda_p$, che si trasforma come una rappresentazione del gruppo di Lorentz con generatori J_{ab} nel locale spazio tangente, la derivata covariante esterna di Lorentz è un'applicazione $D : \Lambda_p \to \Lambda_{p+1}$, che definisce la $(p+1)$-forma $D\psi$ tale che

$$D\psi = d\psi - \frac{i}{2}\omega^{ab} J_{ab}\psi \qquad (A.34)$$

(si veda l'Eq. (12.22)).

Consideriamo, ad esempio, una p-forma a valori vettoriali, $A^a \in \Lambda_p$. I generatori di Lorentz vettoriali portano alla derivata covariante (12.30). La corrispondente derivata covariante esterna è data da

$$DA^a = D_{\mu_1} A^a{}_{\mu_2 \cdots \mu_{p+1}} dx^{\mu_1} \wedge \cdots \wedge dx^{\mu_{p+1}} = dA^a + \omega^a{}_b \wedge A^b, \qquad (A.35)$$

dove dA^a è l'ordinaria derivata esterna della Sez. A.1.2. Poiché l'operatore D è una 1-forma e A^a una p-forma, la derivata DA^a è una $(p+1)$-forma. Inoltre, DA^a si trasforma correttamente in modo vettoriale per trasformazioni locali di Lorentz,

$$DA^a \to \Lambda^a{}_b \left(DA^b\right), \qquad (A.36)$$

perché la 1-forma di connessione si trasforma come

$$\omega^a{}_b \to \Lambda^a{}_c \, \omega^c{}_k \left(\Lambda^{-1}\right)^k{}_b - (d\Lambda)^a{}_c \left(\Lambda^{-1}\right)^c{}_b. \qquad (A.37)$$

Quest'ultima equazione, scritta come relazione tra 1-forme differenziali, riproduce esattamente la legge di trasformazione per la connessione già ricavata nell'Esercizio 12.1 (si veda l'Eq. (12.67)).

La definizione di derivata covariante esterna si applica facilmente a qualunque rappresentazione del gruppo locale di Lorentz. Se abbiamo in particolare una p-forma a valori tensoriali di tipo misto, ad esempio $A^a{}_b \in \Lambda_p$, e ricordiamo la definizione (12.34) di derivata covariante per oggetti di questo tipo, possiamo immediatamente scrivere la derivata covariante esterna come

$$DA^a{}_b = dA^a{}_b + \omega^a{}_c \wedge A^c{}_b - \omega^c{}_b \wedge A^a{}_c. \qquad (A.38)$$

E così via per altri tipi di rappresentazione.

Va notato che l'operatore differenziale D agisce sulla p-forma in modo indipendente dal grado p considerato. Le regole precedenti si applicano quindi senza cambiamenti anche al caso di zero-forme a valori tensoriali. Come importante esempio di zero-forma possiamo considerare la metrica η^{ab} dello spazio di Minkowski tangente: troviamo allora che la sua derivata covariante esterna è una 1-forma nulla,

$$D\eta^{ab} = d\eta^{ab} + \omega^a{}_c \eta^{cb} + \omega^b{}_c \eta^{ac} = \omega^{ab} + \omega^{ba} \equiv 0, \qquad (A.39)$$

in virtù della antisimmetria della connessione di Lorentz, $\omega^{ab} = \omega^{[ab]}$. Un'altra zero-forma a valori tensoriali nello spazio tengnte è il tensore completamente antisimmetrico ϵ^{abcd}. Applicando il risultato dell'Esercizio 12.3 è facile verificare che anche in questo caso la derivata covariante esterna, $D\epsilon^{abcd}$, è una 1-forma nulla.

Le proprietà della 1-forma D, intesa come operatore differenziale da Λ_p a Λ_{p+1}, sono le stesse della derivata esterna d. Se abbiamo, ad esempio, una p-forma A e una q-forma B, la derivata covariante del loro prodotto esterno obbedisce alle regole

$$D(A \wedge B) = DA \wedge B + (-1)^p A \wedge DB,$$
$$D(B \wedge A) = DB \wedge A + (-1)^q B \wedge DA \tag{A.40}$$

(si veda l'Eq. (A.15)). La derivata covariante seconda però non è nulla, in generale, perché dipende dalla curvatura.

Applicando due volte l'operatore D alla p-forma ψ dell'Eq. (A.34), e ricordando il risultato (14.69), abbiamo infatti

$$D^2\psi = D \wedge D\psi = D_\alpha D_\beta \psi_{\mu_1 \cdots \mu_p} dx^\alpha \wedge dx^\beta \wedge dx^{\mu_1} \wedge \cdots dx^{\mu_p}$$
$$= -\frac{i}{4} R_{\alpha\beta}{}^{ab}(\omega) J_{ab} \psi_{\mu_1 \cdots \mu_p} dx^\alpha \wedge dx^\beta \wedge dx^{\mu_1} \wedge \cdots dx^{\mu_p} \tag{A.41}$$
$$= -\frac{i}{2} R^{ab} J_{ab} \wedge \psi,$$

dove $R_{\alpha\beta}{}^{ab}$ è la curvatura di Lorentz (12.54), e dove abbiamo definito la 2-forma di curvatura

$$R^{ab} = \frac{1}{2} R_{\mu\nu}{}^{ab} dx^\mu \wedge dx^\nu$$
$$= \left(\partial_{[\mu} \omega_{\nu]} + \omega_{[\mu|}{}^a{}_c \omega_{|\nu]}{}^{cb} \right) dx^\mu \wedge dx^\nu \tag{A.42}$$
$$= d\omega^{ab} + \omega^a{}_c \wedge \omega^{cb}.$$

Se ψ, in particolare, è un campo vettoriale, $\psi \to A^a$, e quindi J_{ab} sono i corrispondenti generatori vettoriali (12.29), l'Eq. (A.41) diventa

$$D^2 A^a = R^a{}_b \wedge A^b. \tag{A.43}$$

Questa equazione trascrive e riproduce, nel linguaggio delle forme esterne, il risultato (12.51) relativo al commutatore di due derivate covarianti di Lorentz applicate a un vettore.

Si noti che l'Eq. (A.43) può anche essere ottenuta prendendo direttamente la derivata covariante esterna dell'Eq. (A.35). Applicando due volte l'operatore D alla forma vettoriale A^a, ed usando le proprietà delle forme, abbiamo infatti

$$
\begin{aligned}
D^2 A^a = D \wedge DA^a &= d(DA^a) + \omega^a{}_c \wedge DA^c \\
&= d^2 A^a + d\omega^a{}_b \wedge A^b - \omega^a{}_b \wedge dA^b + \omega^a{}_c \wedge \left(dA^c + \omega^c{}_b \wedge A^b\right) \\
&= (d\omega^a{}_b + \omega^a{}_c \wedge \omega^c{}_b) \wedge A^b \\
&\equiv R^a{}_b \wedge A^b,
\end{aligned}
\tag{A.44}
$$

dove R^{ab} è data dall'Eq. (A.42).

A.3 Forme di torsione e di curvatura: equazioni di struttura

Nel Capitolo 12 abbiamo visto che la connessione di Lorentz ω rappresenta il "potenziale di *gauge*" non-Abeliano associato alla simmetria locale di Lorentz, e che la curvatura $R(\omega)$ rappresenta il "campo di *gauge*" (o campo di Yang Mills) corrispondente. Nel linguaggio delle forme esterne il potenziale è rappresentato dalla 1-forma di connessione, ω^{ab}, e il campo di *gauge* dalla 2-forma di curvatura, R^{ab}, entrambe definite nella sezione precedente.

Nella sezione precedente abbiamo però introdotto, oltre alla connessione, un'altra variabile fondamentale per la teoria gravitazionale: la 1-forma V^a che fa da base nello spazio di Minkowski tangente. Ricordando la condizione di metricità delle tetradi, Eq. (12.40), e prendendone la parte antisimmetrica,

$$
D_{[\mu} V^a_{\nu]} \equiv \partial_{[\mu} V^a_{\nu]} + \omega_{[\mu}{}^a{}_{\nu]} = \Gamma_{[\mu\nu]}{}^a \equiv Q_{\mu\nu}{}^a,
\tag{A.45}
$$

possiamo allora associare alla 1-forma V^a la 2-forma di torsione R^a tale che:

$$
R^a = Q_{\mu\nu}{}^a dx^\mu \wedge dx^\nu = D_{[\mu} V^a_{\nu]} dx^\mu \wedge dx^\nu = DV^a.
\tag{A.46}
$$

Le equazioni che definiscono le 2-forme di torsione e di curvatura in funzione delle 1-forme di base e di connessione,

$$
R^a = DV^a = dV^a + \omega^a{}_b \wedge V^b,
\tag{A.47}
$$

$$
R^{ab} = d\omega^{ab} + \omega^a{}_c \wedge \omega^{cb},
\tag{A.48}
$$

si chiamano *equazioni di struttura*, perché determinano la struttura geometrica della varietà considerata. L'equazione per la curvatura, in particolare, è una conseguenza diretta dell'algebra di Lie del gruppo di Lorentz, e rispecchia l'interpretazione di ω come potenziale di *gauge* per tale gruppo. Se anche l'equazione per la torsione fosse determinata dalla struttura algebrica di un gruppo di simmetria potremmo interpretare anche la 1-forma V^a come potenziale di *gauge*, e la 2-forma di torsione come campo di *gauge* corrispondente.

Nella sezione seguente mostreremo che la struttura geometrica descritta dalle equazioni (A.47), (A.48) è una conseguenza diretta della struttura algebrica del gruppo di Poincarè. Più precisamente, mostreremo che la torsione e la curvatura definite da quelle equazioni rappresentano esattamente i campi di Yang-Mills per una teoria di *gauge* non-Abeliana basata sul gruppo di Poincarè.

A.3.1 Teoria di gauge per il gruppo di Poincarè

Consideriamo un gruppo di simmetria locale G, caratterizzato da n generatori X_A, $A = 1, 2, \ldots n$, che soddisfano l'algebra di Lie

$$[X_A, X_b] = i f_{AB}{}^C X_C, \tag{A.49}$$

dove $f_{AB}{}^C = -f_{BA}{}^C$ sono le costanti di struttura del gruppo.

Per formulare la teoria di *gauge* corrispondente (si veda la Sez. 12.1.1) associamo ad ogni generatore X_A la 1-forma potenziale $h^A = h^A_\mu dx^\mu$ con valori nell'algebra di Lie del gruppo, e poniamo

$$h \equiv h^A_\mu X_A dx^\mu. \tag{A.50}$$

Introduciamo quindi la derivata covariante esterna, definita come:

$$D = d - \frac{i}{2} h \tag{A.51}$$

(in unità $g = 1$, dove g è la costante di accoppiamento adimensionale).

Il prodotto esterno di due derivate covarianti definisce la 2-forma $R = R^A X_A$ del campo di *gauge*, o curvatura:

$$
\begin{aligned}
D^2 \psi = D \wedge D\psi &= \left(d - \frac{i}{2} h \right) \wedge \left(d - \frac{i}{2} h \right) \psi \\
&= -\frac{i}{2} dh\psi + \frac{i}{2} h \wedge d\psi - \frac{i}{2} h \wedge d\psi - \frac{1}{4} h \wedge h\psi \quad (A.52) \\
&= -\frac{i}{2} R\psi,
\end{aligned}
$$

dove

$$R = R^A X_A = dh - \frac{i}{2} h \wedge h. \tag{A.53}$$

Sostituendo $h = h^A X_A$, ed usando l'algebra di Lie (A.49), otteniamo

$$
\begin{aligned}
R^A X_A &= \left(dh^A \right) X_A - \frac{i}{4} h^B \wedge h^C [X_B, X_c] \\
&= \left(dh^A + \frac{1}{4} f_{BC}{}^A h^B \wedge h^C \right) X_A.
\end{aligned}
\tag{A.54}
$$

Questo mostra chiaramente che le componenti del campo di *gauge*,

$$R^A = dh^A + \frac{1}{4} f_{BC}{}^A h^B \wedge h^C, \qquad (A.55)$$

sono direttamente determinate dalla struttura algebrica del gruppo di *gauge* considerato.

Consideriamo ora il gruppo di Poincarè, ossia il gruppo massimo di isometrie dello spazio piatto tangente. È caratterizzato dai dieci generatori

$$X_A = \{P_a, J_{ab}\}, \qquad (A.56)$$

dove $J_{ab} = -J_{ba}$ (in questo caso l'indice A varia sulle 4 componenti del generatore di traslazioni P_a e sulle 6 componenti del generatore di rotazioni di Lorentz J_{ab}). Associamo a questi dieci generatori altrettante 1-forme, o potenziali di *gauge*,

$$h^A = \{V^a, \omega^{ab}\}, \qquad (A.57)$$

dove $\omega^{ab} = -\omega^{ba}$. Il corrispondente campo di *gauge* (o di Yang-Mills) $R = R^A X_A$ si può allora scomporre nelle componenti relative alle traslazioni e alle trasformazioni di Lorentz come segue,

$$R = R^A X_A = R^a P_a + R^{ab} J_{ab}, \qquad (A.58)$$

e la forma esplicita delle due curvature R^a e R^{ab} in funzione dei potenziali V^a e ω^{ab} è fissata dall'algebra di Lie del gruppo, in accordo all'Eq. (A.55).

L'algebra di Lie del gruppo di Poincarè è realizzata, in modo esplicito, dalle seguenti relazioni di commutazione tra i generatori P_a e J_{ab}:

$$\begin{aligned}
[P_a, P_b] &= 0, \\
[P_a, J_{bc}] &= i\left(\eta_{ab} P_c - \eta_{ac} P_b\right), \\
[J_{ab}, J_{cd}] &= i\left(\eta_{ad} J_{bc} - \eta_{ac} J_{bd} - \eta_{bd} J_{ac} + \eta_{bc} J_{ad}\right).
\end{aligned} \qquad (A.59)$$

Il confronto con la relazione generale (A.49) ci dice che le costanti di struttura non-nulle sono

$$\begin{aligned}
f_{a,bc}{}^d &= 2\eta_{a[b} \delta^d_{c]} = -f_{bc,a}{}^d \\
f_{ab,cd}{}^{ij} &= 2\eta_{d[a} \delta^i_{b]} \delta^j_c - 2\eta_{c[a} \delta^i_{b]} \delta^j_d,
\end{aligned} \qquad (A.60)$$

dove abbiamo separato con una virgola gli indici, o le coppie di indici, relative rispettivamente ai generatori P_a e J_{ab}. Sostituendo nella definizione di curvatura (A.55) otteniamo allora che il campo di *gauge* associato alle traslazioni,

$$R^a = dV^a + \frac{1}{4} f_{b,cd}{}^a V^b \wedge \omega^{cd} + \frac{1}{4} f_{cd,b}{}^a \omega^{cd} \wedge V^b$$

$$= dV^a + \frac{1}{2} f_{cd,b}{}^a \omega^{cd} \wedge V^b$$

$$= dV^a + \eta_{bd}\delta^a_c \omega^{cd} \wedge V^b \tag{A.61}$$

$$= dV^a + \omega^a{}_b \wedge V^b \equiv DV^a,$$

coincide esattamente con la 2-forma di torsione (A.47). Inoltre, il campo di *gauge* associato alle rotazioni di Lorentz,

$$R^{ab} = d\omega^{ab} + \frac{1}{4} f_{ij,cd}{}^{ab} \omega^{ij} \wedge \omega^{cd}$$

$$= d\omega^{ab} + \frac{1}{2} \left(\eta_{di}\delta^a_j \delta^b_c - \eta_{ci}\delta^a_j \delta^b_d \right) \omega^{ij} \wedge \omega^{cd}$$

$$= d\omega^{ab} + \frac{1}{2} \left(\omega_d{}^a \wedge \omega^{bd} - \omega_c{}^a \wedge \omega^{cb} \right) \tag{A.62}$$

$$= d\omega^{ab} + \omega^a{}_c \wedge \omega^{cb},$$

coincide esattamente con la curvatura di Lorentz (A.48).

Una teoria della gravità basata su di una struttura geometrica di Einstein-Cartan, caratterizzata da curvatura e torsione, si può quindi interpretare come una teoria di *gauge* per il gruppo di Poincarè. La teoria della relatività generale di Einstein corrisponde al caso limite $R^a = DV^a = 0$ in cui il campo di *gauge* torsionico è nullo, ossia il potenziale associato alle traslazioni è "puro *gauge*".

È sempre possibile, in linea di principio, scegliere in modo arbitario la struttura geometrica da applicare alla varietà spazio-temporale. In pratica, però, sono le sorgenti gravitazionali a determinare il tipo di struttura che risulta più adatto (e talvolta anche *necessario* per la consistenza fisica del modello).

Abbiamo visto, ad esempio, che una connessione simmetrica (e compatibile con la metrica) è sufficiente a fornire un'appropriata descrizione dell'interazione gravitazionale tra i corpi macroscopici. Nel caso del gravitino, invece, abbiamo visto che la presenza di torsione è necessaria per un accoppiamento gravitazionale minimo e consistente (nonché localmente supersimmetrico). Nelle Sezioni A.4.1 e A.4.2 vedremo come, nel contesto della cosiddetta teoria gravitazionale di Einstein-Cartan, sono le sorgenti stesse a determinare la torsione – così come la curvatura – dello spazio-tempo, mediante le equazioni di campo del modello. In quel caso non è più possibile fissare la parte antisimmetrica della connessione in modo arbitrario.

A.3.2 Identità di Bianchi

Concludiamo la Sez. A.3 mostrando che le identità di Bianchi, espresse nel linguaggio delle forme differenziali, si possono facilmente ricavare prendendo la derivata covariante esterna delle due equazioni di struttura (A.47), (A.48).

La derivata esterna della torsione fornisce la prima identità di Bianchi, che si scrive:

$$
\begin{aligned}
DR^a &= dR^a + \omega^a{}_b \wedge R^b \\
&= d\omega^a{}_b \wedge V^b - \omega^a{}_b \wedge dV^b + \omega^a{}_b \wedge dV^b + \omega^a{}_c \wedge \omega^c{}_b \wedge V^b \qquad \text{(A.63)} \\
&= R^a{}_b \wedge V^b.
\end{aligned}
$$

La derivata esterna della curvatura di Lorentz fornisce la seconda identità di Bianchi, che si scrive

$$
\begin{aligned}
DR^{ab} &= dR^{ab} + \omega^a{}_c \wedge R^{cb} + \omega^b{}_c \wedge R^{ac} \\
&= d\omega^a{}_c \wedge \omega^{cb} - \omega^a{}_c \wedge d\omega^{cb} + \omega^a{}_c \wedge \left(d\omega^{cb} + \omega^c{}_i \wedge \omega^{ib} \right) \\
&\quad + \omega^b{}_c \wedge \left(d\omega^{ac} + \omega^a{}_i \wedge \omega^{ic} \right) \\
&\equiv 0.
\end{aligned}
\qquad \text{(A.64)}
$$

Il membro destro di questa equazione si annulla identicamente perché, usando le proprietà delle forme differenziali introdotte nelle Sezioni A.1.1 e A.1.2, abbiamo

$$
\omega^b{}_c \wedge d\omega^{ac} = d\omega^a{}_c \wedge \omega^{bc} = -d\omega^a{}_c \wedge \omega^{cb}, \qquad \text{(A.65)}
$$

e quindi il primo e il penultimo termine, al membro destro, si cancellano a vicenda. Inoltre,

$$
\omega^b{}_c \wedge \omega^a{}_i \wedge \omega^{ic} = \omega^a{}_i \wedge \omega^i{}_c \wedge \omega^{bc} = -\omega^a{}_i \wedge \omega^i{}_c \wedge \omega^{cb}, \qquad \text{(A.66)}
$$

e quindi anche l'ultimo e il terz'ultimo termine si cancellano a vicenda.

Le identità di Bianchi (A.63), (A.64) valgono in generale per una connessione che soddisfa la condizione di metricità $\nabla g = 0$ (si veda la Sez. 3.5), anche nel caso di torsione non nulla. Nel caso di torsione nulla è facile verificare che le due identità trovate si riducono a quelle già note, e già presentate in forma tensoriale nella Sez. 6.2.

Per $R^a = 0$, infatti, l'Eq. (A.63) diventa

$$
R^A{}_b \wedge V^b = 0, \qquad \text{(A.67)}
$$

e quindi implica, in componenti,

$$
\frac{1}{2} R_{[\mu\nu|}{}^a{}_b V^b_{|\alpha]} dx^\mu \wedge dx^\nu \wedge dx^\alpha = 0, \qquad \text{(A.68)}
$$

da cui si ottiene

$$R_{[\mu\nu}{}^a{}_{\alpha]} = -R_{[\mu\nu\alpha]}{}^a = 0, \tag{A.69}$$

che coincide con la prima identità di Bianchi dell'Eq. (6.14).

Dall'Eq. (A.64) abbiamo invece

$$\frac{1}{2}D_{[\mu}R_{\alpha\beta]}{}^{ab}dx^\mu \wedge dx^\alpha \wedge dx^\beta = 0, \tag{A.70}$$

da cui

$$D_{[\mu}R_{\alpha\beta]}{}^{ab} = 0. \tag{A.71}$$

D'altra parte (si veda il Capitolo 12),

$$\nabla_\mu R_{\alpha\beta}{}^{ab} = D_\mu R_{\alpha\beta}{}^{ab} - \Gamma_{\mu\alpha}{}^\rho R_{\rho\beta}{}^{ab} - \Gamma_{\mu\beta}{}^\rho R_{\alpha\rho}{}^{ab}, \tag{A.72}$$

per cui, prendendo la parte antisimmetrica negli indici μ, α, β, il contributo di Γ scompare nel caso di torsione nulla ($\Gamma_{[\mu\alpha]}{}^\rho = 0$). In questo caso l'Eq. (A.71) si può riscrivere nella forma

$$\nabla_{[\mu}R_{\alpha\beta]}{}^{ab} = 0, \tag{A.73}$$

e coincide con la seconda identità di Bianchi dell'Eq. (6.15).

A.4 Equazioni di campo con il metodo variazionale di Palatini

Il metodo variazionale di Palatini, già introdotto ed usato nella Sez. 12.3.1, consiste nel dedurre le equazioni gravitazionali mediante un principio di "minima azione" in cui la connessione e le tetradi (o la metrica) vengono trattate come variabili indipendenti. In questa sezione applicheremo tale metodo a una generica azione scritta nel linguaggio delle forme esterne, prendendo come variabili indipendenti le 1-forme di base, V^a, e di connessione, ω^{ab}. Di qui in avanti ci restringeremo, per semplicità, al caso di una varietà spazio-temporale con $D = 4$ dimensioni (i calcoli svolti possono però essere estesi senza difficoltà al generico caso D-dimensionale).

Partiamo dalla forma (12.56) dell'azione gravitazionale di Einstein – che rappresenta l'integrale della densità di curvatura scalare sul quadrivolume di spazio-tempo considerato – e osserviamo che tale azione si può scrivere come l'integrale di una 4-forma differenziale nel modo seguente:

$$S_g = \frac{1}{2\chi} \int R^{ab} \wedge {}^\star (V_a \wedge V_b). \tag{A.74}$$

Infatti, usando la definizione di curvatura di Lorentz (A.42), la definizione di duale (A.16) e la relazione (A.23), abbiamo

$$
\begin{aligned}
R^{ab} \wedge {}^\star (V_a \wedge V_b) &= \frac{1}{2} R_{\mu\nu}{}^{ab} \frac{1}{2} V_a^\alpha V_b^\beta \eta_{\alpha\beta\rho\sigma} dx^\mu \wedge dx^\nu \wedge dx^\rho \wedge dx^\sigma \\
&= \frac{1}{4} R_{\mu\nu}{}^{ab} V_a^\alpha V_b^\beta \eta_{\alpha\beta\rho\sigma} \eta^{\mu\nu\rho\sigma} d^4 x \sqrt{-g} \\
&= -\frac{1}{2} R_{\mu\nu}{}^{ab} V_a^\alpha V_b^\beta \left(\delta_\alpha^\mu \delta_\beta^\nu - \delta_\alpha^\nu \delta_\beta^\mu \right) d^4 x \sqrt{-g} \\
&= -R \, d^4 x \sqrt{-g}
\end{aligned}
\tag{A.75}
$$

(nella terza riga abbiamo usato la regola di prodotto (A.20) in $D = 4$). La curvatura scalare che appare in questa equazione è definita a partire dalla connessione di Lorentz come

$$
R = R_{\mu\nu}{}^{ab}(\omega) V_a^\mu V_b^\nu,
\tag{A.76}
$$

in accordo all'Eq. (12.55).

L'azione totale (per il campo di gravità più le sorgenti) si può scrivere dunque nella forma

$$
S = \frac{1}{2\chi} \int R^{ab} \wedge {}^\star (V_a \wedge V_b) + S_m(\psi, V, \omega),
\tag{A.77}
$$

dove ψ è il campo materiale che fa da sorgente, $\chi = 8\pi G/c^4$, e dove un ulteriore (e appropriato) termine di superficie (si veda la Sez. 7.1) è da considerarsi eventualmente sottinteso. Nella prossima sezione varieremo questa azione rispetto a V^a e ω^{ab} per ottenere le corrispondenti equazioni che governano la dinamica dell'interazione gravitazionale.

A.4.1 Relatività generale ed equazioni di Einstein-Cartan

Per variare l'azione (A.77) rispetto a V riscriviamo innanzitutto l'operatore duale in modo esplicito, facendo riferimento alla base di 1-forme nello spazio tangente (in accordo all'Eq. (A.32)). Otteniamo:

$$
{}^\star (V_a \wedge V_b) = \frac{1}{2} \epsilon_{abcd} V^c \wedge V^d.
\tag{A.78}
$$

La variazione rispetto a V dell'azione gravitazionale fornisce allora

$$
\begin{aligned}
\delta_V S_g &= \frac{1}{4\chi} \int R^{ab} \wedge \left(\delta V^c \wedge V^d + V^c \wedge \delta V^d \right) \epsilon_{abcd} \\
&= \frac{1}{2\chi} \int \left(R^{ab} \wedge V^c \epsilon_{abcd} \right) \wedge \delta V^d,
\end{aligned}
\tag{A.79}
$$

dove abbiamo usato l'anticommutatività del prodotto esterno di due 1-forme, $\delta V^c \wedge V^d = -V^d \wedge \delta V^c$ (si veda l'Eq. (A.8)), e l'antisimmetria del tensore ϵ negli indici c e d.

A questo contributo va aggiunta la variazione dell'azione materiale rispetto a V, che si può scrivere in generale come

$$\delta_V S_m = \int \theta_d \wedge \delta V^d, \qquad (A.80)$$

dove θ_d è una 3-forma che possiamo associare alla densità di energia e impulso delle sorgenti. Essendo una 3-forma, θ_d può essere rappresentato sulla base V^a in generale come segue,

$$\theta_d = \frac{1}{3!}\theta_d{}^i \epsilon_{iabc} V^a \wedge V^b \wedge V^c, \qquad (A.81)$$

dove l'espressione esplicita di $\theta_d{}^i$ dipende ovviamente dal particolare tipo di sorgente considerato (come vedremo negli esempi successivi). Sommando i due contributi (A.79), (A.80) otteniamo infine le equazioni di campo,

$$\frac{1}{2} R^{ab} \wedge V^c \epsilon_{abcd} = -\chi \theta_d, \qquad (A.82)$$

che riproducono le equazioni di Einstein come un'uguaglianza tra due 3-forme a valori vettoriali nello spazio-tempo tangente di Minkowski.

Per riscrivere tali equazioni in forma tensoriale prendiamo le componenti di queste 3-forme usando le definizioni (A.42), (A.81), e le antisimmetrizziamo moltiplicandole per il tensore completamente antisimmetrico. Il membro sinistro dell'Eq. (A.82) fornisce allora

$$\frac{1}{4} R_{\mu\nu}{}^{ab} V_\alpha^c \epsilon_{abcd} \epsilon^{\mu\nu\alpha\beta} = R_d{}^\beta - \frac{1}{2} V_d^\beta R, \qquad (A.83)$$

dove abbiamo usato il risultato del"Esercizio 12.4 (Eq. (12.75)). Il membro destro fornisce

$$-\frac{\chi}{3!}\theta_d{}^i \epsilon_{iabc} \epsilon^{abc\beta} = \chi \theta_d{}^\beta. \qquad (A.84)$$

L'equazione di campo (A.82) si riscrive dunque in forma tensoriale come

$$G_d{}^\beta = \chi \theta_d{}^\beta, \qquad (A.85)$$

dove $G_d{}^\beta$ è il tensore di Einstein (A.83).

Queste equazioni, però, non risultano esplicitamente determinate finché non specifichiamo quale connessione va usata per calcolare la curvatura, il tensore di Einstein, e il tensore energia-impulso delle sorgenti. A questo proposito è necessario considerare la seconda equazione di campo, che si ottiene variando l'azione (A.77) rispetto alla connessione ω.

Calcoliamo innazitutto la variazione della curvatura $R^{ab}(\omega)$. Dalla definizione (A.42), e dalla definizione di covariante esterna, abbiamo

$$\begin{aligned}
\delta_\omega R^{ab} &= d\delta\omega^{ab} + \delta\omega^a{}_c \wedge \omega^{cb} + \omega^a{}_c \wedge \delta\omega^{cb} \\
&= d\delta\omega^{ab} + \omega^a{}_c \wedge \delta\omega^{cb} + \omega^b{}_c \wedge \delta\omega^{ac} \\
&\equiv D\delta\omega^{ab}.
\end{aligned} \tag{A.86}$$

Consideriamo poi l'azione gravitazionale. Usando il risultato precedente, ricordando che $D\epsilon_{abcd} = 0$ (si veda la Sez. A.2), e ricordando la definizione di torsione (A.47), otteniamo:

$$\begin{aligned}
\delta_\omega S_g &= \frac{1}{4\chi} \int D\delta\omega^{ab} \wedge V^c \wedge V^d \epsilon_{abcd} \\
&= \frac{1}{4\chi} \int \left[D\left(\delta\omega^{ab} \wedge V^c \wedge V^d\right) + 2\delta\omega^{ab} \wedge R^c \wedge V^d \right] \epsilon_{abcd}
\end{aligned} \tag{A.87}$$

(per il segno dell'ultimo termine abbiamo usato la proprietà (A.40) delle derivate esterne).

Osserviamo ora che il primo termine del precedente integrale corrisponde a una divergenza totale che fornisce, applicando il teorema di Gauss, un contributo di bordo. Infatti, è l'integrale della derivata covariante esterna di una 3-forma scalare, ossia è un integrale del tipo

$$\begin{aligned}
\int_\Omega DA &= \int_\Omega dA = \int_\Omega \partial_{[\mu} A_{\nu\alpha\beta]} \, dx^\mu \wedge dx^\nu \wedge dx^\alpha \wedge dx^\beta \\
&= \int_\Omega \partial_\mu \left(A_{\nu\alpha\beta} \eta^{\mu\nu\alpha\beta} \sqrt{-g} \right) d^4x = \int_{\partial\Omega} dS_\mu \sqrt{-g} \, \eta^{\mu\nu\alpha\beta} A_{\nu\alpha\beta}
\end{aligned} \tag{A.88}$$

(abbiamo usato l'Eq. (A.23) e il teorema di Gauss). Nel nostro caso, in particolare, la 3-forma A è data da

$$A = \delta\omega^{ab} \wedge V^c \wedge V^d \epsilon_{abcd}. \tag{A.89}$$

Poiché A è proporzionale a $\delta\omega$ il contributo dell'integrale (A.88) è nullo, perché il principio variazionale impone la condizione di variazione nulla, $\delta\omega = 0$, sul bordo $\partial\Omega$. Rimane dunque solo il secondo termine dell'Eq. (A.87), che fornisce

$$\delta_\omega S_g = \frac{1}{2\chi} \int \delta\omega^{ab} \wedge R^c \wedge V^d \epsilon_{abcd}. \tag{A.90}$$

Va poi considerato il contributo dell'azione materiale S_m, la cui variazione rispetto a ω si può esprimere in generale nella forma seguente,

$$\delta_\omega S_m = \int \delta\omega^{ab} \wedge S_{ab}, \tag{A.91}$$

dove $S_{ab} = -S_{ba}$ è una 3-forma a valori tensoriali antisimmetrici. Tale forma, come vedremo, è collegata alla densità di momento angolare intrinseco, e la sua espressione esplicita dipende dal modello di sorgente considerato (si vedano gli esempi successivi).

Sommando i contributi (A.90) e (A.91) otteniamo la relazione

$$\frac{1}{2} R^c \wedge V^d \epsilon_{abcd} = -\chi S_{ab}, \tag{A.92}$$

che rappresenta l'equazione di campo per la connessione. Risolvendo per ω possiamo specificare completamente la geometria del modello di gravità considerato, e sostituendo ω nell'Eq. (A.82) possiamo infine determinare la corrispondente dinamica gravitazionale. Le due equazioni (A.82), (A.92) vengono anche chiamate *equazioni di Einstein-Cartan*.

Nel caso particolare in cui la sorgente considerata non dà contributi all'equazione per la connessione – oppure i contributi forniti da S_{ab} sono trascurabili – si riottengono le equazioni di Einstein della relatività generale. Per $S_{ab} = 0$ l'Eq. (A.92) implica infatti che la torsione deve essere nulla. Per verificarlo, scriviamo l'Eq. (A.92) in forma esplicita tensoriale. Ponendo $S_{ab} = 0$, antisimmetrizzando le componenti e ricordando la regola di prodotto (12.74), otteniamo allora la condizione

$$\frac{1}{2} Q_{[\mu\nu}{}^c V^d_{\alpha]} \epsilon_{abcd} \epsilon^{\mu\nu\alpha\beta} = \frac{1}{2} Q_{\mu\nu}{}^c V^{\mu\nu\beta}_{abc} = 0, \tag{A.93}$$

ossia

$$\frac{1}{2} \left(Q_{ab}{}^c V^\beta_c + Q_{bc}{}^c V^\beta_a + Q_{ca}{}^c V^\beta_b - Q_{ac}{}^c V^\beta_b - Q_{ba}{}^c V^\beta_c - Q_{cb}{}^c V^\beta_a \right)$$
$$= Q_{ab}{}^\beta + Q_b V^\beta_a - Q_a V^\beta_b = 0, \tag{A.94}$$

dove $Q_b \equiv Q_{bc}{}^c$. Moltiplicando per V^b_β troviamo che la traccia deve essere nulla, $Q_a = 0$, e l'Eq. (A.94) si riduce a

$$Q_{ab}{}^c \equiv 0. \tag{A.95}$$

La condizione di torsione nulla, d'altra parte, si scrive anche $R^a = DV^a = 0$, ossia

$$D_{[\mu} V^a_{\nu]} \equiv \partial_{[\mu} V^a_{\nu]} + \omega_{[\mu}{}^a{}_{\nu]} = 0, \tag{A.96}$$

che risolta per ω fornisce la connessione di Levi-Civita della relatività generale (si vedano le equazioni (12.41)-(12.48) con $Q = 0$). Con questa connessione l'Eq. (A.85) coincide esattamente con le equazioni di campo di Einstein: al membro sinistro si ritrova infatti il tensore di Einstein simmetrico, calcolato dal tensore di curvatura di Riemann, e al membro destro si ritrova il tensore dinamico (e simmetrico) energia-impulso.

Nel contesto di una geometria con torsione nulla, $R^a = DV^a = 0$, e nel linguaggio delle forme differenziali, la legge di conservazione covariante del tensore energia-impulso si ottiene immediatamente prendendo la derivata covariante esterna dell'Eq. (A.82). Infatti, la derivata del membro sinistro è identicamente nulla,

$$\frac{1}{2} D R^{ab} \wedge V^c \epsilon_{abcd} = 0, \tag{A.97}$$

grazie alla seconda identità di Bianchi (A.64). Questo implica che anche la derivata del membro destro deve annullarsi, ossia che

$$D\theta_a = 0, \tag{A.98}$$

e questa condizione, riscritta in forma tensoriale, riproduce esattamente l'equazione di conservazione (7.35).

Per verificarlo, osserviamo innanzitutto che l'Eq. (A.97) corrisponde alla cosiddetta "identità di Bianchi contratta", scritta nel linguaggio delle forme differenziali. Passando al formalismo tensoriale – e cioè considerando le componenti delle forme e antisimmetrizzandole – abbiamo infatti:

$$\frac{1}{4} \nabla_\mu R_{\alpha\beta}{}^{ab} V_\nu^c \epsilon_{abcd} \epsilon^{\mu\nu\alpha\beta} = 0. \tag{A.99}$$

Si noti che abbiamo sostituito D_μ con ∇_μ perché la differenza tra i due operatori è rappresentata dal contributo dei simboli di Christoffel, che scompaiono antisimmetrizzando in μ, α, β (si veda l'Eq. (A.72)). Usando il risultato (12.75) per il prodotto dei tensori antisimmetrici, l'equazione precedente si riduce a:

$$\nabla_\mu \left(R_c{}^\mu - \frac{1}{2} V_c^\mu R \right) = 0. \tag{A.100}$$

Sfruttando la condizione di metricità delle tetradi, $\nabla_\mu V_\nu^c = 0$, possiamo infine moltiplicare per V_ν^c, e riscrivere il risultato come

$$\nabla_\mu G_\nu{}^\mu = 0, \tag{A.101}$$

che coincide appunto con l'identità di Bianchi contratta (6.26).

Prendiamo ora le componenti dell'Eq. (A.98), usando la definizione (A.81) per θ, ed antisimmetrizzando. Ripetendo i passaggi precedenti, e ricordando che $\nabla_\mu \eta_{\rho\nu\alpha\beta} = 0$ (si veda l'Esercizio 3.7), otteniamo

$$\frac{1}{6} \nabla_\mu \theta_a{}^\rho \eta_{\rho\nu\alpha\beta} \eta^{\mu\nu\alpha\beta} = -\frac{1}{6} \nabla_\mu \theta_a{}^\mu = 0. \tag{A.102}$$

Moltiplicando infine per V_ν^a, ed usando ancora $\nabla_\mu V_\nu^a = 0$, arriviamo infine alla condizione

$$\nabla_\mu \theta_\nu{}^\mu = 0, \tag{A.103}$$

che coincide con l'equazione di conservazione covariante per il tensore energia-impulso, in accordo al precedente risultato (7.35).

Esempio: campo scalare libero

Concludiamo la discussione della relatività generale espressa nel linguaggio delle forme esterne con un semplice esempio di sorgente materiale che non genera torsione: un campo scalare ϕ a massa nulla. La sua azione si scrive (in unità $\hbar = c = 1$):

$$S_m = -\frac{1}{2} \int d\phi \wedge {}^\star d\phi. \qquad (A.104)$$

Infatti, applicando il risultato (A.24) alla 1-forma $d\phi$, otteniamo

$$d\phi \wedge {}^\star d\phi = -d^4 x \sqrt{-g}\, \partial_\mu \phi \partial^\mu \phi, \qquad (A.105)$$

e quindi l'azione precedente coincide con l'azione canonica (7.37) di un campo scalare libero (con $V(\phi) = 0$).

La variazione rispetto ad ω – che non compare in S_m – è banalmente nulla: ritroviamo così la condizione (A.95) di torsione nulla, e la connessione si riduce a quella standard della geometria di Riemann usata dalla relatività generale.

La variazione dell'azione (A.104) rispetto a V rappresenta un utile esercizio di calcolo con le forme esterne. Osserviamo innanzitutto che $\delta_V d\phi = 0$, e che il contributo alla variazione viene dal termine duale, $\delta_V ({}^\star d\phi)$. Riscrivendo il duale rispetto alla base V^a dello spazio tangente abbiamo

$$
{}^\star d\phi = \frac{1}{3!} V_i^{\,\mu} \partial_\mu \phi\, \epsilon^i{}_{abc} V^a \wedge V^b \wedge V^c. \qquad (A.106)
$$

Perciò

$$
\begin{aligned}
\delta_V \left({}^\star d\phi\right) &= \frac{1}{2} \partial^i \phi\, \epsilon_{iabc} \delta V^a \wedge V^b \wedge V^c \\
&\quad - \frac{1}{3!} \delta V_\mu^{\,j} \partial_j \phi V_i^{\,\mu} \epsilon^i{}_{abc} V^a \wedge V^b \wedge V^c,
\end{aligned} \qquad (A.107)
$$

dove abbiamo usato l'identità

$$
\left(\delta V_i^{\,\mu}\right) V_\mu^{\,j} = - \left(\delta V_\mu^{\,j}\right) V_i^{\,\mu}, \qquad (A.108)
$$

che segue dalla relazione $V_\mu^{\,j} V_i^{\,\mu} = \delta_i^j$. Usando nuovamente la definizione di duale possiamo anche riscrivere l'Eq. (A.107), in forma compatta, nel modo seguente:

$$\delta_V \left({}^\star d\phi\right) = \partial^i \phi \delta V^a \wedge {}^\star \left(V_i \wedge V_a\right) - \partial_j \phi\, {}^\star \delta V^j. \qquad (A.109)$$

La variazione dell'azione scalare (A.104) assume quindi la forma

$$
\begin{aligned}
\delta_V S_m &= -\frac{1}{2} \int \left[\partial^a \phi\, d\phi \wedge \delta V^b \wedge {}^\star \left(V_a \wedge V_b\right) - \partial_a \phi\, d\phi \wedge {}^\star \delta V^a\right] \\
&= -\frac{1}{2} \int \left[\partial^a \phi\, d\phi \wedge {}^\star \left(V_a \wedge V_b\right) \wedge \delta V^b + \partial_a \phi\, {}^\star d\phi \wedge \delta V^a\right]
\end{aligned} \qquad (A.110)
$$

(nel secondo passaggio abbiamo usato, per il secondo termine, la proprietà $A \wedge {}^\star B = B \wedge {}^\star A$, valida per due forme dello spesso grado). L'equazione di campo (A.82) in questo caso diventa:

$$\frac{1}{2} R^{ab} \wedge V^c \epsilon_{abcd} = \frac{\chi}{2} \left[\partial^a \phi \, d\, \phi \wedge {}^\star (V_a \wedge V_d) + \partial_d \phi {}^\star d\phi \right]. \qquad (A.111)$$

Il membro sinistro, calcolato con torsione nulla, corrisponde all'usuale tensore di Einstein simmetrico. Verifichiamo che anche il membro destro corrisponde all'usuale tensore energia-impulso (simmetrico) di un campo scalare a massa nulla.

Prendendo le componenti della 3-forma presente a membro destro, e antisimmetrizzando, abbiamo

$$\frac{1}{2} \left[\frac{1}{2} \partial^a \phi \partial_\mu \phi \, \epsilon_{adij} V^i_\nu V^j_\alpha \epsilon^{\mu\nu\alpha\beta} + \frac{1}{6} \partial_d \phi \partial^\rho \phi \, \eta_{\rho\mu\nu\alpha} \eta^{\mu\nu\alpha\beta} \right]$$

$$= -\frac{1}{2} \partial^a \phi \partial_\mu \phi \left(V^\mu_a V^\beta_d - V^\beta_a V^\mu_d \right) + \frac{1}{2} \partial_d \phi \partial^\beta \phi \qquad (A.112)$$

$$= \partial_d \phi \partial^\beta \phi - \frac{1}{2} V^\beta_d \left(\partial_\mu \phi \partial^\mu \phi \right) = \theta_d{}^\beta,$$

che coincide appunto con il tensore canonico (7.40) del campo scalare (per il caso libero con $V(\phi) = 0$).

A.4.2 Sorgenti con spin e geometria con torsione

Per illustrare un semplice modello geometrico che utilizza la torsione prendiamo come sorgente gravitazionale un campo spinoriale di Dirac a massa nulla, che possiamo rappresentare come una zero-forma ψ a valori spinoriali nello spazio tangente di Minkowski. L'azione materiale si può allora scrivere (in unità $\hbar = c = 1$) come

$$S_m = -i \int \overline{\psi} \gamma \wedge {}^\star D\psi, \qquad (A.113)$$

dove $\gamma = \gamma_a V^a$ è una 1-forma, e ${}^\star D\psi$ è la 3-forma ottenuta dualizzando la 1-forma che corrisponde alla derivata covariante esterna dello spinore, definita in accordo all'Eq. (13.23). Applicando a queste forme il risultato (A.24) abbiamo, infatti,

$$-i\overline{\psi} \gamma \wedge {}^\star D\psi = i\overline{\psi} \gamma^\mu D_\mu \psi \, d^4 x \sqrt{-g}, \qquad (A.114)$$

che ci riporta all'azione covariante (13.24) (con $m = 0$).

Variando l'azione spinoriale rispetto a V, ed applicando la definizione (A.80), otteniamo la 3-forma

$$\theta_a = i\overline{\psi}\gamma_a{}^\star D\psi, \qquad (A.115)$$

che fa da sorgente nell'equazione gravitazionale di Einstein-Cartan (A.82). Si noti che questo oggetto non corrisponde al tensore energia-impulso dinamico del campo di Dirac calcolato nell'Esercizio 13.3 (che è simmetrico, e che fa da sorgente nelle equazioni gravitazionali di Einstein). Infatti, inserendo questa espressione di θ_a nell'Eq. (A.82), prendendo le componenti, antisimmetrizzando, e proiettando dallo spazio tangente allo spazio-tempo curvo, arriviamo all'equazione tensoriale

$$G_{\alpha\beta} = i\chi\overline{\psi}\gamma_\alpha D_\beta\psi, \qquad (A.116)$$

il cui membro destro è esplicitamente *non simmetrico* in α e β.

Tale asimmetria, che non sarebbe consistente nel contesto della geometria di Riemann, è invece consistente in una geometria di Riemann-Cartan caratterizzata da torsione non nulla. In quel caso, infatti, il membro sinistro dell'Eq. (A.116) va calcolato con una connessione affine non simmetrica (si veda la Sez. 3.5) e risulta anch'esso non simmetrico, al contrario dell'usuale tensore di Einstein (6.25).

Per verificare che il campo di Dirac considerato produce la torsione necessaria alla consistenza del modello dobbiamo variare l'azione (A.113) rispetto alla connessione ω, ricordando che

$$D\psi = d\psi + \frac{1}{4}\omega^{ab}\gamma_{[a}\gamma_{b]}\psi \qquad (A.117)$$

(si veda l'Eq. (13.23)). Si ottiene

$$\begin{aligned}
\delta_\omega S_m &= -\frac{i}{4}\int \overline{\psi}\gamma \wedge{}^\star \left(\delta\omega^{ab}\gamma_{[a}\gamma_{b]}\right)\psi \\
&= -\frac{i}{4}\int \delta\omega^{ab} \wedge \overline{\psi}{}^\star\gamma\gamma_{[a}\gamma_{b]}\psi,
\end{aligned} \qquad (A.118)$$

dove ${}^\star\gamma = \gamma_c{}^\star V^c$, e dove abbiamo usato la proprietà $\gamma \wedge {}^\star\delta\omega = \delta\omega \wedge {}^\star\gamma$, valida per forme γ e $\delta\omega$ dello stesso grado. Applicando la definizione (A.91) troviamo allora che l'equazione di Einstein-Cartan (A.92) per la connessione assume la forma

$$\frac{1}{2}R^c \wedge V^d \epsilon_{abcd} = \frac{i}{4}\chi\overline{\psi}{}^\star\gamma\gamma_{[a}\gamma_{b]}\psi. \qquad (A.119)$$

In questo caso la corrente spinoriale agisce da sorgente, e la torsione non è più nulla.

Per calcolare esplicitamente la torsione è conveniente riscrivere l'equazione precedente in forma tensoriale, prendendone le componenti ed antisimmetrizzando. Per il membro sinistro questo lavoro è già stato fatto, e il risultato riportato in Eq. (A.94). Ripetendo la procedura per il membro destro abbiamo

$$\frac{i}{4}\overline{\psi}\gamma^c\gamma_{[a}\gamma_{b]}\psi\frac{1}{6}V_c^{\rho}\eta_{\rho\mu\nu\alpha}\epsilon^{\mu\nu\alpha\beta} = \frac{i}{4}\overline{\psi}\gamma^{\beta}\gamma_{[a}\gamma_{b]}\psi, \qquad (A.120)$$

e l'Eq. (A.119) fornisce quindi

$$Q_{ab}{}^{\beta} + Q_b V_a^{\beta} - Q_a V_b^{\beta} = \frac{i}{4}\chi\overline{\psi}\gamma^{\beta}\gamma_{[a}\gamma_{b]}\psi. \qquad (A.121)$$

Moltiplicando per V_{β}^b otteniamo la traccia della torsione,

$$Q_a = i\frac{3}{8}\chi\overline{\psi}\gamma_a\psi, \qquad (A.122)$$

e quindi, portando i termini di traccia al membro destro, abbiamo:

$$Q_{abc} = \frac{i}{4}\chi\overline{\psi}\big(\gamma_c\gamma_{[a}\gamma_{b]} - 3\eta_{c[a}\gamma_{b]}\big)\psi. \qquad (A.123)$$

Ricordando le relazioni (13.34), (13.36) tra le matrici γ possiamo infine scrivere la torsione separando esplicitamente il contributo assiale e vettoriale del campo di Dirac:

$$Q_{abc} = \frac{\chi}{4}\left(\epsilon_{abcd}\overline{\psi}\gamma^5\gamma^d\psi + i\overline{\psi}\gamma_{[a}\eta_{b]c}\psi\right). \qquad (A.124)$$

Una volta determinata la torsione, la corrispondente connessione di Lorentz si ottiene risolvendo la condizione di metricità per le tetradi, e la soluzione è data dalle equazioni (12.46)-(12.48):

$$\omega_{cab} = \gamma_{cab} + K_{cab} \equiv \gamma_{cab} - (Q_{cab} - Q_{abc} + Q_{bca}), \qquad (A.125)$$

dove γ è la connessione di Levi-Civita. Quando $Q \neq 0$, in particolare, la curvatura di Lorentz determinata da ω contiene i contributi della torsione e definisce un tensore di Einstein non-simmetrico, modificando così le equazioni di campo rispetto a quelle della relatività generale.

È interessante notare che, in questo contesto geometrico generalizzato, anche l'equazione covariante di Dirac risulta modificata. Infatti, l'equazione del moto che segue dall'azione (A.113) è data da $i\gamma\wedge^{\star}D\psi = 0$, e si può ancora scrivere nella forma usuale $i\gamma^{\mu}D_{\mu}\psi = 0$, ma la derivata covariante (A.117) deve essere effettuata con la connessione (A.125). La presenza di torsione induce allora nell'equazione spinoriale dei termini non-lineari di contatto, detti anche "termini di Heisenberg".

Per determinarli esplicitamente sostituiamo nella parte torsionica della connessione il risultato (A.124), e separiamo il contributo della connessione di Levi-Civita ponendo

$$D = d + \frac{1}{4}\gamma^{ab}\gamma_{[a}\gamma_{b]} + \frac{1}{4}K^{ab}\gamma_{[a}\gamma_{b]}$$
$$= \overline{D} + \frac{1}{4}K^{ab}\gamma_{[a}\gamma_{b]},$$

(A.126)

dove $\overline{D}$ rappresenta la derivata covariante della relatività generale (si veda il Capitolo 13), ottenuta in assenza di torsione. Abbiamo allora:

$$i\gamma^{\mu}D_{\mu}\psi = i\gamma^{\mu}\overline{D}_{\mu}\psi + \frac{i}{4}\gamma^{\mu}K_{\mu ab}\gamma^{[a}\gamma^{b]}\psi$$
$$= i\gamma^{\mu}\overline{D}_{\mu}\psi + \frac{\chi}{16}\gamma^{c}\gamma^{[a}\gamma^{b]}\psi\left[\overline{\psi}\left(\gamma_{b}\eta_{ca} - \gamma_{a}\eta_{cb}\right)\psi - i\epsilon_{abcd}\overline{\psi}\gamma^{5}\gamma^{d}\psi\right].$$

(A.127)

Termini non lineari di contatto, di questo tipo, sono richiesti ad esempio nell'equazione covariante del campo spinoriale di Rarita-Schwinger per renderla localmente supersimmetrica, come abbiamo discusso nella Sez. 14.3.

A.4.3 Un semplice modello di supergravità

Come ultima applicazione di calcolo con le forme differenziali presenteremo l'azione, e deriveremo le corrispondenti equazioni di campo, per il modello di supergravità $N = 1$ discusso nella Sez. 14.3.

Rappresentiamo il gravitino con la 1-forma $\psi = \psi_{\mu}dx^{\mu}$ a valori spinoriali nello spazio tangente. L'azione corrispondente alla Lagrangiana (14.53) si può allora scrivere nel modo seguente,

$$S = \frac{1}{4\chi}\int R^{ab} \wedge V^{c} \wedge V^{d}\epsilon_{abcd} + \frac{i}{2}\int \overline{\psi} \wedge \gamma_{5}\gamma \wedge D\psi,$$

(A.128)

dove $\gamma = \gamma_{a}V^{a}$, e dove l'operatore D indica la derivata covariante esterna di Lorentz dell'Eq. (A.117).

La traduzione dell'azione gravitazionale nell'ordinario linguaggio tensoriale è già stata esplicitamente effettuata nell'Eq. (A.75). Per la parte spinoriale usiamo l'Eq. (A.23) ed otteniamo, in forma esplicita,

$$\frac{i}{2}\overline{\psi}_{\mu}\gamma_{5}\gamma_{\nu}D_{\alpha}\psi_{\beta}dx^{\mu} \wedge dx^{\nu} \wedge dx^{\alpha} \wedge dx^{\beta} = \frac{i}{2}\overline{\psi}_{\mu}\gamma_{5}\gamma_{\nu}D_{\alpha}\psi_{\beta}\epsilon^{\mu\nu\alpha\beta}d^{4}x,$$

(A.129)

in perfetto accordo con la Lagrangiana (14.53).

Per ottenere le equazioni di campo variamo l'azione (A.128) rispetto a V, ω e $\overline{\psi}$. Cominciando con V abbiamo

$$\delta_V S_{3/2} = \frac{i}{2} \int \overline{\psi} \wedge \gamma_5 \gamma_a \delta V^a \wedge D\psi$$
$$= \frac{i}{2} \int \overline{\psi} \wedge \gamma_5 \gamma_a D\psi \wedge \delta V^a. \tag{A.130}$$

Aggiungendo la variazione (A.79) della parte gravitazionale dell'azione arriviamo immediatamente all'equazione di campo

$$\frac{1}{2} R^{ab} \wedge V^c \epsilon_{abcd} = -\frac{i}{2} \chi \overline{\psi} \wedge \gamma_5 \gamma_d D\psi. \tag{A.131}$$

La versione tensoriale del membro sinistro è riportata nell'Eq. (A.83). Estraendo le componenti tensoriali anche per il membro destro ritroviamo l'equazione

$$G_d{}^\beta = -\frac{i}{2} \chi \overline{\psi}_\mu \gamma_5 \gamma_d D_\nu \psi_\alpha \epsilon^{\mu\nu\alpha\beta}$$
$$= \frac{i}{2} \chi \overline{\psi}_\mu \gamma_5 \gamma_d D_\nu \psi_\alpha \epsilon^{\mu\nu\beta\alpha} \tag{A.132}$$
$$\equiv \chi \theta_d{}^\beta,$$

dove $\theta_d{}^\beta$ è il tensore canonico (14.65). Ritroviamo dunque esattamente il risultato dell'equazione gravitazionale (14.64) ottenuta in precedenza.

Variamo ora rispetto a ω. Ricordando la definizione (A.117) della derivata covariante spinoriale, l'azione del gravitino fornisce

$$\delta_\omega S_{3/2} = \frac{i}{8} \int \delta \omega^{ab} \wedge \overline{\psi} \wedge \gamma_5 \gamma \gamma_{[a} \gamma_{b]} \wedge \psi. \tag{A.133}$$

Sommando la variazione dell'azione gravitazionale, Eq. (A.90), arriviamo all'equazione di campo per la connessione scritta nella forma

$$\frac{1}{2} R^c \wedge V^d \epsilon_{abcd} = -\frac{i}{8} \chi \overline{\psi} \wedge \gamma_5 \gamma \gamma_{[a} \gamma_{b]} \wedge \psi. \tag{A.134}$$

Osserviamo ora che $\gamma = \gamma_c V^c_\nu dx^\nu = \gamma_\nu dx^\nu$, per cui possiamo sfruttare la relazione (14.58) per esprimere il prodotto $\gamma_5 \gamma_\nu \gamma_{[a} \gamma_{b]}$. Inseriamo tale relazione nell'equazione precedente, e omettiamo i termini che non contribuiscono per le proprietà di di anticommutazione degli spinori di Majorana (si veda la Sez. 14.3.1). L'equazione precedente diventa

$$\frac{1}{2} R^c \wedge V^d \epsilon_{abcd} = -\frac{1}{8} \chi \overline{\psi} \wedge V^c \gamma^d \wedge \psi \epsilon_{abcd}$$
$$= -\frac{1}{8} \chi \overline{\psi} \gamma^c \wedge \psi \wedge V^d \epsilon_{abcd}. \tag{A.135}$$

Nel secondo passaggio abbiamo usato la proprietà $V^c \wedge \psi = -\psi \wedge V^c$, e abbiamo scambiato tra loro il nome degli indici c e d. Da quest'ultima equazione, fattorizzando $V^d \epsilon_{abcd}$, otteniamo immediatamente la 2-forma di torsione

$$R^c = -\frac{1}{4}\chi\overline{\psi}\gamma^c \wedge \psi, \qquad (\text{A.136})$$

che riproduce, nel linguaggio delle forme esterne, il risultato tensoriale (14.60).

Variamo infine l'azione (A.128) rispetto a $\overline{\psi}$. Si ottiene l'equazione del gravitino,

$$\frac{i}{2}\gamma_5\gamma \wedge D\psi = 0. \qquad (\text{A.137})$$

Prendendone le componenti, ed antisimmetrizzando, si arriva al risultato

$$\frac{i}{2}\gamma_5\gamma_\nu D_\alpha\psi_\beta\epsilon^{\mu\nu\alpha\beta} = 0, \qquad (\text{A.138})$$

che riproduce l'equazione del gravitino (14.66), scritta in esplicita forma tensoriale.

Appendice B

Gravità multidimensionale

Come già mostrato in varie parti di questo libro (Capitolo 11, Appendice A), non è difficile scrivere le equazioni gravitazionali in varietà spazio-temporali caratterizzate da un numero di dimensioni arbitrario $D > 4$. Il problema che può sorgere, però, è quello di capire l'eventuale rilevanza fisica (e la pertinenza) di tali modelli per la descrizione geometrica della gravità a livello macroscopico, ed eventualmente quello di trovare le possibili correzioni alle leggi che governano l'interazione gravitazionale in quattro dimensioni, indotte dalla presenza delle dimensioni spaziali aggiuntive (che chiameremo, usando un termine d'uso corrente, "dimensioni *extra*").

Possiamo chiederci, innanzitutto, per quale motivo dovremmo prendere in considerazione modelli di gravità multidimensionali.

Il motivo è semplice: i modelli unificati di tutte le interazioni fondamentali, come i modelli di supergravità e di superstringa (si vadano ad esempio i testi [24, 27, 28] della Bibliografia finale) richiedono, per loro consistenza interna, una formulazione ambientata in uno spazio-tempo multidimensionale. Possiamo ricordare a questo proposito la teoria delle superstringhe in $D = 10$ dimensioni, che rappresenta attualmente l'unica teoria unificata capace di includere, oltre alla gravità e alle altre interazioni fondamentali rappresentate dai campi (bosonici) di *gauge*, anche tutti i componenti elementari (fermionici) della materia. Questa teoria fornisce inoltre un modello di gravità quantistica valido (in principio) a tutte le scale di energia.

Se accettiamo l'idea che un modello fenomenologicamente completo e formalmente consistente vada formulato in uno spazio-tempo multidimensionale, la domanda che si pone, allora, è la seguente: come dedurre da tale modello le equazioni che governano le interazioni gravitazionali in $D = 4$?

La risposta è fornita dal cosiddetto meccanismo di "riduzione dimensionale", che ci dice, in sostanza, come "immergere" il nostro Universo a quattro dimensioni in una varietà multidimensionale. In questa appendice discuteremo brevemente due possibili scenari di riduzione dimensionale: il "vecchio" scenario di Kaluza-Klein, nel quale le dimensioni *extra* risultano compattificate su scale di lunghezze estremamente piccole; e il nuovo scenario "a membrana",

© Springer-Verlag Italia 2015
M. Gasperini, *Relatività Generale e Teoria della Gravitazione*,
UNITEXT for Physics, DOI 10.1007/978-88-470-5690-9

nel quale tutte le interazioni fondamentali, tranne la gravità, sono confinate su di una "fetta" a quattro dimensioni di una varietà spazio-temporale con molte dimensioni spaziali.

Come nel caso della precedente Appendice A, va sottolineato che anche in questa appendice lo scopo principale è quello di fornire una prima introduzione, di tipo pedagogico, ai problemi menzionati in precedenza. I lettori interessati all'argomento sono invitati a consultare altri testi per una discussione più specialistica ed esauriente dei modelli di gravità multidimensionali, e per un approfondimento dei vari problemi ad essi associati (si veda ad esempio il testo [25] della Bibliografia finale per lo scenario di Kaluza-Klein).

Ricordiamo infine che, in tutta questa appendice, gli indici Latini maiuscoli saranno riferiti alle rappresentazioni tensoriali di una varietà D-dimensionale, e assumeranno quindi i valori $A, B, C, \ldots = 0, 1, 2, 3, \ldots, D - 1$.

B.1 Il modello di Kaluza-Klein

L'esempio più semplice di modello gravitazionale con più di quattro dimensioni è stato fornito quasi un secolo fa da Kaluza e Klein[1], ed è stato costruito con lo scopo di fornire una descrizione geometrica, oltre che della gravità, anche dell'unica altra interazione fondamentale nota a quel tempo: l'interazione elettromagnetica.

L'idea di base era quella di interpretare il potenziale elettromagnetico A_μ come un componente della metrica in uno spazio-tempo a cinque dimensioni $\mathcal{M}_5$, e la simmetria di *gauge* $U(1)$ come un'isometria della geometria pentadimensionale. Questa idea, come vedremo in seguito, si può estendere (in principio) anche a campi di *gauge* non-Abeliani, a patto di introdurre varietà spazio-temporali con un numero opportuno di dimensioni e un'appropriata struttura geometrica (e isometrica).

Ma partiamo dal semplice caso di un modello di pura gravità in $D = 5$ dimensioni, descritto dall'azione

$$ S = -\frac{M_5^3}{2} \int dx^5 \sqrt{|\gamma_5|}\, R_5. \tag{B.1} $$

In questa azione γ_5 è il determinante della metrica pentadimensionale γ_{AB}, mentre R_5 è la corrispondente curvatura scalare di Riemann. Infine, $M_5^3 \equiv (8\pi G_5)^{-1}$ rappresenta la scala di massa associata alla costante d'accoppiamento G_5 che controlla l'intensità effettiva dell'interazione gravitazionale nella varietà a cinque dimensioni $\mathcal{M}_5$.

Si noti che stiamo usando unità in cui $\hbar = c = 1$ e che, in queste unità, la costante gravitazionale di uno spazio-tempo D-dimensionale ha dimensioni

---

[1] T. Kaluza, *Sitzungsber. Preuss. Akad. Wiss. Berlin* **1921**, 966 (1921); O. Klein, *Z. Phys.* **37**, 895 (1926).

$[G_D] = M^{2-D} = L^{D-2}$. In $D = 4$ l'accoppiamento è controllato dalla usuale costante di Newton G, collegata alla scala di massa (o di lunghezza) di Planck dalla ben nota relazione $8\pi G = M_{\rm P}^{-2} = \lambda_{\rm P}^2$.

Notiamo ora che il tensore metrico γ_{AB} di una varietà D-dimensionale, essendo simmetrico, possiede in generale un numero $D(D+1)/2$ di componenti indipendenti. In $D = 5$, in particolare, il numero di componenti indipendenti è pari a 15, ed è possibile scomporre la metrica γ_{AB} in una parte simmetrica 4×4 di tipo tensoriale $g_{\mu\nu}$ (con 10 componenti indipendenti), una parte di tipo vettoriale A_μ (con 4 componenti indipendenti) e una parte di tipo scalare ϕ (con 1 componente indipendente). Mettendo in evidenza (per convenienza futura) un possibile fattore scalare moltiplicativo possiamo perciò porre

$$\gamma_{AB} = w(\phi)\,\overline{\gamma}_{AB}, \tag{B.2}$$

dove $w(\phi)$ è una funzione scalare positiva (ma arbitraria) di ϕ, e dove:

$$\overline{\gamma}_{\mu\nu} = g_{\mu\nu} - \phi A_\mu A_\nu, \qquad \overline{\gamma}_{\mu 4} = \overline{\gamma}_{4\mu} = \phi A_\mu, \qquad \overline{\gamma}_{44} = -\phi. \tag{B.3}$$

Ricordiamo le convenzioni: gli indici Greci variano da 0 a 3, gli indici Latini maiuscoli variano da 0 a 4, e la quinta dimensione corrisponde all'indice 4. Stiamo inoltre assumendo che la variabile ϕ sia positiva. La metrica inversa è data da $\gamma^{AB} = w^{-1}\overline{\gamma}_{AB}$, dove:

$$\overline{\gamma}^{\mu\nu} = g^{\mu\nu}, \qquad \overline{\gamma}^{\mu 4} = \overline{\gamma}^{4\mu} = A^\mu = g^{\mu\alpha}A_\alpha, \qquad \overline{\gamma}^{44} = -\phi^{-1} + g^{\alpha\beta}A_\alpha A_\beta, \tag{B.4}$$

e dove $g^{\mu\alpha}g_{\nu\alpha} = \delta^\mu_\nu$. Si può facilmente verificare che la proprietà $\gamma_{AC}\gamma^{CB} = \delta^B_A$ risulta automaticamente soddisfatta.

La parametrizzazione γ_{AB} in funzione del multipletto di campi $\{g_{\mu\nu}, A_\mu, \phi\}$ è per il momento completamente generale, ma risulta utile per discutere le proprietà di trasformazione della metrica pentadimensionale rispetto a particolari trasformazioni di coordinate.

Partiamo infatti da una generica carta di $\mathcal{M}_5$, $z^A = \{x^\mu, y\}$ (abbiamo chiamato y la quinta coordinata z^4), e consideriamo la trasformazione alla nuova carta $z'^A = \{x'^\mu, y'\}$ dove, in particolare,

$$x'^\mu = x^\mu, \qquad y' = y + f(x). \tag{B.5}$$

Calcolando $\gamma'_{AB}(z')$ secondo le regole standard di trasformazione tensoriale (si veda ad esempio l'Eq. (2.18)) troviamo facilmente che le componenti della metrica, nella nuova carta, sono date

$$g'_{\mu\nu}(x,y') = g_{\mu\nu}(x,y), \qquad A'_\mu(x,y') = A_\mu(x,y) + \partial_\mu f(x),$$
$$\phi'(x,y') = \phi(x,y). \tag{B.6}$$

Il risultato ottenuto per A_μ suggerisce che un modello geometrico che risulta "isometrico" rispetto alla trasformazione di coordinate (B.5) dovrebbe rispecchiare la presenza di una simmetria di *gauge* Abeliana, associata alla componente vettoriale A_μ del tensore metrico.

Che le cose stiano effettivamente così è confermato dal processo di "riduzione dimensionale" del modello, che ci porta dalla varietà $\mathcal{M}_5$ allo spazio-tempo a quattro dimensioni $\mathcal{M}_4$.

L'approccio di Kaluza-Klein a questo processo si basa sull'assunzione che la struttura geometrica di $\mathcal{M}_5$ si possa fattorizzare come il prodotto $\mathcal{M}_5 = \mathcal{M}_4 \otimes S_1$, dove S_1 è uno spazio unidimensionale compatto, topologicamente equivalente a un cerchio di raggio L_c, e quindi parametrizzato da una coordinata y che soddisfa alla condizione $0 \leq y \leq 2\pi L_c$. In tal caso, tutti gli oggetti definiti su $\mathcal{M}_5$ (inclusi i campi $g_{\mu\nu}$, A_μ e ϕ) risultano periodici in y e si possono sviluppare in serie di Fourier rispetto a questa variabile. Per le componenti della metrica, in particolare, abbiamo

$$
g_{\mu\nu}(z) = \sum_{n=-\infty}^{\infty} g_{\mu\nu}^{(n)}(x) e^{iny/L_c},
$$

$$
A_\mu(z) = \sum_{n=-\infty}^{\infty} A_\mu^{(n)}(x) e^{iny/L_c}, \tag{B.7}
$$

$$
\phi(z) = \sum_{n=-\infty}^{\infty} \phi^{(n)}(x) e^{iny/L_c}.
$$

Poiché questi campi sono reali, le componenti di Fourier soddisfano ovviamente la condizione di realtà $(g_{\mu\nu}^{(n)})^* = g_{\mu\nu}^{(-n)}$ (e così via per $A_\mu^{(n)}$ e $\phi^{(n)}$).

Una volta fissata la dipendenza da y (grazie allo sviluppo di Fourier precedente), la riduzione dimensionale si ottiene inserendo le componenti della metrica (B.2)-(B.4) nell'azione (B.1), e integrando rispetto alla quinta coordinata y. Si arriva così ad una (complicata) azione effettiva a quattro dimensioni[2] che descrive le mutue interazioni di un numero infinito di campi quadri-dimensionali (i modi di Fourier $g_{\mu\nu}^{(n)}$, $A_\mu^{(n)}$, $\phi^{(n)}$), i quali – perlomeno in una metrica piatta di Minkowski e in un regime perturbativo di basse energie – sono caratterizzati da una massa m_n che cresce proporzionalmente all'indice di Fourier, $m_n = n/L_c$.

Che la massa abbia un andamento di questo tipo si può determinare facilmente scrivendo l'azione (B.1) per una configurazione geometrica che approssima quella di Minkowski, e ponendo $\gamma_{AB} = \eta_{AB} + h_{AB} + \dots$. Si trova allora che le fluttuazioni h_{AB} soddisfano un'equazione linearizzata che si riduce, nel

---

[2] Questa azione effettiva è caratterizzata da un numero infinito di simmetrie, come possiamo scoprire sviluppando in serie di Fourier i parametri ξ^A della trasformazione di coordinate infinitesima $z^A \to z^A + \xi^A(x^\mu, y)$. Infatti, per rispettare la struttura topologica che abbiamo assunto per $\mathcal{M}_5$, dobbiamo restringerci a trasformazioni di coordinate che siano periodiche in y, e quindi caratterizzate da un parametro infinitesimo che si può sviluppare come segue: $\xi^A = \sum_n \xi_{(n)}^A(x) e^{iny/L_c}$ (come sottolineato da L. Dolan e M. J. Duffin *Phys. Rev. Lett.* **52**, 14 (1984)).

vuoto, all'equazione di D'Alembert in cinque dimensioni,

$$\left(\partial_0^2 - \nabla^2 - \partial_y^2\right) h_{AB} = 0. \tag{B.8}$$

Sviluppando in modi di Fourier, e tenendo conto della condizione di periodicità (B.7), troviamo infine che le componenti di Fourier della soluzione hanno la forma $h_n \sim \exp(-ik_\mu x^\mu + iny/L_c)$, e soddisfano quindi alla relazione di dispersione

$$-\omega^2 + k^2 + \frac{n^2}{L_c^2} = 0, \tag{B.9}$$

tipica di modi massivi con $m^2 = n^2/L_c^2$.

Se assumiamo che L_c sia una lunghezza molto piccola – la quinta dimensione, come vedremo in seguito, deve essere sufficientemente compatta per evitare di essere rivelabile sperimentalmente alle energie attualmente accessibili – ne consegue che i modi massivi, con $n \neq 0$, devono essere molto pesanti, e quindi difficili da produrre. Nel limite di basse energie possiamo quindi limitarci (perlomeno in prima approssimazione) ad una azione effettiva che contiene solo i modi di Fourier a massa nulla ($n = 0$), assumendo cioè che tutti i campi che appaiono nel modello di Kaluza-Klein siano indipendenti dalla quinta coordinata y. In questo limite possiamo facilmente verificare che il modello considerato descrive, in uno spazio-tempo a quattro dimensioni, le interazioni di un campo gravitazionale $g_{\mu\nu}^{(0)}$, un campo scalare a massa nulla $\phi^{(0)}$ e un vettore di *gauge* Abeliano $A_\mu^{(0)}$.

Calcoliamo infatti l'azione (B.1) usando la metrica (B.2)-(B.4), e assumiamo che le variabili g, A, ϕ dipendano solo da x (omettiamo, per semplicità, di scrivere esplicitamente anche l'indice (0) del modo di Fourier al quale ci stiamo riferendo). Per il determinante della metrica troviamo immediatamente

$$\sqrt{|\gamma_5|} = \sqrt{-g}\,\phi^{1/2} w^{5/2}(\phi), \tag{B.10}$$

dove $g = \det g_{\mu\nu}$. Per il calcolo della curvatura scalare, e per una migliore illustrazione del ruolo giocato dal fattore moltiplicativo conforme $w(\phi)$, è conveniente esprimere la quantità $R_5(\gamma)$, che appare nell'azione, in funzione della curvatura scalare $\overline{R}_5(\overline{\gamma})$ riferita alla metrica riscalata $\overline{\gamma}_{AB}$, definita dall'Eq. (B.2).

Ricordando il risultato generale che fornisce la relazione tra le curvature scalari di due metriche collegate da una trasformazione conforme (si veda ad esempio il testo [29] della Bibliografia finale) otteniamo, per $\gamma_{AB} = w\,\overline{\gamma}_{AB}$, e in $D = 5$ dimensioni,

$$R_5(\gamma) = w^{-1}\left[\overline{R}_5\left(\overline{\gamma}\right) - 4\overline{\nabla}_A\overline{\nabla}^A \ln w - 3\left(\overline{\nabla}_A \ln w\right)\left(\overline{\nabla}^A \ln w\right)\right] \tag{B.11}$$

(il simbolo $\overline{\nabla}_A$ indica la derivata covariante calcolata con la metrica $\overline{\gamma}$). L'azione pentadimensionale (B.1) diventa quindi

$$
\begin{aligned}
S &= -\frac{M_5^3}{2} \int_0^{2\pi L_c} dy \int d^4x \sqrt{|\gamma_5|}\, R_5(\gamma) \\
&= -\frac{M_5^3}{2} \int_0^{2\pi L_c} dy \int d^4x \sqrt{-g}\, \phi^{1/2} w^{3/2}(\phi) \Big[\overline{R}_5\left(\overline{\gamma}\right) - 4\overline{\nabla}_A \left(\partial^A \ln w\right) \\
&\qquad - 3\left(\partial_A \ln w\right)\left(\partial^A \ln w\right) \Big],
\end{aligned}
\tag{B.12}
$$

dove abbiamo sostituito $\overline{\nabla}_A \ln w$ con $\partial_A \ln w$, dato che w è uno scalare. Osservando che $\sqrt{|\overline{\gamma}_5|} = \sqrt{-g}\,\phi^{1/2}$ abbiamo, inoltre,

$$
\begin{aligned}
\overline{\nabla}_A \left(\partial^A \ln w\right) &= \frac{1}{\sqrt{-g}\sqrt{\phi}} \partial_A \left(\sqrt{-g}\sqrt{\phi}\,\partial^A \ln w\right) \\
&= \frac{1}{\sqrt{-g}} \partial_\mu \left(\sqrt{-g}\,\partial^\mu \ln w\right) + \frac{1}{2}\left(\partial^\mu \ln w\right)\left(\partial_\mu \ln \phi\right),
\end{aligned}
\tag{B.13}
$$

dove abbiamo sostituito ovunque l'indice A con l'indice μ poiché stiamo considerando il limite in cui tutti i campi sono indipendenti dalla quinta coordinata.

Se consideriamo l'azione (B.12) è ora evidente che la scelta $w(\phi) = \phi^{-1/3}$, ossia $\ln w = -(1/3) \ln \phi$, permette di eliminare l'accoppiamento non-minimo alla variabile ϕ presente nella parte quadri-dimensionale della misura di integrazione. Con questa scelta la misura si riduce alla forma scalare canonica $d^4x\sqrt{-g}$ (prescritta dal principio di minimo accoppiamento), e ciò ha due immediate conseguenze: il primo termine della seconda riga dell'Eq. (B.13) contribuisce all'azione come una divergenza totale (e si può trascurare), mentre il secondo termine diventa quadratico nei gradienti di $\ln \phi$, e contribuisce al termine cinetico del campo scalare (assieme all'ultimo termine dell'azione (B.12). L'azione completa assume dunque la forma:

$$
S = -\frac{M_5^3}{2} \int_0^{2\pi L_c} dy \int d^4x \sqrt{-g} \left[\overline{R}_5\left(\overline{\gamma}\right) + \frac{1}{3}\left(\partial_\mu \ln \phi\right)\left(\partial^\mu \ln \phi\right) \right].
\tag{B.14}
$$

Resta da valutare il contributo della metrica pentadimensionale $\overline{\gamma}_{AB}$, espresso dalla curvatura scalare $\overline{R}_5$. Il calcolo esplicito di $\overline{R}_5$ fornisce (modulo una divergenza totale)

$$
\sqrt{-g}\,\overline{R}_5(\overline{\gamma}) = \sqrt{-g} \left[R(g) + \frac{1}{4}\phi F_{\mu\nu}F^{\mu\nu} - \frac{1}{2}(\partial_\mu \ln \phi)(\partial^\mu \ln \phi) \right],
\tag{B.15}
$$

dove $R(g)$ è la curvatura scalare associata alla metrica quadri-dimensionale $g_{\mu\nu}$, e dove $F_{\mu\nu} = \partial_\mu A_\nu - \partial_\nu A_\mu$. Sostituendo questo risultato nell'Eq. (B.14), integrando su y, e definendo $\sigma = -(1/\sqrt{3}) \ln \phi$, arriviamo infine all'azione

$$S = -\frac{M_{\rm P}^2}{2} \int d^4 x \sqrt{-g} \left(R + \frac{e^{-\sqrt{3}\sigma}}{4} F_{\mu\nu} F^{\mu\nu} - \frac{1}{2} \partial_\mu \sigma \partial^\mu \sigma \right). \qquad (B.16)$$

Si noti che abbiamo identificato la costante d'accoppiamento effettiva della teoria gravitazionale in quattro dimensioni con l'usuale costante di Newton G, ponendo:

$$M_{\rm P}^2 \equiv (8\pi G)^{-1} = 2\pi L_c M_5^3. \qquad (B.17)$$

In questo modo il rapporto tra le intensità della forza gravitazionale in quattro dimensioni e in cinque dimensioni risulta controllato dal raggio di compattificazione L_c. Ne consegue, in particolare, che se la scala tipica della gravità è quella di Planck anche in $D = 5$, ossia se $M_5 \sim M_{\rm P}$, allora anche il raggio della dimensione compatta deve essere dell'ordine della lunghezza di Planck, $L_c \sim M_{\rm P}^{-1} \sim \lambda_{\rm P}$.

L'azione effettiva (B.16), che si ottiene dal processo di riduzione dimensionale del modello originale di Kaluza-Klein, mostra che il contenuto a massa nulla di una teoria puramente gravitazionale in cinque dimensioni, con una dimensione spaziale compattificata a forma di cerchio, può riprodurre il modello canonico della teoria gravitazionale a quattro dimensioni con la presenza aggiuntiva di un vettore di *gauge* Abeliano A_μ e un campo scalare "dilatonico" σ. È interessante notare, in questo contesto, anche la comparsa di un accoppiamento scalare-vettoriale "non minimo" che moltiplica la forma standard della Lagrangiana di Maxwell. Il campo vettoriale dell'azione (B.16), però, deve essere opportunamente riscalato $(A_\mu \to \widetilde{A}_\mu = M_{\rm P} A_\mu / \sqrt{2})$, affinché il suo termine cinetico risulti normalizzato in modo canonico.

B.1.1 Riduzione dimensionale in $D = 4 + n$ dimensioni

La descrizione geometrica dei campi di *gauge* suggerita dal modello di riduzione dimensionale di Kaluza-Klein si può estendere (in principio) anche al caso di simmetrie non-Abeliane, a patto di considerare varietà spazio-temporali con un numero sufficiente di dimensioni compatte. Il gruppo di *gauge* del modello ridotto a quattro dimensioni effettive corrisponde, in quel caso, al gruppo di isometrie non-Abeliane delle dimensioni spaziali compatte.

Per discutere questa possibilità consideriamo uno spazio-tempo $\mathcal{M}_D$ con un numero totale $D = 4 + n$ di dimensioni, e con una struttura topologica del tipo $\mathcal{M}_D = \mathcal{M}_4 \otimes \mathcal{K}_{D-4}$, dove $\mathcal{K}_{D-4}$ è uno spazio compatto n-dimensionale che ammette un gruppo di isometria G generato da un insieme di N vettori di Killing $\{K_{(i)}^m\}$, con $i, j = 1, 2, \ldots, N$. Convenzioni: in questa sezione (e in quelle successive) separeremo le coordinate D-dimensionali z^A ponendo

$z^A = (x^\mu, y^m)$, dove x^μ, con $\mu, \nu = 0, 1, 2, 3$ rappresenta le coordinate di $\mathcal{M}_4$, mentre y^m, con $m, n = 4, 5, \ldots, D-1$, rappresenta le coordinate di $\mathcal{K}_{D-4}$. Gli indici i, j si riferiscono invece all'insieme degli N generatori del gruppo di isometria.

Supponiamo che il gruppo di isometrie sia non-Abeliano, ossia che i vettori di Killing $K^m_{(i)}$ soddisfino un'algebra chiusa (e non triviale) di relazioni di commutazione. Consideriamo gli operatori differenziali $K_i \equiv K^m_i \partial_m$ (d'ora in avanti omettiamo, per semplicità, di racchiudere in parentesi tonde gli indici del gruppo), e calcoliamo il commutatore

$$[K_i, K_j] = \left(K^m_i \partial_m K^n_j - K^m_j \partial_m K^n_i \right) \partial_n. \tag{B.18}$$

Possiamo facilmente verificare che, se K_i e K_j sono vettori di Killing, allora anche il membro destro della precedente equazione rappresenta un vettore di Killing (basta ricordare, a questo scopo, le proprietà dei vettori di Killing illustrate nella Sect. 3.3 e nell'Esercizio 3.4). Possiamo perciò scrivere, in generale, le regole di commutazione

$$[K_i, K_j] = f_{ij}{}^k K_k, \qquad\qquad i, j, k = 1, 2, \ldots, N, \tag{B.19}$$

dove $f_{ij}{}^k = -f_{ji}{}^k$ sono le cosiddette "costanti di struttura" del gruppo di isometrie dato.

In questo contesto D-dimensionale, generalizziamo la parametrizzazione della metrica γ_{AB} introducendo, oltre al tensore 4×4 simmetrico $g_{\mu\nu}$, un altro tensore $(D-4) \times (D-4)$ simmetrico ϕ_{mn}, e $D-4$ vettori quadri-dimensionali B^m_μ (il numero totale delle componenti indipendenti è sempre $D(D+1)/2$, come appropriato alla metrica γ_{AB}). Più precisamente, scomponiamo la metrica, in generale, ponendo

$$\gamma_{AB} = w \begin{pmatrix} g_{\mu\nu} - \phi_{mn} B^m_\mu B^n_\nu & \phi_{mp} B^p_\mu \\ \phi_{np} B^p_\nu & -\phi_{mn} \end{pmatrix}, \tag{B.20}$$

dove abbiamo anche inserito il cosiddetto "fattore di distorsione" $w(\phi)$, che è funzione di $\phi \equiv \det \phi_{mn}$. Tale fattore può risultare utile per normalizzare in modo canonico i termini cinetici dell'azione dimensionalmente ridotta. Il calcolo del determinante $\gamma = \det \gamma_{AB}$ fornisce allora

$$\sqrt{|\gamma|} = w^{D/2} |\phi|^{1/2} \sqrt{|g|}, \tag{B.21}$$

e la corrispondente metrica inversa è data da

$$\gamma^{AB} = w^{-1} \begin{pmatrix} g^{\mu\nu} & B^m_\alpha g^{\mu\alpha} \\ B^n_\alpha g^{\nu\alpha} & -\phi^{mn} + g^{\alpha\beta} B^m_\alpha B^n_\beta \end{pmatrix}, \tag{B.22}$$

dove $g^{\mu\alpha} g_{\nu\alpha} = \delta^\mu_\nu$ e $\phi^{mp} \phi_{pn} = \delta^m_n$.

A questo punto siamo in grado di sfruttare le isometrie della geometria fattorizzata e mostrare che, dopo la riduzione dimensionale, a ognuna delle N

isometrie del sottospazio compatto $\mathcal{K}_{D-4}$ possiamo associare un vettore che si trasforma come un potenziale di *gauge* non-Abeliano della teoria effettiva a quattro dimensioni.

Seguendo (ed estendendo a un generico valore di D) il meccanismo di Kaluza-Klein illustrato nella sezione precedente, cerchiamo innanzitutto di effettuare la riduzione dimensionale considerando un limite di bassa energia (ovvero, una sorta di "stato fondamentale" della geometria multidimensionale) in cui $g_{\mu\nu}$ dipende solo da x, il tensore ϕ_{mn} è costante nello spazio-tempo a quattro dimensioni (ma può dipendere da y), e i quadrivettori B_μ, oltre a dipendere da x, possono anche dipendere da y, ma solo attraverso la dipendenza da y dei vettori di Killing. Consideriamo cioè la particolare configurazione geometrica in cui

$$g_{\mu\nu} = g_{\mu\nu}(x), \qquad \phi_{\mu\nu} = \phi_{mn}(y), \qquad B_\mu^m(x,y) = A_\mu^i(x)K_i^m(y). \quad \text{(B.23)}$$

Si noti che la metrica $g_{\mu\nu}(x)$ e gli N campi vettoriali $A_\mu^i(x)$ (associati agli N generatori di Killing K_i) giocano il ruolo dei "modi zero" di Fourier $g_{\mu\nu}$, A_μ del precedente modello in $D = 5$. Verifichiamo che in questo modello più generale i vettori A_μ^i, sotto l'azione del gruppo di isometria G, si trasformano come potenziali di *gauge* non-Abeliani.

Consideriamo a questo proposito una trasformazione infinitesima di coordinate $z'^A = z^A + \xi^A$, generata da

$$\xi^A = (\xi^\mu, \xi^m), \qquad \xi^\mu = 0, \qquad \xi^m(x,y) = \epsilon^i(x)K_i^m(y), \quad \text{(B.24)}$$

e ricordiamo che la corrispondente variazione locale infinitesima della metrica (si veda l'Eq. (3.53)) si può scrivere (anche in D dimensioni) come

$$\delta\gamma_{AB} = -\xi^M\partial_M\gamma_{AB} - \gamma_{AM}\partial_B\xi^M - \gamma_{BM}\partial_A\xi^M. \quad \text{(B.25)}$$

Concentriamoci sulla variazione delle componenti "miste", di tipo $\gamma_{\mu m}$: applicando la trasformazione infinitesima (B.24), in particolare, abbiamo

$$\delta\gamma_{\mu m} = -\gamma_{mn}\partial_\mu\xi^n - \gamma_{\mu n}\partial_m\xi^n - \xi^n\partial_n\gamma_{\mu m}. \quad \text{(B.26)}$$

Le componenti miste, d'altra parte, sono definite dalle equazioni (B.20) e (B.23), che forniscono:

$$\gamma_{\mu m} = B_\mu^n\phi_{mn} = A_\mu^i(x)K_{im}(y). \quad \text{(B.27)}$$

Sostituendo nell'Eq. (B.26), e tenendo conto della dipendenza da x e da y dei vari termini (si vedano le equazioni (B.23), (B.24), (B.27)), otteniamo infine

$$\delta\left(A_\mu^i K_{im}\right) = K_{im}\partial_\mu\epsilon^i - A_\mu^i K_{in}\left(\partial_m K_j^n\right)\epsilon^j - \epsilon^j K_j^n\left(\partial_n K_{im}\right)A_\mu^i. \quad \text{(B.28)}$$

Per riscrivere la trasformazione in una forma più facilmente interpretabile possiamo ora usare l'algebra del gruppo di isometrie espressa dalle equazioni

(B.18), (B.19), che implica:

$$K_j^n \partial_n K_{im} = K_i^n \partial_n K_{jm} + f_{ji}{}^k K_{km}. \tag{B.29}$$

Inserendo questa espressione nell'ultimo termine dell'Eq. (B.28) (e rinominando opportunamente gli indici) troviamo allora il risultato

$$\begin{aligned} \delta\left(A_\mu^i K_{im}\right) &= K_{im}\left(\partial_\mu \epsilon^i - f_{kl}{}^i \epsilon^k A_\mu^l\right) \\ &\quad - A_\mu^i \epsilon^j \left(K_i^n \partial_n K_{jm} + K_{in}\partial_m K_j^n\right). \end{aligned} \tag{B.30}$$

Poiché la trasformazione considerata è associata alle isometrie di $\mathcal{K}_{D-4}$, dobbiamo inoltre ricordare che i vettori di Killing che la generano soddisfano la proprietà $\widetilde{\nabla}_n K_m + \widetilde{\nabla}_m K_n = 0$ (si veda l'Esercizio 3.4), dove $\widetilde{\nabla}$ indica la derivata covariante calcolata rispetto alla metrica ϕ_{mn} dello spazio compatto $\mathcal{K}_{D-4}$. Ne consegue che la seconda riga, al membro destro della precedente equazione, si annulla identicamente. Infatti, per ogni data coppia (fissata) di vettori di Killing, di indici i e j, abbiamo:

$$\begin{aligned} K_i^n \partial_n K_{jm} &+ K_{in}\partial_m K_j^n \\ &= K_i^n\left(\partial_n K_{jm} + \partial_m K_{jn} - \widetilde{\Gamma}_{nm}{}^p K_{jp} - \widetilde{\Gamma}_{mn}{}^p K_{jp}\right) \\ &= K_i^n\left(\widetilde{\nabla}_n K_{jm} + \widetilde{\nabla}_m K_{jn}\right) \equiv 0, \end{aligned} \tag{B.31}$$

dove $\widetilde{\Gamma} = \Gamma(\phi)$, e dove abbiamo eliminato le derivate parziali della metrica ϕ^{mn} usando la condizione di metricità $\widetilde{\nabla}_m \phi^{np} = 0$.

Consideriamo infine la variazione locale infinitesima del campo vettoriale A_μ^i calcolata a K_i *fissato* (ossia calcolata proiettando sugli stessi vettori di Killing sia il campo A_μ sia il campo trasformato $A_\mu + \delta A_\mu$). In questo caso abbiamo $\delta(A_\mu^i K_{im}) = K_{im}\delta A_\mu^i$, e possiamo riscrivere il risultato (B.30) nella forma

$$\delta A_\mu^i(x) = \partial_\mu \epsilon^i(x) - f_{kl}{}^i \epsilon^k(x) A_\mu^l(x). \tag{B.32}$$

Questa è chiaramente la trasformazione infinitesima per il potenziale di *gauge* di un gruppo di simmetria non-Abeliano, con parametro locale ϵ^i e con costanti di struttura $f_{ij}{}^k$.

Possiamo verificarlo considerando la trasformazione di *gauge* per il potenziale non-Abeliano A_μ, già presentata (in forma esatta) nell'Eq. (12.18), e sviluppando la generica trasformazione di *gauge* (12.10) come

$$U = 1 + i\epsilon^i X_i + \cdots, \tag{B.33}$$

dove i generatori X_i soddisfano l'algebra di Lie del gruppo considerato,

$$[X_i, X_j] = if_{ij}{}^k K_k. \tag{B.34}$$

Per adeguarci alle notazioni di questa sezione stiamo indicando con $i, j = 1, 2, \ldots, N$ gli indici che variano sull'algebra del gruppo. Usiamo inoltre unità in cui la costante d'accoppiamento di *gauge* del Capitolo 12 è fissata al valore $g = 1$. Sviluppando l'equazione di trasformazione (12.18) al primo ordine in ϵ otteniamo

$$A'^i_\mu X_i = A^i_\mu X_i + i\epsilon^i A^j_\mu \left(X_i X_j - X_j X_i \right) + X_i \partial_\mu \epsilon^i. \tag{B.35}$$

Usando infine l'Eq. (B.34) arriviamo a

$$\delta A^i_\mu \equiv A'^i_\mu - A^i_\mu = \partial_\mu \epsilon^i - f_{kl}{}^i \epsilon^k A^l_\mu, \tag{B.36}$$

che coincide esattamente con la variazione (B.32) indotta dall'isometria infinitesima dello spazio $\mathcal{K}_{D-4}$. Le isometrie non-Abeliane dello spazio compatto corrispondono quindi a campi di *gauge* non-Abeliani del modello geometrico effettivo a quattro dimensioni.

Possiamo aggiungere che, inserendo la metrica (B.20), (B.23) nell'azione di Einstein D-dimensionale, e scegliendo un appropriato fattore conforme $w(\phi)$, arriviamo esattamente all'azione canonica di Einstein-Yang-Mills in quattro dimensioni per la metrica $g_{\mu\nu}(x)$ e per il potenziale di *gauge* non-Abeliano A^i_μ. In questo contesto possiamo anche ottenere un'interessante generalizzazione dell'Eq. (B.17), ossia possiamo stabilire una relazione tra l'(iper)volume spaziale occupato dalle dimensioni *extra* e la scala M_D tipica dell'accoppiamento gravitazionale G_D in D dimensioni, definita da $8\pi G_D = M_D^{2-D}$.

Sviluppiamo infatti l'azione di Einstein D-dimensionale nel limite in cui la geometria è descritta, in prima approssimazione, dalla configurazione (B.20), (B.23). Otteniamo allora:

$$
\begin{aligned}
&-\frac{M_D^{D-2}}{2} \int d^D z \sqrt{|\gamma|}\, R_D \\
&= -\frac{M_D^{D-2}}{2} \int_{\mathcal{K}_{D-4}} d^{D-4}y\, w^{D/2} \left|\det \phi_{mn}\right|^{1/2} \int_{\mathcal{M}_4} d^4 x \sqrt{|g|} \Big[R(g) + \cdots \Big].
\end{aligned}
\tag{B.37}
$$

Consideriamo la parte puramente gravitazionale dell'azione, e chiamiamo V_{D-4} l'ipervolume proprio (e finito) dello spazio compatto "occupato" dalle dimensioni *extra* di Kaluza-Klein. Poniamo cioè (includendo nella misura di integrazione l'eventuale contributo del fattore scalare conforme w):

$$V_{D-4} = \int_{\mathcal{K}_{D-4}} d^{D-4}y\, w^{D/2}(y) \left|\det \phi_{mn}(y)\right|^{1/2}. \tag{B.38}$$

Confrontando l'Eq. (B.37) con l'azione di Einstein in quattro dimensioni,

$$-\frac{M_{\rm P}^2}{2} \int d^4 x \sqrt{|g|}\, R(g), \tag{B.39}$$

otteniamo immediatamente:

$$M_D^{D-2} V_{D-4} = M_{\mathrm{P}}^2. \tag{B.40}$$

Dato che la massa di Planck è nota ($M_{\mathrm{P}} = (8\pi G)^{-1} \simeq 2.4 \times 10^{18}$ GeV), questa equazione fornisce un vincolo che connette l'intensità dell'accoppiamento gravitazionale nello spazio multidimensionale all'estensione (e al numero) delle dimensioni *extra* compatte.

Consideriamo, ad esempio, il semplice caso in cui le dimensioni *extra* sono isotrope, e la scala di compattificazione è controllata da un'unica lunghezza L_c (la stessa per tutte le $D - 4$ dimensioni). Si ha allora $V_{D-4} \sim L_c^{D-4}$, e l'Eq. (B.40) si riduce a:

$$M_D^{D-2} L_c^{D-4} \sim M_{\mathrm{P}}^2. \tag{B.41}$$

Troviamo dunque ancora (come in $D = 5$) che una gravità D-dimensionale con intensità Newtoniana, $M_D \sim M_{\mathrm{P}}$, deve essere necessariamente associata ad una scala di compattificazione Planckiana, $L_c \sim M_{\mathrm{P}}^{-1} \sim 10^{-33}$ cm. Però, anche scale di compattificazione più estese sono in principio permesse, purché la scala gravitazionale M_D sia inferiore a quella Planckiana. Risolvendo l'Eq. (B.41) per L_c troviamo, in generale, la condizione seguente:

$$L_c \sim 10^{-17} \mathrm{cm} \left(\frac{1\,\mathrm{TeV}}{M_D} \right)^{(D-2)/(D-4)} 10^{30/(D-4)}. \tag{B.42}$$

Si noti che abbiamo preso il TeV come scala di riferimento per M_D, visto che questa scala è (in un certo senso) preferita a causa di alcuni "pregiudizi" teorici che riguardano la soluzione del problema detto "della gerarchia" (e anche alcune possibili soluzioni del problema della costante cosmologica).

Pe quel che riguarda gli attuali dati osservativi dovremmo ricordare, a questo punto, i risultati degli esperimenti gravitazionali[3] che escludono la presenza di dimensioni *extra* mediante misure dirette, e che implicano $L_c \lesssim 10^{-2}$ cm. Questo risultato, secondo l'Eq. (B.42), è compatibile con $M_D \sim 1$ TeV a patto che il numero delle dimensioni compatte sia $n = D - 4 \geq 2$.

Ci sono però anche gli esperimenti di alta energia, che verificano il modello standard delle interazioni forti ed elettro-deboli, e che hanno escluso (finora) la presenza di ulteriori dimensioni spaziali fino a scale di lunghezza $L_c \lesssim 10^{-15}$ cm. Questo sembra suggerire, in accordo all'Eq. (B.42), che $M_D \gg 1$ TeV, oppure che $M_D \sim 1$ TeV ma il numero di dimensioni *extra* e compatte è inaspettatamente grande. Questa conclusione potrebbe essere evitata, – come discuteremo nella Sez. B.2 – se esiste qualche meccanismo capace di confinare le interazioni di *gauge* all'interno dello spazio tridimensionale, rendendole cosìi insensibili all'eventuale presenza di dimensioni *extra*.

---

[3] See for instance E. G. Adelberg, B. R. Heckel and A. E. Nelson, *Ann. Rev. Nucl. Part. Sci.* **53**, 77 (2003).

Prima di discutere questa interessante possibilità torniamo a considerare lo scenario multidimensionale di Kaluza-Klein, con lo spazio extra-dimensionale compatto e con una struttura topologica del tipo $\mathcal{M}_d = \mathcal{M}_4 \otimes \mathcal{K}_{D-4}$.

C'è un problema, in questo contesto, che emerge nel caso di varietà con $D > 5$: se imponiamo alla metrica D-dimensionale γ_{AB} di soddisfare le equazioni di Einstein senza sorgenti materiali, e se cerchiamo soluzioni di bassa energia in cui la varietà $\mathcal{M}_4$ coincida con lo spazio-tempo piatto di Minkowski ($g_{\mu\nu} = \eta_{\mu\nu}$), troviamo allora che la varietà compatta $\mathcal{K}_{D-4}$ deve avere una geometria del tipo "Ricci-piatta". Questo significa, più esplicitamente, che il tensore di Ricci della metrica ϕ_{mn} associata alle dimensioni *extra* deve soddisfare la condizione $\widetilde{R}_{mn}(\phi) = 0$.

Non è impossibile, ovviamente, a trovare geometrie compatibili con questi requisiti: uno spazio compatto e Ricci-piatto può essere rappresentato, ad esempio, da un toro, oppure dalle cosiddette varietà di Calabi-Yau che vengono usate nella compattificazione dei modelli di superstringa. Purtroppo, però, una geometria Ricci-piatta ammette isometrie di tipo *esclusivamente Abeliano* (si veda ad esempio il testo [25] della Bibliografia finale): in quel caso tutti i corrispondenti vettori di Killing commutano tra loro ($f_{ij}{}^k = 0$), e l'esempio discusso in precedenza si riduce a un modello con N campi di *gauge* Abeliani (che rappresenta una generalizzazione pressoché triviale del modello di Kaluza-Klein in $D = 5$).

Per superare questa difficoltà, e costruire modelli fisici multidimensionali con simmetrie di *gauge* non-Abeliane, bisogna rinunciare all'idea di partenza di Kaluza-Klein che un modello fisico che descrive la gravità e i campi materiali in $D = 4$ possa essere ottenuto da un modello di *pura gravità* in $D > 4$. Dobbiamo invece includere campi non puramente gravitazionali anche in $D > 4$, ed usarli per rappresentare eventuali interazioni di *gauge* non Abeliane e/o sorgenti della curvatura extra-dimensionale, che contribuiscono a una geometria con $\widetilde{R}_{mn} \neq 0$.

Questa procedura ha un vantaggio, che illustreremo nella sezione successiva. I campi materiali presenti a livello multidimensionale possono infatti innescare automaticamente la fattorizzazione della varietà $\mathcal{M}_D$ nel prodotto di due sottovarietà massimamente simmetriche – una delle quali è compatta e corrisponde alle dimensioni *extra*, mentre l'altra corrisponde al nostro spazio-tempo quadridimensionale – realizzando così l'effetto chiamato "compattificazione spontanea".

B.1.2 Compattificazione spontanea

Tra i vari meccanismi in grado di produrre la compattificazione spontanea di una varietà multidimensionale (basati sulla presenza di campi tensoriali antisimmetrici, campi di Yag-Mills, fluttuazioni quantistiche, monopoli, istantoni, azioni non lineari nella curvatura, ...) qui ci concentreremo sul caso dei campi tensoriali antisimmetrici. Questa possibilità è stata ispirata dalla riduzione dimensionale dela teoria della supergravità formulata in $D = 11$ dimensioni, e trova anche importanti applicazioni nel contesto della teoria delle superstringhe in $D = 10$.

Partiamo da una generica azione D-dimensionale che contiene sia la gravità sia le sorgenti materiali,

$$S = -\frac{1}{2} \int d^D x \sqrt{|\gamma|}\, R(\gamma) + S_m \tag{B.43}$$

(per semplicità abbiamo posto uguale a uno la costante d'accoppiamento gravitazionale, scegliendo unità tali che $8\pi G_D = M_D^{2-D} = 1$). Le corrispondenti equazioni gravitazionali sono date da

$$R_{AB} - \frac{1}{2}\gamma_{AB} R = T_{AB}, \tag{B.44}$$

dove T_{AB} rappresenta il contributo di S_m.

Cerchiamo soluzioni in cui la geometria dello spazio-tempo D-dimensionale si possa fattorizzare come il prodotto di due varietà massimamente simmetriche, $\mathcal{M}_D = \mathcal{M}_4 \otimes \mathcal{M}_{D-4}$, descritte dalla metrica

$$\gamma_{\mu\nu} = g_{\mu\nu}(x), \qquad \gamma_{mn} = g_{mn}(y), \qquad \gamma_{\mu m} = 0, \tag{B.45}$$

e da un tensore di Ricci che soddisfa alle condizioni

$$R_{\mu\nu} = -g_{\mu\nu}\Lambda_x, \qquad R_{mn} = -g_{mn}\Lambda_y, \qquad R_{\mu m} = 0. \tag{B.46}$$

(abbiamo chiamato Λ_x e Λ_y le "costanti cosmologiche" effettive dei due sottospazi, si veda ad esempio l'Eq. (6.44)). La curvatura scalare della varietà D-dimensionale è quindi data da

$$R(\gamma) \equiv \gamma^{AB} R_{AB} = g^{\mu\nu} R_{\mu\nu} + g^{mn} R_{mn} = -4\Lambda_x + (4 - D)\Lambda_y. \tag{B.47}$$

Come nella sezione precedente separiamo le coordinate D-dimensionali z^A nelle quattro coordinate x^μ, con indici Greci che variano da 0 to 3, e nelle restanti $D - 4$ coordinate y^m, con indici Latini che variano da 4 a $D - 1$.

La geometria spazio-temporale considerata è compatibile con le equazioni di Einstein (B.44) purchè, ovviamente, anche il tensore energia-impulso T_{AB} sia fattorizzabile in modo analogo, ossia soddisfi le condizioni

$$T_{\mu\nu} = g_{\mu\nu} T_x, \qquad T_{mn} = g_{mn} T_y, \qquad T_{\mu m} = 0, \tag{B.48}$$

dove T_x e T_y sono parametri costanti. Chiediamoci se tali condizioni possono essere soddisfatte dall'energia-impulso di un campo tensoriale antisimmetrico di rango appropriato.

Consideriamo dunque la seguente azione materiale,

$$S_m = -k \int d^D x \sqrt{|\gamma|} \, F_{M_1 \cdots M_r} F^{M_1 \cdots M_r}, \qquad (B.49)$$

dove k è un coefficiente numerico (irrilevante per la nostra discussione) che dipende dal modello, mentre F è un campo totalmente antisimmetrico di rango r, associato al potenziale A (di rango $r - 1$) tale che

$$F_{M_1 \cdots M_r} = \partial_{[M_1} A_{M_2 \cdots M_r]}. \qquad (B.50)$$

Il tensore energia-impulso dinamico associato a S_m, e definito dall'ordinaria procedura variazionale (si veda l'Eq. (7.27)) effettuata rispetto a γ^{AB}, è quindi dato da:

$$T_{AB} = -2kr \left(F_{AM_2 \cdots M_r} F_B^{M_2 \cdots M_r} - \frac{1}{2r} \gamma_{AB} F^2 \right). \qquad (B.51)$$

La variazione di S_m rispetto ad A fornisce inoltre l'equazione del moto del campo tensoriale,

$$\partial_N \left(\sqrt{|\gamma|} F^{N M_2 \cdots M_r} \right) = 0, \qquad (B.52)$$

che deve essere soddisfatta assieme alle equazioni di Einstein (B.44).

Osserviamo ora che il determinante della metrica, nella geometria fattorizzata di tipo (B.45), è dato da $\sqrt{|\gamma|} = |\det g_{\mu\nu}|^{1/2} |\det g_{mn}|^{1/2}$. Notiamo anche che le condizioni (B.48) possono essere soddisfatte dal tensore energia-impulso (B.51) ponendo

$$-2kr \, F_{\mu M_2 \cdots M_r} F_\nu^{M_2 \cdots M_r} = F_x g_{\mu\nu},$$
$$-2kr \, F_{m M_2 \cdots M_r} F_n^{M_2 \cdots M_r} = F_y g_{mn}, \qquad (B.53)$$

dove F_x e F_y sono opportuni parametri costanti, collegati a T_x e T_y dalle relazioni:

$$T_x = \left(1 - \frac{2}{r} \right) F_x - \frac{D-4}{2r} F_y,$$
$$T_y = -\frac{2}{r} F_x + \left(1 - \frac{D-4}{2r} \right) F_y. \qquad (B.54)$$

Come mostrato[4] nel contesto della teoria della supergravità in $D = 11$ dimensioni, ci sono due possibilità di ottenere una soluzione particolare che soddisfi simultaneamente le condizioni (B.53) e l'equazione del moto (B.52), consistentemente con la fattorizzazione della geometria nei due sottospazi a 4 e $D - 4$ dimensioni.

---

[4] P. G. O. Freund and M. A. Rubin, *Phys. Lett.* **B97**, 233 (1980).

- La prima possibilità è di prendere $r = 4$ e porre

$$F^{\mu\nu\alpha\beta}(x) = c_x \, \eta^{\mu\nu\alpha\beta} = \frac{c_x}{\sqrt{|\det g_{\mu\nu}|}} \epsilon^{\mu\nu\alpha\beta} \tag{B.55}$$

(dove c_x è una costante), assumendo, simultaneamente, $F \equiv 0$ per tutte le componenti del campo antisimmetrico caratterizzate da uno (o più) indici Latini.

- La seconda possibilità è di prendere $r = D - 4$ e porre

$$F^{m_4 \cdots m_{D-1}}(y) = c_y \, \eta^{m_4 \cdots m_{D-1}} = \frac{c_y}{\sqrt{|\det g_{mn}|}} \epsilon^{m_4 \cdots m_{D-1}} \tag{B.56}$$

(dove c_y è una costante), assumendo, simultaneamente, $F \equiv 0$ per tutte le componenti del campo caratterizzate da uno (o più) indici Greci.

Abbiamo indicato con η il tensore totalmente antisimmetrico delle due varietà massimamente simmetriche in 4 dimensioni e $D - 4$ dimensioni (si veda la Sez. 3.2 per la definizione di tale tensore e la discussione delle sue principali proprietà).

Grazie alla presenza di campi antisimmetrici di rango opportuno appaiono quindi "spontaneamente" soluzioni che hanno una struttura geometrica del tipo richiesto, $\mathcal{M}_D = \mathcal{M}_4 \otimes \mathcal{M}_{D-4}$. Chiediamoci allora se è possibile, in questo contesto, trovare soluzioni con lo spazio extra-dimensionale $\mathcal{M}_{D-4}$ compatto e caratterizzato da un parametro di curvatura $\Lambda_y > 0$, così da avere volume finito e da ammettere isometrie di tipo anche non-Abeliano.

Possiamo considerare, a questo proposito, entrambe le possibilità illustrate dalla soluzione di Freund-Rubin. Riferendoci in particolare all'Eq. (B.53) troviamo che nel primo caso si ha $r = 4$ e $F_y = 0$, mentre nel secondo caso si ha $r = D - 4$ e $F_x = 0$. In entrambi i casi otteniamo dall'Eq. (B.54) la condizione $T_x + T_y = 0$, che ci dà subito un'importante relazione tra le scale di curvatura Λ_x, Λ_y dei due sottospazi.

Infatti, inserendo nelle equazioni di Einstein (B.44) la forma esplicita della metrica e delle sorgenti (si vedano le equazioni (B.46), (B.48)), e tenendo conto dell'espressione (B.47) per la curvatura scalare, otteniamo le relazioni

$$\Lambda_x + \frac{D-4}{2}\Lambda_y = T_x, \qquad 2\Lambda_x + \frac{D-6}{2}\Lambda_y = T_y. \tag{B.57}$$

Imponendo $T_x + T_y = 0$ arriviamo dunque alla condizione

$$\Lambda_x = -\frac{D-5}{3}\Lambda_y. \tag{B.58}$$

Se vogliamo un modello con $D > 5$ e $\Lambda_y > 0$ (che ammette per le dimensioni *extra* la possibilità di uno spazio compatto e di un gruppo di isometrie non-Abeliano), dobbiamo allora necessariamente accettare uno spazio-tempo a quattro dimensioni caratterizzato da una costante cosmologica negativa, $\Lambda_x < 0$, e quindi descritto da una geometria detta di "anti-de Sitter" (AdS).

Una configurazione geometrica del tipo $\mathrm{AdS}_4 \otimes \mathcal{M}_{D-4}$ non sembra molto realistica, sia per la presenza di una grossa costante cosmologica in quattro dimensioni ($|\Lambda_x| \sim \Lambda_y$), sia per problemi fenomenologici di altro tipo (ad esempio, l'assenza in quattro dimensioni dei fermioni cosiddetti "chirali", ossia di stati fermionici di diversa elicità che si trasformano come diverse rappresentazioni del gruppo di *gauge*). Tutti i problemi fenomenologici sono collegati, in sostanza, al valore non nullo (e negativo) della costante cosmologica sulla varietà $\mathcal{M}_4$, che previene la possibilità di uno spazio-tempo di Minkowski a quattro dimensioni.

Per poter ritrovare la soluzione di Minkowski anche in modelli con $D > 5$, la possibilità più semplice è probabilmente quella di accettare un sottospazio Ricci-piatto anche per le dimensioni *extra*, ponendo $\Lambda_y = 0$ e rinunciando a una geometria con isometrie non-Abeliane. In quel caso i campi di Yang-Mills che descrivono le simmetrie di *gauge* non-Abeliane devono essere già presenti nell'azione D-dimensionale del modello, col vantaggio che potrebbero essere loro stessi a innescare il meccanismo di compattificazione spontanea (su una varietà di tipo Ricci-piatto). Questo è ciò che avviene, ad esempio, nel cosiddetto modello di superstringa "eterotico" (si vedano i testi [27, 28] della Bibliografia finale), dove il problema dei fermioni chirali è risolto appunto in questo modo.

Un'altra possibilità è quella di aggiungere un'opportuna costante cosmologica Λ_D all'azione D-dimensionale (B.43) in modo da cancellare esattamente il contributo di Λ_x (e quindi permettere la soluzione di Minkowski in $D = 4$), lasciando invece una costante cosmologica positiva sullo spazio compatto $\mathcal{M}_{D-4}$ (per permettere la presenza di isometrie non-Abeliane). Questa procedura, però, richiede un alto grado di *"fine tuning"*, ossia un aggiustamento *ad hoc* estremamente preciso delle costanti per cancellare tra loro i vari contributi. Inoltre, la presenza di Λ_D nell'azione romperebbe esplicitamente la supersimmetria di un eventuale modello di supergravità D-dimensionale.

Un meccanismo alternativo, che riduce l'esigenza di *fine tuning* – pur fornendo una geometria Ricci-piatta in quattro dimensioni, $R_{\mu\nu} = 0$, insieme a uno spazio extra-dimensionale compatto e *non* Ricci-piatto, $R_{mn} \neq 0$ – è basata sulla presenza di un campo scalare ϕ, accoppiato alla gravità in modo non-minimo. Questa possibilità è tipica del settore bosonico dei modelli di superstringa, e qui la illustreremo con un semplice esempio basato sulla seguente azione D-dimensionale,

$$S = -\int d^D x \sqrt{|\gamma|} \left\{ \frac{e^{-\phi}}{2} \left[R(\gamma) + \partial_M \phi \, \partial^M \phi \right] + V(\phi) + k F_{M_1 \cdots M_r} F^{M_1 \cdots M_r} \right\}, \tag{B.59}$$

dove il nuovo ingrediente ϕ è il cosiddetto campo scalare "dilatonico". Variando l'azione rispetto a γ e a ϕ otteniamo, rispettivamente, le equazioni per il campo gravitazionale,

$$R_{AB} - \frac{1}{2}\gamma_{AB}R + \nabla_A\left(\partial_B\phi\right) + \frac{1}{2}\gamma_{AB}\partial_M\phi\partial^M\phi - \gamma_{AB}\nabla_M\left(\partial^M\phi\right)$$
$$= e^{\phi}\left(T_{AB} + \gamma_{AB}V\right), \tag{B.60}$$

e quelle per il dilatone,

$$R(\gamma) + \nabla_M\left(\partial^M\phi\right) - \partial_M\phi\partial^M\phi = 2e^{\phi}V' \tag{B.61}$$

(si veda ad esempio il testo [29] della Bibliografia finale). In queste equazioni T_{AB} è il tensore energia impulso dell'Eq. (B.51), e il primo indica la derivata rispetto a ϕ, $V' = \partial V/\partial\phi$. La variazione rispetto ad A porta infine alle equazioni del moto (B.52) per il campo tensoriale antisimmetrico, esattamente come prima.

Cerchiamo ancora soluzioni che descrivono geometrie fattorizzabili con la struttura $\mathcal{M}_D = \mathcal{M}_4 \otimes \mathcal{M}_{D-4}$, dove la metrica soddisfa le condizioni (B.45), (B.46), e il campo antisimmetrico soddisfa le condizioni (B.48). Supponiamo inoltre (per semplicità) che il campo scalare sia costante, $\phi = \phi_0$. Inserendo una configurazione di questo tipo nelle equazioni gravitazionali (B.60) otteniamo allora le relazioni

$$-\Lambda_x - \frac{R(\gamma)}{2} = e^{\phi_0}\left(T_x + V_0\right),$$
$$-\Lambda_y - \frac{R(\gamma)}{2} = e^{\phi_0}\left(T_y + V_0\right), \tag{B.62}$$

mentre l'equazione del dilatone (B.61) fornisce

$$R(\gamma) = 2e^{\phi_0}V_0', \tag{B.63}$$

dove $V_0 = V(\phi_0)$ e $V_0' = (\partial V/\partial\phi)_{\phi=\phi_0}$. Usiamo infine per il campo antisimmetrico le soluzioni di Freund-Rubin (B.55), (B.56), che soddisfano entrambe la condizione $T_x + T_y = 0$. Tale condizione, combinata con l'Eq. (B.62), implica

$$\Lambda_x + \Lambda_y + R(\gamma) = -2e^{\phi_0}V_0. \tag{B.64}$$

Ricordiamo ora che siamo interessati ad ottenere soluzioni in cui lo spaziotempo a quattro dimensioni $\mathcal{M}_4$ ha una geometria di tipo Ricci-piatta. Ciò significa – usando l'Eq. (B.47) che esprime la curvatura scalare $R(\gamma)$ in funzione di Λ_x e Λ_y – che siamo interessati a soluzioni caratterizzate da:

$$\Lambda_x = 0, \qquad\qquad \Lambda_y = -\frac{R(\gamma)}{D-4} \tag{B.65}$$

Configurazioni di questo tipo possono soddisfare simultaneamente tutte le equazioni del nostro modello – in particolare, l'equazione del dilatone (B.63) e quella del campo antisimmetrico (B.64) – purché:

$$\left(\frac{V'}{V}\right)_{\phi_0} = -\frac{D-4}{D-5}.$$

(B.66)

Nel contesto di questo modello possiamo dunque ottenere la struttura geometrica cercata senza dover ricorrere ad alcun "aggiustamento fine" di parametri arbitrari, ma semplicemente assumendo che sia verificata una semplice condizione differenziale sulla forma funzionale del potenziale dilatonico. Per il nostro esempio, in particolare, la condizione è soddisfatta da un potenziale esponenziale del tipo $V \sim \exp[-\phi(D-4)/(D-5)]$.

Questo modello di compattificazione spontanea può essere facilmente generalizzato al caso (più realistico) in cui l'accoppiamento del dilatone all'azione di Einstein è descritto da un'arbitraria funzione di $f(\phi)$ (che sostituisce il termine $\exp(-\phi)$ dell'Eq. (B.59)). In tal caso la precedente equazione (B.66) va sosituita da una condizione più generale[5] che collega $(V'/V)_0$ e $(f'/f)_0$.

B.2 Le membrane-Universo

Un altro possibile approccio al problema della riduzione dimensionale – non necessariamente alternativo allo scenario di Kaluza-Klein – si basa sull'assunzione che le cariche elementari, sorgenti dei campi di *gauge*, siano confinate su particolari ipersuperfici a tre dimensioni chiamate "membrane di Dirichlet" (o, più sinteticamente, D_3-brane). Le corrispondenti interazioni di *gauge* possono quindi propagarsi solo sull'ipervolume a quattro dimensioni descritto dall'evoluzione temporale di queste membrane.

In questo caso, le interazioni trasmesse da campi di *gauge* sono completamente "insensibili" alle dimensioni spaziali esterne alla membrana, anche nel caso limite in cui tali dimensioni siano infinitamente estese. Secondo questo scenario – chiamato lo scenario delle "membrane-Universo", e suggerito dai modelli di superstringa che unificano tutte le interazioni – noi viviamo in una "fetta" a quattro dimensioni di uno spazio-tempo esterno multidimensionale.

Secondo la teoria delle stringhe, però, la gravità fa eccezione a questa regola e si può propagare lungo *tutte* le dimensioni spaziali presenti. La teoria gravitazionale va perciò formulata, in generale, in D dimensioni, e le sue equazioni determinano la metrica e la curvatura di tutta la varietà D-dimensionale (che viene anche chiamata "varietà di *bulk*").

Dobbiamo quindi affrontare, anche in questo contesto, lo stesso problema già incontrato nel caso dello scenario di Kaluza-Klein: come ottenere (perlomeno come stato fondamentale nel limite di basse energie) una geometria piatta di Minkowski nello spazio-tempo quadri-dimensionale della nostra membrana? Inoltre: come spiegare il fatto che (finora) non abbiamo trovato

---

[5] M. Gasperini, *Phys. Rev.* **D 31**, 2708 (1985).

alcuna evidenza sperimentale delle dimensioni *extra*? sono forse estremamente piccole e compatte come nello scenario di Kaluza-Klein?

Nelle prossime sezioni vedremo che la compattificazione delle dimensioni spaziali esterne alla membrana è *una possibilità*, ma *non una necessità* come nel caso di Kaluza-Klein. In questa sezione incominceremo introducendo un semplice modello che mostra come si possano ottenere, in questo contesto, soluzioni esatte che descrivono uno spazio-tempo piatto a quattro dimensioni, associato a una membrana immersa in uno spazio esterno curvo e multidimensionale.

Partiamo dall'azione gravitazionale scritta in una generica varietà D-dimensionale $\mathcal{M}_D$,

$$S = \int d^D x \sqrt{|g_D|} \left(-\frac{M_D^{D-2}}{2} R_D + \mathcal{L}_D^{\text{bulk}} \right) + S_{p-\text{brane}} \ , \qquad (B.67)$$

dove abbiamo incluso la densità di Lagrangiana $\mathcal{L}_D^{\text{bulk}}$ che rappresenta il contributo di tutte le sorgenti gravitazionali eventualmente presenti nello spazio D-dimensionale. Abbiamo anche incluso l'azione di una membrana p-dimensionale (che chiameremo, per brevità, p-brana) immersa in $\mathcal{M}_D$, con $p + 1 < D$, perchè anch'essa contribuisce alla geometria della varietà D-dimensionale, in due modi: con la sua propria densità d'energia, e con la densità di energia-impulso di tutte le sorgenti gravitazionali in essa contenute (ossia, i campi materiali e le loro fluttuazioni quantistiche eventualmente confinati sull'ipersuperficie $(p + 1)$-dimensionale Σ_{p+1} descritta dall'evoluzione temporale della p-brana).

L'azione della p-brana è proporzionale al "volume d'Universo" dell'ipersuperficie Σ_{p+1} (così come l'azione di una particella puntiforme è proporzionale alla lunghezza della "linea d'Universo" descritta dall'evoluzione della particella). Chiamiamo $\xi^\mu = (\xi^0, \xi^1, \dots, \xi^p)$ le coordinate su Σ_{p+1}, $x^A = (x^0, x^1, \dots, x^{D-1})$ le coordinate su $\mathcal{M}_D$, e indichiamo con

$$x^A = X^A(\xi^\mu), \qquad A = 0, 1, \dots, D - 1, \qquad \mu = 0, 1, \dots, p, \qquad (B.68)$$

le equazioni parametriche che descrivono l'immersione di Σ_{p+1} in $\mathcal{M}_D$. La cosiddetta "metrica indotta" sull'ipersuperficie Σ_{p+1} è allora data da

$$h_{\mu\nu} = \frac{\partial X^A}{\partial \xi^\mu} \frac{\partial X^B}{\partial \xi^\nu} g_{AB}, \qquad (B.69)$$

e l'azione per una p-brana "vuota" si può scrivere nella forma (detta di Nambu-Goto) seguente:

$$S_{p-\text{brane}} = T_p \int d^{p+1}\xi \sqrt{|h|}. \qquad (B.70)$$

Abbiamo posto $h = \det h_{\mu\nu}$, e abbiamo indicato con T_p la cosiddetta "tensione" della membrana, ossia la costante che rappresenta la sua densità d'energia del vuoto (l'energia del vuoto per untià di volume proprio p-dimensionale). Se la membrana contiene, in aggiunta, campi materiali, allora la costante "cosmologica" T_p va sostituita con la densità di Lagrangiana $\mathcal{L}_p$ che descrive anche tutte le altre sorgenti gravitazionali presenti sulla brana.

L'azione precedente può essere riscritta in una forma equivalente che evita la presenza esplicita della radice quadrata – e che quindi è più conveniente per i calcoli variazioni – al prezzo di includere un campo tensoriale ausiliario $\gamma^{\mu\nu}$, che agisce da moltiplicatore di Lagrange (e che rappresenta, fisicamente, la metrica "intrinseca" di tipo Riemanniano della varietà Σ_{p+1}). In questo modo si ottiene la cosiddetta azione (equivalente) di Polyakov,

$$S_{p-\text{brane}} = \frac{T_p}{2} \int d^{p+1}\xi \sqrt{|\gamma|} \left[\gamma^{\mu\nu} \frac{\partial X^A}{\partial \xi^\mu} \frac{\partial X^B}{\partial \xi^\nu} g_{AB} - (p-1) \right], \qquad (\text{B.71})$$

dove $\gamma = \det \gamma_{\mu\nu}$. La sua variazione rispetto a $\gamma^{\mu\nu}$ fornisce il vincolo

$$h_{\mu\nu} - \frac{1}{2}\gamma_{\mu\nu}\gamma^{\alpha\beta}h_{\alpha\beta} - \frac{1}{2}\gamma_{\mu\nu}(p-1) = 0, \qquad (\text{B.72})$$

che risulta identicamente soddisfatto da $\gamma_{\mu\nu} = h_{\mu\nu}$, dove $h_{\mu\nu}$ è definito dall'Eq. (B.69). Usando questo risultato per eliminare $\gamma^{\mu\nu}$, e usando l'identità $h^{\mu\nu}h_{\mu\nu} = \delta^\mu_\mu = p + 1$, si trova allora che l'azione di Polyakov si riduce esattamente alla forma di Nambu-Goto dell'Eq. (B.70).

Risulta infine conveniente tener conto del fatto che il contributo della membrana all'azione (B.67) è localizzato esattamente in corrispondenza della membrana stessa, cioè nella posizione specificata dalle equazioni di immersione (B.68), e che tale contributo è nullo per $x^A \neq X^A(\xi)$. Possiamo quindi esprimere anche $S_{p-\text{brane}}$ in modo simile agli termini dell'azione, ossia come un integrale D-dimensionale, a patto di effettuare l'integrale su di una opportuna distribuzione deltiforme. Possiamo porre cioè

$$S_{p-\text{brane}} = \int d^D x \sqrt{|g_D|}\, \mathcal{L}_D^{\text{brane}}, \qquad (\text{B.73})$$

dove

$$\mathcal{L}_D^{\text{brane}} \qquad\qquad\qquad\qquad\qquad\qquad\qquad\qquad\qquad (\text{B.74})$$
$$= \frac{T_p}{2\sqrt{|g_D|}} \int_{\Sigma_{p+1}} d^{p+1}\xi \sqrt{|\gamma|} \left[\gamma^{\mu\nu} \frac{\partial X^A}{\partial \xi^\mu} \frac{\partial X^B}{\partial \xi^\nu} g_{AB} - (p-1) \right] \delta^D(x - X(\xi)).$$

In questo caso l'azione totale (B.67) assume la forma

$$S = \int d^D x \sqrt{|g_D|} \left(-\frac{M_D^{D-2}}{2} R_D + \mathcal{L}_D^{\text{bulk}} + \mathcal{L}_D^{\text{brane}} \right), \qquad (\text{B.75})$$

e può essere facilmente variata rispetto ai campi indipendenti del nostro modello, che sono g_{AB}, X^A, e $\gamma^{\mu\nu}$.

La variazione rispetto a g_{AB} fornisce le equazioni di Einstein D-dimensionali,

$$R_{AB} - \frac{1}{2}g_{AB}R = M_D^{2-D}\left(T_{AB}^{\text{bulk}} + T_{AB}^{\text{brane}}\right), \qquad (B.76)$$

dove il tensore dinamico energia-impulso delle sorgenti è calcolato seguendo la definizione standard (7.26), (7.27) (applicata alla metrica g^{AB}). Per la membrana, in particolare, abbiamo

$$T_{AB}^{\text{brane}} = \frac{T_p}{\sqrt{|g_D|}} \int_{\Sigma_{p+1}} d^{p+1}\xi \sqrt{|\gamma|}\gamma^{\mu\nu}\partial_\mu X_A \partial_\nu X_B \delta^D(x - X(\xi)), \qquad (B.77)$$

dove $\partial_\mu X^A = \partial X^A/\partial\xi^\mu$. La variazione rispetto a X^A fornisce l'equazione del moto della membrana:

$$\begin{aligned}
\partial_\mu & \left[\sqrt{|\gamma|}\gamma^{\mu\nu}\partial_\nu X^B g_{AB}(x)\right]_{x=X(\xi)} \\
&= \frac{1}{2}\left[\sqrt{|\gamma|}\gamma^{\mu\nu}\partial_\mu X^M \partial_\nu X^N \partial_A g_{MN}(x)\right]_{x=X(\xi)}.
\end{aligned} \qquad (B.78)$$

Infine, la variazione rispetto a $\gamma^{\mu\nu}$ fornisce il vincolo (B.72), che porta a identificare $\gamma_{\mu\nu}$ con la metrica indotta $h_{\mu\nu}$.

Consideriamo ora il caso particolare $p = 3$, ossia il caso in cui lo spazio-tempo Σ_4 della membrana ha le dimensioni giuste per essere eventualmente identificato con un possibile modello del nostro Universo. Supponiamo inoltre il caso che lo spazio esterno abbia una sola dimensione in più rispetto alla membrana, per cui $D = 5$ (come nello scenario originalmente proposto da Kaluza e Klein). Infine, concentriamoci su di un esempio molto semplice in cui l'unico contributo gravitazionale dello spazio esterno alla membrana viene dalla densità di energia del vuoto, ed ha quindi la forma di una costante cosmologica Λ. Poniamo, in particolare, $\mathcal{L}^{\text{bulk}} = -M^{D-2}\Lambda$, per cui:

$$M^{2-D}T_{AB}^{\text{bulk}} = \Lambda g_{AB}. \qquad (B.79)$$

Cerchiamo, in questo contesto, soluzioni particolari delle equazioni (B.76), (B.78) che descrivano una ipersuperficie piatta (di Minkowski) Σ_4, immersa in una generica varietà curva pentadimensionale $\mathcal{M}_5$.

Chiamiamo $x^A = (x^\mu, y)$ le coordinate di $\mathcal{M}_5$, e supponiamo che l'iper-superficie Σ_4 sia rigidamente posizionata a $y = 0$, e descritta dalle seguenti (banali) equazioni di immersione:

$$\begin{aligned}
x^A &= X^A(\xi) = \delta_\mu^A \xi^\mu, \qquad\qquad A = 0, 1, 2, 3 \\
x^4 &\equiv y = 0.
\end{aligned} \qquad (B.80)$$

Supponiamo anche che Σ_4 abbia una geometria globalmente piatta descritta dalla metrica di Minkowski $\eta_{\mu\nu}$, mentre la metrica di $\mathcal{M}_5$ sia conformemente piatta, $g_{AB} = f^2(y)\eta_{AB}$, con un fattore conforme f^2 che dipende solo dalla coordinata y (che parametrizza la direzione spaziale perpendicolare alla membrana). Abbiamo dunque una configurazione geometrica che risulta simmetrica rispetto alle riflessioni $y \to -y$, per cui possiamo cercare come soluzione una struttura geometrica pentadimensionale "conformemente distorta", del tipo:

$$ds^2 = f^2(|y|) \left(\eta_{\mu\nu}dx^\mu dx^\nu - dy^2\right) . \tag{B.81}$$

È facile verificare che, per questo tipo di geometria, la metrica indotta (B.69) si riduce a $h_{\mu\nu} = f^2\eta_{\mu\nu} = \gamma_{\mu\nu}$, e che l'equazione (B.78) per la membrana risulta identicamente soddisfatta grazie alla simmetria di riflessione, che implica $(\partial f/\partial y)_{y=0} = 0$ (si veda la discussione successiva). Ci resta da considerare l'equazione di Einstein (B.76).

Per quel che riguarda le sorgenti otteniamo facilmente, dall'Eq. (B.79),

$$M_5^{-3} \left(T_A{}^B\right)^{\text{bulk}} = \Lambda\delta_A^B, \tag{B.82}$$

e, dall'Eq. (B.77),

$$\left(T_4{}^4\right)^{\text{brane}} = 0$$
$$(T_\mu{}^\nu)^{\text{brane}} = f^{-1}T_3\delta_\mu^\nu\delta(y). \tag{B.83}$$

Le componenti non nulle della connessione di Christoffel associata alla metrica (B.81), d'altra parte, sono date da

$$\Gamma_{44}{}^4 = \frac{f'}{f}, \qquad \Gamma_{\mu\nu}{}^4 = \frac{f'}{f}\eta_{\mu\nu}, \qquad \Gamma_{4\mu}{}^\nu = \frac{f'}{f}\delta_\mu^\nu, \tag{B.84}$$

dove il primo indica la derivata rispetto a y. Definendo $F = f'/f$ abbiamo dunque, per le componenti del tensore di Einstein,

$$G_4{}^4 = R_4{}^4 - \frac{1}{2}R = -6f^{-2}F^2,$$
$$G_\mu{}^\nu = R_\mu{}^\nu - \frac{1}{2}\delta_\mu^\nu R = -f^{-2}\left(3F' + 3F^2\right)\delta_\mu^\nu. \tag{B.85}$$

Le equazioni gravitazionali (B.76), scomposte lungo le direzioni ortogonali e tangenti allo spazio-tempo Σ_4 della membrana, si riducono, rispettivamente, a:

$$6F^2 = -\Lambda f^2 \tag{B.86}$$
$$3F' + 3F^2 = -\Lambda f^2 - M_5^{-3}T_3 f\delta(y). \tag{B.87}$$

Notiamo che f dipende dal modulo di y, e quindi la derivata seconda di f (contenuta in F') fornisce la derivata della funzione segno, che produce un contributo deltiforme al membro sinistro dell'Eq. (B.87). Dobbiamo dunque imporre separatamente l'uguaglianza della parte finita e dei coefficienti della parte singolare dell'Eq. (B.87).

Per risolvere le equazioni precedenti è conveniente usare la rappresentazione esplicita

$$|y| = y\epsilon(y), \qquad \epsilon(y) = \theta(y) - \theta(-y), \tag{B.88}$$

dove $\theta(y)$ è la funzione gradino di Heaviside e $\epsilon(y)$ la funzione segno, che soddisfa alle proprietà:

$$\epsilon^2 = 1, \qquad \epsilon' = 2\delta(y). \tag{B.89}$$

Possiamo quindi porre

$$f' = \frac{\partial f}{\partial |y|}\epsilon(y), \tag{B.90}$$

e l'Eq. (B.86) diventa:

$$\left(\frac{\partial f}{\partial |y|}\right)^2 = -\frac{\Lambda}{6}f^4 \tag{B.91}$$

Quest'ultima equazione ammette soluzioni reali purché $\Lambda < 0$. Assumendo dunque che la costante cosmologica sia negativa, ed integrando, otteniamo per f la seguente soluzione particolare:

$$f(|y|) = (1 + k|y|)^{-1}, \qquad k = \left(-\frac{\Lambda}{6}\right)^{1/2}. \tag{B.92}$$

Inserendo questa soluzione nella metrica (B.81) otteniamo per lo spazio-tempo pentadimensionale una geometria di tipo esattamente anti-de Sitter (AdS), scritta in una parametrizzazione conformemente piatta.

Ci resta da risolvere l'altra equazione di Einstein (B.87), che contiene il contributo esplicito della membrana. Usando le equazioni (B.88)–(B.90) l'equazione da risolvere diventa

$$\frac{3}{f}\frac{\partial^2 f}{\partial |y|^2} + \frac{6}{f}\frac{\partial f}{\partial |y|}\delta(y) = -\Lambda f^2 - M_5^{-3}T_3 f\delta(y). \tag{B.93}$$

La parte finita di questa equazione risulta identicamente soddisfatta dalla soluzione (B.92). Uguagliando i coefficienti dei termini divergenti otteniamo inoltre una condizione che collega la tensione della membrana e la curvatura della geometria AdS:

$$T_3 = 6kM_5^3 = M_5^3\left(-6\Lambda\right)^{1/2}. \tag{B.94}$$

Imponendo quest'ultima condizione arriviamo al cosiddetto modello di Randall-Sundrum[6], in cui la densità d'energia intrinseca della membrana viene esattamente cancellata dal contributo (negativo) delle sorgenti gravitazionali presenti nello spazio esterno, e la geometria della membrana-Universo Σ_4 risulta dunque di tipo Minkowskiano, come richiesto.

B.2.1 Confinamento della gravità

Se prendiamo sul serio la possibilità che l'Universo esplorato dalle interazioni elettromagnetiche, deboli e forti corrisponda allo spazio-tempo quadridimensionale Σ_4 di una 3-brana, immerso in uno spazio esterno multidimensionale, dobbiamo affrontare il problema del perché non abbiamo mai (finora) rivelato le dimensioni *extra* mediante esperimenti di tipo gravitazionale. Ci aspettiamo infatti che la gravità, a differenza delle altre interazioni, possa propagarsi lungo tutte le dimensioni spaziali.

Una possibile risposta a questo problema si ottiene assumendo che le dimensioni esterne a Σ_4 abbiano un'estensione spaziale estremamente piccola e compatta, e quindi inaccessibile alle attuali sensibilità sperimentali (esattamente come accade nello scenario di Kaluza-Klein).

Nello scenario delle membrane-Universo, però, c'è anche una seconda possibile risposta, basata sull'effetto di "confinamento della gravità": un'appropriata curvatura della geometria esterna alla membrana può "forzare" la componente a lungo raggio delle interazioni tensoriali a restare strettamente localizzata su Σ_4, esattamente come le altre interazioni di *gauge*. In quel caso solo una coda residua, a corto raggio, dell'interazione gravitazionale (mediata da particelle tensoriali massive) può propagarsi in direzioni ortogonali a Σ_4, e può rendere rivelabili (in principio) le dimensioni *extra* mediante esperimenti sufficientemente sensibili.

Questa interessante possibilità può essere illustrata anche nel contesto del semplice modello pentadimensionale di Randall-Sundrum introdotto nella sezione precedente. A questo scopo basterà sviluppare le fluttuazioni della metrica attorno alla soluzione g_{AB} dell'Eq. (B.81) ponendo, al primo ordine, $g_{AB} \to g_{AB} + \delta g_{AB}$, e tenendo *fissa* la membrana alla posizione data, $\delta X^A = 0$. Chiamiamo le fluttuazioni $\delta g_{AB} = h_{AB}$, e calcoliamo l'azione pentadimensionale perturbata fino a termini quadratici in h_{AB}.

Ci interessa, in particolare, la parte trasversa e a traccia nulla delle fluttuazioni $\delta g_{\mu\nu} = h_{\mu\nu}$ della geometria di Σ_4, che descrive la propagazione del campo gravitazionale (si veda il Capitolo 9) sullo spazio-tempo della membrana. Nell'approssimazione lineare che stiamo considerando tali fluttuazioni sono disaccoppiate dalle altre componenti (scalari ed extra-dimensionali) di h_{AB}. Possiamo quindi assumere che la nostra configurazione geometrica

---

[6] L. Randall and R. Sundrum, *Phys. Rev. Lett.* **83**, 4960 (1999).

perturbata sia caratterizzata dalle seguenti fluttuazioni:

$$h_{\mu 4} = 0, \qquad h_{\mu\nu} = h_{\mu\nu}(x^\alpha, y), \qquad g^{\mu\nu} h_{\mu\nu} = 0 = \partial^\nu h_{\mu\nu}. \qquad (B.95)$$

Il calcolo dell'azione (quadratica in h) che descrive la dinamica delle fluttuazioni può essere eseguito con la procedura che abbiamo già introdotto nella Sez. 9.2, e che porta al risultato (9.48). Dobbiamo tenere presente, però, che in questo caso stiamo perturbando una metrica di partenza che non è piatta, e che è data dall'Eq. (B.81). Usando i risultati precedenti per g_{AB} otteniamo dunque per le fluttuazioni la seguente azione,

$$\begin{aligned} \delta S &= -\frac{M_5^3}{8} \int d^5 x \sqrt{|g_5|}\, h_\mu{}^\nu \nabla_A \nabla^A h_\nu{}^\mu \\ &= -\frac{M_5^3}{8} \int d^5 x \sqrt{|g_5|}\, f^3 \left[h_\mu{}^\nu \Box h_\nu{}^\mu - h_\mu{}^\nu h_\nu{}''^\mu - 3F h_\mu{}^\nu h_\nu{}'^\mu \right], \end{aligned} \qquad (B.96)$$

dove la derivata covariante ∇_A si riferisce alla metrica non perturbata g_{AB}, e dove $\Box = \partial_t^2 - \partial_i^2$ è l'usuale operatore di D'Alembert dello spazio-tempo di Minkowski a quattro dimensioni.

Integriamo per parti per eliminare h'', decomponiamo $h_\mu{}^\nu$ nei due modi di polarizzazione indipendenti (si veda l'Eq. (9.15)), e prendiamo la traccia dei tensori di polarizzazione. Per ciascun modo di polarizzazione $h = h(t, x^i, y)$ si ottiene allora l'azione

$$\delta S = \frac{M_5^3}{4} \int dy\, f^3 \int d^4 x \left(\dot{h}^2 + h\nabla h - h'^2 \right), \qquad (B.97)$$

dove il punto indica la derivata rispetto a $t = x^0$, il primo rispetto a y, e dove $\nabla^2 = \delta^{ij} \partial_i \partial_j$ è l'operatore Laplaciano dello spazio Euclideo tridimensionale. La variazione rispetto ad h fornisce infine l'equazione che descrive la propagazione nel vuoto delle fluttuazioni della geometria dello spazio-tempo Σ_4:

$$\Box h - h'' - 3F h' = 0. \qquad (B.98)$$

Questa equazione differisce dalla usuale equazione d'onda di D'Alembert perché le fluttuazioni sono accoppiate ai gradienti della geometria penta-dimensionale, a causa della dipendenza intrinseca di h dalla quinta coordinata y.

Per risolvere la precedente equazione è conveniente separare la dipendenza dalle coordinate, ponendo

$$h(x^\mu, y) = \sum_m v_m(x) \psi_m(y). \qquad (B.99)$$

Si trova allora che le nuove variabili v, ψ soddisfano le seguenti equazioni agli autovalori (disaccoppiate tra loro):

$$\begin{aligned} \Box v_m &= -m^2 v_m, \\ \psi_m'' + 3F \psi_m' &\equiv f^{-3} \left(f^3 \psi_n' \right)' = -m^2 \psi_m. \end{aligned} \qquad (B.100)$$

Se lo spettro di autovalori è continuo, la somma che appare nell'Eq. (B.99) va ovviamente sostituita da un integrale.

È conveniente, inoltre, riscrivere l'equazione per ψ nella forma canonica (di Schrodinger), introducendo la variabile " rinormalizzata" $\widehat{\psi}_m$, tale che:

$$\psi_m = \left(f^3 M_5\right)^{-1/2} \widehat{\psi}_m \qquad (B.101)$$

(il fattore dimensionale $M_5^{-1/2}$ è stato introdotto per convenienza futura). L'equazione per ψ diventa allora

$$\widehat{\psi}_m'' + \left[m^2 - V(y)\right] \widehat{\psi}_m = 0, \qquad (B.102)$$

dove

$$V(y) = \frac{3}{2} \frac{f''}{f} + \frac{3}{4} \left(\frac{f'}{f}\right)^2, \qquad (B.103)$$

o anche, usando per f la soluzione esplicita (B.92),

$$V(y) = \frac{15}{4} \frac{k^2}{(1 + k|y|)^2} - \frac{3k\delta(y)}{1 + k|y|}. \qquad (B.104)$$

Questo potenziale effettivo è anche detto "potenziale a vulcano", in quanto il primo termine di $V(y)$ è simmetrico con un picco a $y = 0$, ma il picco si trova in corrispondenza di una singolarità deltiforme negativa, che assomiglia al cratere di un vulcano.

Come ben noto dai risultati della meccanica quantistica unidimensionale, l'equazione di Schrodinger con un potenziale attrattivo deltiforme ammette un unico stato legato, associato ad una funzione d'onda a quadrato integrabile che è localizzata nell'intorno del punto in cui si trova il potenziale. Nel nostro caso tale stato corrisponde all'autovalore $m = 0$, e alla soluzione (invariante per riflessioni) dell'Eq. (B.102) data da

$$\widehat{\psi}_0 = c_0 f^{3/2}, \qquad (B.105)$$

dove c_0 è una costante da determinarsi con la condizione di normalizzazione.

È importante osservare, a questo proposito, che la variabile $\widehat{\psi}_0$ definita dall'Eq. (B.101) (dove ψ_0 è adimensionale) possiede la corretta normalizzazione per appartenere allo spazio di Hilbert L_2 delle funzioni a quadrato integrabile con la misura canonica dy (come nella meccanica quantistica convenzionale). Inoltre, $\widehat{\psi}_0$ è normalizzabile anche per un'estensione *infinita* della dimensione spaziale esterna alla membrana. In quest'ultimo caso, imponendo l'usuale normalizzazione a 1, abbiamo la condizione:

$$1 = \int dy \left|\widehat{\psi}_0\right|^2 = \int_{-\infty}^{+\infty} dy \frac{c_0^2}{(1 + k|y|)^3} = \frac{c_0^2}{k}, \qquad (B.106)$$

che fissa c_0 in funzione di k (ossia di Λ, si veda l'Eq. (B.92)). Possiamo anche esprimere lo stesso risultato usando la variabile (non canonica) ψ, ma in quel caso dobbiamo cambiare misura di integrazione, e definire i prodotti scalari rispetto alla misura di integrazione adimensionale $d\widetilde{y} = M_5 f^3 dy$.

L'esempio appena discusso del caso $m = 0$ mostra chiaramente in che modo le componenti *a massa nulla* delle fluttuazioni metriche (che descrivono interazioni gravitazionali a lungo raggio) possano essere rigidamente localizzate sulla membrana a $y = 0$: questo avviene non perché la quinta dimensione sia compattificata su scale di distanza molto piccole, ma piuttosto perché i modi a massa nulla sono "intrappolati" in uno stato legato generato dalla curvatura della varietà pentadimensionale. Nel nostro caso, in particolare, è la geometria AdS che forza i modi a massa nulla ad avere una distribuzione di ampiezza con il picco in corrispondenza della posizione della membrana.

Dobbiamo tener presente, però, che nello spettro delle fluttuazioni metriche c'è anche una parte massiva, descritta dall'equazione di Schrodinger (B.102) con $m \neq 0$. Anche in quel caso l'equazione ammette soluzioni esatte, con uno spettro continuo di valori positivi di m che si estende fino all'infinito. Tali soluzioni, però, non rappresentano stati legati del potenziale (B.104), e non sono dunque localizzate sullo spazio-tempo Σ_4 della membrana.

Per ottenere tali soluzioni possiamo seguire la tecnica tradizionale che si usa in meccanica quantistica per il trattamento del potenziale deltiforme. Cercando soluzioni invarianti per riflessioni attorno all'origine (ossia soluzioni che dipendono dal modulo di y), possiamo innanzitutto riscrivere l'Eq. (B.102) come

$$\frac{d^2\widehat{\psi}_m}{d|y|^2} + 2\delta(y)\frac{d\widehat{\psi}_m}{d|y|} + \left((m^2 - V\right)\widehat{\psi}_m = 0, \qquad (B.107)$$

dove V è dato dall'Eq. (B.104). Fuori dall'origine ($y \neq 0$) abbiamo quindi un'equazione di Bessel, la cui soluzione generale si può scrivere come combinazione delle funzioni di Bessel J_ν e Y_ν di indice $\nu = 2$ e argomento $\alpha = m/(kf)$:

$$\widehat{\psi}_m = f^{-1/2}\left[A_m J_2(\alpha) + B_m Y_2(\alpha)\right]. \qquad (B.108)$$

Imponendo a questa espressione di soddisfare l'Eq. (B.107) anche per $y = 0$, ed uguagliando i coefficienti del termini proporzionali alla funzione delta, otteniamo una condizione che collega tra loro le due costanti di integrazione A_m e B_m:

$$B_m = -A_m \frac{J_1(m/k)}{Y_1(m/k)}. \qquad (B.109)$$

La soluzione generale si può dunque riscrivere come

$$\widehat{\psi}_m = c_m f^{-1/2}\left[Y_1\left(\frac{m}{k}\right)J_2(\alpha) - J_1\left(\frac{m}{k}\right)Y_2(\alpha)\right], \qquad (B.110)$$

dove c_m è un fattore moltiplicativo costante, che può essere fissato imponendo la condizione di normalizzazione

$$\int dy \, \widehat{\psi}_m^* \widehat{\psi}_n \equiv \int dy \, M_5 f^3 \psi_m^* \psi_n = \delta(m,n). \tag{B.111}$$

Abbiamo posto $\delta(m,n)$ per indicare il simbolo di Kronecker per uno spettro discreto, e la delta di Dirac per uno spettro continuo dei valori m ed n. Per valori diversi da zero, in particolare, lo spettro è continuo, e la condizione di normalizzazione fornisce il risultato

$$c_m = \left(\frac{m}{2k}\right)^{1/2} \left[J_1^2\left(\frac{m}{k}\right) + Y_1^2\left(\frac{m}{k}\right)\right]^{-1/2}, \tag{B.112}$$

che fissa completamente l'ampiezza dei modi massivi delle fluttuazioni tensoriali.

Usando il limite asintotico delle funzioni di Bessel $J_2(\alpha)$, $Y_2(\alpha)$, dove $\alpha = m/(kf) = m(1 + k|y|)/k$, possiamo verificare che queste soluzioni non vengono soppresse, ma si comportano in modo oscillante per $y \to \pm\infty$ quindi non descrivono stati localizzati sulla membrana. Come conseguenza, possiamo aspettarci che questi modi massivi producano effetti nuovi (di genuina origine multidimensionale): in particolare, correzioni a corto raggio alla forza gravitazionale che dipendono dalla presenza e dal numero delle dimensioni *extra*, e che contengono l'impronta diretta della curvatura dello spazio esterno. Gli effetti dei modi massivi saranno illustrati nella sezione successiva.

B.2.2 Correzioni a corto raggio

Per stimare quantitativamente le correzioni indotte dalle fluttuazioni massive della geometria della membrana dobbiamo calcolare, innanzitutto, le loro costanti d'accoppiamento effettive. Possiamo dedurre tali costanti di accoppiamento dalla forma canonica dell'azione effettiva (B.97) dopo averla ridotta dimensionalmente, integrando la dipendenza da y contenuta nelle componenti ψ_m delle fluttuazioni.

A questo scopo inseriamo lo sviluppo (B.99) nell'azione (B.97), e notiamo che il termine h'^2 è proporzionale (modulo derivate totali) al termine di massa dei modi ψ_m. Infatti:

$$\begin{aligned}
\int dy \, f^3 h'^2 &= \sum_{m.n} v_m v_n \int dy \, f^3 \psi_m' \psi_n' \\
&= \sum_{m.n} v_m v_n \int dy \left[\frac{d}{dy}\left(f^3 \psi_m \psi_n'\right) - \psi_m \left(f^3 \psi_n'\right)'\right] \tag{B.113} \\
&= \sum_{m.n} v_m v_n \int dy \, f^3 m^2 \psi_m \psi_n.
\end{aligned}$$

Nell'ultimo passaggio abbiamo trascurato una derivata totale, ed usato l'Eq. (B.100) per ψ_m. Integrando su y, e sfruttando la relazione di ortonormalità (B.111), otteniamo un'azione dimensionalmente ridotta che contiene solo le componenti $v_m(x)$ delle fluttuazioni:

$$\delta S \equiv \sum_m \delta S_m = \sum_m \frac{M_5^2}{4} \int d^4x \left(\dot{v}_m^2 + v_m \nabla^2 v_m - m^2 v_m^2 \right). \tag{B.114}$$

Il simbolo di sommatoria che appare in questa equazione indica, sinteticamente, che il contributo del modo a massa nulla $m = 0$ va sommato all'integrale fatto su tutto lo spettro continuo dei modi massivi (ossia, fatto sui valori positivi di m fino a $+\infty$).

Introduciamo ora la variabile $\overline{h}_m$, che rappresenta la fluttuazione effettiva della metrica di Minkowski a quattro dimensioni valutata sull'ipersuperficie Σ_4, ossia:

$$\overline{h}_m(x) \equiv [h_m(x,y)]_{y=0} = v_m(x)\psi_m(0). \tag{B.115}$$

Espressa mediante questa variabile, l'azione (B.114) diventa:

$$\delta S = \sum_m \frac{M_5^2}{4\psi_m(0)} \int d^4x \left(\dot{\overline{h}}_m^2 + \overline{h}_m \nabla^2 \overline{h}_m - m^2 \overline{h}_m^2 \right). \tag{B.116}$$

Il confronto con l'azione canonica per le fluttuazioni della geometria di Minkowski (si veda l'Eq. (9.48), e se ne prenda la traccia sulle polarizzazioni), ci permette immediatamente di concludere che la costante d'accoppiamento effettiva per un generico modo $\overline{h}_m$ è data da:

$$8\pi G(m) \equiv M_{\mathrm{P}}(m) = M_5^{-2}\psi_m^2(0). \tag{B.117}$$

Si noti che tale tale accoppiamento dipende non solo dalla scala M_5 tipica della gravità pentadimensionale, ma anche dalla *posizione* della membrana nella varietà esterna (perché tale varietà è curva, e la sua geometria non è invariante per traslazioni).

Consideriamo innanzitutto le fluttuazioni a massa nulla. Usando per ψ_0 le equazioni (B.101), (B.105), (B.106) abbiamo $\psi_0 = (k/M_5)^{1/2}$; il corrispondente parametro di accoppiamento, che possiamo identificare con l'ordinaria costante di Newton G, è quindi dato da

$$8\pi G(0) \equiv 8\pi G = \frac{k}{M_5^3}. \tag{B.118}$$

Per le fluttuazioni massive, invece, l'accoppiamento dipende dalla massa: usando le definizioni $\psi_m(0) = M_5^{-1/2}\widehat{\psi}_m(0)$ e le soluzioni (B.110), (B.112), otteniamo:

$$8\pi G(m) = \frac{\alpha_0}{2M_5^3} \frac{[Y_1(\alpha_0)J_2(\alpha_0) - J_1(\alpha_0)Y_2(\alpha_0)]^2}{J_1^2(\alpha_0) + Y_1^2(\alpha_0)}, \tag{B.119}$$

dove $\alpha_0 = m/k$. Si noti che $G(m)$ si riferisce a uno spettro continuo di valori di m, e quindi rappresenta il parametro di accoppiamento effettivo nell'intervallo di massa infinitesimo compreso tra m e $m + dm$.

Siamo ora in grado di stimare le interazioni gravitazionali effettive sullo spazio-tempo della membrana Σ_4, includendo il contributo di tutti i modi (massivi e non massivi).

Possiamo considerare, come semplice ma istruttivo esempio, il campo gravitazionale statico prodotto da una sorgente puntiforme di massa M localizzata sulla membrana. L'equazione di propagazione linearizzata per le fluttuazioni gravitazionali nello spazio-tempo di Minkowski della membrana, in presenza di sorgenti, è data dall'Eq. (8.10). Includendo l'eventuale massa delle fluttuazioni, e usando la costante di accoppiamento effettiva (B.119), abbiamo, per un generico modo $\overline{h}_m^{\mu\nu}$:

$$\left(\Box + m^2\right) \overline{h}_m^{\mu\nu} = -16\pi G(m) \left(\tau^{\mu\nu} - \frac{1}{2}\eta^{\mu\nu}\tau\right). \qquad \text{(B.120)}$$

Consideriamo il limite statico in cui $\Box \to -\nabla^2$, $\tau^{ij} \to 0$, $\tau = \eta^{\mu\nu}\tau_{\mu\nu} \to \tau_0^0 = \rho$, e $\overline{h}_m^{00} \to 2\overline{\phi}_m$, dove $\overline{\phi}_m$ è il potenziale gravitazionale effettivo prodotto da una fluttuazione di massa m. La componente $(0,0)$ della precedente equazione fornisce una equazione di Poisson generalizzata,

$$\left(-\nabla^2 + m^2\right) \overline{\phi}_m(x) = -4\pi G(m)\rho(x), \qquad \text{(B.121)}$$

che controlla il contributo di un modo di generica massa m al potenziale gravitazionale totale.

La soluzione generale per $\overline{\phi}_m$ si può esprimere applicando il metodo delle funzioni di Green, ossia ponendo

$$\overline{\phi}_m(x) = -\frac{1}{4\pi} \int d^3x' \, \mathcal{G}_m(x, x')4\pi G(m)\rho(x'), \qquad \text{(B.122)}$$

dove $\mathcal{G}_m(x, x')$ soddisfa a

$$\left(-\nabla^2 + m^2\right) \mathcal{G}_m(x, x') = 4\pi\delta(x - x'). \qquad \text{(B.123)}$$

Prendendo la trasformata di Fourier abbiamo dunque la seguente funzione di Green,

$$\mathcal{G}_m(x, x') = 4\pi \int \frac{d^3p}{(2\pi)^3} \frac{e^{i\boldsymbol{p}\cdot(\boldsymbol{x}-\boldsymbol{x}')}}{p^2 + m^2}, \qquad \text{(B.124)}$$

valida per modi di massa generica.

Per il modo a massa nulla, in particolare, la funzione di Green è data da

$$\mathcal{G}_0(x, x') = \frac{2}{\pi} \int_0^\infty dp \frac{\sin(p|\boldsymbol{x} - \boldsymbol{x}'|)}{p|\boldsymbol{x} - \boldsymbol{x}'|} = \frac{1}{|\boldsymbol{x} - \boldsymbol{x}'|}. \qquad \text{(B.125)}$$

Sostituendo nell'Eq. (B.122), e considerando una sorgente puntiforme con $\rho(x') = M\delta^3(x')$, arriviamo alla soluzione

$$\overline{\phi}_m(x) = -\frac{GM}{r},\tag{B.126}$$

dove $r = |\boldsymbol{x}|$ (abbiamo usato il valore (B.118) della costante d'accoppiamento).

Per un modo massivo, invece, la funzione di Green è data da

$$\mathcal{G}_m(x,x') = \frac{2}{\pi}\int_0^\infty dp\,\frac{p^2}{p^2+m^2}\,\frac{\sin(p|\boldsymbol{x}-\boldsymbol{x}'|)}{p|\boldsymbol{x}-\boldsymbol{x}'|} = \frac{e^{-m|\boldsymbol{x}-\boldsymbol{x}'|}}{|\boldsymbol{x}-\boldsymbol{x}'|},\tag{B.127}$$

e si ottiene

$$\overline{\phi}_m(x) = -\frac{G(m)M}{r}e^{-mr},\tag{B.128}$$

dove $G(m)$ è la costante d'accoppiamento definita dall'Eq. (B.119). Il potenziale (statico) totale prodotto dalla sorgente puntiforme si ottiene infine sommando tutti i contributi massivi e non massivi, ed è quindi fornito dall'espressione

$$\begin{aligned}
\overline{\phi} &= \sum_m \overline{\phi}_m = \overline{\phi}_0 + \int_0^\infty dm\,\overline{\phi}_m \\
&= -\frac{GM}{r}\left[1 + \frac{1}{G}\int_0^\infty dm\,G(m)e^{-mr}\right].
\end{aligned}\tag{B.129}$$

Nel limite di campi campi deboli, a distanze sufficientemente grandi dalla sorgente, il contributo delle fluttuazioni massive risulta esponenzialmente soppresso, per cui il contributo dominante al precedente integrale viene dai modi con massa più piccola. In questo regime possiamo allora ottenere una stima approssimata delle correzioni gravitazionali a corto raggio usando il limite di piccoli argomenti ($m \to 0$) delle funzioni di Bessel che appaiono nella definizione di $G(m)$. In questo caso otteniamo

$$8\pi G(m) \underset{m\to 0}{\longrightarrow} \frac{m}{2kM_5^3} = \frac{m}{2k^2}8\pi G\tag{B.130}$$

(abbiamo usato l'Eq. (B.118)). Il potenziale effettivo diventa dunque, nel limite di campo debole,

$$\begin{aligned}
\overline{\phi} &= -\frac{GM}{r}\left(1 + \frac{1}{2k^2}\int_0^\infty dm\,m\,e^{-mr}\right) \\
&= -\frac{GM}{r}\left(1 + \frac{1}{2k^2r^2}\right).
\end{aligned}\tag{B.131}$$

Possiamo concludere che le correzioni multidimensionali diventano importanti solo per distanze che sono sufficientemente piccole rispetto alla scala di curvatura della varietà multidimensionale in cui è immersa la membrana. Questo significa, nel particolare modello che stiamo considerando, che le correzioni sono importanti per distanze r tali che $r \lesssim k^{-1}$, dove k^{-1} è il raggio di curvatura della varietà pentadimensionale di anti-de Sitter (si veda l'Eq. (B.92)).

A distanze più grandi di queste l'interazione gravitazionale che agisce sullo spazio-tempo della membrana si riduce, a tutti gli effetti, alla forma standard della gravità in quattro dimensioni, *indipendentemente* dal fatto che le dimensioni *extra* siano (oppure no) compatte e di piccola estensione. Tale risultato si può estendere al caso varietà spazio-temporali in cui la geometria della membrana è descritta da metriche di tipo Ricci-piatto diverse da quella di Minkowski, e al caso di varietà con un numero di dimensioni $D > 5$.

Bibliografia

Relatività Ristretta

1. W. Rindler: *Introduction to Special Relativity* (Oxford University Press, Oxford, 1991).
2. W. Rindler: *Essential Relativity* (Springer, Berlin, 1977).
3. L.D. Landau e E.M. Lifshitz: *The Classical Theory of Fields* (Pergamon Press, Oxford, 1971).
4. J. Aharoni: *The Special Theory of Relativity* (Oxford University Press, Oxford, 1959).
5. J.L. Anderson: *Principles of Relativity Physics* (Academic Press, New York, 1967).
6. M. Gasperini: *Manuale di Relatività Ristretta* (Springer-Verlag Italia, Milano, 2010).

Relatività Generale

7. S. Weinberg: *Gravitation and Cosmology* (Wiley, New York, 1972).
8. S.W. Hawking e G.R.F. Ellis: *The Large Scale Structure of Spacetime* (University Press, Cambridge, 1973).
9. C.W. Misner, K.S. Thorne e J.A. Wheeler: *Gravitation* (Freeman, San Francisco, 1973).
10. R. Wald: *General Relativity* (The University of Chicago Press, Chicago, 1984).
11. N. Straumann: *General Relativity and Relativistic Astrophysics* (Springer-Verlag, Berlin, 1991).
12. H.C. Ohanian e R. Ruffini: *Gravitation and Spacetime* (W. W. Norton and Co., New York, 1994).

Onde gravitazionali

13. E. Ciufolini, V. Gorini, U. Moschella e P. Frè (Eds.): *Gravitational Waves* (Institute of Physics Publishing, Bristol, 2001) .
14. M. Maggiore: *Gravitational Waves* (Oxford University Press, Oxford, 2007).

© Springer-Verlag Italia 2015

M. Gasperini, *Relatività Generale e Teoria della Gravitazione*,
UNITEXT for Physics, DOI 10.1007/978-88-470-5690-9

Cosmologia

15. E.W. Kolb e M.S. Turner: *The Early Universe* (Addison Wesley, Redwod City, CA, 1990).
16. A.R. Liddle e D.H. Lyth: *Cosmological Inflation and Large-Scale Structure* (Cambridge University Press, Cambridge, 2000).
17. M.P. Ryan e L C. Shepley: *Homogeneous Relativistic Cosmologies* (Princeton University Press, Princeton, 1975).
18. Y.B. Zel'dovich e I.D. Novikov: *Relativistic Astrophysics*, Vol. II (Chicago Press, Chicago, 1983).
19. S. Dodelson: *Modern Cosmology* (Academic Press, San Diego, Ca, 2003).
20. S. Weinberg: *Cosmology* (Oxford University Press, Oxford, 2008).
21. R. Durrer: *The Cosmic Microwave Background* (Cambridge University Press, Cambridge, 2008).
22. M. Gasperini: *Lezioni di Cosmologia Teorica* (Springer-Verlag Italia, Milano, 2012).

Supersimmetria, supergravità e varietà multidimensionali

23. P.C. West: *Introduction to Supersymmetry and Supergravity* (World Scientific, Singapore, 1990).
24. L. Castellani, R. D'Auria e P Frè: *Supergravity and Superstrings: a Geometric Perspective* (World Scientific, Singapore, 1991).
25. T. Appelquist, A. Chodos e P.G.O. Freund: *Modern Kaluza-Klein Theories* (Addison-Wesley Pub. Co., 1987).

Teoria delle stringhe e delle membrane

26. B. Zwiebach: *A First Course in String Theory* (Cambridge University Press, Cambridge, 2009).
27. M.B. Green, J. Schwartz e E. Witten: *Superstring Theory* (Cambridge University Press, Cambridge, 1987).
28. J. Polchinski: *String Theory* (Cambridge University Press, Cambridge, 1998).
29. M. Gasperini: *Elements of String Cosmology* (Cambridge University Press, Cambridge, 2007).
30. F. Becker, M. Becker e J. H. Schwarz: *String theory and M-theory* (Cambridge University Press, Cambridge, 2007).

Indice analitico

© Springer-Verlag Italia 2015
M. Gasperini, *Relatività Generale e Teoria della Gravitazione*,
UNITEXT for Physics, DOI 10.1007/978-88-470-5690-9

"Finito di stampare nel mese di novembre 2014"